Horst Lippmann
Angewandte Tensorrechnung
Für Ingenieure, Physiker und Mathematiker

Springer
Berlin
Heidelberg
New York
Barcelona
Budapest
Hongkong
London
Mailand
Paris
Santa Clara
Singapur
Tokio

Horst Lippmann

Angewandte Tensorrechnung

Für Ingenieure, Physiker
und Mathematiker

2. Auflage

Mit 61 Abbildungen

 Springer

Professor Dr. rer. nat. Dr. mont. h.c. Horst Lippmann
TU München
Lehrstuhl A für Mechanik
Arcisstr. 21
80333 München

Erschien unter der Reihe *Weiterführendes Lehrbuch*

ISBN-13: 978-3-642-80293-5   e-ISBN-13: 978-3-642-80292-8
DOI: 10.1007/978-3-642-80292-8

Die Deutsche Bibliothek - Cip-Einheitsaufnahme

Lippmann, Horst:
Angewandte Tensorrechnung für Ingenieure, Physiker und
Mathematiker / Horst Lippmann. - 2. Aufl. - Berlin ;
Heidelberg ; New York ; Barcelona ; Budapest ; Hongkong ;
London ; Mailand ; Paris ; Santa Clar ; Singpur ; Tokio :
Springer, 1996
  ISBN-13: 978-3-642-80293-5

Produktion: PRODUserv SpringerProduktions-Gesellschaft
Einbandentwurf: Struve & Partner, Heidelberg;
SPIN: 10541480   62/3020 - 5 4 3 2 1 0 - Gedruckt auf säurefreiem Papier

Vorwort

Die Tensorrechnung ist ein formaler, programmierbarer Kalkül von speziellem Nutzen in der angewandten Mathematik, in der theoretischen Physik und in den theoretisch oder numerisch orientierten Ingenieurwissenschaften. Hier lernt man schon frühzeitig, beispielsweise mit mechanischen Spannungen und Verformungen in festen, flüssigen oder gasförmigen Körpern sowie mit Trägheitsmomenten, Flächenkrümmungen und anderen Größen umzugehen, welche sogar dann Tensoren sind, wenn man es verschweigt. Die Kristallkunde beruht in ganz besonderem Maße auf der Tensorrechnung; der Leser sei auf die umfassende Darstellung in Nyes Lehrbuch [1] verwiesen. Auch viele numerische Methoden der Kontinuumsphysik werden erst bei tensorieller Darstellung durchsichtig.

Der nachfolgende Text ist als Einführung zu verstehen, und zwar für Ingenieure, Physiker oder Angewandte Mathematiker. Er beruht auf einer Vorlesung für Studenten höherer Semester, die der Verfasser wiederholt an der Universität Karlsruhe (TH) sowie an der Technischen Universität München hielt, und setzt Vorkenntnisse entsprechend den üblichen Einführungskursen in Mathematik und Mechanik voraus. Da letztlich auch die Tensorrechnung ein Teilgebiet der Mathematik ist, lassen sich rein mathematische Betrachtungen und Beweise nicht ganz vermeiden. Der Leser mag sie nach eigenem Gutdünken überspringen.

Es werden Anwendungen der Tensorrechnung auf Probleme der Mechanik, der Elektrodynamik und anderer Bereiche behandelt. Hierzu oder als allgemeine Einführung gibt es bereits eine Reihe ausgezeichneter, teils mehr mathematischer, teils überwiegend anwendungsbezogener Werke, von denen an dieser Stelle nur einige jüngere deutschsprachige [2–4, 6, 14] sowie, neben der umfassenden und selbst unter heutigen Maßstäben noch nicht voll erschlossenen Monographie von J. A. Schouten [5], zwei englischsprachige [7, 8] erwähnt seien. Das vorliegende Buch ist durch das Zusammenwirken der folgenden Merkmale charakterisiert:

- *n-dimensionaler Raum,*

wobei *n* irgendeine natürliche Zahl (1, 2, 3...) bedeutet. Während sich nämlich die meisten Anwendungen der Tensorrechnung auf den dreidimensionalen Anschauungsraum, kurz: auf den „Raum" beziehen, macht beispielsweise die innere Flächentheorie mit ihrer Realisierung in der mechanischen Schalentheorie vom zweidimensionalen, die (mathematische) Kurven- bzw. die (mechanische) Stab- oder Balkentheorie vom eindimensionalen und die Relativitätstheorie gar vom (allerdings nichteuklidischen) vierdimensionalen Kontinuum Gebrauch, dessen eine Koordinate die Zeit t ist. Ähnlich geht Lehmann [11] bei kontinuumsmechanischen Untersuchungen vor. Im Phasenraum der Partikelmechanik oder in der kinetischen Gastheorie trägt man dreidimensionale Impulse über dreidimensionalen Lagekoordinaten auf; er ist dann (bis zu) 6-dimensional. Auch der von Kondo [22] zur geometrischen Deutung der Versetzungstheorie in Kristallen benutzte Raum hat 6 Dimensionen. Die

● *Einbeziehung nicht-orthogonaler gerad- und krummliniger Koordinatensysteme*

ist ein MUSS im Hinblick auf numerische Anwendungen für große Formänderungen des betrachteten Körpers, bei denen sich anfangs geradlinige Koordinatennetze in der Regel zu krummlinig schiefwinkeligen verziehen (Bild 0.1). Hierbei hilft die

● *konsequente Anwendung der Ricci-Schoutenschen Kern-Index-Schreibweise,*

Irrtümer oder Mißverständnisse zu vermeiden, die sich bei einer scheinbar einfacheren Symbolik einschleichen können. Wir haben sie durch geringfügige Modifikationen den Bedürfnissen dieses Buches angepaßt. Der größere formale Aufwand gegenüber den nur das Kernsymbol betonenden, weitgehend indexfreien Tensordarstellungen wird durch den höheren Informationsgehalt wettgemacht. Dieser spielt eine Rolle unter anderem bei der

● *Behandlung verschiedener Formen tensorieller Orts- und Zeitableitungen,*

die zwar durch algebraische Zusatzglieder ineinander überführbar und daher vom rein mathematischen Standpunkt aus mehr oder minder gleichwertig sind, aber physikalisch eine unterschiedliche Bedeutung besitzen. Diese steht naturgemäß bei den Anwendungen im Vordergrund, von denen wir hier beispielhaft die Begriffe

● *Formänderung, Formänderungsgeschwindigkeit, Spannung, Spannungsgeschwindigkeit, Inkompatibilität im Zusammenhang mit Eigenspannungen und Versetzungen, Wärmeleitung, viskose und elastisch-plastische Stoffgesetze, Maxwellsche Gleichungen auch für sich verformende Körper*

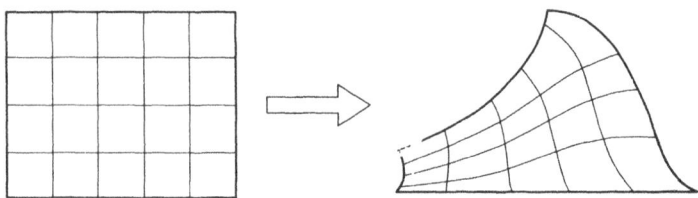

Bild 0.1. Ein anfangs geradlinig rechtwinkeliges Koordinatennetz deformiert sich in ein krummlinig schiefwinkeliges

aufzählen. Allerdings dienen sie hier nur zur Illustration der Tensorrechnung. Leser, die tiefer in die physikalischen Zusammenhänge eindringen möchten, seien auf das jeweilige Fachschrifttum verwiesen.

Wenn mathematische Grenzwerte, insbesondere Integrale oder Differentialquotienten („Ableitungen") auftreten, so setzen wir stillschweigend deren Existenz für die betrachteten Punkte der Argumentenbereiche voraus. Falls nichts anderes erwähnt oder aufgrund der jeweiligen Betrachtungen beziehungsweise Formeln offensichtlich ist, gelten Integranden und Ableitungen (bis zur betrachteten Ordnung) sowie alle sonstigen Funktionen als stetig und beschränkt, an den Bereichsrändern als einseitig stetig.

Den einzelnen Kapiteln sind Übungsaufgaben angefügt, die teilweise aufeinander aufbauen. Ihre Lösungen werden in Kapitel 9 zusammengefaßt.

Gleichungen und als (Lehr-)Sätze formulierte Ergebnisse erhalten abschnittweise aufeinanderfolgende Nummern. So bedeuten Gleichung (2.3/4) oder Satz 2.2/1 die vierte Gleichung von Abschnitt 2.3 bzw. den ersten (Lehr-)Satz von Abschnitt 2.2. Demgegenüber werden Bilder kapitelweise gezählt. Bild 2.5 ist das fünfte Bild von Kapitel zwei.. Schrifttumsverweise in eckigen Klammern, z. B. [5], beziehen sich auf die entsprechend numerierte Quelle im Literaturverzeichnis am Ende des Buchtextes.

Abschließend sei allen jenen Personen und Institutionen ganz herzlich gedankt, die in irgendeiner Form zum Entstehen dieses Buches beigetragen haben. Meine Frau Martina Lippmann hat den Text nebst allen seinen wirklich sehr spröden Formeln in den Computer getippt. Frau Dr. Margit Kovácsné-Bende, Budapest, arbeitete das Manuskript durch, überprüfte die Gleichungen und gab mir wertvolle Ratschläge zur Verbesserung des Inhaltes. Darüber hinaus bereitete sie das Manuskript für den Verlag technisch auf. Herr Dipl.-Ing. Dieter Lachner, München, las gemeinsam mit Herrn Nordin Smajlović, dipl.inž., München, die Korrekturen und bereitete das Sachverzeichnis vor. Der Springer-Verlag, stets um eine gute Zusammenarbeit bemüht, besorgte die Herausgabe in altbewährter Manier.

München, im November 1992   H. Lippmann

Inhalt

1 Einleitung

1.1 Raum, Zeit, Invarianz

Der physikalische Raum unserer alltäglichen Erfahrung wurde von Euklid (ca. 300 v. Chr.) durch abstrahierte geometrische Begriffe wie Punkt, Gerade, Ebene und deren gegenseitigen Beziehungen wie Parallelität, Auf- bzw. Ineinanderliegen und Schnitt axiomatisiert; er heißt seitdem euklidischer Raum, liegt diesem Buch zugrunde und sei als (anschaulich) bekannt vorausgesetzt. Einen neueren axiomatischen Aufbau findet man in Heffters Monographie [9]. Der Berechnung, insbesondere der Numerik ist der Raumbegriff aber erst seit dem nach R. Descartes (1596–1650) benannten Konzept der orthogonalen Koordinatensysteme mit gleichlanger Einteilung auf allen Achsen (1637), also nach Einführung der „orthonormalen" oder „kartesischen" Koordinaten zugänglich geworden (Abschn. 2.2).

Koordinaten dienen jedoch lediglich der zahlenmäßigen Beschreibung. Sie selbst haben weder eine geometrische noch eine physikalische Bedeutung. Folglich dürfen die wirklichen geometrischen oder physikalischen Begriffe und Eigenschaften nicht von der Wahl des Koordinatensystems abhängen; sie müssen „Invarianten" oder „invariant" sein. Dies garantiert man entweder durch eine entsprechend der Euklidischen Vorgehensweise von vornherein koordinatenfreie Betrachtung, wobei man zum Beispiel auf die euklidische Geometrie zurückgreifen darf, oder durch feste Regeln, wie sich die koordinatenabhängige Beschreibung invarianter Begriffe und Eigenschaften ändert („transformiert"), wenn man das Koordinatensystem wechselt. Diese letztgenannte Idee findet ihren praktischen Ausdruck vor allem in der Tensorrechnung, deren formale Regeln die Invarianz aller einschlägigen, mit linearen Beziehungen verbundenen Begriffe und Eigenschaften bewahren.

Demgegenüber wollen wir die Zeit t als skalare, das heißt invariante, durch eine Zahl mit physikalischer Maßeinheit (s, min, h) ausdrückbare getrennte Größe behandeln.

1.2 Indizierte Größen

Wir beginnen mit formalen Regeln für die Schreibweise der in dem Buch benutzten symbolisch ausgedrückten Größen, gleichgültig, was jene Größen wirklich bedeuten. Bei der Vielzahl der zu behandelnden Gegenstände läßt es sich nicht vermeiden, daß begrifflich verschiedene Größen gelegentlich durch die gleichen Symbole bezeichnet werden, soweit keine Verwechselungsgefahr besteht.

Die Anordnung der Symbole in einer Einzelgröße zeigt Bild 1.1. Die Rahmen geben dort Positionen und relative Schrift- bzw. Drucksatzformate an; sie erscheinen in der Regel nicht selbst, doch werden aufeinanderfolgende Indizes durch deutlich erkennbare Abstände getrennt. Ferner gilt die durch die Indexfolge charakterisierte, hier zur Buchseite waagerechte Richtung als horizontal und die dazu senkrechte Richtung als vertikal.

Für den Kern kommt jedes darstellbare Symbol oder jede darstellbare ebene Symbolkombination in Betracht. Sie muß von Fall zu Fall definiert werden. Dies kann auch indirekt dadurch geschehen, daß man die Indexpositionen oder die darin plazierten Indizes definiert. *Ohne* spezielle Definition verwenden wir jedoch als Kern lateinische oder griechische Buchstaben bzw. Buchstabenfolgen ohne Zwischenabstände einschließlich des Differentiationssymbols ∂, mit oder ohne darüber-, darunter- oder danebengesetzte Marken (Bild 1.1) sowie gegebenenfalls Über- und Unterstreichungen. Beispiele: A, ab, $\partial \bar{f}$, X'. Unterstreichungen werden oft mit bestimmten Druckarten (fett, kursiv) identifiziert.

Indizes bzw. Indexmarken schreibt man in je einer horizontalen Reihe entweder über oder unter den Kern sowie rechts bzw. links daneben. Bei den seitlich angeordneten Indizes sind jeweils nur zwei Reihen zulässig, deren Positionen genau über- bzw. untereinander stehen: Die oberen (hochgestellten) oder unteren (tiefgestellten) Indizes. Die Druck- bzw. Schreibgröße der Indizes, Indexmarken oder anderer Schriftzeichen, die später an die Stelle von Indizes oder Indexmarken gesetzt werden dürfen, sollte zweckmäßigerweise klein gegenüber dem Kern gewählt werden. Rechtsstehende Indizes beziehen sich oft auf die noch einzuführenden Koordinatensysteme oder Basen und heißen dann Koor-

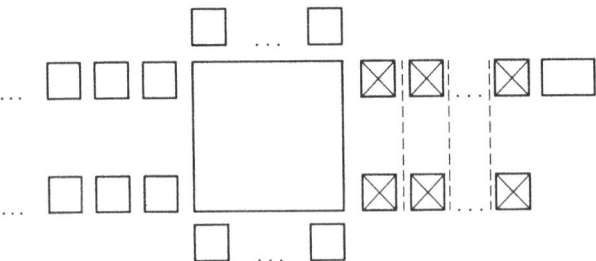

Bild 1.1. Anordnung der Symbole bei indizierten Einzelgrößen. Großes Quadrat: Kernsymbol. Kleine Quadrate: Indizes, Indexfunktionen oder Indexmarken, und zwar **a** ohne Kreuz: linke bzw. obere und untere Indizes, Indexmarken oder leerer Raum; **b** mit Kreuz: rechte Indizes, Koordinatenindizes oder leerer Raum. Gebrochene Linien: Je ein oder mehrere vertikale Striche, Kommas oder kleiner Zwischenraum zur Unterscheidung der Indizes. Horizontales Rechteck: Entfallend (leer) bzw. Marken, das heißt u.a. Punkt ($\cdot$), Strich ($'$), Ring ($\circ$), Balkenkreuz ($\#$) oder deren Kombinationen

dinaten-Indizes, während man die anderen Indizes auch als die schon erwähnten Indexmarken bezeichnet. Das Wort „Index" dient als Oberbegriff.

Man unterscheidet laufende (variable) oder feste (konstante) Indizes.

Laufende Indizes gehören jeweils zu bestimmten Symbolgruppen, den „Indexalphabeten", und dürfen keine spitzen Klammern $\langle \ \rangle$ enthalten. Im vorliegenden Buch benutzen wir überwiegend die folgenden Indexalphabete:

Kleines und großes lateinisches Indexalphabet:

$$i, \ j, \ k, \ l, \ p, \ q, \ r, \ s$$

beziehungsweise

$$H, \ J, \ K, \ L, \ P, \ Q, \ R, \ S \ .$$

Kleines griechisches Indexalphabet:

$$\alpha, \ \beta, \ \gamma, \ \iota, \ \kappa, \ \lambda, \ \mu, \ \nu \ .$$

Ferner die obigen Indexalphabete mit Strichen:

$$i', \ j', \ldots \quad \text{bzw.} \quad i'', \ j'', \ldots \quad \text{bzw.} \quad \bar{H}, \ \bar{J} \ \text{usw.},$$

oder mit Nullen:

$$i0, \ j0, \ldots \text{bzw.} \quad H0, \ J0, \ldots \quad \text{bzw.} \quad \alpha 0, \ \beta 0, \ldots \text{usw.},$$

wofür man auch

$$i_0, \ j_0, \ldots \text{bzw.} \quad H_0, \ J_0, \ldots \quad \text{bzw.} \quad \alpha_0, \ \beta_0, \ldots \text{usw.}$$

schreiben darf.

Jedes dieser Alphabete wird im Bedarfsfall um die zu jedem seiner Symbole gehörigen durchnumerierten Symbole erweitert, also bei einer gegebenen natürlichen Zahl m und einer variablen natürlichen Zahl l, $1 \le l \le m$, das kleine lateinische Alphabet um

$$j1, \ j2, \ldots, \ jl, \ldots, \ jm; \quad k1, \ k2, \ldots, \ kl, \ldots, \ km \ \text{etc.}$$

oder gleichwertig

$$j_1, \ j_2, \ldots, \ j_l, \ldots, \ j_m; \quad k_1, k_2, \ldots, \ k_l, \ldots, \ k_m \ \text{etc.}$$

bzw. das kleine griechische Alphabet um

$$\alpha 1, \ \alpha 2, \ldots, \ \alpha l, \ldots, \ \alpha m; \quad \beta 1, \ \beta 2, \ldots, \ \beta l, \ldots, \ \beta m \ \text{etc.}$$

oder gleichwertig

$$\alpha_1, \ \alpha_2, \ldots, \ \alpha_l, \ldots, \ \alpha_m; \quad \beta_1, \ \beta_2, \ldots, \ \beta_l, \ldots \beta_m \ \text{etc.}$$

Hierbei vermeiden wir das Wort Doppelindizierung, da die Kombinationen jl, βl usw. jeweils als ein einziger Index gelten. Im übrigen kann man auch diese Alphabete mit Nullen oder Strichen versehen:

$$j1_0, \ldots, \ \beta 1_0, \ldots \ \text{etc.}$$

Man schreibt die Null vorzugsweise klein und tiefgestellt, um zum Beispiel 1_0 von der Zahl 10 zu unterscheiden. Zur Verdeutlichung darf man Indexnummern geschweift einklammern, so daß beispielsweise

$$j_{n-1} \quad \text{und} \quad j\{n-1\}, \quad k_0 \quad \text{und} \quad k\{0\}$$

die gleichen Indizes bedeuten.

Die Symbole oder „Buchstaben" jedes Indexalphabets sind Variable, die alle „Werte" des jeweils zugehörigen, aus einer geordneten Aufeinanderfolge bestimmter anderer Symbole bestehenden „Wertebereiches" annehmen dürfen. Kein Wert des Wertebereiches darf zum Alphabet des entsprechenden Index gehören. Praktischerweise sorgt man dafür, daß die Alphabete und die zugehörigen Wertebereiche *aller* im gleichen Zusammenhang betrachteten Größen aus untereinander verschiedenen Symbolen bestehen.

Die Zuordnung eines Indexalphabets zu einem Wertebereich erfolgt durch ein Identitätszeichen, wobei links das Alphabet und rechts der Wertebereich ausgeführt werden- zum Beispiel:

$$i, \ldots, s \equiv 1, \ldots, n \qquad \text{(arabische Ziffern)}$$

$$H, \ldots, S \equiv I, \ldots, N \qquad \text{(römische Ziffern)}$$

$$\alpha, \ldots, v \equiv x, y, z \qquad \text{(lateinische Kleinbuchstaben)}$$

wobei n eine arabische und N eine römische natürliche Zahl darstellen. Den durchnumerierten Indexsymbolen $j1, \ldots, k_6, \ldots$ ordnet man dieselben Wertebereiche wie den unnumerierten Symbolen des sonst gleichen Alphabets zu. Bei den mit Strich(en) oder Null(en) modifizierten Indexalphabeten modifiziert man jedoch in gleicher Weise auch die Elemente des Wertebereiches:

$$i', \ldots, s' \equiv 1', \ldots, n'$$

$$i_0, \ldots, s_0 \equiv 1_0, \ldots, n_0$$

$$\alpha'_0, \ldots, v'_0 \equiv x'_0, y'_0, z'_0 \text{ (oder } x0', y0', z0') \,.$$

Daneben sind weitere Indexalphabete, Wertebereiche oder andere Zuordnungen möglich, die man von Fall zu Fall vereinbaren muß. Soweit dies in der Folge nicht ausdrücklich geschieht, benutzen wir die oben spezifizierten. Dabei können die Wertebereiche einzelner Indizes für einzelne Formeln oder Formelgruppen durch Zusatzforderungen wie etwa $k \leq 5$; $\alpha, \beta \neq z$; $j0 = 1_0, \ldots, (n-1)_0$; $J > L$ oder $p' = q'$ eingeschränkt werden. Die Einschränkung gilt für die jeweils *linksstehenden* laufenden Indizes und nur für diese. Ferner sind die durch Zeichen $=$, $\neq$, $>$, $<$, $\geq$, $\leq$ ausgedrückten Vergleiche im Gegensatz zur Identität $\equiv$ auch dann erlaubt, wenn das Alphabet oder der Wertebereich des rechtsstehenden Index nicht dem Alphabet des linksstehenden laufenden Index entspricht. Sie beziehen sich dann auf die von links her gezählte Positionsnummer der zulässigen Werte des linksstehenden laufenden Index in dessen Wertebereich, verglichen mit der Positionsnummer des rechtsstehenden festen Index oder des vom dortigen laufenden Index gerade angenommenen Wertes in seinem Wertebereich. Zum Beispiel bedeuten die Einschränkungen

$$k \leq x \quad \text{oder} \quad \alpha, \beta \neq 1 \quad \text{oder} \quad l < J \,,$$

daß k nur den Wert 1 haben darf, α und β die Werte y und z annehmen können, während der Wert des laufenden Index l (als arabische Zahl) stets kleiner als der jeweilige Wert des laufenden Index J (als römische Zahl) sein muß.

Eine Indexfunktion ordnet bestimmten Werten eines laufenden Index dieselben oder geänderte Werte des gleichen Wertebereiches zu. Wir benutzen insbesondere die Funktionen

$$j \pm m, \quad K \pm m, \quad \alpha O' \pm m \quad \text{usw.}$$

mit m als nicht-negativer ganzer Zahl. Sie ordnen jedem Wert des durch j, K bzw. $\alpha O'$ charakterisierten Indexalphabets, für den es einen m-ten darauffolgenden bzw. vorhergehenden Wert gibt, eben diesen Wert zu (bzw. keinen Wert, falls er nicht existiert oder ausgeschlossen wurde). Indexfunktionen dürfen ihrerseits an die Stelle eines laufenden oder festen Index geschrieben werden; als Index gilt dann aber das Argument j, K bzw. $\alpha O'$.

Jeder Wert eines Indexwertebereiches stellt auch einen möglichen festen Index dar. Ferner bedeutet ein in spitze Klammern gesetzter laufender Index wie $\langle j \rangle$, $\langle Hi_0 \rangle$, $\langle \gamma' \rangle$ ebenfalls einen festen Index, und zwar irgendeinen einzelnen, spezifizierten oder unbestimmt gelassenen Wert des zugehörigen Wertebereiches. Für sich genommen repräsentiert derselbe Index mit oder ohne spitze Klammer zwar jeweils denselben Wert: $j = \langle j \rangle$. Jedoch unterscheidet sich $\langle j \rangle$ von j dadurch, daß j an der gleichen Größe alle Werte des Wertebereiches annehmen darf, $\langle j \rangle$ aber nur irgendeinen einzigen. Man nennt daher die spitz eingeklammerten Indizes auch Indexkonstanten. Eine für einen festen Index oder für eine Indexkonstante berechnete Indexfunktion stellt ihrerseits ebenfalls einen festen Index oder eine Indexkonstante dar. Für Indexkonstanten kann man dieselben durch die Zeichen $=$, $\neq$, $>$, $<$, $\geq$, $\leq$ ausgedrückten Größenvergleiche bzw. Einschränkungen einführen wie für laufende und feste Indizes.

Speziell für Indexalphabete beziehungsweise Wertebereiche mit und ohne modifizierende Nullen gelte die folgende

> **Vereinbarung über Indexpaare:** Wenn in einer Gleichung ein laufender Index, zum Beispiel j, sowohl mit als auch ohne modifizierende 0 vorkommt, so sind diese Indexpaare (j, j_0) nicht unabhängig. Vielmehr bezeichnen sie jeweils Paare von einander in der Reihenfolge entsprechenden Werten der zugehörigen Wertebereiche. Eine analoge Regel, die ohnehin für feste Indizes 1, 1_0 usw. besteht, soll auch für Paare von Indexkonstanten $\langle j \rangle$, $\langle j_0 \rangle$ zutreffen.

Die Indexpositionen einer indizierten Größe (Bild 1.1) dürfen leer bleiben oder einen laufenden Index, eine Indexfunktion bzw. einen festen Index enthalten. Beispiele:

$$\underset{m}{A}{}^{j,1}_{\cdot k}, \quad b^{\alpha x}_{\cdot \cdot v}, \quad {}^{1'1'}\dot{Z}_{j_1 \langle k_0 \rangle}.$$

Hierbei werden leergelassene Indexpositionen zur Verdeutlichung manchmal mit einem Punkt ausgefüllt. Dies ist vor allem für leer gelassene Positionen zwischen rechtsstehenden Koordinaten-Indizes zweckmäßig, weil dort, von einzeln zu spezifizierenden Ausnahmen abgesehen, *niemals* zwei Indizes übereinander stehen sollen.

Eine indizierte Größe gilt nur für solche Indizes als geschrieben, die zu den entsprechenden, ggf. eingeschränkten Wertebereichen gehören bzw. für welche die auftretenden Indexfunktionen definiert sind. Insbesondere gilt die Größe als nicht geschrieben, wenn der Wertebereich wenigstens eines einzigen ihrer Indizes leer ist.

Die aus je zwei übereinandergestellten Positionen bestehenden „Indexspalten" können, soweit sie überhaupt einen Index oder eine Indexfunktion enthalten und rechts vom Kern stehen, durch je ein Komma (,) oder Vertikalstrich ($|$) voneinander bzw. vom Kern getrennt sein. Dies und die rechts außen zulässigen hochgestellten Marken ($\cdot$, $\prime$, 0, $*$, $\#$) bedeuten unter anderem Differentiationssymbole: $a^{jk}|_i$. Natürlich können Marken direkt zum Kern gehören, sie stehen dann vor den Indizes: $\overset{\#}{a}{}^{jk}|_i$.

Indizierte Größen sind entweder indizierte Einzelgrößen (Bild 1.1) oder zusammengesetzte indizierte Größen. Wir gehen davon aus, daß die vorstehend besprochenen Einzelgrößen reelle, ggf. auch komplexe Zahlen oder irgendwelche andere Größen (z.B. Vektoren, Differentialoperatoren) mit oder ohne physikalische Dimension darstellen, für welche die jeweilige der folgenden Operationen sinnvoll ist. Hierbei werden nur die laufenden Indizes betrachtet. Feste Indizes sind beliebig; sie und ihre Positionen werden nicht mitgezählt. Dann erlauben wir die folgenden Zusammensetzungen.

a) Die Addition bzw. Subtraktion von indizierten Größen gleicher Maßeinheit (z.B. 1 bei dimensionslosen Größen, *mm* bei Längen, *N* bei Kräften) wenn sie an gleichen oberen bzw. unteren Positionen identische laufende Indexsymbole enthalten. Das Ergebnis ist eine indizierte Größe, welche dieselben Indizes an gleichen oberen oder unteren Positionen besitzt, während die horizontale Position (Indexspalte) von Fall zu Fall zugeordnet werden darf:

$$^xC_j{}^k = {}^yA_j{}^k \pm B_j{}^k$$

Integrationen gelten als Grenzfall von Summen, Differentiationen als Grenzfall von Differenzen.

b) Die formale Multiplikation, d.h. das Hintereinanderschreiben ohne zwischengeschaltetes Symbol von indizierten Größen. Das Ergebnis, genannt „direktes Produkt", ist eine indizierte Größe, deren laufende Indizes als in irgendeiner festzulegenden Reihenfolge hintereinandergefügt gelten, wobei jedoch die oberen (hochgestellten) bzw. die unteren (tiefgestellten) Positionen erhalten bleiben:

$$^xC_j{}^k{}_{\cdot}{}^l = {}^yA_j{}^{k\prime}\,{}^zB_k{}^l$$

Wenn insbesondere $A_j{}^k$ eine von den Parametern ξ^1, ξ^2 und ξ^3 abhängige indizierte Größe darstellt und ∂_i die partielle Ableitung nach ξ^i, so kann man im Sinne des direkten Produktes auch

$$C_{ij}{}^k = \partial_i A_j{}^k$$

bilden.

c) Die Inversenbildung ausgedrückt durch Bruchstrich ($\frac{1}{\cdots}$, 1/...) für solche Werte der laufenden Indizes, für die sie ausgeführt werden kann; für andere Werte gilt sie als nicht geschrieben. Das Ergebnis ist eine indizierte Größe mit in jeweils festzulegenden Spalten angeordneten gleichen laufenden Indizes, wobei jedoch die oberen (hochgestellten) und unteren (tiefgestellten) Positionen wechseln:

$$D_j{}^k = 1/A_{\cdot k}^j\,,$$

$$C_{j\cdot l}^{\,\cdot k} = \partial A_j{}^k/\partial\xi^l = \partial_l A_j{}^k = A_{j\cdot,l}^{\cdot k}$$

Hier wie später darf die partielle Ableitung nach einem indizierten Parameter, z.B. nach l, auch durch ein Komma ausgedrückt werden. In mehrfach differenzierten Größen wie

$$\partial^2 A_j{}^k/\partial\xi^q\partial\xi^p = \partial_q\partial_p A_j{}^k = A_{j\cdot,pq}^{\cdot k}$$

beziehen sich *alle* Indizes hinter dem Komma auf Ableitungen. Die Division von indizierten Größen entspricht der Multiplikation mit der Inversen, also

$$C_{j\cdot l}^{\,\cdot k} = A_j{}^k/\xi^l = A_j{}^k(1/\xi^l)$$

d) Eine oder mehrere hintereinandergeschriebene, durch Kommas getrennte und in ein Paar runder oder eckiger Klammern bzw. in ein Paar vertikaler Betragsstriche gesetzte indizierte Größen, die gegebenenfalls von einer oder mehreren hochgestellten Marken $\cdot$, $'$, 0, $*$, $\#$ oder einer hochgestellten reell- oder komplexwertigen Zahl bzw. Funktion gefolgt sind, ergeben wiederum eine indizierte Größe, deren Indexstellung wie bei der formalen Multiplikation bestimmt wird:

$$(u, v^k)^{-1/2}, \quad [u_1, v_2, w_3]$$

Sofern keine Marken vorangehen oder folgen, oder sofern nichts anderes festgelegt wird, bedeuten einzelne hochgestellte Zahlen bzw. Funktionen rechts von runden und eckigen Klammern oder von Betragsstrichen Potenzexponenten.

Zusammengesetzte Größen gelten nur insoweit als geschrieben, wie sie im Rahmen ihrer jeweiligen Bedeutung sinnvoll gebildet werden können.

Unindizierte Größen sind ein Sonderfall der indizierten Größen. Meist identifizieren wir solche nur aus einem Kern gebildete Größen, die man üblicherweise als Zahlen liest, mit den Zahlen selbst: 0, 1, 2512, $13^{-0,4}$, $e = 2,71828\ldots$, $\pi = 3,14159\ldots$.

Wenn einer indizierten Größe ein Ausdruck in geschweiften Klammern $\{\ldots\}$ folgt, so enthält dieser zusätzliche Informationen in bezug auf jene Größe, ohne zu ihr zu gehören oder ihren Charakter zu ändern bzw. ohne den Zusammenhang aufeinanderfolgender Größen zu unterbrechen. Dies gilt, obwohl der eingeklammerte Ausdruck selbst aus einer oder mehreren, durch Kommas oder Gleichheitszeichen getrennten indizierten Größen bestehen darf. Deren Indizes gelten in bezug auf außerhalb der geschweiften Klammern stehende indizierte Größen als wirkungslos.

Die Bedeutung der in geschweiften Klammern stehenden Information wird von Fall zu Fall festgelegt. Hier erläutern wir nur einige Standardfälle, wie sie weiterhin ohne besondere Erläuterung auftreten. So drücken geschweifte Klammern zum Beispiel aus, daß die unmittelbar voranstehende indizierte Größe unter anderem von den innerhalb der Klammern aufgeführten, dabei gegebenenfalls zu vergleichenden indizierten Größen abhängt. Es brauchen keinesfalls alle Abhängigkeiten aufgelistet zu werden, sondern nur die jeweils betrachteten:

$$f_{ik}\{\xi^i, t], \quad g^\alpha\{\zeta^{\langle k \rangle} = 5\}, \quad A^{\alpha\beta}\{B_\beta\}$$

Bei Matrizen $\mathbf{M}$ gibt die innerhalb geschweifter Klammern doppelt indizierte Größe die Elemente an:

$$\mathbf{M} = \mathbf{M}\{A_i{}^k\}.$$

Wie üblich enthält die erste Indexspalte den Zeilenindex und die zweite Indexspalte den Spaltenindex.

1.3 Summationskonvention

Die Hauptregel des nach dem italienischen Mathematiker G. Ricci-Curbastro (1853-1925) benannten Ricci-Kalküls [5] lautet wie folgt:

> Stehen in einer indizierten Größe an mindestens einer oberen und an einer unteren Position ein und dasselbe laufende Indexsymbol, gegebenenfalls als Argument je einer Indexfunktion, so wird die Größe über alle Werte der betroffenen, identischen, laufenden Indizes („Summations–Indizes") aufsummiert.

Dies setzt voraus, daß die Summe nicht nur formal, sondern auch inhaltlich sinnvoll gebildet werden kann. Beispiele mit $n = 3$:

$$A^i, A^i{}_{.j}, A_{jj}, A^{jk}\{B_j\} \text{ keine Summen;}$$

$$A^i{}_{.i} = A^1{}_{.1} + A^2{}_{.2} + A^3{}_{.3} ;$$

$$A^i{}_{.j} B^j{}_{.i} = A^1{}_{.1} B^1{}_{.1} + A^1{}_{.2} B^2{}_{.1} + A^1{}_{.3} B^3{}_{.1}$$
$$+ A^2{}_{.1} B^1{}_{.2} + A^2{}_{.2} B^2{}_{.2} + A^2{}_{.3} B^3{}_{.2}$$
$$+ A^3{}_{.1} B^1{}_{.3} + A^3{}_{.2} B^2{}_{.3} + A^3{}_{.3} B^3{}_{.3} ;$$

$$(A^i + B^i)C_i = (A^1 + B^1)C_1 + (A^2 + B^2)C_2 + (A^3 + B^3)C_3$$

sowie

$$\partial f^i/\partial \xi^i = \partial f^1/\partial \xi^1 + \partial f^2/\partial \xi^2 + \partial f^3/\partial \xi^3 \,,$$

worin f^i drei Funktionen der Variablen ξ^1, ξ^2 und ξ^3 darstellt. Wenn auch f_i drei solche Funktionen repräsentiert, so wird jedoch

$$\partial f_i/\partial \xi^i \qquad \text{nicht summiert} \,,$$

weil $\partial f_i/\partial \xi^i$ als Größe mit zwei unteren (gleichständigen) Indizes zu interpretieren ist. Auch

$$A^3_{.\langle j\rangle} \, B^{\langle j\rangle}_{.3} \qquad \text{wird nicht summiert} \,,$$

weil 3 und $\langle j \rangle$ feste Indizes darstellen.

Identische Summationsindizes darf man umbenennen, also durch ein anderes Symbol desselben Alphabets ersetzen, das nicht schon mit irgendeinem laufenden Index derselben Größe zusammenfällt. Zum Beispiel für $k = 3$:

$$A^{ik}B_i = A^{jk}B_j = A^{pk}B_p = A^{13}B_1 + A^{23}B_2 + A^{33}B_3 \,,$$

jedoch im allgemeinen

$$A^{ik}B_i \neq A^{kk}B_k = A^{11}B_1 + A^{22}B_2 + A^{33}B_3 \,.$$

Umbenennungen muß man vor der formalen Multiplikation zweier Größen vornehmen, falls eine davon Summationsindizes enthält, die ungewollt mit einem Indexsymbol der anderen Größe zusammenfallen. Zum Beispiel können $A^{jl}B_{1j}$ und $C^i_{.jl}$ erst nach Umbenennungen multipliziert werden, etwa gemäß

$$A^{pq}B_{qp} \, C^j_{.jl} \qquad \text{oder} \qquad A^{jp}B_{pj} \, C^q_{.ql} \,.$$

Der „freie Index" l, das ist ein laufender Index, der keinen Summationsindex (auch: „stummen" oder „gebundenen Index") darstellt, bleibt ungeändert.

Die gelegentlich nach dem Physiker A. Einstein (1879–1955) benannte Summationskonvention, wonach über zwei „gleichständige" obere oder zwei „gleichständige" untere laufende Indizes ebenfalls zu summieren ist, wenn sie durch dieselben Symbole dargestellt sind, wird im vorliegenden Buch nicht benutzt. Sie wäre nur bei einer Beschränkung auf kartesische Koordinatensysteme zweckmäßig.

1.4 Indiziertes Summenzeichen, Kroneckersymbol

Das indizierte Summenzeichen ist eine ein- oder mehrfach rechtsindizierte Größe mit dem Kern Σ, bei welcher die Indizes auch direkt übereinander stehen dürfen. Sie besitzt für alle zugelassenen Indexwerte den (dimensionslosen) Wert 1 und dient zur symbolischen Summenbildung dort, wo diese nicht schon mittels der Summationsregel erfolgt. Beispiel für a, b als Kernsymbole:

$$\Sigma_{ik} a^i b^k = a^1 b^1 + a^1 b^2 + a^2 b^1 + \ldots + a^n b^n \, ,$$

aber

$$\Sigma_k^i \, a^i b^k = a^i b^1 + \ldots + a^i b^n \, .$$

Der beim Summieren zugelassene Wertebereich kann für alle Summationsindizes gleichzeitig innerhalb der für die Indexalphabete gültigen Wertebereiche eingeschränkt oder erweitert werden, indem man je einen festen Index als „obere Summationsgrenze" über und als „untere Summationsgrenze" unter den Kern setzt. Bei der Summation werden dann alle Summanden zugelassen, deren Summationsindizes keine Werte unterhalb der unteren oder oberhalb der oberen Grenze besitzen. Beispiele:

$$\sum_y^z {}^{\alpha\beta} A_{\alpha\beta} = A_{yy} + A_{yz} + A_{zy} + A_{zz} \, , \quad \sum_z^y {}^{\alpha\beta} A_{\alpha\beta} = 0 \, .$$

Die nach L. Kronecker (1821–1891) benannten Kroneckersymbole sind zweifach indizierte Größen mit dem Kern δ und beliebiger Indexstellung, gegebenenfalls auch direkt übereinander. Beide Indizes durchlaufen gleich große Wertebereiche, deren Werte also, wie in Abschnitt 1.2 angegeben, entsprechend ihrer Reihenfolge verglichen werden können. Die Symbole haben den dimensionslosen Wert 1, falls die Indexwerte im Sinne von Abschnitt 1.2 gleich sind, andernfalls den Wert 0. Sie ergeben als Matrix angeordnet die Einsmatrix (Einheitsmatrix) **1**. Beispiele:

$$\delta_{jk} = {}^j\delta_k = \delta_k^j = \delta_{\cdot k}^j = \begin{cases} 1 & \text{für} \quad j = k \\ 0 & \text{für} \quad j \neq k \end{cases} \tag{1/1}$$

In einer Summe bleiben nur solche Glieder stehen, bei denen die Indexwerte an jedem der beteiligten Kroneckersymbole gleich sind:

$$\delta^{2k} a_k = \delta^{22} a_2 = a_2 \, , \quad \delta^{jk} a_k = a_j \, ,$$

$$\delta_{\cdot k}^j a_j a^k = a_k a^k \, , \quad \delta^{jk} a_j a_k = \Sigma^k (a_k)^2 \, .$$

Das letzte Beispiel zeigt auch, wie man mittels des Kroneckersymbols ein sonst erforderliches Summenzeichen vermeiden kann.

Formal hat die Multiplikation einer indizierten Größe mit einem Kroneckersymbol, dessen einer Index dadurch zum Summationsindex wird, den gleichen Effekt, wie wenn man den entsprechenden Index der indizierten Größe durch den anderen Index des Kroneckersymbols ersetzt hätte. Insofern dient das Kroneckersymbol auch zur Indexsubstitution.

Aus (1/1) folgt für $k \equiv 1, \ldots, n$ sofort

$$^k\delta_k = \delta_k^k = \delta_{\cdot k}^k = \ldots = n \tag{1/2}$$

2 Skalare und Vektoren im euklidischen Raum

2.1 Linearer und metrischer Vektorraum, Skalarprodukt

Ein Skalar besteht aus einer reellen oder, falls gewünscht, auch komplexen Zahl, die gegebenenfalls mit einer physikalischen Maßeinheit EH versehen ist (zum Beispiel N = Newton für die Kraft, m = Meter für die Länge oder s = Sekunde für die Zeit). Sie muß unabhängig von jedem (erst später zu definierenden) Koordinatensystem sein und bezeichnet in der Regel eine geometrische oder physikalische Größe wie zum Beispiel die Masse m oder das spezifische Gewicht γ bzw. die Massendichte ρ eines Körpers, seine Temperatur ϑ oder den Abstand a zweier Punkte.

Ein Vektor **F** im euklidischen Raum, also zum Beispiel eine Kraft bestimmter Richtung und bestimmter Größe $|\mathbf{F}|$ ist eine gerichtete („orientierte") Strecke, die man anschaulich durch einen Pfeil darstellen kann. Sie wird durch einen Anfangspunkt und einen Endpunkt (Pfeilspitze) auf einer „Trägergeraden" sowie durch die Länge $|\mathbf{F}| \geq 0$ charakterisiert, die mit dem Abstand beider Punkte übereinstimmt.

Man ordnet dem Vektor ebenfalls eine physikalische Maßeinheit zu, die mit der Maßeinet der zugehörigen Vektor- „Länge" übereinstimmt, im vorliegenden Fall also die Krafteinheit N. Dann setzt die graphische Darstellung (Bild 2.1a) einen Maßstabsfaktor voraus, der für alle Vektoren (und Vektor- „Längen") der gleichen physikalischen Maßeinheit im selben Bild derselbe sein muß. Weitere Beispiele (Bild 2.1b): Der in Drehachsenrichtung weisende Winkelgeschwindigkeitsvektor $\boldsymbol{\omega}$ eines Starrkörpers mit der Länge $|\boldsymbol{\omega}| = |d\psi/dt|$, wo ψ den Drehwinkel darstellt und t die Zeit; der dabei radial auswärts zeigende Fliehkraftvektor pro Volumeneinheit **f** mit der Länge $|\mathbf{f}| = \rho|\boldsymbol{\omega}|^2 r$; die dem Eigengewicht G entgegenwirkenden Lager-Reaktionskräfte $-G/2$ mit den Längen $G/2$ oder der aus der Mechanik starrer Körper bekannte Drallvektor **d**, etwa um den Massenmittelpunkt der Scheibe gebildet. Bei unsymmetrischen Scheiben brauchen **d** und $\boldsymbol{\omega}$ nicht parallel zu sein.

Übrigens setzt die Richtung des Vektors $\boldsymbol{\omega}$ die vorherige Festlegung einer „Orientierung", das heißt eines positiven Drehsinnes im Raum voraus. Wir haben ihn hier so gewählt, daß er von der Spitze von $\boldsymbol{\omega}$ her gesehen entgegengesetzt dem Uhrzeigersinn verläuft. Vektoren, deren Pfeilrichtung auf der Trägergeraden von einer vorher zu definierenden Raumorientierung abhängt, nennt man „axiale" Vektoren. Zu ihnen gehört neben $\boldsymbol{\omega}$ auch der Drallvektor **d** im Gegensatz zu den „polaren", drehsinnunabhängigen Vektoren **f**, $G/2$ usw.

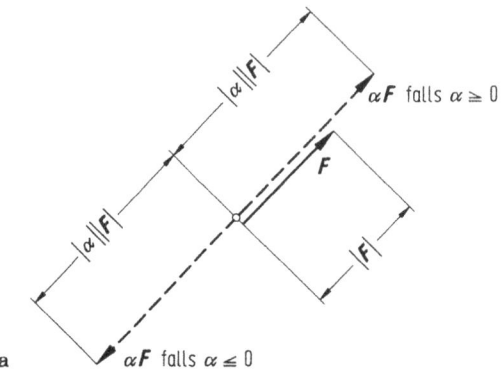

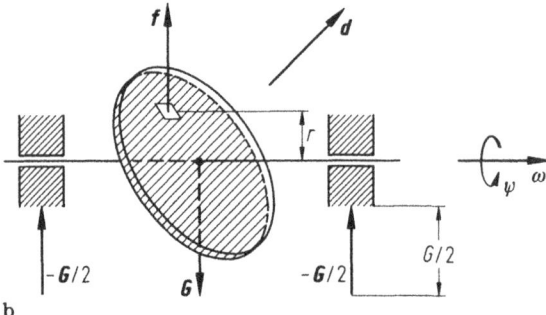

Bild 2.1a,b. Vektoren und deren Multiplikation mit Skalaren. **a** Vektoren F und αF; α: reellwertiger Skalar, $|F|$: Vektorlänge. **b** Vektoren der Volumenkraftdichte f, der Winkelgeschwindigkeit ω, der Oberflächen-(Reaktions-)Kräfte $-G/2$ sowie des Dralls d an einem rotierenden starren Körper im Schwerefeld. ψ ist der Drehwinkel, r der radiale Abstand des Volumenkraft-Angriffspunktes und G das Eigengewicht der Scheibe nebst Welle

Mit dem Drehwinkel ψ ist auch ω für jeden Punkt der Scheibe gleich. Solche Vektoren, deren Anfangspunkt beliebig ist und die daher parallel verschoben werden dürfen, heißen „freie Vektoren". Kräfte dürfen am Starrkörper, ohne das Gleichgewicht zu verändern, nur längs ihrer Trägergeraden („Wirkungslinie") verschoben werden; man nennt sie daraufhin „linienflüchtig". Bei einer (zum Beispiel elastisch) verformbaren Scheibe hängt die Wirkung einer Kraft auch von der Lage des Angriffspunktes ab. Dann ist die Kraft ein nichtverschiebbar „gebundener" oder „Ortsvektor".

Die folgenden Rechenregeln sind für alle beschriebenen Vektortypen gleich; sie machen von der freien Verschieblichkeit Gebrauch, so als ob sie sich stets auf freie Vektoren beziehen, und enthalten für sich genommen keine Information über den Anfangspunkt. Ihre graphische Darstellung setzt geeignete Maßstabsfaktoren voraus.

Zunächst wird für beliebige Vektoren F die Multiplikation mit Skalaren α oder β gemäß Bild 2.1a definiert, wobei sich physikalische Maßeinheiten multiplizieren. Diese Definition ergänzt man durch die Schreibweisen

$$F\alpha = \alpha F, \quad F/\alpha = \left(\frac{1}{\alpha}\right)F.$$

Alsdann führt man die Vektoraddition bzw. Vektorsumme $u + v$ für je zwei Vektoren u, v gleicher Maßeinheit in Gestalt des Diagonalvektors derselben Maßeinheit in dem aus u und v gebildeten Parallelogramm ein (Bild 2.2a), bezeichnet als „Nullvektor" 0 den für alle Maßeinheiten eindeutig und gleich angesehenen Vektor der Länge 0 mit beliebiger Richtung und erkennt unter anderem aus Bild 2.1a sowie aus den Bildern 2.2a,b die folgenden Grundrechenregeln:

$$(\alpha\beta)F \quad = \alpha(\beta F) \text{ (Assoziativgesetz I) ,} \qquad (2.1/1)$$

$$\alpha F \quad = 0 \text{ dann und nur dann, wenn } \alpha = 0 \quad \text{oder} \quad F = 0, \qquad (2.1/2)$$

$$u + v \quad = v + u \text{ (Kommutativgesetz I) ,} \qquad (2.1/3)$$

$$\alpha(u + v) \quad = \alpha u + \alpha v \text{ (Distributivgesetz I)} \qquad (2.1/4)$$

$$(\alpha + \beta)u \quad = \alpha u + \beta u \text{ (Distributivgesetz II)} \qquad (2.1/5)$$

$$(u + v) + w = u + (v + w) \text{ (Assoziativgesetz II) .} \qquad (2.1/6)$$

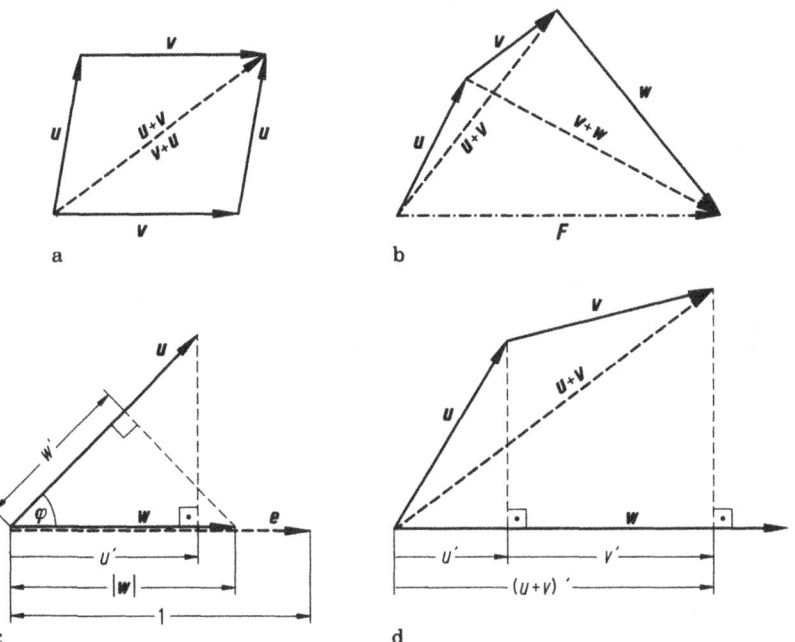

Bild 2.2a–d. Vektoren u, v, w; Einsvektor e in Richtung von w; (kleinster) Winkel φ zwischen u und w. **a** Vertauschbarkeit der Summanden bei der Vektoraddition; **b** Assoziativität der Vektoraddition; **c** Zur Deutung des Skalarproduktes (u, w) vermittels der Projektionen u' bzw. w'; **d** Zur Additivität des Skalarproduktes als Folge der Additivität der Projektionen $(u + v)' = u' + v'$

Hierin repräsentiert $\mathbf{w}$ irgendeinen weiteren Vektor gleicher Maßeinheit wie $\mathbf{u}$ und $\mathbf{v}$.

Die Assoziativgesetze erlauben es, Klammern beliebig zu setzen oder ganz wegzulassen. Mit den Abkürzungen $-\mathbf{F} = (-1)\mathbf{F}$ bzw. $\mathbf{u} - \mathbf{v} = \mathbf{u} + (-1)\mathbf{v}$ erkennt man ferner über (2.1/2) und (2.1/4)

$$\mathbf{u} - \mathbf{u} = (1 - 1)\mathbf{u} = \mathbf{0}\,.$$

Daher ist nach Addition von $-\mathbf{v}$ die Vektorgleichung $\mathbf{u} + \mathbf{v} = \mathbf{w}$ eindeutig durch $\mathbf{u} = \mathbf{w} - \mathbf{v}$ (oder entsprechend durch $\mathbf{v} = \mathbf{w} - \mathbf{u}$) lösbar. Entsprechend löst man $\alpha\mathbf{u} = \mathbf{v}$ für $\alpha \neq 0$ durch $\mathbf{u} = \dfrac{1}{\alpha}\mathbf{v} = \mathbf{v}/\alpha$.

Wenn man auf die geometrische Beweisführung verzichten will, so postuliert man die Regeln (2.1/1) bis (2.1/6) stattdessen als *Axiome* eines „linearen Vektorraums". Wie auch immer: Man kann nun mit Vektoren und Skalaren in bezug auf die zugelassenen Multiplikationen und Additionen/Subtraktionen wie mit reellen oder komplexen Zahlen rechnen.

Zum „metrischen" oder speziell „euklidischen" Vektorraum gelangt man durch die zusätzliche Einführung des „Skalar-" oder „inneren" Produktes $(\mathbf{u}, \mathbf{v})$, auch: $\mathbf{u}\mathbf{v}$, je zweier Vektoren als reellwertiger Skalar mit folgenden Eigenschaften:

Seine Maßeinheit sei das Produkt der Maßeinheiten von $\mathbf{u}$ und $\mathbf{v}$, und es gelte

$$(\mathbf{u}, \mathbf{v}) \quad = (\mathbf{v}, \mathbf{u}) \text{ (Kommutativgesetz II)}\,, \tag{2.1/7}$$

$$(\alpha\mathbf{u}, \mathbf{v}) \quad = \alpha(\mathbf{u}, \mathbf{v}) \text{ (Proportionalität)}\,, \tag{2.1/8}$$

$$(\mathbf{u} + \mathbf{v}, \mathbf{w}) = (\mathbf{u}, \mathbf{w}) + (\mathbf{v}, \mathbf{w}) \text{ (Distributivgesetz III oder Additivität)} \tag{2.1/9}$$

$$(\mathbf{u}, \mathbf{u}) > 0 \quad \text{für} \quad \mathbf{u} \neq \mathbf{0}, \quad (\mathbf{u}, \mathbf{u}) = 0 \quad \text{für} \quad \mathbf{u} = \mathbf{0}\,, \tag{2.1/10}$$

wobei $\mathbf{w}$ irgendeinen Vektor jetzt beliebiger Maßeinheit bezeichnet. Übrigens stellt die zweite Aussage in Gl. (2.1/10) keine getrennte Forderung dar, sondern folgt aus (2.1/8) mit $\alpha = 0$.

Aufgrund von Gl. (2.1/10) kann man formal den „Betrag" (die „Länge") eines Vektors als

$$|\mathbf{u}| = |\sqrt{(\mathbf{u}, \mathbf{u})}| \geq 0 \tag{2.1/11}$$

definieren. Es folgt

$$|\mathbf{u}| > 0 \quad \text{für} \quad \mathbf{u} \neq \mathbf{0}, |\mathbf{0}| = 0\,.$$

Falls man auf die Forderung (2.1/10) verzichtet, gelangt man zu einem „nichteuklidischen" Vektorraum. Ein Teil der folgenden Überlegungen gilt auch für diesen.

Schließlich fordert man die Gültigkeit der Schwarzschen Ungleichung (H.A. Schwarz, 1843-1921)

$$|(\mathbf{u}, \mathbf{v})| \leq |\mathbf{u}|\,|\mathbf{v}| \tag{2.1/12}$$

weil man aufgrund ihrer einen dimensionslosen Winkel φ zwischen je zwei nicht-verschwindenden Vektoren $\mathbf{u}$, $\mathbf{v}$ einführen kann:

$$\cos\{\varphi\} = \frac{(\mathbf{u}, \mathbf{v})}{|\mathbf{u}|\,|\mathbf{v}|} \quad \text{für} \quad \mathbf{u} \neq 0, \mathbf{v} \neq 0, \tag{2.1/13}$$

so daß $(\mathbf{u}, \mathbf{v}) = 0$ ein gegenseitiges „auf–einander–senkrecht–Stehen" („Rechtwinkeligkeit", „Orthogonalität") bedeutet.

Bei der anschaulichen Interpretation im euklidischen Raum geht man umgekehrt von der Existenz des Winkels φ sowie der Beträge (Längen) $|\mathbf{u}|$, $|\mathbf{v}|$ aus und definiert das innere Produkt entsprechend (2.1/13) durch

$$(\mathbf{u}, \mathbf{v}) = |\mathbf{u}|\,|\mathbf{v}|\cos\{\varphi\}\,.$$

Die Beziehungen (2.1/10) bis (2.1/12), die Kommutativität (2.1/7) sowie die Proportionalität (2.1/8) sind offensichtlich. Wenn ferner $\mathbf{e}$ einen „Eins"- oder „Einheitsvektor" in Richtung von $\mathbf{w}$ darstellt, das heißt

$$|\mathbf{e}| = 1, \quad \mathbf{w} = |\mathbf{w}|\,\mathbf{e}\,,$$

so ist $(\mathbf{u}, \mathbf{e}) = |\mathbf{u}|\,|\mathbf{e}|\cos\{\varphi\} = |\mathbf{u}|\cos\{\varphi\} = u'$ die Projektion von $\mathbf{u}$ auf die Richtung von $\mathbf{w}$ (Bild 2.2c). Entsprechend stellen $(\mathbf{v}, \mathbf{e}) = v'$ und $(\mathbf{u} + \mathbf{v}, \mathbf{e}) = (u + v)'$ die Projektionen von $\mathbf{v}$ bzw. $\mathbf{u} + \mathbf{v}$ auf $\mathbf{w}$ dar. Dann folgt die Additivität (2.1/9) mittels (2.1/7), (2.1/8) über Bild 2.2d gemäß $(\mathbf{u} + \mathbf{v}, \mathbf{w}) = |\mathbf{w}|\,(\mathbf{u} + \mathbf{v}, \mathbf{e}) = |\mathbf{w}|\,(u + v)' = |\mathbf{w}|\,(u' + v') = |\mathbf{w}|\,u' + |\mathbf{w}|v' = |\mathbf{w}|(\mathbf{u}, \mathbf{e}) + |\mathbf{w}|\,(\mathbf{v}, \mathbf{e}) = (\mathbf{u}, \mathbf{w}) + (\mathbf{v}, \mathbf{w})$, so daß schließlich alle Axiome (2.1/7) bis (2.1/10) und (2.1/12) mit (2.1/11) erfüllt sind. Aus (2.1/7) bis (2.1/9) erkennt man im übrigen sofort die Linearität des Skalarproduktes in der Form

$$\left.\begin{array}{l} (\alpha\mathbf{u} + \beta\mathbf{v}, \mathbf{w}) = \alpha(\mathbf{u}, \mathbf{w}) + \beta(\mathbf{v}, \mathbf{w}) \\ (\mathbf{w}, \alpha\mathbf{u} + \beta\mathbf{v}) = \alpha(\mathbf{w}, \mathbf{u}) + \beta(\mathbf{w}, \mathbf{v}) \end{array}\right\} \tag{2.1/14}$$

Das Skalarprodukt läßt sich aufgrund der vorstehenden Überlegungen in der Form

$$(\mathbf{u}, \mathbf{w}) = u'|\mathbf{w}| = |\mathbf{u}|\,w' \tag{2.1/15}$$

ausdrücken.

Als wichtiges Anwendungsbeispiel erwähnen wir die mechanische Leistung $\dot{W}$, die eine Kraft $\mathbf{F}$ im Punkt P gegen die Geschwindigkeit $\mathbf{v}$ von P erzeugt:

$$\dot{W} = (\mathbf{F}, \mathbf{v}) \tag{2.1/16}$$

(Bild 2.3). Man kann sie gemäß (2.1/13), (2.1/15) auch in der Gestalt

$$\dot{W} = |\mathbf{F}|\,|\mathbf{v}|\cos\{\varphi\} = F'|\mathbf{v}| = |\mathbf{F}|\,v'$$

schreiben, wobei der Geschwindigkeitsbetrag

$$|\mathbf{v}| = |s^{\cdot}|$$

der Zeitableitung $s^{\cdot} = ds/dt$ der Bogenlänge s des auf der Kurve C wandernden

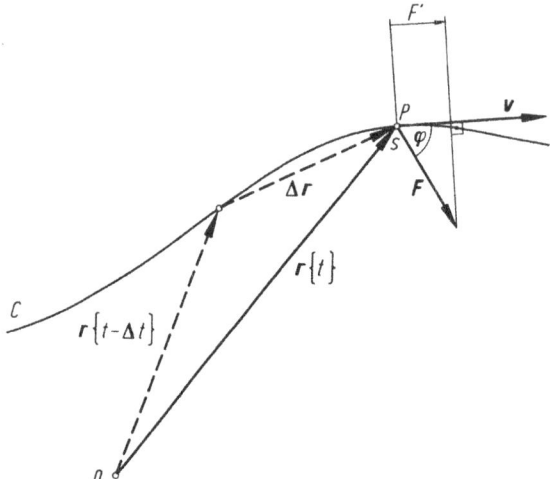

Bild 2.3. Kurve C, beschrieben durch den Ortsvektor $\mathbf{r} = \mathbf{OP}$; O fester Ursprung; s Bogenlänge; $\mathbf{F}$ Kraft in P; $\mathbf{v}$ Geschwindigkeit von P; φ Winkel zwischen $\mathbf{F}$ und $\mathbf{v}$; t Zeit

Punktes P entspricht. Der Geschwindigkeitsvektor $\mathbf{v}$ selbst ist die Zeitableitung des Ortsvektors $\mathbf{r}$, das heißt der Grenzwert

$$\mathbf{v} = (\mathbf{r})^{\cdot} = \lim_{\Delta t = 0} (\Delta \mathbf{r}/\Delta t) \qquad (2.1/17a)$$

des Differenzquotienten $\Delta \mathbf{r}/\Delta t$ im Sinne von

$$\lim_{\Delta t = 0} |(\mathbf{r})^{\cdot} - (\Delta \mathbf{r}/\Delta t)| = 0 \qquad (2.1/17b)$$

mit $\Delta t \neq 0$ als Zeitintervall sowie der im betrachteten Zeitpunkt t gebildeten Vektordifferenz

$$\Delta \mathbf{r} = \mathbf{r}\{t\} - \mathbf{r}\{t - \Delta t\} \qquad (2.1/17c)$$

Zu (2.1/16) analoge Beziehungen gibt es auch in anderen Fachgebieten. Beispielsweise gilt

$$\dot{w} = (\mathbf{E}, \dot{\mathbf{D}}) \quad \text{und} \quad \dot{w} = (\mathbf{H}, \dot{\mathbf{B}}) \qquad (2.1/18)$$

mit $\dot{w}$ als Leistung pro Volumeneinheit („Leistungsdichte"), worin $\mathbf{E}$ die elektrische Feldstärke, $\mathbf{D}$ die elektrische Flußdichte („Verschiebung") , $\mathbf{H}$ die magnetische Feldstärke und $\mathbf{B}$ die magnetische Flußdichte („Verschiebung") darstellt.

Die im vorliegenden Abschnitt besprochenen Vektoroperationen des metrischen Raumes sowie ihre Kombinationen untereinander bis zu dem in Abschnitt 3.3.5 einzuführenden Vektorprodukt und Spatprodukt bezeichnet man als Vektoralgebra. Obschon ihre Grundlagen als bekannt vorausgesetzt werden dürfen, haben wir sie hier behandelt, um ihre Unabhängigkeit von jedem eventuell einzuführenden Koordinatensystem herauszuarbeiten, also ihre Invarianz.

2.2 Raumdimension, Basis, Koordinaten

In den folgenden Abschnitten entwickeln wir die mathematischen Grundlagen des Tensorkalküls und beginnen mit einigen fundamentalen Begriffen. Hierbei liege stets der metrische Vektorraum zugrunde.

m sei eine natürliche Zahl. Dann heißen m Vektoren

$$\mathbf{g}_j; \quad j \equiv 1, \ldots, m$$

linear abhängig, wenn es Skalarkoeffizienten α^j gibt derart, daß

$$\alpha^j \mathbf{g}_j = 0 \quad \text{mit} \quad \Sigma_j |\alpha^j| \neq 0 \tag{2.2/1}$$

gilt. Andernfalls heißen die $\mathbf{g}_j$ linear unabhängig.

Satz 2.2/1: Wenn die m Vektoren $\mathbf{g}_j$ linear unabhängig sind, so gilt dies auch für jede Teilmenge dieser Vektoren, und man hat $\mathbf{g}_j \neq \mathbf{0}$.

Beweis: Falls nämlich beispielsweise die Teilmenge $\mathbf{g}_1, \ldots, \mathbf{g}_{m'}$, $m' \leq m$, der Vektoren $\mathbf{g}_j$ linear abhängig wäre, so hätte man

$$\alpha^k \mathbf{g}_k = 0 \quad \text{mit} \quad \sum_j^{m'} |\alpha^j| \neq 0, \quad k \leq m',$$

das heißt, wenn man $\alpha^j = 0$ für $j > m'$ setzt, auch die Beziehung (2.2/1), so daß die $\mathbf{g}_j$ entgegen der Voraussetzung insgesamt eben doch linear abhängig gewesen wären.

Die lineare Unabhängigkeit erfordert, daß (2.2/1) insbesondere nicht mit den Größen $\alpha^1 = 1, \alpha^2 = \cdots = \alpha^m = 0$ erfüllt werden kann, so daß $\mathbf{g}_1 = 0$ unzulässig ist. Entsprechend erkennt man $\mathbf{g}_j \neq \mathbf{0}$ für alle Indexwerte j. Ende des Beweises.

Wir führen nun die geometrische Dimension des betrachteten Vektorraumes als ganze Zahl $n \geq 1$ mit der Eigenschaft ein, daß es in diesem Raum n linear *unabhängige* Vektoren

$$\mathbf{g}_j; \quad j \equiv 1, \ldots, n$$

gibt, während je $n + 1$ Vektoren linear abhängig sind. Der $(n = 1)$-dimensionale Raum wäre dann anschaulich eine Gerade. Den $(n = 2)$-dimensionalen Raum nennt man eine Ebene, und der $(n = 3)$-dimensionale Raum wird meist mit dem Wort „Raum" (als solchem) bezeichnet. Er entspricht unserer alltäglichen Erfahrung.

Jedenfalls setzen wir in der Folge eine ganzzahlige endliche Raumdimension $n \geq 1$ voraus und werden später aufgrund von Satz 2.4/1 erkennen, daß dies eine erfüllbare Voraussetzung ist: Für jede ganze Zahl $n \geq 1$ existiert in der Tat ein n-dimensionaler metrischer Vektorraum.

Wir nennen nun die $\mathbf{g}_j$ „Basisvektoren" bzw. eine „Basis", auch eine „affine Basis" des Vektorraumes, und zwar speziell eine „kovariante" Basis, wenn wir das Grundsymbol $\mathbf{g}$ mit einem unteren („kovarianten") Koordinatenindex durchnumerieren. Genausogut können wir einen oberen („kontravarianten") Koordinatenindex wählen und sprechen dann von einer „kontravarianten" Basis linear unabhängiger Vektoren

$$\mathbf{g}^k; \quad k \equiv 1, \ldots, n \, .$$

Je eine kovariante und eine kontravariante affine Basis heißen zueinander kontragredient (auch: dual), wenn mit δ_j^k als Kroneckersymbol (1/1) die wechselseitige Beziehung

$$(\mathbf{g}_j, \mathbf{g}^k) = (\mathbf{g}^k, \mathbf{g}_j) = \delta_j^k \qquad (2.2/2)$$

besteht.

Bei den Bezeichnungen kovariant und kontravariant kommt es also in der Tat nur auf die im allgemeinen frei vorgebbare Indexstellung an, wobei man Basen mit wechselnder Indexstellung vermeidet. Wichtig ist jedoch das paarweise Auftreten dualer oder kontragredienter Basen. Als Beispiel zeigt Bild 2.4 ein solches Paar in der euklidischen Ebene ($n = 2$). Ausgehend von $\mathbf{g}_1$ und $\mathbf{g}_2$ wird dort $\mathbf{g}^1$ bzw. $\mathbf{g}^2$ so konstruiert, daß $\mathbf{g}^2$ zu $\mathbf{g}_1$ und $\mathbf{g}^1$ zu $\mathbf{g}_2$ orthogonal ist. Ferner sind die nach (2.2/2) und (2.1/15) erforderlichen Bedingungen $g_1' | \mathbf{g}^1 | = g_2' | \mathbf{g}^2 | = 1$ stets durch $| \mathbf{g}^1 | = 1/g_1'$ und $| \mathbf{g}^2 | = 1/g_2'$ erfüllbar, also durch eine auch elementargeometrisch ausführbare „Spiegelung" der Längen g_1' und g_2' am Einheitskreis.

Satz 2.2/2: Zu jeder Basis gibt es eine eindeutige kontragrediente Basis.

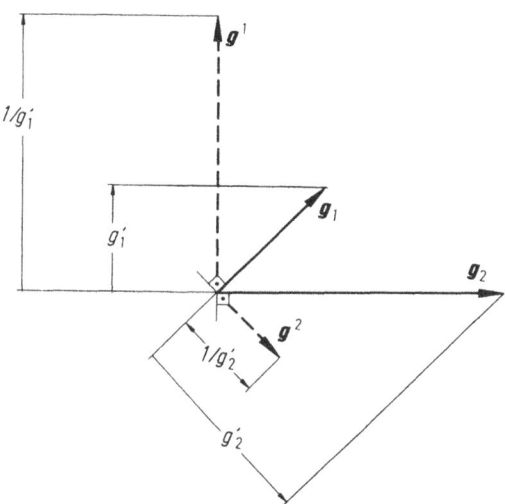

Bild 2.4. Konstruktion der zur kovarianten Basis $\mathbf{g}_1$, $\mathbf{g}_2$ in der Ebene kontragredienten, kontravarianten Basis $\mathbf{g}^1$, $\mathbf{g}^2$

Den allgemeinen Beweis für den n-dimensionalen Raum verschieben wir hinter das in diesem Abschnitt noch zu besprechende Schmidtsche Orthonormalisierungsverfahren.

Wenn $\mathbf{r}$ einen beliebigen Vektor darstellt, so müssen im n-dimensionalen Raum die $n + 1$ Vektoren $\mathbf{r}$, $\mathbf{g}_j$ linear abhängig sein. In der entsprechenden Beziehung

$$\alpha \mathbf{r} + \alpha^j \mathbf{g}_j = \mathbf{0} \quad \text{mit} \quad |\alpha| + \Sigma_j |\alpha^j| > 0$$

gilt $\alpha \neq 0$, weil sie sich im Falle $\alpha = 0$ auf (2.2/1) reduzieren würde, so daß die $\mathbf{g}_j$ entgegen der Voraussetzung selbst linear abhängig wären. Man darf folglich durch α dividieren und erhält mit $r^j = -\alpha^j/\alpha$ als „Vektorkoordinaten" bzw. mit $r^{\langle j \rangle} \mathbf{g}_{\langle j \rangle}$ als „Vektorkomponenten" die Koordinaten-bzw. Komponentenzerlegung von $\mathbf{r}$ in der Form

$$\mathbf{r} = r^j \mathbf{g}_j = r_j \mathbf{g}^j \tag{2.2/3}$$

(Bild 2.5). Hier wurde zugleich die entsprechende Zerlegung nach der zu $\mathbf{g}_j$ kontragredienten, kontravarianten Basis $\mathbf{g}^j$ hinzugefügt. Auch die Vektorkoordinaten r^j oder r_j heißen je nach Indexstellung kontravariant oder kovariant bzw. (zueinander) kontragredient; man spricht von den beiden „vertikalen Isomeren" der Vektorkoordinaten. In Verbindung mit einem weiteren Vektor

$$\mathbf{s} = s^j \mathbf{g}_j = s_j \mathbf{g}^j,$$

den Skalaren α, β sowie den Gln. (2.1/1) und (2.1/5) folgt die Linearität der Zerlegung gemäß

$$\alpha \mathbf{r} + \beta \mathbf{s} = (\alpha r^i + \beta s^i) \mathbf{g}_i = (\alpha r_j + \beta s_j) \mathbf{g}^j. \tag{2.2/4}$$

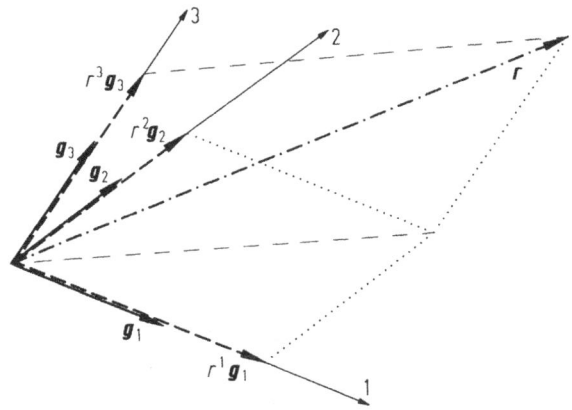

Bild 2.5. Zerlegung des Vektors $\mathbf{r}$ im 3-dimensionalen Raum nach Komponenten $r^1 \mathbf{g}_1$, $r^2 \mathbf{g}_2$ und $r^3 \mathbf{g}_3$ bzw. nach kontravarianten affinen Koordinaten r^1, r^2, r^3

Die Linearkombination von Vektoren spiegelt sich in einer entsprechenden Linearkombination der Koordinaten wieder.

Offenbar ist die Zerlegung (2.2/3) eindeutig. Wenn nämlich $\bar{r}^j$, $\bar{r}_j$ weitere Koordinaten darstellen,

$$\mathbf{r} = \bar{r}^j\,\mathbf{g}_j = \bar{r}_j\,\mathbf{g}^j\,,$$

so ergibt die Differenz $0 = \mathbf{r}' - \mathbf{r} = (r^j - \bar{r}^j)\,\mathbf{g}_j = (r_j - \bar{r}_j)\,\mathbf{g}^j$ wegen der linearen Unabhängigkeit der Basen sofort $r^j - \bar{r}^j = 0$ und $r_j - \bar{r}_j = 0$.

Die Bezeichnungen $\mathbf{g}_j$, $\mathbf{g}^j$, r_j und r^j wurden bereits im Hinblick auf die nachfolgend konsequent anzuwendende Schoutensche Kern-Index-Methode gewählt: Der Kernbuchstabe, hier r, ist derselbe für den Vektor $\mathbf{r}$ und seine Koordinaten r_j, r^j in allen Basen, die ihrerseits in der Regel durch den Kern $\mathbf{g}$ repräsentiert werden. Unterschiedliche Basen kennzeichnet man durch ein unterschiedliches Indexalphabet mit zugehörigem unterschiedlichen Wertebereich, schreibt also zum Beispiel:

$$\mathbf{g}^{j'}, \mathbf{g}_{j'}, r^{j'}, r_{j'} \quad \text{mit} \quad j' \equiv 1' \dots n' \quad \text{und} \quad n' = n$$

im Sinne der Zahlengleichheit. Als Sonderfall der affinen Basen betrachten wir „orthonormale" oder „kartesische" Basen $\mathbf{g}_J$ nebst zugehörigen kartesischen Vektorkoordinaten r_L, r^L; $J, L \equiv I, \dots, N$, wobei die römische Zahl N die gleiche Raumdimension wie die arabische Zahl n darstellt. Orthonormale Basen haben die Maßeinheit 1, also keine physikalische Dimension, und sind durch die „Orthonormalitätsbedingungen"

$$(\mathbf{g}_J, \mathbf{g}_L) = \delta_{JL} \quad \text{bzw.} \quad \mathbf{g}_J = \mathbf{g}^J \tag{2.2/5}$$

charakterisiert (vgl. (2.2/2)). Sofern man nur mit orthonormalen Basen zu tun hätte, wäre also die Unterscheidung zwischen ko- bzw. kontravarianten Größen überflüssig, und man dürfte wie erwähnt die Einsteinsche statt der Riccischen Summationskonvention verwenden (Abschnitt 1.3).

Durch eine von dem Mathematiker E. Schmidt (1876 – 1959) vorgeschlagene Rekursionsformel kann man zu jeder kovarianten (oder kontravarianten) Basis $\mathbf{g}_j$ wie folgt über die Zwischenbasis $\bar{\mathbf{g}}_J$ eine orthonormale Basis $\mathbf{g}_J = \mathbf{g}^J$ erzeugen:

$$\bar{\mathbf{g}}_I = \mathbf{g}_1 \neq \mathbf{0} \qquad\qquad\qquad \mathbf{g}_I = \bar{\mathbf{g}}_I / |\bar{\mathbf{g}}_I|;$$

$$\bar{\mathbf{g}}_{II} = \mathbf{g}_2 - a_2^I\,\mathbf{g}_I \neq \mathbf{0} \qquad\qquad \mathbf{g}_{II} = \bar{\mathbf{g}}_{II} / |\bar{\mathbf{g}}_{II}|;$$

$$\bar{\mathbf{g}}_{III} = \mathbf{g}_3 - a_3^I\,\mathbf{g}_I - a_3^{II}\,\mathbf{g}_{II} \neq \mathbf{0} \qquad \mathbf{g}_{III} = \bar{\mathbf{g}}_{III} / |\bar{\mathbf{g}}_{III}|;$$

bzw. mit $H \leq k - 1$ und $K = k$

$$\bar{\mathbf{g}}_K = \mathbf{g}_k - a_k^H\,\mathbf{g}_H \neq \mathbf{0} \qquad\qquad \mathbf{g}_K = \bar{\mathbf{g}}_{\langle K \rangle} / |\bar{\mathbf{g}}_{\langle K \rangle}|\,, \tag{2.2/6}$$

wobei die Abkürzung

$$a_k^H = (\mathbf{g}^H, \mathbf{g}_k) \quad \text{mit} \quad \mathbf{g}^H = \mathbf{g}_H$$

eingeführt wurde.

In der Tat ist jeder Vektor $\bar{g}_K$ gemäß der Konstruktion (2.2/6) eine Linearkombination nur der Vektoren g_j mit höchstens gleichem Indexwert. Weil keine lineare Abhängigkeit (2.2/1) zwischen den Basisvektoren g_j besteht, hat man wegen Satz 2.2.1 $\bar{g}_K \neq 0$ und darf durch $|\bar{g}_K|$ dividieren. Die Orthonormalitätsbedingung (2.2/5), worin wegen (2.1/7) $L \geq J$ angenommen werden darf, ist wegen der rechts stehenden Beziehungen in (2.2/6) für $J = L$ und dann jedenfalls für $L = 1$ erfüllt. Sie folgt für $L > J$ mit $L > 1$ durch vollständige Induktion nach L unter der Annahme, daß sie bereits für $L = 1, \ldots, K - 1$ gelte, über (2.2/6) und (1/1) auch für $L = K$ gemäß

$$(\bar{g}_K, g_J) = a_k^J - a_k^H \delta_H^J = a_k^J - a_k^J = 0 \,.$$

Daß schließlich die gemäß (2.2/6) konstruierten Vektoren $\bar{g}_J$ und auch die $g^J = g_J$ linear unabhängig sind, also tatsächlich eine Basis darstellen, ergibt sich sofort aus

Satz 2.2/3: Paarweise orthogonale, nicht verschwindende Vektoren g_J sind linear unabhängig.

Beweis: Aus dem Ansatz $\alpha^J g_J = 0$, worin α^J geeignete Skalare darstellen, folgt nach Skalarmultiplikation mit g_K wegen $(g_J, g_K) = 0$ für $J \neq K$ sofort $\alpha^J = 0$ im Widerspruch zur Bedingung der linearen Abhängigkeit (2.2/1). Ende des Beweises.

Wenn man nun die Gleichungen (2.2/6) von oben beginnend nach den g_k auflöst, so sieht man, daß diese g_k eine Linearform der neuen Basisvektoren g_J mit $J \leq k$ darstellen, also insbesondere auf $g_{K+1}, \ldots, g_N$ bzw. $\bar{g}_N$ senkrecht stehen:

$$(g_k, \bar{g}_L) = (g_k, g_L) = 0 \quad \text{für} \quad L > k \,, \tag{2.2/7}$$

insbesondere

$$(\bar{g}_N, g_1) = (\bar{g}_N, g_2) = \ldots = (\bar{g}_N, g_{n-1}) = 0 \,.$$

Über (2.2/6) und (2.2/5) folgt hingegen mit $k = n$

$$(\bar{g}_N, g_n) = (\bar{g}_N, \bar{g}_N) + a_n^H(\bar{g}_N, g_H) = |\bar{g}_N|^2 > 0 \,.$$

Der Vektor

$$g^n = \bar{g}_N/|\bar{g}_N|^2 = g_N/|\bar{g}_N| \neq 0 \tag{2.2/8}$$

erfüllt dann mit $k = n$ gerade die für eine zur Ausgangsbasis g_j kontragrediente Basis erforderliche Bedingung (2.2/2).

Durch Umordnung von $g_1, \ldots, g_n$ so, daß nacheinander $g_{n-1}, \ldots, g_1$ als in der Reihenfolge letzter Vektor erscheint, konstruiert man mittels der obigen Methode $g_{n-1}, \ldots, g^1$ hinzu. Die Vektoren $g^1, \ldots, g^n$ sind dann linear unabhängig, denn jede denkbare Abhängigkeit $\alpha_j g^j = 0$ ergäbe nach Skalar-Multiplikation mit g_k wegen (2.2/2) $\alpha_j \delta_k^j = \alpha_k = 0$ im Gegensatz zu (2.2/1). Daher haben wir in Gestalt der g^j in der Tat eine kontravariante Basis gefunden, die zu der Ausgangsbasis g_k kontragredient ist. Sie muß allein aufgrund der Bedingung

(2.2/2) eindeutig sein. Denn für jede andere Basis $\underset{0}{\mathbf{g}^k}$, die ebenfalls $(\underset{0}{\mathbf{g}^k}, \mathbf{g}_j) = \delta_j^k$ erfüllt, folgt mit $\mathbf{r} = \underset{0}{\mathbf{g}^k} - \mathbf{g}^k$ über (2.1/14)

$(\mathbf{r}, \mathbf{g}_j) = 0$.

Hieraus ergibt sich, wie unten nachgetragen wird,

$\mathbf{r} = \mathbf{0}$,

also tatsächlich die Eindeutigkeit $\underset{0}{\mathbf{g}^k} = \mathbf{g}^k$. Damit ist auch der früher formulierte Satz 2.2/1 bewiesen.

Um noch $\mathbf{r} = \mathbf{0}$ einzusehen, bildet man über (2.2/3) entweder die kovarianten oder die kontravariaten Vektorkoordinaten r_j, r^j nach Skalarmultiplikation mit $\mathbf{g}_k$ bzw. $\mathbf{g}^k$ wegen (2.2/2) in der Form

$$r_j = (\mathbf{r}, \mathbf{g}_j), \quad r^j = (\mathbf{r}, \mathbf{g}^j) , \tag{2.2/9}$$

so daß $(\mathbf{r}, \mathbf{g}_j) = 0$ in der Tat $r_j = 0$, $r^j = 0$, das heißt $\mathbf{r} = \mathbf{0}$ nach sich zieht. Ende des Beweises.

Hier noch einige für später wichtige mathematische Betrachtungen. Der an abstrakten Einzelheiten weniger interessierte Leser möge den Inhalt der Lehrsätze 2.2/4, 2.2/5, 2.2/6 überfliegen, die Beweise auslassen und sich den physikalischen Maßeinheiten zuwenden, die am Ende dieses Abschnittes diskutiert werden.

Satz 2.2/4: Wenn es m Vektoren $\mathbf{g}_1, \ldots, \mathbf{g}_m$ gibt derart, daß für alle Vektoren $\mathbf{r}$ des n-dimensionalen Raumes eine Koordinatenentwicklung nach den $\mathbf{g}_j$ gemäß (2.2/3) möglich ist, so gilt $m \geq n$.

Beweis: Auch die n Vektoren einer Basis $\mathbf{g}_{k'}$; $k' \equiv 1, \ldots, n'$, $n = n'$, müssen sich dann nach den Vektoren $\mathbf{g}_j$ entwickeln lassen:

$$\mathbf{g}_{k'} = a_{k'}{}^{.j}\mathbf{g}_j ,$$

worin die hier doppelt indizierten Vektorkoordinaten $a_{k'}{}^{.j}$, die wir in der Folge als Transformationskoeffizienten bezeichnen, in einer „Transformationsmatrix" $\mathbf{a} = \mathbf{M}\{a_{k'}{}^{.j}\}$ zusammengefaßt werden.

Würde nun $m < n$ gelten, so wäre $\mathbf{a}$ eine Rechtecksmatrix mit mehr Zeilen als Spalten. Nach einem bekannten Satz der Matrixrechnung wären dann die Zeilen im zu (2.2/1) analogen Sinne linear abhängig. Es gäbe also Zahlen $\alpha^{k'}$, die nicht sämtlich verschwinden und

$$\alpha^{k'} a_{k'}{}^{.j} = 0$$

erfüllen. Daraus folgte $a^{k'}\mathbf{g}_{k'} = 0$, so daß auch die Basisvektoren $\mathbf{g}_{k'}$ linear abhängig sein müßten. Dies widerspricht der Definition einer Basis: Die Annahme $m < n$ war falsch, und es gilt $m \geq n$. Ende des Beweises.

Aus Satz 2.2/4 lassen sich einige wichtige Schlußfolgerungen ableiten, zum Beispiel

Satz 2.2/5: Die Raumdimension n ist die Minimalzahl von Vektoren g_j (oder g^j), nach denen sich alle anderen Vektoren des Raumes gemäß (2.2/3) entwickeln lassen. Die g_j (oder g^j) stellen dann eine Basis dar.

Der erste Teil des Satzes ist aufgrund von (2.2/3) und Satz 2.2/4 klar, der zweite für $n = 1$ ebenfalls. Wären für $n \geq 2$ die g_j linear abhängig, so gäbe es in (2.2/1) mindestens einen nicht-verschwindenden Koeffizienten, zum Beispiel α^n. Man könnte dann g_n gemäß

$$g_n = - (\alpha^j/\alpha^n)g_j \; ; \quad j \leq n - 1$$

durch die ersten $n - 1$ Vektoren g_j ausdrücken und in (2.2/3) einsetzen. Alle Vektoren r ließen sich also schon nach $n - 1$ Vektoren g_j entwickeln, und n wäre im Widerspruch zum ersten Teil des Satzes nicht minimal.

Folglich kann die Voraussetzung linear abhängiger g_j nicht stimmen. Diese sind vielmehr linear unabhängig und stellen eine Basis dar. Ende des Beweises.

Satz 2.2/6: Jede Menge linear unabhängiger Vektoren $g_1, \ldots, g_m$ (oder $g^1, \ldots, g^m$), $m < n$, läßt sich durch weitere linear unabhängige Vektoren $g_{m+1}, \ldots, g_n$ (oder $g^{m+1}, \ldots, g^n$) zu einer Basis ergänzen.

Betrachtet man $g_1, \ldots, g_m$ als kovariante Basis eines m – dimensionalen (sogenannten) Unterraumes $E\{m\}$ des n – dimensionalen Raumes $E\{n\}$ und $g^1, \ldots, g^m$ als kontravariante Basis des Unterraumes $E\{m\}$, so kann man speziell eine „orthonormale Ergänzung" $g_{m+1} = g^{m+1}, \ldots, g_n = g^n$ konstruieren derart, daß $g_1, \ldots, g_m, g_{m+1}, \ldots, g_n$ und $g^1, \ldots, g^m, g^{m+1}, \ldots, g^n$ kontragrediente Basen des ursprünglich betrachteten Raumes $E\{n\}$ darstellen. Eine einmal festgelegte orthonormale Ergänzung behält diese Eigenschaft für alle Basen des Unterraumes $E\{m\}$.

Beweis: Wenn für jeden Vektor r des Raumes $E\{n\}$ die Vektoren $r, g_1, \ldots, g_m$ linear abhängig wären, so müßte nach (2.2/1) eine Beziehung $\alpha r + \alpha^j g_j = 0$ mit Skalaren α, α^j bestehen, die nicht sämtlich verschwinden. Im Falle $\alpha = 0$ wären dann schon die g_j linear abhängig, was voraussetzungsgemäß ausgeschlossen ist. Daher gilt $\alpha \neq 0$, $r = - (\alpha^j/\alpha)g_j$ mit $j \leq m < n$. Dies wiederum stellt einen Widerspruch zu Satz 2.2/5 dar.

Also muß es einen Vektor $r = g_{m+1}$ geben derart, daß $g_1, \ldots, g_m, g_{m+1}$ linear unabhängig sind. Man fährt auf die gleiche Art fort, bis man eine vollständige Basis $g_1, \ldots, g_n$ gefunden hat. Soweit der erste Teil von Satz 2.2/6.

Zum Beweis des zweiten Teiles sehen wir die soeben konstruierten Ergänzungsvektoren $g_{m+1}, \ldots, g_n$ zunächst als vorläufig an und orthonormalisieren die gesamte Basis $g_j; j = 1, \ldots, n$ nach dem Schmidtschen Verfahren (2.2/6). Es entsteht die kartesische Basis

$$g_J = a_j{}^k g_k \; ; \quad k \leq J$$

mit geeigneten Transformationskoeffizienten $a_j{}^k$. Aus ihr wählen wir die endgültigen Ergänzungsvektoren $\mathbf{g}_p$; $p = m + 1, \ldots, n$ gemäß

$$\mathbf{g}_{m+1} = \mathbf{g}_{M+1}, \ldots, \mathbf{g}_n = \mathbf{g}_N$$

aus, worin M, N römischen Zahlen mit den Werten m, n bedeuten. Somit lassen sich alle Vektoren der kartesischen Basis $\mathbf{g}_1, \ldots, \mathbf{g}_N$, folglich alle Vektoren des betrachteten $E\{n\}$ linear nach den $\mathbf{g}_k$ entwickeln: Diese stellen nach Satz 2.2/5 ihrerseits eine Basis dar. Definiert man ferner

$$\mathbf{g}^{m+1} = \mathbf{g}_{m+1}, \ldots, \mathbf{g}^n = \mathbf{g}_n,$$

so ergibt sich wegen $\mathbf{g}^P = \mathbf{g}_p = \mathbf{g}_P$ für $p = P = m + 1, \ldots, n$ die Beziehung $(\mathbf{g}_j, \mathbf{g}^P) = \delta_j^P$ aus (2.2/7) oder (2.2/5) je nachdem, ob $j \leq m$ oder $j > m$ gilt. Da andererseits $\mathbf{g}^k$, $\mathbf{g}_j$ als zueinander kontragrediente Basen im $E\{m\}$ vorausgesetzt worden waren, hat man $(\mathbf{g}_j, \mathbf{g}^k) = \delta_j^k$ auch im Falle j, $k \leq m$. Daher erfüllen die Vektoren $\mathbf{g}^k$ die Kontragredienzbedingungen (2.2/2) für alle Indexpaarungen zwischen 1 und n, so daß sie nach Satz 2.2/2 in der Tat die im betrachteten Raum $E\{n\}$ eindeutig bestimmte kontravariante, zu den $\mathbf{g}_j$ kontragrediente Basis repräsentieren. Dies war der Beweis des zweiten Teiles von Satz 2.2/6.

Betrachtet man ferner eine andere Basis nur innerhalb des Unterraumes $E\{m\}$ und läßt die orthonormale Ergänzung unverändert, so bleiben ihre Vektoren als Linearkombinationen der bisherigen Basisvektoren weiterhin zu den Vektoren der orthonormalen Ergänzung orthogonal. Diese behält ihre Eigenschaft als orthonormale Ergänzung bei. Ende des Beweises.

Abschließend eine Betrachtung zu den physikalischen Maßeinheiten EH von Vektoren. Speziell für Basisvektoren folgt aus (2.2/2) für jeden einzelnen Wert $\langle j \rangle$

$$EH\{\mathbf{g}^{\langle j \rangle}\}\,EH\{\mathbf{g}_{\langle j \rangle}\} = 1 \qquad (2.2/10)$$

Damit man in (2.2/2) die Summation ausführen kann, müssen ferner alle Summanden $r_{\langle j \rangle}\mathbf{g}^{\langle j \rangle}$ und $r^{\langle j \rangle}\mathbf{g}_{\langle j \rangle}$ die gleiche Maßeinheit besitzen, die man als Maßeinheit des Vektors $\mathbf{r}$ gemäß

$$EH\{\mathbf{r}\} = EH\{r_{\langle j \rangle}\}\,EH\{\mathbf{g}^{\langle j \rangle}\} = EH\{r^{\langle j \rangle}\}\,EH\{\mathbf{g}_{\langle j \rangle}\} \qquad (2.2/11)$$

einführen kann. Man erkennt später im Anschluß an Gleichung (2.4/10), daß sie in der Tat mit der bisher betrachteten Vektorlänge (dem Vektor-Betrag) als Maßeinheit übereinstimmt:

$$EH\{\mathbf{r}\} = EH\{|\mathbf{r}|\} \qquad (2.2/12)$$

Hierdurch erweist sie sich entsprechend dem Betrag $|\mathbf{r}|$ als invariant, das heißt als unabhängig von der jeweiligen Basis $\mathbf{g}^j$, $\mathbf{g}_j$. Ferner folgt aus (2.2/5) wegen (2.2/10) und (2.2/11)

Satz 2.2/7: Die kovarianten und die kontravarianten Basisvektoren einer kartesischen (orthonormalen) Basis besitzen die Maßeinheit 1, sind also, wie man sagt, physikalisch „dimensionslos". Dann haben alle kontravarianten und kovarianten Koordinaten eines Vektors $\mathbf{r}$ dieselbe Maßeinheit $EH\{\mathbf{r}\}$.

2.3 Affine Basistransformation, Orientierung, Volumen

Der Übergang von irgendeiner kovarianten Basis $\mathbf{g}_j$ zu irgendeiner anderen kovarianten Basis $\mathbf{g}_{k'}$ sowie der entsprechende Übergang der kontragredienten, kontravarianten Basen $\mathbf{g}^j$, $\mathbf{g}^{k'}$ wird bei fester Raumdimension $n' = n$ als Basistransformation, genauer als „affine" Basistransformation bezeichnet. Und zwar entwickelt man die Vektoren der einen Basis gemäß (2.2/3) nach denen der anderen Basis,

$$\mathbf{g}_{k'} = a_{k'}^{\cdot j}\mathbf{g}_j, \quad \mathbf{g}^{k'} = a_{\cdot j}^{k'}\mathbf{g}^j,$$
$$\mathbf{g}_j = a_j^{\cdot k'}\mathbf{g}_{k'}, \quad \mathbf{g}^j = a_{\cdot k'}^{j}\mathbf{g}^{k'} \tag{2.3/1}$$

und nennt die doppelt indizierten Größen $a_{k'}^{\cdot j}$, $a_{\cdot j}^{k'}$, $a_j^{\cdot k'}$, $a_{\cdot k'}^{j}$ Transformationskoeffizienten. Sie besitzen den Kern a und Indizes aus zwei verschiedenen Alphabeten. (2.2/9) liefert eindeutig

$$a_{\cdot l}^{k'} = (\mathbf{g}^{k'}, \mathbf{g}_l) \quad a_l^{\cdot k'} = (\mathbf{g}_l, \mathbf{g}^{k'})$$
$$a_{k'}^{\cdot l} = (\mathbf{g}_{k'}, \mathbf{g}^l) \quad a_{\cdot k'}^{l} = (\mathbf{g}^l, \mathbf{g}_{k'}), \tag{2.3/2}$$

so daß die jeweils links und rechts stehenden Symbole wegen (2.1/7) gleich sind. Zwecks Platzersparnis läßt man daraufhin auch übereinanderstehende Indizes zu:

$$a_{k'}^j = a_{k'}^{\cdot j} = a_{\cdot k'}^j$$
$$a_j^{k'} = a_j^{\cdot k'} = a_{\cdot j}^{k'} \tag{2.3/3}$$

Bei der quadratischen Matrixanordnung

$$\underset{*}{\mathbf{a}} = \mathbf{M}\{a_{k'}^{\cdot j}\} = \begin{bmatrix} a_{1'}^{\cdot 1} \cdots a_{1'}^{\cdot n} \\ \vdots \quad \vdots \\ a_{n'}^{\cdot 1} \cdots a_{n'}^{\cdot n} \end{bmatrix}$$

$$\overset{*}{\mathbf{a}} = \mathbf{M}\{a_j^{\cdot k'}\} = \begin{bmatrix} a_1^{\cdot 1'} \cdots a_1^{\cdot n'} \\ \vdots \quad \vdots \\ a_n^{\cdot 1'} \cdots a_n^{\cdot n'} \end{bmatrix} \tag{2.3/4}$$

verzichtet man jedoch besser auf das Übereinandersetzen der Indizes, um die übliche Unterscheidung zwischen einem „Zeilenindex" (erste Indexspalte) und einem „Spaltenindex" (zweite Indexspalte) beizubehalten. Die gegenseitige Substitution der Gleichungen (2.3/1) liefert ferner

$$\mathbf{g}_k = a_k^{\cdot l'}\mathbf{g}_{l'} = a_k^{\cdot l'}a_{l'}^{\cdot j}\mathbf{g}_j .$$

Daneben besteht die Identität

$$\mathbf{g}_k = \delta_k^j\mathbf{g}_j ,$$

also wegen der Eindeutigkeit der Koordinatenentwicklung

$$a_{\mathrm{k}}^{\mathrm{l}'} a_{\mathrm{l}'}^{\mathrm{j}} = \delta_{\mathrm{k}}^{\mathrm{j}}$$
$$a_{\mathrm{l}'}^{\mathrm{k}} a_{\mathrm{j}}^{\mathrm{l}'} = \delta_{\mathrm{j}}^{\mathrm{k}}$$
(2.3/5)

Danach sind die „Transformationsmatrizen" $\overset{*}{\mathbf{a}}$ und $\underset{*}{\mathbf{a}}$ zueinander invers:

$$\overset{*}{\mathbf{a}}\underset{*}{\mathbf{a}} = \underset{*}{\mathbf{a}}\overset{*}{\mathbf{a}} = \mathbf{1}\,,$$
(2.3/6)

worin $\mathbf{1}$ die quadratische „Einsmatrix" oder „Einheitsmatrix"

$$\mathbf{1} = \begin{bmatrix} 1 & 0 & \cdots & 0 \\ 0 & 1 & \cdots & 0 \\ \vdots & & & \\ 0 & 0 & \cdots & 1 \end{bmatrix}$$
(2.3/7)

der Ordnung n bedeutet. Wegen der eindeutigen Umkehrbarkeit der Basistransformation (2.3/1) dürfen die ebenfalls zueinander inversen Determinanten $\det\{\overset{*}{\mathbf{a}}\}$ bzw. $\det\{\underset{*}{\mathbf{a}}\}$ nicht verschwinden:

$$\det\{\overset{*}{\mathbf{a}}\} \neq 0, \quad \det\{\underset{*}{\mathbf{a}}\} \neq 0; \quad \det\{\overset{*}{\mathbf{a}}\}\det\{\underset{*}{\mathbf{a}}\} = 1$$
(2.3/8)

Man sagt, zwei Basen haben die gleiche Orientierung, wenn für die Determinanten der Transformationsmatrizen (2.3/4) in Verbindung mit (2.3/8)

$$\det\{\overset{*}{\mathbf{a}}\} > 0, \quad \det\{\underset{*}{\mathbf{a}}\} > 0$$
(2.3/9)

gilt; anderenfalls haben die Basen eine entgegengesetzte Orientierung.

Sind dann die Basen $\mathbf{g}_{\mathrm{j}}$ und $\mathbf{g}_{\mathrm{j}'}$ sowie $\mathbf{g}_{\mathrm{j}'}$ und $\mathbf{g}_{\mathrm{j}''}$ im vorstehenden Sinne gleich orientiert, so auch $\mathbf{g}_{\mathrm{j}}$ und $\mathbf{g}_{\mathrm{j}''}$. Diese „Transitivität" folgt mit

$$\underset{**}{\mathbf{a}} = \mathbf{M}\{a_{\mathrm{j}''}{}^{\mathrm{k}}\}\,, \quad \overset{*}{\underset{**}{\mathbf{a}}} = \mathbf{M}\{a_{\mathrm{j}''}{}^{\mathrm{k}'}\}$$

in der Tat aus

$$\underset{**}{\mathbf{a}} = \overset{*}{\underset{**}{\mathbf{a}}}\underset{*}{\mathbf{a}}\,, \quad \text{d.h.} \quad \det\{\underset{**}{\mathbf{a}}\} = \det\{\overset{*}{\underset{**}{\mathbf{a}}}\}\det\{\underset{*}{\mathbf{a}}\}\,.$$
(2.3/10)

Sie erlaubt, alle Basen eindeutig in genau 2 Orientierungsklassen, kurz „Orientierungen" einzuteilen derart, daß die Determinante der Transformationsmatrix beim Übergang zwischen zwei Basen derselben Klasse positiv, hingegen beim Übergang zwischen zwei Basen verschiedener Klassen negativ ist. Wenn der Übergang in einer stetigen Bewegung der Basis besteht, das heißt in einer stetigen Änderung der Transformationskoeffizienten, bei welcher die Eigenschaft (2.3/8) nicht verloren gehen kann, so bleibt auch das Vorzeichen der Determinanten und damit die Orientierung erhalten. Wenn hingegen genau ein Basisvektor unstetig seine Richtung umkehrt („Spiegelung"), also eine Zeile der Transformationsmatrix das Vorzeichen wechselt, so ändert sich auch die Orientierung. Gleiches gilt bei der gegenseitigen Vertauschung zweier Basisvektoren bzw. der entsprechenden Zeilen der Transformationsmatrix.

Im eindimensionalen Raum, der Geraden, entsprechen die beiden Orentierungen den beiden möglichen Durchlaufrichtungen (Bild 2.6, $n = 1$), in der Ebene

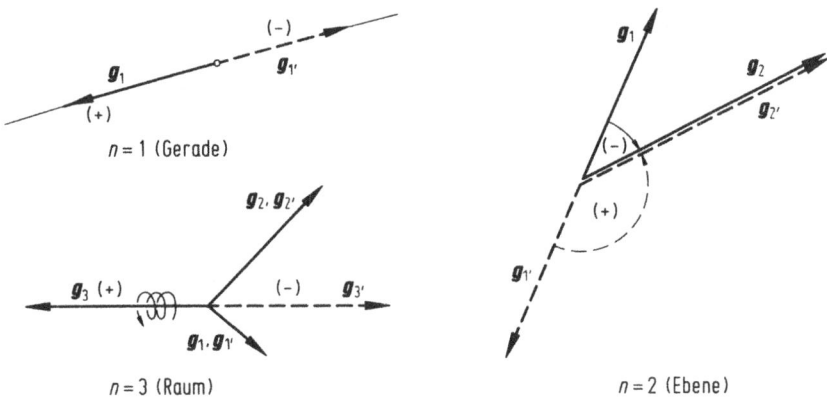

Bild 2.6. Beispiele für positive (+) und negative (−) Orientierungen im $n = 1$, 2 und 3-dimensionalen Raum, für $n > 1$ entsprechend dem Drehsinn in der Ebene ($n = 2$) bzw. dem Schraubungssinn („Rechtshand"- oder „Rechtsschrauben"- bzw. „Linkshand"- oder „Linksschraubenorientierung") im Anschauungsraum ($n = 3$)

($n = 2$) den beiden möglichen kürzesten Drehrichtungen von $\mathbf{g}_1$ nach $\mathbf{g}_2$ beziehungsweise $\mathbf{g}_{1'}$ nach $\mathbf{g}_{2'}$ und im dreidimensionalen Anschauungsraum ($n = 3$) den beiden möglichen „Schraubungsrichtungen" im folgenden Sinne: Man legt im Raum die 3-Achse ($\mathbf{g}_3$ oder $\mathbf{g}_{3'}$) in die Achse einer handelsüblichen Schraube und die anderen beiden Achsen ($\mathbf{g}_1$, $\mathbf{g}_2$ beziehungsweise $\mathbf{g}_{1'}$, $\mathbf{g}_{2'}$) in den Kopf. Dreht man diesen so, daß sich $\mathbf{g}_1$ beziehungsweise $\mathbf{g}_{1'}$ kürzestmöglich auf $\mathbf{g}_2$ beziehungsweise $\mathbf{g}_{2'}$ zubewegt, dann verschiebe sich die Achse in $\mathbf{g}_3$-beziehungsweise $\mathbf{g}_{3'}$-Richtung.

Das Vorzeichen dieser 3-beziehungsweise 3′-Richtung hängt also vom Schrauben- bzw. Gewindesinn ab. Zu ihm gehört jeweils ein Drehsinn entgegen dem Uhrzeigersinn bzw. mit dem Uhrzeigersinn in der $\mathbf{g}_1/\mathbf{g}_2$-beziehungsweise $\mathbf{g}_{1'}/\mathbf{g}_{2'}$-Ebene, falls man von der Spitze des $\mathbf{g}_3$-oder $\mathbf{g}_{3'}$-Vektors auf jene Ebene blickt.

Bei einer „Rechtsschrauben–Orientierung" kann man $\mathbf{g}_1$ auch mit dem Daumen, $\mathbf{g}_2$ mit dem Zeigefinger und $\mathbf{g}_3$ mit dem Mittelfinger der rechten menschlichen Hand, bei einer Linksschrauben-Orientierung mit den entsprechenden Fingern der linken Hand identifizieren. Man spricht daher auch von einer „Rechtshand"-bzw. „Linkshand-Orientierung".

Oft zeichnet man eine der beiden Basisorientierungen willkürlich als positiv (+), die andere als negativ (−) aus und spricht dann von einem orientierten Raum. In Bild 2.6 geschieht dies beispielsweise in bezug auf die Drehung entgegen dem Uhrzeigersinn ($n = 2$) bzw. auf die Rechtsschrauben-/Rechtshandorientierung ($n = 3$) als positive Orientierungen des Raumes.

In der Folge setzen wir einen orientierten Raum stillschweigend stets dann voraus, wenn er für bestimmte Betrachtungen benötigt wird. Um Mißverständnissen vorzubeugen, sei nochmals betont, daß es auch im nicht orientierten

Raum zwei Klassen von Basisorientierungen gibt. Erst die willkürliche Hervorhebung einer dieser Klassen als positiv, der anderen als negativ ergibt die Orientierung des Raumes an sich.

Es stelle nun $\mathbf{g}_J$; $J, K = I, \ldots, N$; irgendeine kartesische Basis des n-dimensionalen Vektorraumes dar. Wegen (2.2/5) fällt $\mathbf{g}_J$ mit der kontragredienten Basis $\mathbf{g}^J$ zusammen, so daß beide Basen die gleiche Orientierung haben. Jedes weitere Paar kontragredienter Basen entsteht durch Transformation mit den Matrizen $\underset{*}{\mathbf{a}}$ bzw. $\overset{*}{\mathbf{a}}$. Daher gilt wegen (2.3/9):

∣ Satz 2.3/1: Kontragrediente Basen besitzen die gleiche Orientierung.

Speziell bei der Transformation einer kartesischen Basis $\mathbf{g}_J$ in eine weitere kartesische Basis $\mathbf{g}_{K'}$ gilt wegen (2.3/1), (2.2/5) und(1/1)

$$\delta_{J'K'} = (\mathbf{g}_{J'}, \mathbf{g}_{K'}) = a_{J'}^L a_{K'}^Q (\mathbf{g}_L, \mathbf{g}_Q) = a_{J'}^L a_{K'}^Q \delta_{LQ} ,$$

$$\delta_{J'K'} = \sum_L a_{J'}^L a_{K'}^L . \tag{2.3/11a}$$

bzw. in Matrixschreibweise

$$\underset{**}{\mathbf{a}}\mathbf{a}^T = \underset{*}{\mathbf{a}}^T \underset{*}{\mathbf{a}} = 1 , \tag{2.3/11b}$$

wobei die zweite Gleichheit entsprechend herzuleiten ist, $\underset{*}{\mathbf{a}} = \mathbf{M}\{a_{J'}^L\}$ gesetzt wurde und das Transpositionssymbol T (Vertauschung von Zeilen und Spalten) mit zum Kernsymbol zählt: $\underset{*}{\mathbf{a}}^T = \mathbf{M}\{a_{J'}^L\}$. Matrizen mit der Eigenschaft (2.3/11a) bzw. (2.3/11b) heißen unitär, beziehungsweise, wenn sie wie hier reelle Elemente besitzen, auch orthogonal oder orthonormal. Man erkennt

$$(\det\{\underset{*}{\mathbf{a}}\})^2 = \det\{\underset{*}{\mathbf{a}}\} \det\{\underset{*}{\mathbf{a}}^T\} = 1$$

bzw. wegen (2.3/6) und (2.3/8)

$$\overset{*}{\mathbf{a}} = \underset{*}{\mathbf{a}}^T , \quad \det\{\underset{*}{\mathbf{a}}\} = \det\{\overset{*}{\mathbf{a}}\} = \pm 1 \tag{2.3/12}$$

Nun ordnet man jeder kartesischen oder nicht-kartesischen Basis $\mathbf{g}_j$ bzw. $\mathbf{g}^j$ im orientierten Raum ein Basisvolumen

$$\underset{*}{V} = V\{\mathbf{g}_j\} = V\{\mathbf{g}_1, \ldots, \mathbf{g}_n\}$$

$$\overset{*}{V} = V\{\mathbf{g}^j\} = V\{\mathbf{g}^1, \ldots, \mathbf{g}^n\}$$

bzw. allgemeiner jedem Vektor – n – tupel $\overset{1}{\mathbf{u}}, \ldots, \overset{n}{\mathbf{u}}$ in dieser Reihenfolge ein „Spat" – Volumen[2.1]

$$V = V\{\overset{j}{\mathbf{u}}\} = V\{\overset{1}{\mathbf{u}}, \ldots, \overset{n}{\mathbf{u}}\}$$

wie folgt zu:

a) Für alle kartesischen Basen bzw. für alle orthonormalen, physikalisch dimensionslosen Vektor – n – tupel gelte *bei positiver Orientierung*

$$V = \underset{*}{V} = \overset{*}{V} = \cdot 1 , \tag{2.3/13a}$$

[2.1] Spat ist die deutschsprachige Bezeichnung für Parallelepiped.

bei *negativer Orientierung*

$$V = \underset{*}{V} = \overset{*}{V} = -1 \ . \tag{2.3/13b}$$

b) Wenn sich irgendein Vektor – n – tupel $\overset{1}{\mathbf{v}}, \ldots, \overset{n}{\mathbf{v}}$ aus irgendeinem anderen $\mathbf{u}^1, \ldots, \mathbf{u}^n$ durch Linearformen

$$\overset{j}{\mathbf{v}} = b^j_{.k} \overset{k}{\mathbf{u}}$$

berechnen läßt, wobei $b^j_{.k}$ die Umrechnungs- („Abbildungs-") Koeffizienten und

$$\mathbf{b} = \mathbf{M}\{b^j_{.k}\}$$

deren Matrix darstellen, so gilt

$$V\{\overset{j}{\mathbf{v}}\} = \det\{\mathbf{b}\} \, V\{\overset{j}{\mathbf{u}}\} \tag{2.3/14}$$

(2.3/13a, b) stellt die für Quadrate oder Würfel der Kantenlänge 1 übliche Normierung dar, ergänzt um ein positives oder negatives Vorzeichen je nach Orientierung. Beim Übergang auf eine andere kartesische Basis beträgt die Determinante der zugehörigen Transformationsmatrix $\mathbf{b} = \mathbf{a}$ oder $\mathbf{b} = \overset{*}{\mathbf{a}}$ wegen (2.3/12) und (2.3/9) gerade $+1$ im Falle der Gleichorientierung, jedoch -1 im Falle entgegengesetzter Orientierung. (2.3/14) entspricht dann genau der Normierung (2.3/13) und ist daher mit dieser verträglich.

Nunmehr kann man ausgehend von kartesischen Basen $\overset{j}{\mathbf{u}} = \mathbf{g}_j$ jedem anderen Vektor – n – tupel $\overset{j}{\mathbf{v}}, \ldots, \overset{n}{\mathbf{v}}$, insbesondere auch allen anderen Basen ein Volumen $V\{\overset{j}{\mathbf{v}}\}$ gemäß (2.3/14) zuordnen. Gleichgültig ob dies in einem oder in mehreren Schritten geschieht: Es kommt stets der gleiche Wert heraus. Denn wenn zum Beispiel $\mathbf{a}$ die Abbildungsmatrix von einer kartesischen Basis $\mathbf{g}_j$ auf irgendein Vektor – n – tupel $\overset{j}{\mathbf{u}}$, $\mathbf{b}$ die entsprechende Matrix von $\overset{j}{\mathbf{u}}$ auf $\overset{j}{\mathbf{v}}$ und $\mathbf{c}$ die Abbildungsmatrix von $\mathbf{g}_j$ direkt auf $\overset{j}{\mathbf{v}}$ darstellt, so gilt im Sinne der Matrixmultiplikation $\mathbf{c} = \mathbf{ba}$, also $\det\{\mathbf{c}\} = \det\{\mathbf{a}\} \det\{\mathbf{b}\}$, und die Volumina

$$V\{\overset{j}{\mathbf{v}}\} = \det\{\mathbf{b}\} \, V\{\overset{j}{\mathbf{u}}\} = \det\{\mathbf{b}\} \det\{\mathbf{a}\} \, V\{\mathbf{g}_j\}$$

sowie

$$V\{\overset{j}{\mathbf{v}}\} = \det\{\mathbf{c}\} \, V\{\mathbf{g}_j\}$$

sind gleich. Dadurch wird die Definition des Spat- bzw. Basisvolumens eindeutig.

Von einer kartesischen Basis $\mathbf{g}_j = \mathbf{g}^j$ aus erreicht man die kovariante bzw. die kontravariante Basis desselben Paares kontragredienter Basen gemäß (2.3/1) und (2.3/4) durch die Matrizen $\mathbf{b} = \mathbf{a}$ bzw. $\mathbf{b} = \overset{*}{\mathbf{a}}$. Wegen (2.3/8) und (2.3/14) erkennt man für die zugehörigen Basisvolumina $\underset{*}{V}$ und $\overset{*}{V}$

$$\underset{*}{V} \neq 0, \quad \overset{*}{V} \neq 0, \quad \underset{*}{V} \overset{*}{V} = 1 \ ; \tag{2.3/15}$$

Basisvolumina verschwinden also niemals, und die ko- bzw. kontravarianten Basisvolumina sind zueinander invers. Für linear abhängige Vektoren $\overset{1}{\mathbf{u}}, \ldots, \overset{n}{\mathbf{u}}$

sind, ausgehend von einer Basis, auch die Zeilen der Umrechnungsmatrix $\mathbf{b}$ linear abhängig: $\det\{\mathbf{b}\} = 0$. Wegen (2.3/15) folgt

| **Satz 2.3/2:** Linear abhängige Vektor – n – tupel, und nur diese, besitzen ein
| verschwindendes Spatvolumen.

Über (2.3/13) und (2.3/9) erhält man dann für linear unabhängige Vektor – n – tupel, also Basen, den

| **Satz 2.3/3:** Positiv orientierte Basen sind durch positive, negativ orientierte
| Basen durch negative Basisvolumina gekennzeichnet.

Weiters erkennt man aufgrund der Linearität der Determinante $\det\{\mathbf{b}\}$ in bezug auf ihre Spalten gemäß (2.3/14) auch die Linearität des Spatvolumens (oder Basisvolumens) in bezug auf jeden Argumentvektor $\overset{\langle j\rangle}{\mathbf{v}}$ wie folgt:

$$V\{\overset{\langle j\rangle}{\mathbf{v}}\} = \alpha V\{\overset{\langle j\rangle}{\mathbf{u}}\} + \beta V\{\overset{\langle j\rangle}{\mathbf{w}}\}\,,$$

worin

$$\overset{\langle j\rangle}{\mathbf{v}} = \alpha \overset{\langle j\rangle}{\mathbf{u}} + \beta \overset{\langle j\rangle}{\mathbf{w}}$$

(2.3/16)

gilt, $\overset{\langle j\rangle}{\mathbf{u}}$ bzw. $\overset{\langle j\rangle}{\mathbf{w}}$ Vektoren und α, β Skalare bedeuten.

Geht man insbesondere wieder von einer kartesischen Basis $\mathbf{g_J}$ aus und streckt sie gemäß $\mathbf{g_j} = \underset{j}{\alpha}\mathbf{g_J}$ um beliebige skalare Faktoren („Kantenlängen") $\underset{j}{\alpha}$, wobei $\mathbf{g_j}$ nur im Falle $\underset{j}{\alpha} \neq 0$ wieder eine Basis darstellt, so ergibt sich das zugehörige n-dimensionale Quadervolumen V wie vermutbar als Produkt der Kantenlängen zu

$$V = \pm\, \underset{1}{\alpha}\,\underset{2}{\alpha} \ldots \underset{n}{\alpha}$$

(2.3/17)

(Bild 2.7); das Vorzeichen entspricht der Orientierung. Verschiebt man ferner eine $(n-1)$-dimensionale Seite eines Spats (Parallelepipeds) parallel zu sich selbst, also etwa die zu der durch $\overset{1}{\mathbf{u}}, \ldots, \overset{n-1}{\mathbf{u}}$ aufgespannten Seite im vektoriel-

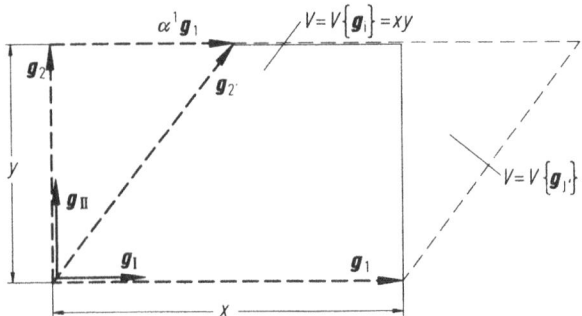

Bild 2.7. Berechnung des Parallelogramm-Flächeninhalts als zweidimensionales Volumen $V = xy$ aus der Länge x der Grundlinie und der Höhe y

len Abstand $\overset{n}{\mathbf{u}}$ gegenüberliegende Seite nach

$$\overset{n}{\mathbf{v}} = \overset{n}{\mathbf{u}} + \underset{j}{\alpha}\overset{j}{\mathbf{u}} ; \quad j = 1, \ldots, n-1 ; \tag{2.3/18}$$

so erhält man die Abbildungsmatrix

$$\mathbf{b} = \begin{bmatrix} 1 & 0 & \cdots & 0 & 0 \\ 0 & 1 & \cdots & 0 & 0 \\ \vdots & \vdots & & \vdots & \vdots \\ 0 & 0 & \cdots & 1 & 0 \\ \underset{1}{\alpha} & \underset{2}{\alpha} & \cdots & \underset{n-1}{\alpha} & 1 \end{bmatrix}$$

mit $\det\{\mathbf{b}\} = 1$. Also hat man wegen (2.3/14)

| **Satz 2.3/4:** Bei der Parallelverschiebung einer Seite bleibt das Spatvolumen erhalten,

(Bild 2.7). Im übrigen entspricht das $1 -$ dimensionale Spatvolumen $(n = 1)$ wegen (2.3/17) offenbar der Länge des einzigen beteiligten Vektors. Im $(n = 2)$-dimensionalen Raum heißt das Volumen auch Flächeninhalt, kurz: Fläche.

Die Volumendefinition macht von der Raumorientierung Gebrauch. Im nicht-orientierten Raum verzichtet man auf das Vorzeichen des Volumens und betrachtet lediglich dessen Betrag $|V| \geq 0$.

Wir fragen jetzt, wie sich die Koordinaten r^j, r_j eines beliebigen Vektors $\mathbf{r}$ beim Übergang von einem Paar kontragredienter Basen $\mathbf{g}_j$, $\mathbf{g}^j$ zu einem anderen Paar $\mathbf{g}_{k'}$, $\mathbf{g}^{k'}$ ändern. Hierzu folgt aus (2.2/9) sowie (2.3/1) und (2.3/3) die *Transformationsregel für Vektorkoordinaten*

$$r_{k'} = (\mathbf{r}, \mathbf{g}_{k'}) = a_{k'}^l (\mathbf{r}, \mathbf{g}_l) = a_{k'}^l r_l ,$$
$$r^{k'} = (\mathbf{r}, \mathbf{g}^{k'}) = a_l^{k'} (\mathbf{r}, \mathbf{g}^l) = a_l^{k'} r^l . \tag{2.3/19}$$

Schließlich erfüllen die physikalischen Maßeinheiten der Transformationskoeffizienten wegen (2.3/2) und (2.2/10) die folgenden Beziehungen:

$$EH\{a_k^{j'}\} = EH\{\mathbf{g}^{j'}\}EH\{\mathbf{g}_k\}, \quad EH\{a_j^k\} = EH\{\mathbf{g}_{j'}\}EH\{\mathbf{g}^k\},$$
$$EH\{a_k^{j'}\}EH\{a_{j'}^k\} = 1 \tag{2.3/20}$$

2.4 Metrische Grundgrößen

Die metrischen Grundgrößen g_{jk}, g^{jk}, $g_j{}^k$, $g^k{}_j$ entsprechen den Transformationskoeffizienten $a_{j'}^k$ für den Fall, daß die beiden kontragredienten Basen eines Basenpaares ineinander transformiert werden. Analog (2.3/1) setzt man also

$$\mathbf{g}^k = g^{kj}\mathbf{g}_j = g^k{}_j\mathbf{g}^j$$
$$\mathbf{g}_k = g_k{}^j\mathbf{g}_j = g_{kj}\mathbf{g}^j \tag{2.4/1}$$

Um die Vergleichbarkeit der ko- bzw. kontravarianten „vertikalen Isomeren" g_{kj}, g^{kj} der metrischen Grundgrößen mit den „gemischt-varianten Isomeren" $g^k_{\cdot j}$, $g_k^{\cdot j}$ zu gewährleisten, bleibt bei diesen das Übereinandersetzen der Indizes verboten.

Aus (2.2/9) folgt wegen (2.2/2) und (1/2) im n-dimensionalen Raum zunächst

$$g^{kl} = g^{lk} = (\mathbf{g}^k, \mathbf{g}^l), \qquad g_{kl} = g_{lk} = (\mathbf{g}_k, \mathbf{g}_l),$$
$$g_k^{\cdot l} = g^l_{\cdot k} = \delta^l_k, \qquad g_k^{\cdot k} = g^k_{\cdot k} = g_k^{\cdot l}g_l^{\cdot k} = n, \tag{2.4/2}$$

alsdann nach Substitution der zweiten Beziehungen (2.4/1) in die erste auch

$$g^{kj}g_{jl} = g^{jk}g_{lj} = \delta^k_l. \tag{2.4/3}$$

In den Gleichungen (2.4/2) spiegelt sich die Symmetrie des metrischen Grundsymbols in bezug auf seine Indexspalten wieder. Sie führt zur Symmetrie der zugehörigen Matrizen

$$\left.\begin{array}{l} \overset{*}{\mathbf{g}} = \mathbf{M}\{g^{lk}\} = \mathbf{M}\{g^{kl}\} = \overset{*}{\mathbf{g}}{}^T, \\[2mm] \underset{*}{\mathbf{g}} = \mathbf{M}\{g_{lk}\} = \mathbf{M}\{g_{kl}\} = \underset{*}{\mathbf{g}}{}^T, \\[2mm] \mathbf{1} = \mathbf{M}\{g_i^{\cdot k}\} = \mathbf{M}\{g^k_{\cdot l}\} = \mathbf{1}^T, \end{array}\right\} \tag{2.4/4}$$

wobei das Transpositionssymbol T wider mit zum Kern gezählt wird. Wegen (2.4/3) sind die Matrizen $\overset{*}{\mathbf{g}}$ und $\underset{*}{\mathbf{g}}$ zueinander invers:

$$\overset{*}{\mathbf{g}}\underset{*}{\mathbf{g}} = \underset{*}{\mathbf{g}}\overset{*}{\mathbf{g}} = \mathbf{1} \tag{2.4/5}$$

Mittels der metrischen Grundgrößen kann man die kovarianten und die kontravarianten Koordinaten r_j, r^j eines Vektors $\mathbf{r}$ ineinander überführen oder, wie man es anschaulich ausdrückt, man kann den Index j „heraufziehen" beziehungsweise „herunterziehen" so, wie dies bereits definitionsgemäß in (2.4/1) bei den Basisvektoren geschah. Um dies einzusehen, substituiert man in (2.2/9) die Basisvektoren $\mathbf{g}_j$, $\mathbf{g}^j$ über (2.4/1) und erhält wegen (2.1/14) in der Tat

$$r_j = g_{jk}(\mathbf{r}, \mathbf{g}^k) = g_{jk}r^k$$
$$r^j = g^{jk}(\mathbf{r}, \mathbf{g}_k) = g^{jk}r_k \tag{2.4/6}$$

Wegen (2.2/5) und (2.4/2) gilt speziell bei einer orthonormalen Basis

$$g^{KL} = g_{KL} = g_K^{\cdot L} = g^K_{\cdot L} = \delta^{KL} = \delta_{KL} = \delta^L_K = \delta^K_L \tag{2.4/7}$$

Gemäß (2.3/1), (2.4/1) und (1/1) folgt hieraus

$$\mathbf{g}_j = a_j^{\cdot L}\mathbf{g}_L = a_j^{\cdot L}g_{LJ}\mathbf{g}^J = a_j^{\cdot L}\delta_{LJ}a^J_{\cdot k}\mathbf{g}^k = \sum_L a_j^{\cdot L}a^L_{\cdot k}\mathbf{g}^k,$$

also nach einem Vergleich mit (2.4/1)

$$g_{jk} = \sum_L a_j^{\cdot L}a^L_{\cdot k}$$

oder wegen (2.3/3)

$$\underset{*}{\mathbf{g}} = \underset{*}{\mathbf{a}}\underset{**}{\mathbf{a}}^{\mathrm{T}}, \tag{2.4/8}$$

wo $\underset{*}{\mathbf{a}}^{\mathrm{T}}$ die transponierte Matrix zu

$$\underset{*}{\mathbf{a}} = \mathbf{M}\{a_j{}^{\mathrm{L}}\}$$

darstellt. (2.3/14) liefert wegen $V\{\mathbf{g}_{\mathrm{J}}\} = \pm\,1$ sofort $\underset{*}{V} = V\{\mathbf{g}_k\} = \pm\,\det\{\underset{*}{\mathbf{a}}\}$, also (2.4/8) sowie (2.4/5) mit (2.3/15) und $\overset{*}{V} = V\{\mathbf{g}^j\}$

$$\det\{\underset{*}{\mathbf{g}}\} = |\underset{*}{V}|^2 > 0, \quad \det\{\overset{*}{\mathbf{g}}\} = |\overset{*}{V}|^2 > 0, \tag{2.4/9}$$

worin $\underset{*}{V}$ und $\overset{*}{V}$ die ko- bzw. kontravarianten Basisvolumina darstellen. Diese können also bis auf das durch Vorgabe einer Raumorientierung festlegbare Vorzeichen direkt über (2.4/9) aus den metrischen Grundsymbolen berechnet werden.

Wegen (2.1/14) und (2.4/2) läßt sich auch das Skalarprodukt zweier Vektoren

$$\mathbf{u} = u^i\mathbf{g}_i = u_j\mathbf{g}^{\mathrm{J}}, \quad \mathbf{v} = v^i\mathbf{g}_i = v_j\mathbf{g}^j$$

durch die metrischen Grundgrößen ausdrücken:

$$(\mathbf{u}, \mathbf{v}) = u^i v^j(\mathbf{g}_i, \mathbf{g}_j) = u^i v^j g_{ij}.$$

Ergänzend erhält man über (2.4/6) mit (2.1/11)

$$(\mathbf{u}, \mathbf{v}) = g_{ij}u^i v^j = u^i v_i = g^{ki}u_k v_i = u_k v^k,$$
$$|\mathbf{u}|^2 = g_{ij}u^i u^j = u^i u_i = g^{ki}u_k u_i \tag{2.4/10}$$

so daß aus (2.4/2) und (2.2/11) auch die schon in Gleichung (2.2/12) behauptete Gleichheit der Maßeinheiten eines Vektors und seiner Länge folgt. Die Eigenschaft (2.1/10) entspricht übrigens der Forderung

$$\left.\begin{array}{l} g_{ij}u^i u^j > 0, \quad g^{ij}u_i u_j > 0, \\ \text{falls} \quad \mathbf{u} = u^i\mathbf{g}_i = u_j\mathbf{g}^j \neq \mathbf{0}. \end{array}\right\} \tag{2.4/11}$$

Sie wird als „Positivität" oder „positive Definität" der Matrizen $\underset{*}{\mathbf{g}}$, $\overset{*}{\mathbf{g}}$ bezeichnet, kurz durch

$$\underset{*}{\mathbf{g}} > 0, \quad \overset{*}{\mathbf{g}} > 0 \tag{2.4/12}$$

ausgedrückt und bedingt sich wegen (2.4/5) für beide Matrizen gegenseitig. Sie zieht ferner die Positivitäten (2.4/9) nach sich. Dies ist eine Konsequenz des folgenden sehr wichtigen Satzes, der die Existenz n – dimensionaler Vektorräume durch Konstruktion eines zugehörigen mathematischen Modells überhaupt erst garantiert:

Satz 2.4/1: Wenn man eine positiv definite, symmetrische, quadratische Matrix $\underset{*}{\mathbf{g}}$ (Ordnung: $n \geq 1$) der kovarianten metrischen Grundgrößen vorschreibt, Vektoren $\mathbf{r}$ bzw. $\mathbf{s}$ als Spaltenmatrizen

$$\mathbf{r} = \{r^1, \ldots, r^n\}^{\mathrm{T}}, \quad \mathbf{s} = \{s^1, \ldots, s^n\}^{\mathrm{T}} \tag{2.4/13}$$

ihrer kontravarianten Koordinaten versteht, linearen Kombinationen $\alpha\mathbf{r} + \beta\mathbf{s}$ der Vektoren $\mathbf{r}$, $\mathbf{s}$ mit Skalaren α, β gemäß (2.2/4) die Matrixelemente $\alpha r^i + \beta s^i$ zuordnet und das Skalarprodukt $(\mathbf{r}, \mathbf{s}) = g_{jk} r^j s^k$ im Sinne von (2.4/10) einführt, so erhält man einen n – dimensionalen metrischen Vektorraum. (Statt der kovarianten Matrix $\mathbf{g}$ und kontravarianter Vektorkoordinaten kann man ebenso die kontravariante Matrix $\overset{*}{\mathbf{g}}$ und kovariante Vektorkoordinaten vorschreiben).

Beweis: Aufgrund der Regeln der Matrizenrechnung in Verbindung mit (2.2/4) sind die Axiome (2.1/1) bis (2.1/6) erfüllt, und wegen (2.4/10) mit (2.4/11) die Axiome (2.1/7) bis (2.1/10). Definiert man ferner die Basisvektoren $\mathbf{g}_j$ durch die Spaltenmatrizen

$$\mathbf{g}_j = \{\delta_{j1}, \ldots, \delta_{jn}\}^T$$

mit δ_{jk} als Kroneckersymbol, so sind jene als Spalten der Einsmatrix $\mathbf{1}$ linear unabhängig, und wegen (2.4/10) erhält man in der Tat $g_{jk} = (\mathbf{g}_j, \mathbf{g}_k)$.

Ferner kann jeder Vektor $\mathbf{r}$ gemäß (2.4/13) als Linearkombination von Spaltenmatrizen in der Form $\mathbf{r} = r^j \mathbf{g}_j$ ausgedrückt werden, so daß man die r^j im Vergleich mit (2.2/3) zu Recht als kontravariante Vektorkoordinaten bezeichnen darf. Darüber hinaus bestimmen die $\mathbf{g}_j$ nach Satz 2.2/5 einen Raum höchstens der Dimension n. Da es aber n linear unabhängige Vektoren $\mathbf{g}_j$ gibt, beträgt die Raumdimension nach ihrer Definition in Abschnitt 2.2. mindestens n und stimmt folglich mit n überein.

Zur Vervollständigung des Beweises bleibt lediglich noch die Gültigkeit der Schwarzschen Ungleichung (2.1/12) zu zeigen. Dies geschieht über (2.4/10) in der Gestalt

$$f\{\mathbf{u}, \mathbf{v}\} = \left[\frac{(\mathbf{u}, \mathbf{v})}{|\mathbf{u}|\,|\mathbf{v}|}\right]^2 = \frac{[g_{jk} u^j v^k]^2}{[g_{pq} u^p u^q][g_{rs} v^r v^s]} \leq 1 \qquad (2.4/14)$$

Hierbei muß man zunächst $\mathbf{u} \neq \mathbf{0}$, $\mathbf{v} \neq \mathbf{0}$ voraussetzen; $\mathbf{u} = \mathbf{0}$ bzw. $\mathbf{v} = \mathbf{0}$ ist aber als Grenzfall $\alpha = 0$ bzw. $\beta = 0$ eingeschlossen, wenn man

$$f\{\alpha\mathbf{u}, \beta\mathbf{v}\} = f\{\mathbf{u}, \mathbf{v}\}$$

beachtet. Durch geeignete Wahl von α bzw. β dürfte man sich dann auf Vektoren $\mathbf{u}$ bzw. $\mathbf{v}$ mit $\sum_j (u^j)^2 = 1$ und $\sum_k (v^k)^2 = 1$ beschränken, also auf mathematisch kompakte Bereiche der Koordinaten u^j und v^k, in denen bestimmt ein Maximum und ein Minimum von f auftritt. Obgleich wir bei der folgenden Suche so nicht vorgehen, wissen wir nun doch, daß ein Maximum und ein Minimum für endliche, von $\mathbf{0}$ verschiedene Spaltenmatrizen $\mathbf{u}$, $\mathbf{v}$ existiert und daher durch Differentiation gefunden werden kann. Hierzu ergibt (2.4/14) wegen

$$\partial u^i/\partial u^l = \delta^i_l \qquad (2.4/15)$$

$$\partial f/\partial u^l = \frac{(\mathbf{u}, \mathbf{v})}{|\mathbf{u}|^2 |\mathbf{v}|^2}\left[g_{jk}\delta^j_l v^k - \frac{(\mathbf{u}, \mathbf{v})}{2|\mathbf{u}|^2} g_{pq}(\delta^p_l u^q + u^p \delta^q_l)\right] = 0\,.$$

Wegen (2.4/2) und (1/1) erkennt man

$$g_{pq}\delta_1^p u^q + g_{pq} u^p \delta_1^q = g_{1q} u^q + g_{p1} u^p$$
$$= g_{1q} u^q + g_{1p} u^p = 2 g_{1q} u^q ,$$

also   (2.4/16)

$$\partial f / \partial u^1 = 2 \frac{(\mathbf{u}, \mathbf{v})}{|\mathbf{u}|^2 |\mathbf{v}|^2} \left[g_{1k} v^k - \frac{(\mathbf{u}, \mathbf{v})}{|\mathbf{u}|^2} g_{1k} u^k \right] = 0 .$$

Dies bedeutet entweder $(\mathbf{u}, \mathbf{v}) = 0$, also nach (2.4/14) ein Minimum $f = 0$, oder wegen (2.4/6)

$$v_1 - \frac{(\mathbf{u}, \mathbf{v})}{|\mathbf{u}|^2} u_1 = 0 ,$$ (2.4/17)

welche Bedingung folglich zum Maximum führen muß. Hiernach sind die zum Maximum von f gehörigen Vektoren $\mathbf{u}$, $\mathbf{v}$ zueinander proportional. Setzt man $\mathbf{v}$ nach (2.4/17) in (2.4/14) ein, so findet man $f = 1$ als Maximalwert. Allgemein gilt daher $f \le 1$, was zu beweisen war.

2.5 Permutationssymbole

Im n-dimensionalen metrischen Vektorraum seien n Vektoren $\overset{1}{\mathbf{u}}, \ldots, \overset{n}{\mathbf{u}}$ gegeben, die nicht notwendig linear unabhängig, also nicht notwendig eine Basis sein müssen. Jedoch können wir sie nach der Basis $\mathbf{g}_j$ bzw. $\mathbf{g}^j$ entwickeln und erhalten

$$\overset{i}{\mathbf{u}} = \overset{i}{u}{}^k \mathbf{g}_k = \overset{i}{u}_k \mathbf{g}^k$$

mit den gemäß (2.2/9) eindeutigen kontra – bzw. kovarianten Koordinaten

$$\overset{i}{u}{}^k = (\overset{i}{\mathbf{u}}, \mathbf{g}^k) , \quad \overset{i}{u}_k = (\overset{i}{\mathbf{u}}, \mathbf{g}_k) .$$

Durch wiederholte Anwendung von (2.3/16) im orientierten Raum folgt dann das durch $\overset{i}{\mathbf{u}}$ aufgespannte Volumen als n – fach lineare Form

$$V\{\overset{i}{\mathbf{u}}\} = \varepsilon^{j_1 \cdots j_n} \overset{1}{u}_{j_1} \ldots \overset{n}{u}_{j_n} = \varepsilon_{k_1 \ldots k_n} \overset{1}{u}{}^{k_1} \ldots \overset{n}{u}{}^{k_n}$$ (2.5/1)

der Vektorenkoordinaten $\overset{i}{u}_1$, worin die noch zu bestimmenden indizierten Größen mit dem Kern ε die Permutations-Symbole genannt werden. Sie haben n Indizes desselben Alphabets. Neben den in (2.5/1) eingeführten kontravarianten und kovarianten „vertikalen Isomeren" $\varepsilon^{j_1 \cdots j_n}$, $\varepsilon_{k_1 \ldots k_n}$ der Permutationssymbole gibt es noch gemischtvariante vertikale Isomeren $\varepsilon^{j_1 \cdots}_{\cdot \cdot \cdot j_n}$ usw., wobei etwa in der Gleichung

$$V\{\overset{i}{\mathbf{u}}\} = \varepsilon^{j_1 \cdots}_{\cdot \cdot \cdot j_n} \overset{1}{u}_{j_1} \cdots \overset{n}{u}{}^{j_n}$$

zu jedem kovarianten (untenstehenden) Index wie j_n eine kontravariante Koordinate $\overset{n}{u}{}^{j_n}$ und umgekehrt gehört.

Hier wollen wir jedoch nur die ko- und kontravarianten vertikalen Isomeren in Gl. (2.5/1) weiterbetrachten und wählen zunächst die Vektoren $\overset{i}{u}$ als reine Vertauschung oder auch Wiederholung der Basisvektoren $\mathbf{g}^j$ dergestalt, daß für bestimmte feste Indexwerte $i_1, \ldots, i_n$ gerade $\overset{k}{u} = \mathbf{g}^{i_k}$ gesetzt wird. i_k stellt hier einen$\underset{k}{}$ einzigen, mittels k durchnummerierten Index dar. Wegen (2.2/9) und (2.4/1) folgt $\overset{k}{u}_l = \delta^{i_k}_{.l}$, also gemäß (2.5/1) im Vergleich mit (2.3/14), wenn dort die $\overset{j}{u}$ durch die $\mathbf{g}^j$ und die $\overset{j}{v}$ durch die $\overset{}{u}$ ersetzt werden, während $\mathbf{b}$ der Matrix $\mathbf{M}\{\delta^{i_k}_{.l}\}$ mit k als Zeilen- und l als Spaltenindex entspricht:

$$\varepsilon^{i_1 \ldots i_n} = \det\{\mathbf{M}\{\delta^{i_k}_{.l}\}\}\overset{*}{V},$$

$$\varepsilon_{i_1 \ldots i_n} = \det\{\mathbf{M}\{\delta^{l}_{.i_k}\}\}\underset{*}{V}, \tag{2.5/2}$$

wobei die zweite Gleichung analog zur ersten hingeschrieben wurde und $\overset{*}{V} = V\{\mathbf{g}^j\}$ das kontravariante, $\underset{*}{V} = V\{\mathbf{g}_j\}$ das kovariante Basisvolumen bedeutet. Da beide Matrizen $\mathbf{M}$ aus der $\mathbf{1}$ – Matrix durch Wiederholung bzw. Vertauschung von Zeilen- oder Spalten entstehen, gilt

$$\varepsilon^{j_1 \ldots j_n} = 0, \quad \varepsilon_{j_1 \ldots j_n} = 0, \tag{2.5/3a}$$

falls zwei Indizes gleich sind, jedoch

$$\varepsilon^{j_1 \ldots j_n} = \pm \overset{*}{V}, \quad \varepsilon_{j_1 \ldots j_n} = \pm \underset{*}{V} \tag{2.5/3b}$$

andernfalls. Für eine kartesische Basis hat man wegen (2.3/13) $|\overset{*}{V}| = |\underset{*}{V}| = 1$. Die Größen

$$\bar{\varepsilon}^{i_1 \ldots i_n} = \varepsilon^{i_1 \ldots i_n}/\overset{*}{V}, \quad \bar{\varepsilon}_{i_1 \ldots i_n} = \varepsilon_{i_1 \ldots i_n}/\underset{*}{V} \tag{2.5/4}$$

sind von der Raumorientierung unabhängig und besitzen gemäß (2.5/3a,b) die Werte 0 oder ± 1. Sie sind ferner *unabhängig von der Raumdimension* für eine beliebige Zahl von Indizes definiert. Beim Wert $+1$ nennt man die Aufeinanderfolge der Indexwerte von j_1 bis j_n eine „gerade", beim Wert -1 eine „ungerade Permutation" der Zahlen $1, \ldots, n$. Aus (2.5/2) erkennt man ferner für

$n = 3$:

$$\varepsilon_{123} = \varepsilon_{231} = \varepsilon_{312} = \underset{*}{V}, \quad \varepsilon_{213} = \varepsilon_{132} = \varepsilon_{321} = -\underset{*}{V},$$

$$\varepsilon^{123} = \varepsilon^{231} = \varepsilon^{312} = \overset{*}{V}, \quad \varepsilon^{213} = \varepsilon^{132} = \varepsilon^{321} = -\overset{*}{V};$$

$n = 2$:

$$\varepsilon_{12} = \underset{*}{V}, \quad \varepsilon_{21} = -\underset{*}{V}, \quad \varepsilon^{12} = \overset{*}{V}, \quad \varepsilon^{21} = -\overset{*}{V};$$

$n = 1$:

$$\varepsilon_1 = \underset{*}{V}, \quad \varepsilon^1 = \overset{*}{V} \tag{2.5/5}$$

Aus der Tatsache, daß man für $n \geq 2$ durch Vertauschung etwa der ersten beiden Indizes, also der entsprechenden Spalten der Determinanten in (2.5/2) das Vorzeichen der Permutationssymbole ändert, das heißt: Jedem positiven Permutationssymbol ein negatives zuordnet und umgekehrt, folgt

Satz 2.5/1: Das Vorzeichen der kovarianten bzw. kontravarianten Permutationssymbole kehrt sich bei der Vertauschung zweier Indizes um. Für $n \geq 2$ gibt es ebenso viele positive wie negative (kovariante oder kontravariante) Permutationssymbole.

Ferner hebt sich bei der Multiplikation eines kovarianten mit einem kontravarianten Symbol der Volumenfaktor wegen (2.3/15) heraus. Da das Produkt $m! = (1)(2) \ldots (m)$ die Zahl der Permutationen von m Größen darstellt, so erhält man ferner, wenn man bei dem doppelt numerierten Indexalphabet li_j die Zahl j als Nummer von i und i_j als Nummer von l auffaßt:

$$
\left.\begin{aligned}
\varepsilon^{j_1 \ldots j_n} \varepsilon_{j_1 \ldots j_n} &= n! \\[4pt]
\varepsilon^{j_1 \ldots j_{n-1}k} \varepsilon_{j_1 \ldots j_{n-1}l} &= (n-1)! \, \delta_l^k \\[4pt]
\varepsilon^{j_1 \ldots j_{n-2}kp} \varepsilon_{j_1 \ldots j_{n-2}lq} &= (n-2)!(\delta_l^k \delta_q^p - \delta_q^k \delta_l^p) \\[4pt]
\cdots\cdots\cdots\cdots\cdots\cdots\cdots\cdots\cdots\cdots\cdots\cdots\cdots\cdots\cdots\cdots \\[4pt]
\varepsilon^{j_1 \ldots j_m k_1 \ldots k_{n-m}} \varepsilon_{j_1 \ldots j_m l_1 \ldots l_{n-m}} &= m! \sum_1^{n-m} {}_{i_1 \ldots i_{n-m}} \bar{\varepsilon}^{i_1 \ldots i_{n-m}} \\[4pt]
&\qquad \delta_{li_1}^{k_1} \ldots \delta_{li_{n-m}}^{k_{n-m}}
\end{aligned}\right\} \quad (2.5/6)
$$

wobei $1 \leq m < n$ für $n > 1$ angenommen wurde.

Beweis: Die erste Formel von Gl. (2.5/6) ist unmittelbar klar; die zweite und dritte stellen Sonderfälle der letzten dar. Es genügt also, diese zu beweisen.

Zunächst stehen dort wegen (2.5/3a) linksseitig nur solche untereinander identischen Glieder, bei denen $j_1, \ldots, j_m$ die $m!$ Permutationen von untereinander verschiedenen Ziffern bedeuten. Das erklärt den Faktor $m!$ auf der rechten Seite.

Enthalten $k_1, \ldots, k_{n-m}$ Wiederholungen gleicher Ziffern, zum Beispiel $k_1 = k_2$, so treten in der entsprechenden Teilsumme der rechten Seite, also zum Beispiel bei der Summe über i_1 und i_2, wegen Satz 2.5/1 ebensoviele positive wie negative Glieder auf. Sie, und damit die rechtsseitige Gesamtsumme, muß demnach verschwinden. Dasselbe gilt wegen (2.5/3a) für die linke Seite, so daß Gleichheit besteht.

Wir dürfen nun $k_1, \ldots, k_{n-m}$ als untereinander verschieden ansehen. Wären dann einzelne der Indizes $l_1, \ldots, l_{n-m}$ untereinander gleich, zum Beispiel $l_1 = l_2$, so kann von den beiden zugehörigen rechtsstehenden Faktoren, etwa $\delta_{l_1}^{k_p}$ und $\delta_{l_2}^{k_q}$ wegen $k_p \neq k_q$ sowie (1/1) höchstens einer nicht verschwinden. Das Produkt beider beträgt daher Null, und weil wegen (2.5/3a) Entsprechendes für die linke Seite gilt, hat man wiederum die Gleichheit.

Gibt es nunmehr in den Folgen jeweils untereinander verschiedener Zahlen $k_1, \ldots, k_{n-m}$ bzw. $l_1, \ldots, l_{n-m}$ einen Wert, z.B. k_1, der nicht auch in der

Gruppe $l_1, \ldots, l_{n-m}$ auftaucht, so ist die reche Seite wegen $\delta_{l i_1}^{k_1} = 0$ stets gleich 0. Entsprechendes folgt wegen (2.5/3a) für links, wo nämlich entweder in $j_1, \ldots, j_m, k_1, \ldots, k_{n-m}$ oder in $j_1, \ldots, j_m, l_1, \ldots, l_{n-m}$ wenigstens eine Ziffer doppelt auftritt.

Schließlich nehmen wir an, daß $k_1, \ldots, k_{n-m}$ und $l_1, \ldots, l_{n-m}$ dieselben untereinander verschiedenen Ziffern enthalten. Speziell für $k_1 = l_1, \ldots,$ $k_{n-m} = l_{n-m}$ hat jedes linksseitige Produktglied den Wert 1 und auch die rechtsseitige Summe, weil von dieser nur der Ausdruck $\bar{\varepsilon}^{1 \cdots n-m} = 1$ übrig bleibt. Wenn jedoch $l_1, \ldots, l_{n-m}$ eine gerade oder eine ungerade Permutation der Ziffernfolge $k_1, \ldots, k_{n-m}$ darstellt, dann ist auch $i_1, \ldots, i_{n-m}$ eine gerade bzw. ungerade Permutation von $1, \ldots, n-m$, so daß sich beide Seiten auf $m! \, \bar{\varepsilon}^{i1 \cdots i\{n-m\}} > 0$ oder < 0 reduzieren. Ende des Beweises.

2.6 Übungen

Bild 2.8 zeigt eine kartesische Basis g_α, $\alpha = x, y, z$, deren Rechtshand- bzw. Rechtsschraubenorientierung als positiv definiert werde. In ihr sei eine affine Basis g_j, $j = 1, 2, 3$, durch

$$g_1 = g_x + g_y$$
$$g_2 = g_y + g_z \tag{2.6/1}$$
$$g_3 = g_z + g_x$$

gegeben. Nach dieser haben die Vektoren u, v folgende Entwicklung:

$$u = \tfrac{1}{2}(g_1 + g_2 + g_3)$$
$$v = 2g_2 + g_3 \tag{2.6/2}$$

Man bestimme:

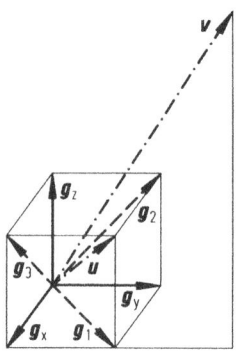

Bild 2.8. Kartesische Basis g_x, g_y, g_z; affine Basis g_1, g_2, g_3; Vektoren u und v

2.6.1 Die Transformationskoeffizienten a_j^α, a_α^j und die zugehörigen Matrizen

$$\underset{*}{\mathbf{a}} = \mathbf{M}\{a_j{}^\alpha\}, \quad \overset{*}{\mathbf{a}} = \mathbf{M}\{\mathbf{a}_\alpha{}^j\} \ .$$

2.6.2 Die kontravariante Basis $\mathbf{g}^j$.

2.6.3 Die Basisvolumina $\underset{*}{V} = V\{\mathbf{g}_j\}$, $\overset{*}{V} = V\{\mathbf{g}^j\}$ sowie die Orientierung der Basen $\mathbf{g}_j$, $\mathbf{g}^j$.

2.6.4 Die metrischen Grundgrößen g_{jk}, g^{jk} und ihre Marizen $\underset{*}{\mathbf{g}} = \mathbf{M}\{g_{jk}\}$, $\overset{*}{\mathbf{g}} = \mathbf{M}\{g^{jk}\}$. Man kontrolliere Gl. (2.4/9)

2.6.5 Die kontravarianten und die kovarianten Vektorkoordinaten u^i, u_i, v^i, v_i.

2.6.6 Das Skalarprodukt $(\mathbf{u}, \mathbf{v})$, die Längen $|\mathbf{u}|$, $|\mathbf{v}|$ und den Winkel φ zwischen beiden Vektoren.

2.6.7 Den Wert der Produktsumme $\varepsilon = \varepsilon^{ij123}\varepsilon_{j123i}$ für $n = 5$ über (2.5/6).

3 Tensoren

3.1 Definition und Beispiele

Das Wort Tensor leitet sich vom lateinischen tensio = (mechanische) Spannung ab und bezieht sich darauf, daß der später ausführlich zu besprechende Schnitt-spannungs-Zustand in einem Körper durch einen Tensor 2. Stufe dargestellt werden kann. Insofern stellt dessen übliche und auch in diesem Buch benutzte Bezeichnung als „Spannungstensor" eigentlich eine Tautologie dar. Sie wird in Kauf genommen, da man den Tensorbegriff heute viel allgemeiner auffaßt. Er beruht auf dem zuerst zu erläuternden Begriff der „linearen Abbildung".

In diesem Abschnitt betrachten wir eine lineare Abbildung auf Skalare der Form

$$T = T\{\overset{i}{\mathbf{u}}\} = T\{\overset{1}{\mathbf{u}}, \ldots, \overset{m}{\mathbf{u}}\} \tag{3.1/1}$$

in welcher $\overset{1}{\mathbf{u}}, \ldots, \overset{m}{\mathbf{u}}$ beliebige Vektoren des n-dimensionalen Vektorraumes, also ein „Vektor-m-tupel" darstellen, während $m \geq 0$ irgendeine ganze Zahl ist. (3.1/1) bedeutet, daß jedem Vektor-m-tupel eindeutig je ein Skalar T als „Bild" zugeordnet wird. Falls nun $\overset{1}{\mathbf{v}}, \overset{1}{\mathbf{w}}$ weitere beliebige Vektoren und α, β irgendwelche weiteren Skalare sind, so versteht man unter „Linearität" der Abbildung die Eigenschaft

$$\left. \begin{aligned} T\{\overset{\langle l \rangle}{\mathbf{u}}\} &= \alpha\, T\{\overset{\langle l \rangle}{\mathbf{v}}\} + \beta\, T\{\overset{\langle l \rangle}{\mathbf{w}}\}, \\ \overset{\langle l \rangle}{\mathbf{u}} &= \alpha\{\overset{\langle l \rangle}{\mathbf{v}}\} + \beta\{\overset{\langle l \rangle}{\mathbf{w}}\}, \end{aligned} \right\} \tag{3.1/2}$$

worin $\langle l \rangle$ jeweils eine einzige, obschon beliebige natürliche Zahl (und nicht mehrere gleichzeitig) repräsentiert.

Der Begriff der linearen Abbildung ist zwar zunächst abstrakt, doch macht er keinen Gebrauch von irgendeinem Koordinatensystem oder irgendeiner Basis. Er ist also invariant, und dies gilt auch für den nachstehend zu definierenden Begriff des Tensors:

> Ein Tensor m-ter Stufe ist eine lineare Abbildung der Vektor – m – tupel des n-dimensionalen metrischen Raumes auf Skalare, wobei $m \geq 0$ und $n \geq 0$ beliebige ganze Zahlen darstellen.

Es folgt

Satz 3.1/1: Tensoren 0-ter Stufe und Skalare sind identisch.

Ferner stellt für jeden festen Vektor **F** das Skalarprodukt

$$T\{\overset{1}{\mathbf{u}}\} = (\mathbf{F}, \overset{1}{\mathbf{u}}) \tag{3.1/3}$$

wegen (2.1/14) eine lineare Abbildung dar. Vektoren **F** erzeugen also Tensoren 1. Stufe, und wir sehen später, daß sie mit diesen geradezu identifiziert werden können (Satz 3.2/4).

Das Skalarprodukt

$$T\{\overset{1}{\mathbf{u}}, \overset{2}{\mathbf{u}}\} = (\overset{1}{\mathbf{u}}, \overset{2}{\mathbf{u}}) \tag{3.1/4}$$

je zweier Vektoren ist wegen (2.1/14) ebenfalls eine lineare Abbildung. Der dadurch erzeugte Tensor heißt „metrischer Grundtensor". Er ist ein Tensor 2. Stufe und wird wie alle solchen Tensoren nach Jaumann [28] auch eine „Dyade" genannt[3.1].

Das Volumen

$$V = V\{\overset{i}{\mathbf{u}}\} \tag{3.1/5}$$

von je n Vektoren im n-dimensionalen, orientierten metrischen Vektorraum repräsentiert wegen (2.3/16) eine lineare Abbildung auf Skalare V, also einen Tensor n-ter Stufe: Den „Permutations"-Tensor. Er würde wegen (2.3/13a, b) ebenso wie V bei einem Wechsel der Raumorientierung das Vorzeichen ändern, ist aber als Vektorabbildung von der einzelnen Basis oder ihrer Orientierung unabhängig (invariant).

Solche Tensoren, deren Vorzeichen von der Raumorientierung (nicht von der Basisorientierung) abhängt, nennen wir in Anlehnung an die bei Vektoren üblichen Begriffe (Abschnitt 2.1) „axiale" „Tensoren" im Unterschied zu den von der Raumorientierung unabhängigen „polaren" Tensoren. Axiale Tensoren geben überhaupt nur im orientierten Raum einen Sinn.

Weitere geometrische und physikalische Beispiele folgen später.

3.2 Tensorkoordinaten; Transformations- und Ziehregel

Setzt man in (3.1/1) für $\overset{1}{\mathbf{u}}, \ldots, \overset{m}{\mathbf{u}}$ jeweils einen der Basisvektoren $\mathbf{g}_1, \ldots, \mathbf{g}_n$ oder $\mathbf{g}^1, \ldots, \mathbf{g}^n$ in irgendeiner Reihenfolge oder Mischung ein, wobei auch Wiederholungen erlaubt sind, so resultieren Zahlen, die von der Basis abhängen und die wir „Tensorkoordinaten" nennen. Wir geben ihnen der Basis entsprechende Koordinatenindizes, und zwar in der gleichen Aufeinanderfolge und oberer („kontravarianter") oder unterer („kovarianter") Stellung wie bei den Basisvek-

---

[3.1] Entsprechend „Triade" für dreistufige, „Tetrade" für vierstufige Tensoren usw.

toren als Argumenten. Beispiele:

$$T^{k_1 \cdots k_m} \qquad = T\{\mathbf{g}^{k_1}, \ldots, \mathbf{g}^{k_m}\} \tag{3.2/1a}$$

kontravariante Koordinaten,

$$T_{k_1 \ldots k_m} \qquad = T\{\mathbf{g}_{k_1}, \ldots, \mathbf{g}_{k_m}\} \tag{3.2/1b}$$

kovariante Koordinaten,

$$T^{k_1 \cdot k_3 \cdots k_m}_{ k_2} = T\{\mathbf{g}^{k_1}, \mathbf{g}_{k_2}, \mathbf{g}^{k_3}, \ldots, \mathbf{g}^{k_m}\} \tag{3.2/1c}$$

oder

$$T^{ k_2 \cdot \cdots k_m}_{k_1 k_3} = T\{\mathbf{g}_{k_1}, \mathbf{g}^{k_2}, \mathbf{g}_{k_3}, \ldots, \mathbf{g}^{k_m}\} \tag{3.2/1d}$$

usw.:   gemischt-variante Koordinaten.

Indizes dürfen hier niemals in der. gleichen Spalte über- oder untereinanderstehen.

Der fehlende Index an der „Koordinate" des Tensors 0-ter Stufe impliziert sofort die Basisunabhängigkeit dieses Skalars. Allgemein haben Tensorkoordinaten ebenso viele Indizes, wie es die Stufe des Tensors angibt.

Koordinaten desselben Tensors, die sich nur in der oberen bzw. unteren Stellung einzelner Koordinatenindizes unterscheiden, heißen „vertikale Isomeren". Koordinaten mit gleicher oberer bzw. unterer Stellung, gegebenenfalls jedoch mit vertauschten Spalten der Koordinatenindizes, nennt man „horizontale Isomeren". Sie repräsentieren im allgemeinen verschiedene Tensoren. Formale Beispiele:

$$T^{k}_{j \cdot l}, \quad T^{k}_{jl}, \quad T^{k}_{l \cdot j}, \quad T_{jl}^{k}.$$

Jedes vertikale Isomer beschreibt bei gegebener Basis die lineare Abbildung, also den jeweiligen Tensor vollständig, so daß man in etwas laxer Ausdrucksweise sagt, sie *sei* der Tensor. In der Tat: Mit

$$\overset{i}{\mathbf{u}} = \overset{i}{u}_j \mathbf{g}^j = \overset{i}{u}{}^k \mathbf{g}_k,$$

worin $\overset{i}{u}_j$ bzw. $\overset{i}{u}{}^k$ die ko- bzw. kontravarianten Koordinaten des Vektors $\overset{i}{\mathbf{u}}$ repräsentieren, hat man wegen der Linearität (3.1/2) über (3.2/1) unter anderem eindeutig

$$\begin{aligned}
T\{\overset{1}{\mathbf{u}}, \ldots, \overset{m}{\mathbf{u}}\} &= T^{j_1 \cdots j_m} \overset{1}{u}_{j_1} \ldots \overset{m}{u}_{j_m} \\
&= T_{k_1 \ldots k_m} \overset{1}{u}{}^{k_1} \ldots \overset{m}{u}{}^{k_m} \\
&= T^{k_1 \cdot k_3 \cdots k_m}_{ k_2} \overset{1}{u}_{k_1} \overset{2}{u}{}^{k_2} \overset{3}{u}_{k_3} \ldots \overset{m}{u}_{k_m} \\
&= T^{ k_2 \cdot \cdots k_m}_{k_1 k_3} \overset{1}{u}{}^{k_1} \overset{2}{u}_{k_2} \overset{3}{u}{}^{k_3} \ldots \overset{m}{u}_{k_m}.
\end{aligned} \tag{3.2/2}$$

Künftig charakterisieren wir den Tensor als Gesamtheit seiner Koordinaten kurz durch den Kernbuchstaben in Fettdruck so, wie es auch bei Matrizen üblich ist: **T**. Zusätzliche Marken sind erforderlichenfalls als Hinweis auf ein bestimmtes vertikales Isomer zulässig, etwa $\underset{*}{\mathbf{T}}$ für das kovariante oder $\dot{\mathbf{T}}$ für das kontravariante Isomer. Hingegen repräsentiert der Kernbuchstabe T in Normaldruck die lineare Abbildung (3.1/1) oder ihren jeweiligen Skalarwert. Speziell für das Skalarprodukt (3.1/4) folgt nach (2.4/10) $T^{jk} = g^{jk}$, $T_{jk} = g_{jk}$, $T_j^{\cdot k} = g_j^{\cdot k}$, $T_{\cdot k}^j = g_{\cdot k}^j$. Für die Volumenabbildung (3.1/5) gilt wegen (2.5/1)

$$T^{j_1 \cdots j_n} = \varepsilon^{j_1 \cdots j_m}, \qquad T_{j_1 \cdots j_n} = \varepsilon_{j_1 \cdots j_n}$$

sowie Entsprechendes für die weiteren vertikalen Isomeren:

Satz 3.2/1: Die metrischen Grundsymbole sind die Koordinaten des metrischen Grundtensors, die Permutationssymbole sind die Koordinaten des Permutationstensors.

Da der metrische Grundtensor nach (2.4/2) gemischt-variant als Einsmatrix dargestellt werden kann, heißt er auch „Einstensor" bzw. „Einsdyade", „Einheitstensor" oder „Einheitsdyade".

Der Vorteil des Tensorkalküls liegt nun darin, daß es eine Reihe nützlicher Rechenvorschriften und sonstiger Eigenschaften gibt, die automatisch gelten, wenn man sich vergewissert hat, daß die betreffenden Größen Tensoren sind.

Hierzu gehört als erstes die folgende *Substitutions-* und *Ziehregel.* Die letzte garantiert, daß verschiedene vertikale Isomeren von Tensorkoordinaten zum selben Tensor gehören oder gibt an, wie man von einer vertikalen Isomeren durch „Heraufziehen" oder „Herabziehen" der Indizes zu einer anderen gelangt. Wir schließen die Substitution eines Indexsymbols durch ein anderes vom gleichen Indexalphabet mit ein und formulieren entsprechend als

Ziehregel:

$$T_{\ldots j \ldots} = g_{jk} T_{\ldots \cdot \ldots}^{k} = g_{kj} T_{\ldots \cdot \ldots}^{k},$$

$$T^{\cdots j \cdots} = g^{jk} T^{\cdots}_{k}{}^{\cdots} = g^{kj} T^{\cdots}_{k}{}^{\cdots}, \qquad\qquad (3.2/3)$$

Substitutionsregel:

$$T_{\ldots j \ldots} = g_j^{\cdot k} T_{\ldots k \ldots} = g^k_{\cdot j} T_{\ldots k \ldots},$$

$$T^{\cdots j \cdots} = g^j_{\cdot k} T^{\cdots k \cdots} = g_k^{\cdot j} T^{\cdots k \cdots}, \qquad\qquad (3.2/4)$$

wobei jeweils nur ein einziger Index betrachtet wurde und die anderen durch Punkte markiert sind. Die Regeln können natürlich wiederholt in bezug auf mehrere Indizes angewandt werden: $T_{kl} = g_{ki} g_{lj} T^{ij}$ usw.

Beweis: Die Substitutionsregel ist wegen (1/1) und (2.4/2) klar. Die Ziehregel ergibt sich über (3.2/1), (3.1/2) sowie (2.4/1) mit (2.4/2) gemäß

$$T_{\ldots j \ldots} = T\{\ldots \mathbf{g}_j, \ldots\} = g_{ik} T\{\ldots, \mathbf{g}^k, \ldots\} = g_{jk} T_{\ldots \cdot \ldots}^{k} = g_{kj} T_{\ldots \cdot \ldots}^{k}$$

und entsprechend für $T^{\cdots j \cdots}$.

Beim Übergang zu einer anderen Basis folgt auf die gleiche Weise, wenn man entsprechend (2.3/1), (2.3/3) jetzt a_j^{k}, $a_k^{j'}$ statt $g_j^{\cdot k}$, $g_k^{\cdot j}$ betrachtet, die allgemeine Tensor-

Transformationsregel:

$$T_{\dots j' \dots} = a_{j'}^{k} \, T_{\dots k \dots}, \quad T^{\dots j' \dots} = a_{k}^{j'} \, T^{\dots k \dots} \tag{3.2/5}$$

Es sei nun jedem Koordinatensystem ein Satz m-fach koordinatenindizierter Größen $T_{\dots}^{\dots}$ zugeordnet, die der Ziehregel (3.2/3) sowie der Transformationsregel (3.2/5) gehorchen. Dann erkennt man anhand von (2.4/6) und (2.3/19). daß sie alle dieselbe Abbildung (3.2/2) erzeugen in dem Sinne, daß demselben Vektor-m-tupel $\overset{1}{\mathbf{u}} \dots, \overset{m}{\mathbf{u}}$ derselbe Skalar T zugeordnet wird, gleichgültig, welches Koordinatensystem bzw. welches Isomer zugrunde liegt:

$$T = T^{\dots j_1 \dots}{}_{\dots} \overset{1}{\mathbf{u}}_{j_1 \dots} = T^{\dots}{}_{k_1} {}^{\dots} g^{j_1 k_1} \overset{1}{\mathbf{u}}_{j_1 \dots} = T^{\dots}{}_{k_1} {}^{\dots} \overset{1}{\mathbf{u}}{}^{k_1},$$

$$T = T^{\dots j_1 \dots}{}_{\dots} \overset{1}{\mathbf{u}}_{j_1 \dots} = T^{\dots k_{i} \dots} a^{j_1}{}_{k_{i}} \overset{1}{\mathbf{u}}_{j_1 \dots} = T^{\dots k_{i'} \dots}{}_{\dots} \overset{1}{\mathbf{u}}_{k_{i'} \dots}.$$

Insofern repräsentieren alle jene koordinatenindizierten Größen denselben Tensor:

Satz 3.2/2: Die Ziehregel (3.2/3) in Verbindung mit der Transformationsregel (3.2/5) ist für die Tensoreigenschaft notwendig und hinreichend.

Hiermit wurde das in Abschnitt 1.1 formulierte Ziel in bezug auf Tensoren erreicht: Man kann ihre Invarianz, das heißt die Koordinatenunabhängigkeit ihrer linearen Abbildung, selbst dann feststellen, wenn man nur ihre Koordinaten kennt.

Im Hinblick auf die Gleichungen (2.3/19) bzw. (2.4/6) lassen sich die Transformationsregel (3.2/5) ebenso wie die Ziehregel (3.2/3) auch wie folgt ausdrücken:

Satz 3.2/3: Ein Tensor verhält sich bei der Koordinatentransformation und bei der Bildung vertikaler Isomeren hinsichtlich jedes einzelnen seiner Koordinatenindizes wie ein Vektor.

Wegen Satz 3.2/2 gilt daher, was wir schon in Abschnitt 3.1 vermuteten, nämlich:

Satz 3.2/4: Koordinaten von Tensoren 1. Stufe und Vektor-Koordinaten, kurz: Tensoren 1. Stufe und Vektoren sind identisch.

Die Tensortransformation wird meist für alle Indizes gleichzeitig ausgeführt, also beispielsweise in der Form

$$\left.\begin{aligned}
T &= T && \text{(Skalartransformation)} \\
T_{j'} &= a_{j'}^{k} \, T_k, & T^{j'} &= a_{k}^{j'} \, T^{k} && \text{(Vektortransformation)} \\
T_{j' k'} &= a_{j'}^{i} \, a_{k'}^{l} \, T_{il}, & T^{j' k'} &= a_{i}^{j'} \, a_{l}^{k'} \, T^{il} && \text{(Dyadentransformation)}.
\end{aligned}\right\} \tag{3.2/6}$$

Wenn nun zwei Tensoren in zwei „gleichartigen" Koordinatensätzen ausgedrückt sind, das heißt in Tensorkoordinaten mit gleichvielen jeweils oben bzw. unten „gleichständigen" laufenden Indizes, so folgt aus der Transformationsregel und der Ziehregel sofort

Satz 3.2/5 (Identitätsregel): Gleichheit von Sätzen gleichartiger Tensorkoordinaten in einer Basis bedeutet Gleichheit aller gleichartigen, vertikalen Isomeren in allen Basen, also Gleichheit der Tensoren.

Demnach genügt es, Identitäten in einer einzigen, bequem gewählten Basis herzuleiten, wenn man nur weiß, daß es sich um Tensoren handelt. Man beachte, daß es auf die horizontale Reihenfolge der Indexspalten nicht ankommt; diese Reihenfolge darf auf beiden Seiten der Gleichung unterschiedlich sein.

3.3 Rechenregeln und Ergänzungen

In der Folge schreiben wir tensorielle Formeln oder Rechenregeln oft nur in bezug auf eine oder einzelne der möglichen vertikalen Isomeren hin. Sie übertragen sich aufgrund der Ziehregel (3.2/3) automatisch auch auf andere Isomeren. Unter Indizes sind, wenn nichts anderes gesagt wird, nur die laufenden Koordinatenindizes zu verstehen. Sofern mehrere Tensoren beteiligt sind, werden ihre Koordinaten immer in bezug auf dieselbe Basis verknüpft. Hierbei bedeutet die eventuelle „Gleichartigkeit" zweier ko-, kontra- oder gemischtvarianter Tensorkoordinaten, daß sie die gleiche Anzahl von freien (nicht als Summationsindizes gebundenen) Indizes besitzen, die jeweils durch dieselben Symbole an gleicher oberer oder unterer Position („gleichständig") dargestellt werden. Hingegen kommt es auf die horizontale Anordnung der Indexspalten nicht an. Diese dürfen bei gleichartigen Tensorkoordinaten durchaus eine unterschiedliche Reihenfolge besitzen. Dies hängt auch mit dem nachfolgenden Unterabschnitt zusammen:

3.3.1 Horizontale Isomeren

Jede horizontale Isomere, zum Beispiel A_{kli}, A_{lik}, A_{lki}, A_{kil}, A_{ilk} eines Tensors A_{lki}, ist wiederum ein Tensor gleicher Stufe; denn die Ziehregel (3.2/3) bleibt ebenso wie die Transformationsregel (3.2/5) für jeden Index auch nach der Umgruppierung erhalten.

3.3.2 Direktes Produkt

Die Multiplikation der Koordinaten zweier Tensoren mit durchwegs verschiedenen Indexsymbolen ergibt einen Tensor, dessen Stufe bzw. Indexzahl der Summe der Stufen bzw. Indexzahlen beider Ausgangstensoren entspricht. In der Tat bleiben nämlich auch nach der Multiplikation die Ziehregel (3.2/3) sowie die Transformationsregel (3.2/5) in bezug auf jeden Index erhalten. Beispiele:

$A^{\mathrm{ikl}} u_{\mathrm{p}}$ und $B_{\mathrm{pq}} C^{\mathrm{rs}}$, worin $\mathbf{u}$ einen Vektor, $\mathbf{B}$ bzw. $\mathbf{C}$ Dyaden und $\mathbf{A}$ einen Tensor 3. Stufe repräsentieren. Sonderfall: Multiplikation mit Skalaren α, β als Tensoren 0-ter Stufe.

3.3.3 Summen und Differenzen

Aus den Zieh- und Transformationsregeln folgt ferner, daß Summen und Differenzen von gleichartigen Tensorkoordinaten wiederum gleichartige Koordinaten eines Tensors derselben Stufe sind. Beispiel in Anlehnung an 3.3.2:

$$D_{\mathrm{p\,q}}^{\cdot\cdot\mathrm{rs}} = \alpha\, B_{\mathrm{pq}}\, C^{\mathrm{rs}} - \beta\, A_{\mathrm{p\,q}}^{\cdot\cdot\mathrm{r}}\, u^{\mathrm{s}},$$

worin $\mathbf{D}$ einen Tensor 4. Stufe darstellt.

Integrale gelten in diesem Sinne als (Grenzfall von) Summen, Differentiale als (Grenzfall von) Differenzen.

3.3.4 Verjüngung und Überschiebung, lineare Tensorabbildung

Bei der „Verjüngung" erhalten genau zwei gegenständige (das heißt, nicht gleichständige) Koordinatenindizes das gleiche, von allen anderen Indizes verschiedene Symbol desselben Alphabets, werden also zu Summationsindizes, so daß ein Tensor entsteht, in dem jene beiden Indizes nicht mehr auftauchen – seine Stufe hat sich um die Zahl 2 verringert. Für die restlichen Indizes bleiben natürlich die Zieh- und Transformationsregeln, also die Tensoreigenschaft erhalten. Beispiel:

$$C_{\mathrm{p}}^{\cdot\mathrm{s}} = D_{\mathrm{pq}}^{\cdot\cdot\mathrm{qs}}, \quad \alpha = C_{\mathrm{s}}^{\cdot\mathrm{s}} = D_{\mathrm{sq}}^{\cdot\cdot\mathrm{qs}}.$$

Für denjenigen Sonderfall der Verjüngung, bei dem die Summationsindizes zu zwei verschiedenen Faktoren eines direkten Produktes gehören (Abschnitt 3.3.2), hat sich der Name „Überschiebung" eingebürgert: $C^{\mathrm{rs}} = A_{\mathrm{p}}^{\cdot\mathrm{rs}}\, u^{\mathrm{p}}$. Sofern eine Verjüngung oder Überschiebung in bezug auf mehrere Indexpaare durchgeführt wird, spricht man von einer mehrfachen Verjüngung beziehungsweise Überschiebung.

Eine Überschiebung kann man als „lineare Abbildung" der allgemeinen Gestalt

$$A^{\mathrm{j_1 \cdots j_h}} = T^{\mathrm{j_1 \cdots j_h\, j_{h+1} \cdots\, j_m}}\, B_{\mathrm{j_{h+1} \cdots\, j_m}} \tag{3.3/1a}$$

auffassen, worin h eine ganze Zahl mit $0 \leq h \leq m$ darstellt und $A^{\mathrm{j_1 \cdots j_h}}$, $T^{\mathrm{j_1 \cdots j_m}}$, $B_{\mathrm{j_{h+1} \cdots j_m}}$ koordinatenindizierte Größen repräsentieren, die für jedes Koordinatensystem definiert seien. Daneben lassen wir auch kontragrediente bzw. gemischt-variante Schreibweisen zu, beispielsweise in der Form

$$A_{\mathrm{j_1 \cdots j_h}} = T_{\mathrm{j_1 \cdots j_h \cdots j_m}}\, B^{\mathrm{j_{h+1} \cdots j_m}} \tag{3.3/1b}$$

$$A^{\cdots\, \mathrm{j_p} \cdots} = T^{\cdots\, \mathrm{j_p}}_{\cdot\cdots\, \mathrm{j_q} \cdots}\, B^{\cdots\, \mathrm{j_q} \cdots} \tag{3.3/1c}$$

Für $h = 0$ sei A, für $h = m$ sei B und für $m = 0$ sei T ein Skalar. Dann gilt, wenn wir wie vereinbart die Zahl der Koordinatenindizes eines Tensors als dessen Stufe bezeichnen,

> **Satz 3.3/1 (Allgemeiner Abbildungssatz):** Ist in den Gleichungen (3.3/1) für jeden Tensor B $(m - h)$-ter Stufe A ein Tensor h-ter Stufe, so stellt T einen Tensor m-ter Stufe dar und umgekehrt: Ist T ein Tensor m-ter Stufe, so ergibt sich A als Tensor h-ter Stufe.

Der Beweis des zweiten Teils (Umkehr) van Satz 3.3/1 folgt aus der Tensoreigenschaft des direkten Produktes. Zum Beweis des ersten Teils zeigen wir zunächst, daß T eindeutig ist.

Gäbe es nämlich einen zweiten Tensor $\bar{T}$ mit der gleichen Eigenschaft wie T, zum Beispiel hinsichtlich Gl. (3.3/1a):

$$A^{j_1 \cdots j_h} = \bar{T}^{j_1 \cdots j_m} B_{j_{h+1} \cdots j_m},$$

so bilden wir die Differenz

$$0 = (T^{j_1 \cdots j_m} - \bar{T}^{j_1 \cdots j_m}) B_{j_{h+1} \cdots j_m}. \tag{3.3/2}$$

Für jede feste Zahl $\langle k \rangle$ stellt $g^{\langle k \rangle}_{\cdot j}$ wegen Satz 3.2/3 und Satz 3.2/4 einen Vektor, also für jede feste Zahlenkombination $\langle k_{h+1} \rangle, \ldots, \langle k_m \rangle$ das direkte Produkt

$$B_{j_{h+1} \cdots j_m} = g^{\langle k_{h+1} \rangle}_{\cdot j_{h+1}} \cdots g^{\langle k_m \rangle}_{\cdot j_m}$$

einen Tensor m – ter Stufe dar. Damit liefert (3.3/2) wegen (1/1) und (2.4/2)

$$0 = T^{j_1 \cdots j_h \langle k_{h+1} \rangle \cdots \langle k_m \rangle} - \bar{T}^{j_1 \cdots j_h \langle k_{h+1} \rangle \cdots \langle k_m \rangle}$$

für alle Werte $j_1, \ldots, j_h$ und $\langle k_{h+1} \rangle, \ldots, \langle k_m \rangle$, also die Gleichheit von T und $\bar{T}$.

Aus (3.3/1a) und der Transformationsregel (3.2/5) erhält man aufgrund der vorausgesetzten Tensoreigenschaft für A und B ferner

$$A^{k_1' \cdots k_h'} = a^{k_1'}_{j_1} \cdots a^{k_h'}_{j_h} A^{j_1 \cdots j_h} = a^{k_1'}_{j_1} \cdots a^{k_h'}_{j_h} T^{j_1 \cdots j_m} B_{j_{h+1} \cdots j_m}$$

$$= a^{k_1'}_{j_1} \cdots a^{k_h'}_{j_h} T^{j_1 \cdots j_m} a^{k_{h+1}'}_{j_{h+1}} \cdots a^{k_m'}_{j_m} B_{j_{h+1}' \cdots j_m'}$$

$$= T^{k_1' \cdots k_m'} B_{k_{h+1}' \cdots k_m'},$$

wegen der Eindeutigkeit also

$$T^{k_1' \cdots k_m'} = a^{k_1'}_{j_1} \cdots a^{k_m'}_{j_m} T^{j_1 \cdots j_m}.$$

Damit ist die Transformationsregel (3.2/5) erwiesen. Die Ziehregel (3.2/3) folgt entsprechend.

Am Beispiel des Skalarproduktes (2.4/10) als Überschiebung zweier Vektoren $\mathbf{u}$, $\mathbf{v}$ mit den Koordinaten u^i bzw. v_i, d.h.

$$(\mathbf{u}, \mathbf{v}) = u^i v_i,$$

kann man übrigens erneut die Zweckmäßigkeit der Riccischen Summationskonvention gegenüber der Einsteinschen demonstrieren (Abschnitt 1.3). Beim

Summieren über gleichständige Indizes entsteht nämlich kein Skalar, weil in unterschiedlichen Koordinatensystemen bzw. für unterschiedliche vertikale Isomeren in der Regel unterschiedliche Werte herauskommen (siehe Übung 3.4.4):

$$\sum{}^i u_i v_i \;\not\equiv\; \sum{}_i u^i v^i \;\not\equiv\; \sum{}_\alpha u^\alpha v^\alpha \tag{3.3/3}$$

3.3.5 Vektorprodukt und Spatprodukt

Die aus dem Permutationstensor ε und den $n-1$ Vektoren $\overset{1}{\mathbf{u}}, \ldots, \overset{n-1}{\mathbf{u}}$ im n-dimensionalen Raum zusammengesetzte lineare Abbildung

$$
\left.
\begin{aligned}
u^k &= \varepsilon^{k_1 \ldots k_{n-1} k} \; \overset{1}{u}_{k_1} \ldots \overset{n-1}{u}_{k_{n-1}} \\[2mm]
u_k &= \varepsilon_{k_1 \ldots k_{n-1} k} \; \overset{1}{u}{}^{k_1} \ldots \overset{n-1}{u}{}^{k_{n-1}}
\end{aligned}
\right\}
\tag{3.3/4}
$$

bzw.

entspricht einer mehrfachen Überschiebung und ergibt einen Tensor 1. Stufe, also einen Vektor $\mathbf{u}$. Wir nennen ihn das „Vektorprodukt" der $\overset{i}{\mathbf{u}}$ und schreiben

$$\mathbf{u} = [\overset{1}{\mathbf{u}}, \ldots, \overset{n-1}{\mathbf{u}}],$$

für $n = 3$ auch

$$\mathbf{u} = \overset{1}{\mathbf{u}} \times \overset{2}{\mathbf{u}}.$$

Seine physikalische Maßeinheit entspricht dem Produkt der Maßeinheiten der $\overset{j}{\mathbf{u}}$.

Wegen (2.4/10), (2.5/1) folgt zunächst

$$|\mathbf{u}|^2 = u^k u_k = V\{\overset{1}{\mathbf{u}}, \ldots, \overset{n-1}{\mathbf{u}}, \mathbf{u}\}. \tag{3.3/5}$$

Wir wählen jetzt die Vektoren $\overset{i}{\mathbf{u}}$ speziell als Teil einer Basis: $\overset{i}{\mathbf{u}} = \mathbf{g}_i$, $\overset{i}{u}{}^l = \delta_i^l$; $i = 1, \ldots, n-1$. Dann ergibt (3.3/4) mit (2.5/3)

$$\mathbf{u} = [\mathbf{g}_1, \ldots, \mathbf{g}_{n-1}] = u_k \mathbf{g}^k = \varepsilon_{k_1 \ldots k_{n-1} k} \delta_1^{k_1} \ldots \delta_{n-1}^{k_{n-1}} \mathbf{g}^k = \varepsilon_{1 \ldots n-1 \, k} \mathbf{g}^k$$

$$= \varepsilon_{1 \ldots n} \mathbf{g}^n = \underset{*}{V} \mathbf{g}^n. \tag{3.3/6}$$

worin $\underset{*}{V}$ das kovariante Basisvolumen darstellt. Satz 2.3/2 liefert

Satz 3.3/2: Das Vektorprodukt verschwindet dann und nur dann, wenn seine „Faktoren" $\overset{1}{\mathbf{u}}, \ldots, \overset{n-1}{\mathbf{u}}$ linear abhängig sind.

Aus (2.2/2) und (3.3/6) folgt $(\mathbf{u}, \mathbf{g}_j) = \underset{*}{V}(\mathbf{g}^n, \mathbf{g}_j) = \delta_j^n = 0$ für $j \neq n$; das heißt wegen (2.1/13)

Satz 3.3/3: Das Vektorprodukt steht auf jedem seiner Faktoren senkrecht.

Für $\mathbf{u} \neq \mathbf{0}$ ergibt sich ferner über (3.3/5)

$$V\{\overset{1}{\mathbf{u}}, \ldots \overset{n-1}{\mathbf{u}}, \mathbf{u}\} > 0,$$

so daß gemäß Satz 2.3/3 gilt:

Satz 3.3/4: Linear unabhängige Vektoren als Faktoren eines Vektorproduktes bilden in ihrer Reihenfolge mit diesem eine positiv orientierte Basis.

Wenn wir im letzten Fall wiederum $\mathbf{g}_i = \overset{i}{\mathbf{u}}$, $i < n$, als Basisvektoren wählen und speziell durch $\mathbf{g}_n = \mathbf{u}$ ergänzen, so ergibt sich bei der Schmidtschen Orthogonalisierung (2.2/6) im Vergleich zu (2.3/18) wegen Satz 2.3/4 und (2.3/17) ein zunächst ungeändertes Spatvolumen

$$V\{\mathbf{g}_1, \ldots, \mathbf{g}_k\} = V\{\bar{\mathbf{g}}_I, \ldots, \bar{\mathbf{g}}_K\} = \pm |\bar{\mathbf{g}}_I| \cdots |\bar{\mathbf{g}}_K|$$

der jeweils ersten k Vektoren in dem durch sie definierten k-dimensionalen Raum; $1 \le k \le n$. Mit A als $(n-1)$-dimensionalem Volumen („Hyperflächen-Inhalt") der Vektoren $\overset{1}{\mathbf{u}}, \ldots, \overset{n-1}{\mathbf{u}}$ und $\underset{*}{V}$ als Basis-Gesamtvolumen (3.3/5) folgt also

$$\underset{*}{V} = \pm |\bar{\mathbf{g}}_N| \, A \, . \tag{3.3/7}$$

Da ferner gemäß (2.2/8) $\bar{\mathbf{g}}_N$ und $\mathbf{g}^n$ gleichsinnig parallel sind, also $\bar{\mathbf{g}}_N/|\bar{\mathbf{g}}_N| = \mathbf{g}^n/|\mathbf{g}_n| = \mathbf{e}$ einen Einsvektor ($|\mathbf{e}|^2 = (\mathbf{e}, \mathbf{e}) = 1$) darstellt, liefert (2.1/11) über (2.2/8) und (2.2/6)

$$(\bar{\mathbf{g}}_N, \mathbf{g}^n) = |\bar{\mathbf{g}}_N| \, |\mathbf{g}^n| (\mathbf{e}, \mathbf{e}) = |\mathbf{g}_N| = 1 \, .$$

Dies ergibt wegen (3.3/6) und (3.3/7) schließlich

$$|\mathbf{u}| = |\underset{*}{V}| \, |\mathbf{g}^n| = |\underset{*}{V}|/|\bar{\mathbf{g}}_N| = |A| :$$

Satz 3.3/5: Die Länge des Vektorproduktes entspricht dem Betrag des Hyperflächen-Inhaltes der Faktoren.

Die Linearität der Abbildung (3.3/4) läßt sich auch in der Form

$$\left. \begin{aligned} [\overset{1}{\mathbf{u}}, \ldots, \overset{\langle k \rangle}{\mathbf{u}}, \ldots, \overset{n-1}{\mathbf{u}}] &= \alpha [\overset{1}{\mathbf{u}}, \ldots, \overset{\langle k \rangle}{\mathbf{v}}, \ldots, \overset{n-1}{\mathbf{u}}] \\ &+ \beta [\overset{1}{\mathbf{u}}, \ldots, \overset{\langle k \rangle}{\mathbf{w}}, \ldots, \overset{n-1}{\mathbf{u}}] \\ \text{für} \quad \overset{\langle k \rangle}{\mathbf{u}} &= \alpha \overset{\langle k \rangle}{\mathbf{v}} + \beta \overset{\langle k \rangle}{\mathbf{w}} \end{aligned} \right\} \tag{3.3/8}$$

ausdrücken, worin $\overset{\langle k \rangle}{\mathbf{v}}$, $\overset{\langle k \rangle}{\mathbf{w}}$ weitere, an k-ter Stelle des Produktes stehende Vektoren und α, β Skalare darstellen. Ferner ändert das Vektorprodukt bei gegenseitiger Vertauschung je zweier Faktoren das Vorzeichen. Es setzt eine Raumorientierung voraus und hängt von dieser ab, ist also ein axialer Tensor 1. Stufe oder ein „axialer Vektor" (Satz 3.2/4). Über (2.5/1), (3.3/4), (2.4/10) und Satz 2.5/1 folgt außerdem für das von n beliebigen Vektoren $\overset{1}{\mathbf{u}}, \ldots, \overset{n}{\mathbf{u}}$ aufgespannte Volumen sowie für jede ganze Zahl p, $1 \le p \le n$, die Beziehung

$$\begin{aligned} V\{\overset{i}{\mathbf{u}}\} &= (\varepsilon^{k_1 \cdots k_n} \overset{1}{u}_{k_1} \cdots \overset{p-1}{u}_{k_{p-1}} \overset{p+1}{u}_{k_{p+1}} \cdots \overset{n}{u}_{k_n}) \overset{p}{u}_{k_p} \\ &= (-1)^{n-p} (\varepsilon^{k_1 \cdots k_{p-1} k_{p+1} \cdots k_n k_p} \overset{1}{u}_{k_1} \cdots \overset{p-1}{u}_{k_{p-1}} \overset{p+1}{u}_{k_{p+1}} \cdots \overset{n}{u}_{k_n}) \overset{p}{u}_{k_p} \\ &= (-1)^{n-p} ([\overset{1}{\mathbf{u}}, \ldots, \overset{p-1}{\mathbf{u}}, \overset{p+1}{\mathbf{u}}, \ldots, \overset{n}{\mathbf{u}}], \overset{p}{\mathbf{u}}); \quad p = 1, \ldots, n \, . \end{aligned}$$

Die rechtsseitige rund eingeklammerte Kombination aus Vektorprodukt und Skalarpodukt wird Spatprodukt genannt.

Speziell für $\overset{j}{\mathbf{u}} = \mathbf{g}_j$ gilt, da es nur eine einzige senkrechte Richtung zu $\mathbf{g}_1, \ldots, \mathbf{g}_{p-1}, \mathbf{g}_{p+1}, \ldots, \mathbf{g}_n$ gibt, $\mathbf{g}^p = \alpha\, [\mathbf{g}_1, \ldots, \mathbf{g}_{p-1}, \mathbf{g}_{p+1}, \ldots, \mathbf{g}_n]$. Einsetzen in das Spatprodukt liefert wegen $V = \overset{*}{V}$ und (2.2/2), (2.1/8)

$$\overset{*}{V} = \frac{(-1)^{n-p}}{\alpha}(\mathbf{g}^p, \mathbf{g}_p) = \frac{(-1)^{n-p}}{\alpha}, \quad \text{das heißt}$$

$$\mathbf{g}^p = \frac{(-1)^{n-p}}{\overset{*}{V}}[\mathbf{g}_1, \ldots, \mathbf{g}_{p-1}, \mathbf{g}_{p+1}, \ldots, \mathbf{g}_n],$$

$$\mathbf{g}_p = \frac{(-1)^{n-p}}{\overset{*}{V}}[\mathbf{g}^1, \ldots, \mathbf{g}^{p-1}, \mathbf{g}^{p+1}, \ldots, \mathbf{g}^n] \tag{3.3/9}$$

wobei die zweite Gleichung analog zur ersten hergeleitet wird.

Bild 3.1 zeigt als Beispiel die Konstruktion des Vektorproduktes in der Ebene und im Raum aufgrund der vorstehenden Sätze 3.3/3 bis 3.3/5.

Eine Anwendung in der Festkörpermechanik des ($n = 3$)-dimensionalen Raumes erhält man, wenn man die Geschwindigkeit $\mathbf{v}$ der Punkte P eines starren Körpers beschreiben will, der sich augenblicklich mit der Winkelgeschwindigkeit $\omega = d\psi/dt$ im positiven Drehsinn um die durch den Winkelgeschwindigkeitsvektor ω der Länge $|\omega|$ definierte Achse dreht (Bild 2.1b). Wir orientieren uns jetzt jedoch an Bild 3.2. Wenn keine Bewegung parallel zur Achse stattfindet, muß $\mathbf{v}$ in der Ebene durch P senkrecht zur Achse liegen und entsprechend dem positiven Drehsinn senkrecht auf $\mathbf{r}'$ stehen, so daß $\mathbf{r}', \mathbf{v}, \omega$ oder (nach zweimaliger paarweiser Vertauschung) $\omega, \mathbf{r}', \mathbf{v}$ eine positiv orientierte Basis paarweise orthogonaler Vektoren bilden. Pro infinitesimalem Zeitintervall dt legt P den Weg $|\mathbf{v}|\,dt$ zurück, während der Drehwinkel $|\omega| = d\psi/dt$ beträgt. Man erkennt $|\mathbf{v}| = |\mathbf{r}'|\,|d\psi/dt| = |\mathbf{r}'|\,|\omega|$; dies ist der zu ω und $\mathbf{r}'$ gehörige Flächeninhalt A. Also hat man wegen Bild 3.1, (3.3/8) und Satz 3.3/2

$$\mathbf{v} = [\omega, \mathbf{r}'] = [\omega, \mathbf{r}] - [\omega, \mathbf{r}''] = [\omega, \mathbf{r}] \tag{3.3/10}$$

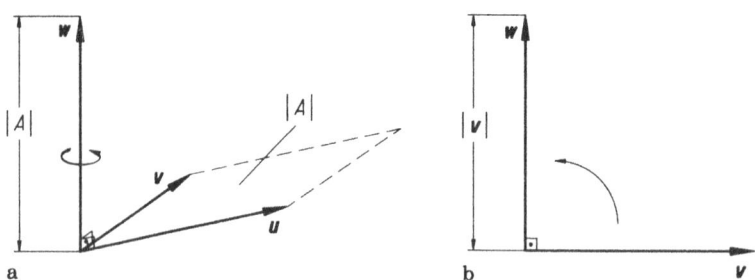

Bild 3.1a,b. Bildung des Vektorproduktes w; u, v: Vektoren. Der positive Drehsinn ist durch einen gekrümmten Pfeil veranschaulicht (Rechtshand- bzw. Rechtsschraubenorientierung). **a** Raum ($n = 3$): $\mathbf{w} = [\mathbf{u}, \mathbf{v}]$. A Flächeninhalt im Parallelogramm. **b** Ebene ($n = 2$): $\mathbf{w} = [\mathbf{v}]$.

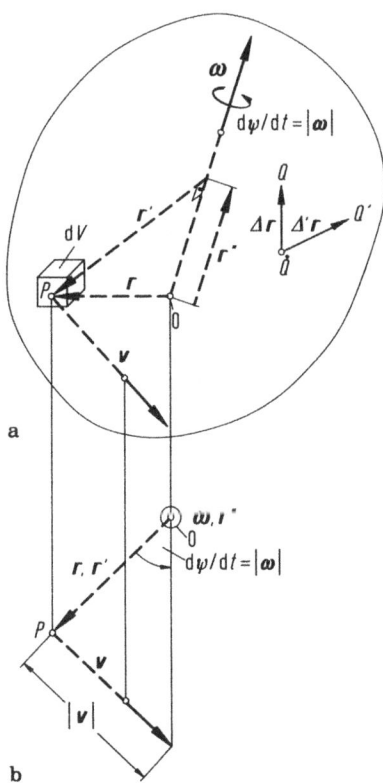

Bild 3.2a,b. Geschwindigkeitsfeld **v** der Punkte P eines mit der Winkelgeschwindigkeit ω, $|\omega| = |d\psi/dt|$ um die Trägergerade von ω als Achse rotierenden Starrkörpers. **a** Perspektivische Darstellung; **b** von der Spitze von ω her gesehen. O Fester Punkt des Körpers auf der Drehachse; dV Volumenelement; $\triangle \mathbf{r} = \overset{0}{\mathbf{Q}}\mathbf{Q}$, $\triangle'\mathbf{r} = \overset{0}{\mathbf{Q}}\mathbf{Q}'$ Verbindungsvektoren des Punktes $\overset{0}{Q}$ mit Q bzw. Q'; $\mathbf{r} = \mathbf{OP}$ Ortsvektor; $\mathbf{r}'$ Projektion von $\mathbf{r}$ auf eine Ebene senkrecht zur Achse; $\mathbf{r}''$ Projektion von $\mathbf{r}$ auf die Achse

Zum Abschluß zitieren wir zwei Beispiele für den Gebrauch des Vektorproduktes im Bereich der elektromagnetischen Wechselwirkung [12, 13]. Wenn in einem materiellen Körper das Feld der magnetischen Flußdichte **B** vorgegeben ist, so ruft ein elektrischer Strom (Gesamtstromdichte **I**) die je Volumeneinheit der Materie angreifende Volumenkraftdichte

$$\mathbf{f} = [\mathbf{B}, \mathbf{I}] \tag{3.3/11a}$$

hervor (Bild 3.3a), während bei einem in Ferromagneten sogar permanent bestehenden Magnetisierungsfeld **M** pro Volumeneinheit (Magnetisierungsdichte) die Volumenmomentdichte

$$\mathbf{c} = [\mathbf{M}, \mathbf{B}] \tag{3.3/11b}$$

wirkt (Bild 3.3b). Diese ist beispielsweise dafür verantwortlich, daß eine ferro-

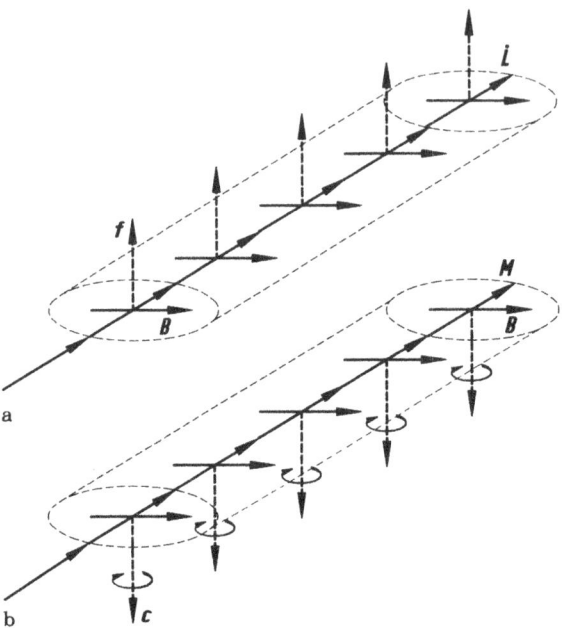

Bild 3.3a, b. Auswirkungen eines äußeren Magnetfeldes (Flußdichte **B**) auf materielle Körper. **a** Volumenkraftdichte **f** infolge eines elektrischen Stromes (Stromdichte **i**). **b** Volumenmomentdichte **c** als Folge einer Magnetifizierung pro Volumeneinheit **M**

magnetische Kompaßnadel (Volumen V) im Magnetfeld **B** der Erde mit einem Moment **c**V (für **c** = const) in die Nord-Süd-Richtung gedreht wird: Erst dann stellt sich nämlich die in Längsrichtung wirkende Magnetisierung **M** proportional zur magnetischen Flußdichte **B** ein, so daß kein Moment **c**V mehr auftritt. Stellt **l** mit der Länge $l = |\mathbf{l}|$ die als Vektorpfeil idealisierte schlanke, jedoch möglichst kleine, homogen magnetisierte Magnetnadel dar, so bezeichnet man die Vektorspitze als ihren Nordpol und das entgegengesetzte Ende als ihren Südpol. Diesen Polen ist gemäß $P = |\mathbf{M}| \, V/l$ die Polstärke $+P$ beziehungsweise $-P$ zugeordnet. Entspricht dem Moment **c**V ferner das am Nordpol und am Südpol angreifende Kräftepaar **F**, $-\mathbf{F}$ in Form des Momentes [**l**, **F**], so folgt aus (3.3/11b) für beliebige Vektoren **l** mit $\mathbf{M} = |\mathbf{M}|\,\mathbf{l}/l$ sofort

$$\mathbf{F} = P\mathbf{B} .\tag{3.3/11c}$$

In ähnlicher Weise überträgt die elektrische Feldstärke **E** auf einen möglichst punktförmigen Träger der elektrischen Ladung Q die Coulombsche Einzelkraft

$$\mathbf{F} = Q\mathbf{E}\tag{3.3/11d}$$

(C. A. Coulomb, 1736–1800). Sie kann direkt gemessen werden, weil elektrische Einzelladungen Q tatsächlich auftreten. Hingegen gibt es keine magnetischen Einzelpole. Deshalb läßt sich die magnetische Kraft (3.3/11c) experimentell nur als Kraftdifferenz in einem nicht homogenen Magnetfeld über $\Delta\mathbf{F} = P\Delta\mathbf{B}$ ermitteln, wobei $\Delta\mathbf{F}$ die Gesamtkraft auf die Magnetnadel und $\Delta\mathbf{B}$ die Differenz der Flußdichte zwischen Nord- und Südpol repräsentiert.

3.3.6 Affine Punktkoordinaten, Ortsableitungen

Wenn man im n-dimensionalen Raum einen Ursprungspunkt O auszeichnet und mit jedem anderen Punkt P durch einen Ortsvektor $\mathbf{r} = \mathbf{OP}$ verbindet, so bezeichnet man in bezug auf jede affine Basis $\mathbf{g}_j$ die kontravarianten oder kovarianten Vektorkoordinaten r^j bzw. r_j auch als kontravariante bzw. kovariante affine Punktkoordinaten, als Ortskoordinaten oder als Lagekoordinaten

$$\xi^j = r^j, \quad \xi_j = r_j \tag{3.3/12}$$

von P. Der Ursprung O besitzt die Koordinaten $\xi_j \equiv \xi^j \equiv 0$. Die Linien, längs deren sich nur eine einzige Koordinate ξ_j bzw. ξ^j ändert, während die anderen Koordinaten konstant bleiben, heißen (kontravariante oder kovariante) Koordinatenlinien (Bild 3.4). Für spätere Anwendungen geben wir noch den Inhalt dV eines kontravarianten „Volumenelementes" an, das von den Vektoren

$$d\overset{j}{\mathbf{r}} = d\xi^{\langle j\rangle}\,\mathbf{g}_{\langle j\rangle} = \delta^{jk_j}\,d\xi^j\,\mathbf{g}_{k_j}$$

in Richtung der Koordinatenlinien ξ^j aufgespannt wird. (2.5/1) liefert mit $\overset{j}{u}_{k_j} = \delta^{jk_j}\,d\xi^j$, (1/1) und (2.5/2)

$$dV = \varepsilon_{1\,2\,\ldots\,n}d\xi^1\ldots d\xi^n = \underset{*}{V}d\xi^1\ldots d\xi^n \tag{3.3/13a}$$

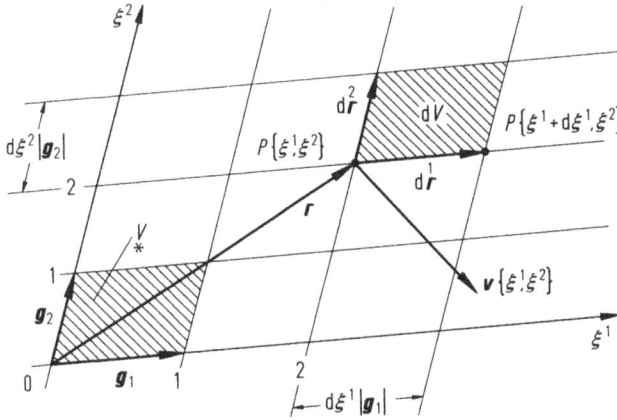

Bild 3.4. Affine Koordinaten ξ^1, ξ^2 von Punkten P in der Ebene als Vektorkoordinaten des Ortsvektors $\mathbf{r} = \mathbf{OP}$. $\mathbf{g}_j$ kovariante Basis; $\underset{*}{V}$ kovariantes Basisvolumen; $d\overset{1}{\mathbf{r}}$, $d\overset{2}{\mathbf{r}}$ Kanten des Volumenelementes (hier: Flächenelementes) dV; $\mathbf{v}$ Geschwindigkeitsfeld

Entsprechend folgt

$$dV = \varepsilon^{12\cdots n}d\xi_1 \ldots d\xi_n = \overset{*}{V}d\xi_1 \ldots d\xi_n \qquad (3.3/13b)$$

für ein kovariantes Volumenelement. Beide sind in der Regel unterschiedlich groß und vorzeichenbehaftet. Für zahlreiche Anwendungen bevorzugt man demgegenüber die vorzeichen- und orientierungsunabhängigen Volumenelemente $|dV|$.

Wenn nun jedem Punkt P des Raumes oder eines bestimmten Bereiches im Raum ein Tensor $T_{j_1\ldots j_m}\{P\}$ zugeordnet wird, so spricht man von einem Tensorfeld und schreibt auch $T_{j_1\ldots j_m}\{\xi^k\}$ bzw. $T_{j_1\ldots j_m}\{\xi^1,\ldots,\xi^n\}$. Die Basis der Tensorkoordinaten darf sich von der Basis der Punktkoordinaten unterscheiden: $T_{j_1\ldots j_m}\{\xi^\alpha\}$. Sonderfälle sind Skalar-, Vektor- oder Dyadenfelder. Wir zeigen:

Satz 3.3/6: Wenn für die Tensorkoordinaten und die Punktkoordinaten dieselbe Basis gewählt wird, so stellen die (wahlweise durch ein Komma zwischen den Indexspalten oder ein vorangestelltes indiziertes Differentiationssymbol charakterisierten) partiellen Ortsableitungen eines Tensorfeldes m-ter Stufe nach den Punktkoordinaten, nämlich

$$T_{j_1\ldots j_m,k} = \partial_k T_{j_1\ldots j_m} = \partial T_{j_1\ldots j_m}/\partial\xi^k,$$
$$T_{j_1\ldots j_m}{}^{,k} = \partial^k T_{j_1\ldots j_m} = \partial T_{j_1\ldots j_m}/\partial\xi_k, \qquad (3.3/14)$$

in bezug auf den Index k kontragrediente Koordinaten ein und desselben Tensorfeldes der um 1 erhöhten Stufe $m+1$ dar, wobei der Ausgangstensor **T** auch in Gestalt irgendeiner anderen vertikalen Isomeren gegeben sein darf.

Der Beweis hinsichtlich der Indizes $j_1,\ldots,j_m$ ist klar, weil sich wegen $g_{jk} = const$ und $a_{k'}^j = const$ weder die Ziehregel (3.2/3) noch die Transformationsregel (3.2/5) ändert, wenn man beidseitig differenziert.

Hinsichtlich des Index k bemerken wir zunächst, daß sich affine Punktkoordinaten ξ^k, ξ_k wegen (3.3/12) wie Vektorkoordinaten transformieren:

$$\xi^k = a_{l'}^k \xi^{l'}, \quad \partial\xi^k/\partial\xi^{l'} = a_{l'}^k. \qquad (3.3/15)$$

Daher folgt aus der Kettenregel der Differentialrechnung:

$$\partial T_{j_1\ldots j_m}/\partial\xi^{l'} = (\partial T_{j_1\ldots j_m}/\partial\xi^k)(\partial\xi^k/\partial\xi^{l'}) = a_{l'}^k(\partial T_{j_1\ldots j_m}/\partial\xi^k)$$

Die Transformationsregel (3.2/5) ist also auch in bezug auf den kovarianten Differentiationsindex k erfüllt. Entsprechendes zeigt man für $\partial T_{j_1\ldots j_m}/\partial\xi_k$. Beim Übergang zur kontragredienten Basis gemäß

$$\xi_k = g_{kl}\xi^l, \quad \partial\xi_k/\partial\xi^l = g_{kl} \qquad (3.3/16)$$

ergibt sich ferner die Gültigkeit der Ziehregel (3.2/3) zum Beispiel über

$$\partial T_{j_1\ldots j_m}/\partial\xi^l = (\partial T_{j_1\ldots j_m}/\partial\xi_k)(\partial\xi_k/\partial\xi^l) = g_{kl}(T_{j_1\ldots j_m}/\partial\xi_k).$$

Ende des Beweises.

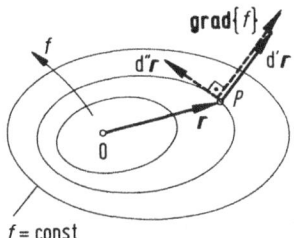

$f = \text{const}$

Bild 3.5. Gradientenvektor $\mathbf{grad}\{f\}$ eines Skalarfeldes $f = f\{\xi^1, \xi^2\}$ in der Ebene, normal zu den Höhenlinien $f = const$ in Richtung steigender Werte f. $d'\mathbf{r}$, $d''\mathbf{r}$: Differentiale des Ortsvektors $\mathbf{r}$ normal bzw. parallel zu den Höhenlinien

Den Tensor $T_{j_1 \dots j_m, k}$ nennt man auch den Gradienten von $T_{j_1 \dots j_m}$. Als Beispiel betrachten wir den Gradienten $f_{,j}$ oder $f_{,}{}^j$ eines Skalarfeldes $f\{\xi^k\}$. Er wird oft als Gradientenvektor in der Form

$$\mathbf{grad}\{f\} = f_{,i}\,\mathbf{g}^i = f_{,}{}^j\,\mathbf{g}_j \qquad (3.3/17)$$

dargestellt und hat die nachstehend beschriebene anschauliche Bedeutung (Bild 3.5):

Satz 3.3/7: $\mathbf{grad}\ \{f\}$ steht senkrecht auf den Flächen $f = const$ („Höhenflächen" bzw., für $n = 2$, „Höhenlinien") und weist in Richtung steigender Werte f.

Beweis: Wenn d' ein Ortsdifferential normal zu den Höhenflächen $f = const$ bezeichnet, und zwar in Richtung steigender Werte f, sowie d'' ein Differential parallel zu den Höhenflächen, so hat man definitionsgemäß

$$d'f \ge 0, \quad d''f = 0. \qquad (3.3/18)$$

Das vollständige Differential von f lautet gemäß (3.2/12) sowie (3.3/17) wegen $d\mathbf{r} = dr^j\,\mathbf{g}_j = d\xi^j\,\mathbf{g}_j$ und (2.4/10)

$$df = (\partial f/\partial \xi_j)\,\mathrm{d}\xi^j = (\mathbf{grad}\{f\}, d\mathbf{r})\,,$$

also gemäß (3.3/18)

$$(\mathbf{grad}\{f\}, d'\mathbf{r}) \ge 0\,, \quad (\mathbf{grad}\{f\}, d''\mathbf{r}) = 0\,.$$

Dies war zu zeigen.

3.3.7 Zeitableitungen

Satz 3.3/8: Die partielle Ableitung hinsichtlich der Zeit t,

$$\frac{\partial}{\partial t} T_{j_1 \dots j_m} = \partial T_{j_1 \dots j_m}/\partial t \qquad (3.3/19)$$

eines zeitabhängigen Tensorfeldes m-ter Stufe $T_{j_1 \dots j_m}\{t\}$ ist wiederum ein Tensor m-ter Stufe, und zwar derselbe, gleichgültig welches Isomer von **T** differenziert wird.

In der Tat bleibt sowohl die Ziehregel (3.2/3) als auch die Transformationsregel (3.2/5) erhalten, wenn man beide Seiten partiell nach der Zeit differenziert.

Für ein zeit- und ortsabhängiges Tensorfeld $T_{j_1 \dots j_m}\{\xi^k, t\}$ hat (3.3/19) die Bedeutung einer Zeitableitung *am festen Ort* $\xi^k = const$; sie kann also von einem „ruhenden Beobachter" gemessen werden. Bild 3.6a illustriert dies für ein (skalares) Temperaturfeld $\vartheta\{x, t\}$, das für jeden Zeitpunkt t innerhalb des Zeitintervalles $t_0 < t < t_1$ ein Gefälle in Richtung $x = \xi^1$ besitzt, während es sich etwa infolge einer Aufheizung zeitlich insgesamt zu höheren Werten hin verschiebt.

Ein in einem Wagen mit der Geschwindigkeit $\mathbf{v} = d\,\mathbf{r}/dt = \mathbf{r}^{\cdot}$ bewegter Beobachter (vgl. (2.1/17)), für den in einer festgehaltenen Basis $\mathbf{g}_j = $ **const**

$$\mathbf{v} = (r^j \mathbf{g}_j)^{\cdot} = (r^j)^{\cdot} \mathbf{g}_j = (\xi^j)^{\cdot} \mathbf{g}_j \tag{3.3/20}$$

gilt, mißt eine durch

$$\frac{d}{dt} T_{j_1 \dots j_m} = d\,T_{j_1 \dots j_m}/dt \tag{3.3/21}$$

bezeichnete, auch totale Zeitableitung genannte Änderungsgeschwindigkeit (Bild 3.6b). Aufgrund der Kettenregel der Differentialrechnung erhält man, wenn man gemäß (3.3/20) und (3.3/12)

$$\mathbf{v} = v^j \mathbf{g}_j \quad \text{mit} \quad v^j = (\xi^j)^{\cdot} \tag{3.3/22}$$

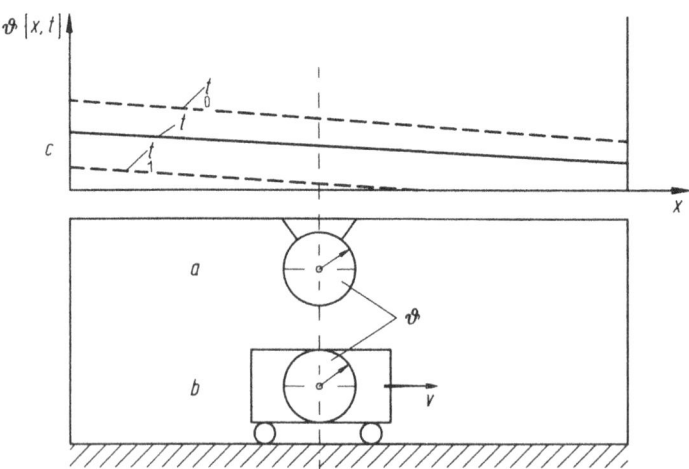

Bild 3.6a–c. Messung eines vom Ort x und der Zeit t abhängigen Temperaturfeldes ϑ sowie dessen Änderung **a** am jeweils festen Ort x (ruhender Beobachter), **b** in einem mit der Geschwindigkeit $v = dx/dt$ fahrenden Wagen (bewegter Beobachter). **c** Linear ortsabhängige Temperaturverteilungen zu verschiedenen Zeitpunkten t; $t_0 \leq t \leq t_1$

einsetzt:

$$\frac{d}{dt} T_{j_1 \ldots j_m} = \frac{\partial}{\partial t} T_{j_1 \ldots j_m} + T_{j_1 \ldots j_m, k}\, v^k \tag{3.3/23}$$

Die totale Zeitableitung wird demnach aus den Tensoren der partiellen Zeitableitung, der Ortsableitung und der Geschwindigkeit (Zeitableitung des Ortsvektors **r**) durch Addition und Überschiebung gebildet, das heißt:

Satz 3.3/9: Die totale Zeitableitung eines Tensorfeldes m-ter Stufe in affinen Punktkoordinaten ist ein Tensorfeld gleicher Stufe, und zwar dasselbe für alle Isomeren des ursprünglichen Tensorfeldes oder der Ortskoordinaten, aus denen sie gebildet wird.

3.3.8 Physikalische Maßeinheiten

So wie die Basisvektoren können auch die Koordinaten eines beispielsweise zweistufigen Tensors (einer Dyade) T_{jk} unterschiedliche physikalische Maßeinheiten (N, m, s und andere) besitzen. Diese dürfen freilich nicht ganz willkürlich gewählt werden. Vielmehr muß in der Ziehregel (3.2/3) die Summation ausführbar bleiben. Das heißt, für gegebene Indizes $\langle i \rangle$, $\langle k \rangle$ haben alle Glieder $g^{\langle i \rangle \langle j \rangle} g^{\langle k \rangle \langle l \rangle} T_{\langle j \rangle \langle l \rangle}$ die gleiche Maßeinheit EH. Wegen (2.2/11) entspricht dies der Feststellung, daß auch die Maßeinheiten

$$EH\{\mathbf{T}\} = EH\{\mathbf{g}^{\langle j \rangle}\}\, EH\{\mathbf{g}^{\langle l \rangle}\}\, EH\{T_{\langle j \rangle \langle l \rangle}\}$$

sämtlich identisch sind, so daß man sie als Maßeinheit der Dyade selbst bezeichnet-vorerst allerdings nur der kovarianten Isomeren. Über (2.3/1), (3.2/6) und (2.3/20) erkennt man die Invarianz gemäß

$$EH\{\mathbf{g}^{\langle j' \rangle}\}\, EH\{\mathbf{g}^{\langle l' \rangle}\}\, EH\{T_{\langle j' \rangle \langle l' \rangle}\} =$$

$$EH\{a_{\langle k \rangle}^{\langle j' \rangle}\}\, EH\{\mathbf{g}^{\langle k \rangle}\}\, EH\{a_{\langle i \rangle}^{\langle l' \rangle}\}\, EH\{\mathbf{g}^{\langle i \rangle}\}\, EH\{a_{\langle j' \rangle}^{\langle k \rangle}\}$$

$$EH\{a_{\langle l' \rangle}^{\langle i \rangle}\}\, EH\{T_{\langle k \rangle \langle i \rangle}\} =$$

$$EH\{\mathbf{g}^{\langle k \rangle}\}\, EH\{\mathbf{g}^{\langle i \rangle}\}\, EH\{T_{\langle k \rangle \langle i \rangle}\}$$

Diese Überlegungen lassen sich sofort auf beliebige vertikale Isomere und auf m-stufige Tensoren übertragen, für die man dann die Maßeinheit wie folgt definiert:

$$EH\{T\} = EH\{\mathbf{g}^{j_1}\} \ldots EH\{\mathbf{g}^{j_m}\}\, EH\{T_{j_1 \ldots j_m}\}$$

$$= EH\{\mathbf{g}_{j_1}\} \ldots EH\{\mathbf{g}_{j_m}\}\, EH\{T^{j_1 \ldots j_m}\}$$

$$= \ldots EH\{\mathbf{g}_j\} \ldots EH\{\mathbf{g}^k\} \ldots EH\{T^{\ldots j \ldots}_{\ldots \ldots k \ldots}\} \tag{3.3/25}$$

Gleichung (3.3/25) verallgemeinert die zuvor für Vektoren entwickelte Beziehung (2.2/11). Auch Satz 2.2/7 läßt sich analog übertragen:

Satz 3.3/10: In kartesischen (orthonormalen) Basen, deren Basisvektoren nach Satz 2.2/7 dimensionslos sind (Maßeinheit 1), besitzen alle Koordinaten eines Tensors die gleiche Maßeinheit. Sie entspricht der Maßeinheit des Tensors.

3.4 Übungen

Man gehe wieder von der in Bild 2.8 gezeigten kartesischen Basis $\mathbf{g}_\alpha$ mit positiver Orientierung, der affinen Basis $\mathbf{g}_j$ gemäß (2.6/1) sowie den Vektoren $\mathbf{u}$, $\mathbf{v}$ gemäß (2.6/2) im dreidimensionalen Raum aus und benutze erforderlichenfalls die Lösungen der Aufgaben 2.6.1 bis 2.6.7 in Abschn. 9.2.6.1 bis 9.2.6.7. Dann sind zu berechnen:

3.4.1 Die kontravarianten und kovarianten Koordinaten des Vektorproduktes $\mathbf{w} = [\mathbf{u}, \mathbf{v}]$.

3.4.2 Die Koordinaten der Tensoren

$$A_j{}^k = \tfrac{1}{2}(u_j v^k - v_j u^k),$$
$$S_j{}^k = \tfrac{1}{2}(u_j v^k + v_j u^k),$$

$$(3.4/1)$$

und zwar als Matrix angeordnet, in den Basen $\mathbf{g}_j$, $\mathbf{g}^j$ sowie $\mathbf{g}_\alpha = \mathbf{g}^\alpha$.

3.4.3 Die durch Überschiebung gebildeten Vektoren $\mathbf{a}$, $\mathbf{s}$ mit den Koordinaten

$$a_j = A_j{}^k u_k, \quad s^k = S_j{}^k v^j$$

sowie die kovarianten und kontravarianten Koordinaten des Differenzvektors

$$\mathbf{d} = \mathbf{a} - \mathbf{s}.$$

3.4.4 Die Koordinaten u_α, u^α, v_α, v^α sowie die Produktsummen von Gl. (3.3/3). Man prüfe ihre Unterschiedlichkeit.

3.4.5 Der Luftdruck p nehme in der Höhe $h = \xi^1$ über der Erdoberfläche exponentiell gemäß

$$p = \overset{0}{p}\, e^{-b\,\xi^1}$$

ab, wobei b eine positive Konstante darstellt und der Luftdruck

$$\overset{0}{p} = \bar{p} + \bar{r} t$$

auf der Erdoberfläche zeitlich veränderlich sei ($\bar{p} > 0$, $\bar{r}$: Konstanten). Ein Luftballon steige mit der Geschwindigkeit $v = v^1$ aufwärts. Welche Druckänderungsgeschwindigkeit mißt er?

4 Dyaden (Tensoren 2. Stufe)

Abgesehen von den Skalaren und Vektoren sind Dyaden die am häufigsten in der Physik verwendeten Tensoren; man bezeichnet sie gelegentlich als Tensoren schlechthin. Einige der nachstehend für Dyaden hergeleiteten Resultate lassen sich auf Tensoren anderer Stufen verallgemeinern, weitere hingegen, wie den fundamentalen Satz 4.2/1 über „Hauptachsen", rechnet man manchmal der Matrizenalgebra zu.

4.1 Beispiele

4.1.1 Nulldyade, Einsdyade, Permutationsdyade

Nach Satz 3.2/1 ist im n-dimensionalen Raum der metrische Grundtensor bzw. Einstensor g_{jk} sowie im zweidimensionalen Raum, das heißt in der Ebene ($n = 2$), auch der Permutationstensor ε_{jk} eine Dyade. Wegen (2.4/2) und (2.5/5) gilt

$$g_{jk} = g_{kj}, \quad \varepsilon_{jk} = -\varepsilon_{kj}. \tag{4.1/1a}$$

Daher nennt man die Einsdyade g_{jk} symmetrisch, jedoch die zweistufige Permutationsdyade ε_{jk} antimetrisch (auch „anti-symmetrisch", „asymmetrisch", „schiefsymmetrisch"). Die Nulldyade

$$O_{jk} = 0, \tag{4.1/1b}$$

deren Elemente sämtlich verschwinden, ist als einzige Dyade gleichzeitig symmetrisch und antimetrisch.

4.1.2 Einige Stoffdyaden

Die Eigenschaften der Materie werden durch Stoffkenngrößen beschrieben, die sich häufig tensoriell darstellen lassen. Hier eine natürlich unvollständige Aufzählung. So setzt man zum Beispiel, für viele Zwecke ausreichend, den Vektor der elektrischen Flußdichte („Verschiebung") **D** oder der Polarisation **P**, vermindert um eine bei ferroelektrischem Material mögliche permanente Flußdichte $\bar{\mathbf{D}}$ beziehungsweise Polarisation $\bar{\mathbf{P}}$, als eine lineare Abbildung des Vektors der

Feldstärke **E** an. Entsprechend verfährt man mit dem Vektor der magnetischen Flußdichte (Induktion) **B** oder der Magnetisierung **M**, vermindert um die bei ferromagnetischem Material mögliche permanente Flußdichte $\bar{\mathbf{B}}$ beziehungsweise Magnetisierung $\bar{\mathbf{M}}$, als lineare Abbildungen des Vektors der Feldstärke **H**. Den Vektor der elektrischen Leitungsstromdichte **i** faßt man als eine lineare Abbildung der Feldstärke **E** und den Vektor φ des Wärmestromes (pro Flächeneinheit) als eine lineare Abbildung des Temperaturgefälles, d.h. des negativen Gradienten des Temperaturfeldes $\vartheta\{\xi\}$ auf:

$$D_j = \bar{D}_j + \alpha_{jk}\,E^k\,, \qquad P_j = P_j + \iota_{jk}\,E^k$$

$$B_j = \bar{B}_j + \mu_{jk}\,H^k\,, \qquad M_j = \bar{M}_j + \chi_{jk}\,H^k\,, \qquad (4.1/2)$$

$$i_j = \kappa_{jk}\,E^k\,, \qquad \varphi_j = -\,\bar{\kappa}_{jk}\,\vartheta^{,k}\,.$$

Solche Abbildungen werden nach Satz 3.3/1 durch Dyaden vermittelt. Deren Koordinaten α_{jk} nennt man Permittivitäten oder Dielektrizitäten, die Größen μ_{jk} Permeabilitäten, die Größen ι_{jk} oder χ_{jk} elektrische beziehungsweise magnetische Suszeptibilitäten, die Größen κ_{jk} elektrische Leitfähigkeiten und die Größen $\bar{\kappa}_{jk}$ Wärmeleitfähigkeiten. Nur in sogenannten elektrisch, magnetisch oder in bezug auf die Wärmeleitfähigkeit „isotropen" Körpern reduzieren sie sich gemäß

$$\alpha_{jk} = \alpha\,g_{jk}\,, \qquad \iota_{jk} = \iota\,g_{jk}\,,$$

$$\mu_{jk} = \mu\,g_{jk}\,, \qquad \chi_{jk} = \chi\,g_{jk}\,, \qquad (4.1/3)$$

$$\kappa_{jk} = \kappa\,g_{jk}\,, \qquad \bar{\kappa}_{jk} = \bar{\kappa}\,g_{jk}$$

auf je eine einzige skalare Dielektrizitätskonstante α, Permeabilitätskonstante μ, elektrische beziehungsweise magnetische Suszeptibilität ι oder χ, elektrische Leitfähigkeit κ oder Wärmeleitzahl $\bar{\kappa}$. Im allgemeinen Fall (4.1/2) spricht man von anisotropem Material, wie es unter anderem durch verschiedene Kristallklassen gebildet wird. Die Tensoren α_{jk}, μ_{jk}, ι_{jk}, χ_{jk} und wohl auch κ_{jk}, $\bar{\kappa}_{jk}$ sind symmetrisch [1]:

$$\alpha_{jk} = \alpha_{kj}\,, \quad \mu_{jk} = \mu_{kj}\,, \quad \iota_{jk} = \iota_{kj}\,, \quad \chi_{jk} = \chi_{kj}\,,$$

$$\kappa_{jk} = \kappa_{kj}\,, \quad \bar{\kappa}_{jk} = \bar{\kappa}_{kj}\,. \qquad (4.1/4)$$

Sie dürfen ebenso wie $\bar{\mathbf{D}}$, $\bar{\mathbf{B}}$ und $\bar{\mathbf{M}}$ neben dem Ort, der Zeit und der Temperatur bei nichtlinearem Materialverhalten auch von **E** beziehungsweise **H** oder von $\vartheta_{,k}$ selbst abhängen.

Wir gehen auf die hier genannten und auf weitere Stofftensoren nebst den zugehörigen physikalischen Zusammenhängen nochmals in Kapitel 8 ein.

4.1.3 Trägheitsdyade

Zwischen dem auf irgendeinen festen Punkt O eines Starrkörpers bezogenen Drallvektor **d** und dem Winkelgeschwindigkeitsvektor ω (Bild 2.1b) besteht bekanntlich die lineare Abbildung

$$d^\alpha = \Theta^{\alpha\beta}\,\omega_\beta, \tag{4.1/5}$$

worin d^α, ω_β die Koordinaten von $\mathbf{d}$ bzw. $\boldsymbol{\omega}$ und $\Theta^{\alpha\beta}$ die sogenannten Massenträgheitsmomente um O darstellen. Wegen (4.1/5) und Satz 3.3/1 handelt es sich um einen Tensor, also den „Trägheitstensor" beziehungsweise die „Trägheitsdyade". In den Standardtexten der Mechanik, beispielsweise in [13], wird $\Theta^{\alpha\beta}$ meist in kartesischen Koordinaten $x = \xi^x$, $y = \xi^y$, $z = \xi^z$ des dreidimensionalen Raumes wie folgt angegeben:

$$\Theta^{xx} = \overset{m}{\int} [y^2 + z^2]\,dm$$

$$\Theta^{yy} = \overset{m}{\int} [z^2 + x^2]\,dm$$

$$\Theta^{zz} = \overset{m}{\int} [x^2 + y^2]\,dm$$

(axiale Trägheitsmomente) sowie

$$\Theta^{xy} = \Theta^{yx} = -\overset{m}{\int} xy\,dm$$

$$\Theta^{yz} = \Theta^{zy} = -\overset{m}{\int} yz\,dm$$

$$\Theta^{zx} = \Theta^{xz} = -\overset{m}{\int} zx\,dm$$

(Deviationsmomente), wobei m die Gesamtmasse des Körpers und dm das Massenelement darstellen. Bei den Deviationsmomenten fügten wir gegenüber der Standarddefinition [13] ein Minuszeichen hinzu, um die sonst in der Summe (4.1/5) auftretenden Minuszeichen zu vermeiden, und können dann die Formeln aller Trägheitsmomente über (1/1) sowie (2.4/7) wie folgt zusammenfassen:

$$\Theta^{\alpha\beta} = \Theta^{\beta\alpha} = \overset{m}{\int} [g^{\alpha\beta}\,g_{\mu\nu}\,\xi^\mu\,\xi^\nu - \xi^\alpha\,\xi^\beta]\,dm$$

$$= \overset{m}{\int} [g^{\alpha\beta}\,g_{\mu\nu} - g^\alpha_{.\mu}\,g^\beta_{.\nu}]\,\xi^\mu\,\xi^\nu\,dm . \tag{4.1/6}$$

Da beide Seiten Tensoren sind – die linke wegen (4.1/5), die rechte als Integral, das heißt als Summe von Ausdrücken, die mittels der Operationen von Abschnitt 3.3.2 bis 3.3.4 gebildet wurden – gilt Gleichung (4.1/6) aufgrund der Identitätsregel von Satz 3.2/5 automatisch in jedem affinen Koordinatensystem, weil die zur Integration erforderliche Netzeinteilung in (skalare) Massenelemente dm unabhängig vom Koordinatennetz ξ^α oder gar in einem getrennt festgehaltenen Koordinatennetz ξ^j erfolgen darf. dm läßt sich auf das geometrisch über (3.3/13a,b) berechenbare, im vorliegenden Zusammenhang ebenfalls skalare

Volumenelement dV (Bild 3.4) durch den Ansatz

$$dm = \rho \, |dV| \tag{4.1/7}$$

zurückführen, worin das Skalarfeld $\rho = \rho \, \{\xi^\alpha\}$ die physikalische Massendichte darstellt. Wir verlangen hierfür stets

$$\rho \geq 0, \quad dm \geq 0. \tag{4.1/8}$$

Die doppelte kinetische Energie der Rotation eines Körpers um eine raumfeste Achse besitzt für $\rho \neq 0$ den stets positiven Wert

$$\Theta^{\alpha\beta} \, \omega_\alpha \, \omega_\beta > 0 \quad \text{für} \quad \boldsymbol{\omega} = \omega_\alpha \, \mathbf{g}^\alpha \neq 0.$$

Daher ist $\Theta^{\alpha\beta}$ im Sinne von (2.4/11), (2.4/12) eine „positive Dyade" mit positiv definiter Matrix

$$\boldsymbol{\Theta} > 0 \quad \text{bzw.} \quad \boldsymbol{\Theta} \geq 0, \tag{4.1/9}$$

das letzte bei entarteten, punkt-, linien- oder flächenhaften Masseverteilungen, die eine energiefreie Drehung (zum Beispiel der massebehafteten Geraden um sich selbst) zulassen. Man nennt $\boldsymbol{\Theta}$ dann positiv semidefinit.

4.1.4 Stoffunabhängige Dyaden der Kontinuumsmechanik

4.1.4.1 Einführung

Materielle Körper als Punktkontinua unterliegen zeitabhängigen Bewegungen und Verformungen. Vektor- und Tensorfelder, die den Materiepunkten zugeordnet sind, werden bei der Bewegung oft mit den Punkten mitgeführt und verändern unter Umständen auch noch ihre Größe. Man denke an Skalarfelder wie die Temperatur ϑ, die unter anderem von der Temperatur abhängige Massendichte ρ oder an die auch von ϑ und ρ abhängigen Dielektrizitäts-, Permeabilitäts- und Wärmeleitfähigkeitsdyaden. Während alle hier erwähnten Dyaden zusätzlich durch mit der Verformung verbundene Änderungen der Feinstruktur des Körpers, also etwa bei Metallen durch lokale Drehungen des Kristallgitters beeinflußt werden, hängt die Trägheitsdyade neben der Dichteverteilung insbesondere von der variablen äußeren Form des Körpers und eventuell von dessen Lage im Raum ab.

Bevor man solche Effekte theoretisch behandeln kann, muß man die Bewegung und die Formänderung materieller Körper selbst beschreiben und gegebenenfalls mit ihren Ursachen, also den Kräften oder den inneren Spannungen in Zusammenhang bringen. Dies geschieht, wenn man von atomaren, molekularen, kristallinen oder körnigen Feinstrukturen absieht, im Rahmen der Kontinuumsmechanik. Obschon sich diese in der Regel auf den $(n = 3)$-dimensionalen Raum bezieht, lassen sich die meisten Ergebnisse auf beliebige Werte $n \geq 1$ verallgemeinern.

4.1.4.2 Geschwindigkeitsgradient, Gauss-Greenscher Integralsatz

Für die Punkte P des betrachteten Körpers sei ein ortsabhängiges, momentanes Geschwindigkeitsfeld

$$\mathbf{v} = \mathbf{v}\{\xi^j\} = v^l \mathbf{g}_l = v_l \mathbf{g}^l \quad \text{mit} \quad v^l = v^l\{\xi^j\}, \quad v_l = v_l\{\xi^j\}$$

gegeben (Bild 3.4). Beim Übergang zu einem infinitesimal benachbarten Punkt $\xi^j + d\xi^j$ ändert es sich nach der Kettenregel der Differentialrechnung wie folgt:

$$d\mathbf{v} = \mathbf{v}\{\xi^j + d\xi^j\} - \mathbf{v}\{\xi^j\} = \mathbf{v}_{,j}\, d\xi^j = \mathbf{v}_{,j}\, dr^j, \qquad (4.1/10)$$

wobei (3.3/12) benutzt wurde und

$$\mathbf{v}_{,j} = v^k_{.j} \mathbf{g}_k = v_{kj} \mathbf{g}^k \qquad (4.1/11a)$$

mit

$$v^k_{.j} = v^k_{.,j}, \quad v_{kj} = v_{k,j} \qquad (4.1/11b)$$

gilt. Nach Satz 3.3/1 stellt dieser „Geschwindigkeitsgradient" $v^k_{.j}$ bzw. v_{kj} eine Dyade dar, die allerdings weder symmetrisch noch antimetrisch zu sein braucht. Sie bildet die von P ausgehenden infinitesimalen Ortsvektoren $d\mathbf{r}$ auf die entsprechenden Änderungen $d\mathbf{v}$ des Geschwindigkeitsfeldes ab. Aus

$$d\mathbf{r} = \mathbf{r}\{\xi^j + d\xi^j\} - \mathbf{r}\{\xi^j\}$$

folgt wegen (2.1/17a) und (4.1/10) für einen wandernden Punkt $\xi^j = \xi^j\{t\}$ sowie mit $(\ldots)^{\cdot} = d/dt$ ferner

$$(d\mathbf{r})^{\cdot} = \mathbf{v}\{\xi^j + d\xi^j\} - \mathbf{v}\{\xi^j\} = d\mathbf{v}. \qquad (4.1/12)$$

Wir berechnen die zeitliche Änderungsgeschwindigkeit des durch n Vektoren $\overset{j}{d\mathbf{r}} = \overset{j}{dr^l}\, \mathbf{g}_l = \overset{j}{d\xi^l}\, \mathbf{g}_l$ aufgespannten vorzeichenbehafteten Volumens dV. (2.5/1) liefert über (2.5/3) in einer festen Basis mit $\overset{*}{V} = const$

$$(dV)^{\cdot} = \varepsilon_{k_1 k_2 \ldots k_n}[(\overset{1}{dr^{k_1}})^{\cdot}\, \overset{2}{d\xi^{k_2}} \cdots \overset{n}{d\xi^{k_n}} + \overset{1}{d\xi^{k_1}}(\overset{2}{dr^{k_2}})^{\cdot} \cdots \overset{n}{d\xi^{k_n}}$$

$$+ \ldots + \overset{1}{d\xi^{k_1}} \overset{2}{d\xi^{k_2}} \cdots (\overset{n}{dr^{k_n}})^{\cdot}].$$

Wenn wir gemäß (4.1/10), (4.1/11a) und (4.1/12)

$$(\overset{p}{dr^{k_p}})^{\cdot} = v^{k_p}_{.l}\, \overset{p}{d\xi^l}$$

einsetzen und nun die Vektoren $\overset{j}{d\mathbf{r}}$ wie in Bild 3.4 speziell als Kantenvektoren der Koordinatenmaschen wählen, $\overset{j}{dr^k} = \overset{j}{d\xi^k} = \delta^{jk}\, d\xi^j$, dann erhalten wir wegen (1/1) im jeweils betrachteten Zeitpunkt

$$(dV)^{\cdot} = [\varepsilon_{k_1 2 \ldots n} v^{k_1}_{.1} + \varepsilon_{1 k_2 \ldots n} v^{k_2}_{.2} + \cdots + \varepsilon_{1 2 \ldots k_n} v^{k_n}_{.n}]\, d\xi^1\, d\xi^2 \cdots d\xi^n.$$

Schließlich liefert (2.5/3a) mit (3.3/13a)

$$\lambda_v = \frac{(dV)^{\cdot}}{dV} = v^1_{\cdot 1} + v^2_{\cdot 2} + \cdots + v^n_{\cdot n} = v^j_{\cdot j} \tag{4.1/13a}$$

Dies gilt auch nach einer gedanklichen Umkehr der Raumorientierung, wenn dV das Vorzeichen gewechselt hat. Daher darf man dV durch $|dV|$ ersetzen und erhält

$$\lambda_v = \frac{|dV|^{\cdot}}{|dV|} = v^1_{\cdot 1} + v^2_{\cdot 2} + \cdots + v^n_{\cdot j} = v^j_{\cdot j} \tag{4.1/13b}$$

λ_v heißt Volumenänderungs- oder Dilatanzgeschwindigkeit. Man nennt sie nach Substitution von (4.1/11b) auch die Divergenz des Geschwindigkeitsfeldes $\mathbf{v}$ und schreibt

$$\lambda_v = v^j_{\cdot, j} = \mathrm{div}\,\{\mathbf{v}\} \tag{4.1/13c}$$

Die räumliche Anordnung der Gesamtheit der materiellen Punkte eines Körpers, welchen man hierzu als durch eine Oberfläche S begrenztes Punktkontinuum im Raum auffaßt, nennt man dessen Konfiguration. Wir gehen auf die nachstehend benötigten Begriffe genauer auch noch in Abschnitt 5.1 ein.

Bild 4.1 zeigt zwei zeitlich infinitesimal aufeinanderfolgende Konfigurationen. Die betragsmäßige Änderung des Gesamtvolumens pro Zeitintervall dt als Summe aller Änderungen der Volumenelemente, wegen (4.1/13) also

$$|V|^{\cdot} = \overset{v}{\int} |dV|^{\cdot} = \overset{v}{\int} \lambda_v\,|dV|\,, \tag{4.1/14}$$

entspricht dem zwischen den Oberflächen S und S' beider Konfigurationen

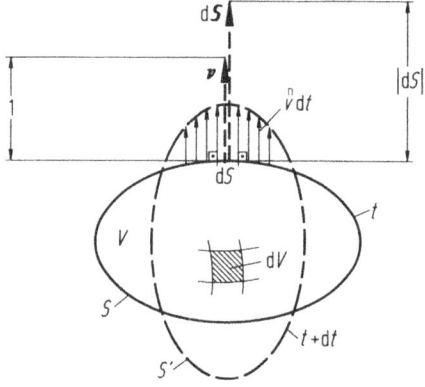

Bild 4.1. Konfiguration zur Zeit t und zur Zeit $t + dt$ eines sich verformenden oder bewegenden Körpers. Volumen V, Oberflächen (Ränder) S und S', Volumenelement dV. Oberflächenelement dS, zugehöriger Flächenvektor $d\mathbf{S}$, Auswärts-Einsnormale $\mathbf{v}$, Auswärtsnormalengeschwindigkeit $\overset{n}{v}$ auf S

eingeschlossenen Volumen, das je Zeitintervall dt von den Geschwindigkeitsvektoren **v** der Oberflächenpunkte überbrückt wird. Eine infinitesimale Parallelbewegung zum Rand ändert dieses Volumen wegen Satz 2.3/4 nicht. Daher betrachtet man nur die Bewegung senkrecht zur Oberfläche. Zwischen dem Oberflächen-(Rand-)Element $|dS|$ und dem schraffierten Volumeninhalt $|dV_S|^{\cdot}$ des pro Zeitintervall dt aus dS senkrecht austretenden Materials besteht nach (2.3/17) der Zusammenhang

$$|dV_S|^{\cdot} = \overset{n}{v}|dS|\,, \tag{4.1/15}$$

wo $\overset{n}{v} = \underset{n}{\alpha}$ die Größe der senkrecht nach außen gerichteten Geschwindigkeitskomponente und $\underset{1}{\alpha}, \ldots, \underset{n-1}{\alpha}$ die Kantenlängen des hier etwa rechtwinkelig gewählten $(n-1)$-dimensionalen (Hyper-)Flächenelementes dS in der Oberfläche darstellen.

Das Aufsummieren der aus- und eintretenden Volumina (4.1/15) entspricht dann wiederum der Gesamtvolumenänderung

$$|V|^{\cdot} = \overset{S}{\int} \overset{n}{v}|dS| \tag{4.1/16}$$

des Körpers je Zeitintervall dt.

v beschreibe einen Auswärts-Einsnormalenvektor zur Oberfläche, $|v| = 1$, und

$$d\mathbf{S} = v|dS| \tag{4.1/17}$$

den sogenannten Flächenvektor des Oberflächenelementes dS. Analog (2.2/9) gilt, wenn man v als Vektor einer kartesischen Basis begreift, deren andere Vektoren parallel zur Oberfläche liegen:

$$\overset{n}{v} = (\mathbf{v}, v), \quad \overset{n}{v}|dS| = (\mathbf{v}, d\mathbf{S}) \tag{4.1/18}$$

Dann liefert das Gleichsetzen der Ausdrücke (4.1/14) und (4.1/16) mit (4.1/18) wegen (2.4/10) und (4.1/13)

$$\overset{v}{\int} v^j,_j |dV| = \overset{S}{\int} v^j\, v_j |dS| = \overset{S}{\int} v^j\, dS_j\,. \tag{4.1/19}$$

Hier bedeuten v_j die Koordinaten von v und dS_j diejenigen von dS.

Grundsätzlich kann man die Geschwindigkeitskoordinaten v^j als beliebige stetig differenzierbare Funktionen der Ortskoordinaten ξ^j betrachten. Dann stellt (4.1/19) den sogenannten Gauss-Greenschen Integralsatz dar, mittels dessen man Volumenintegrale und Oberflächenintegrale beliebiger Raumdimension n ineinander umwandeln kann (C.F. Gauss 1777–1850, G. Green 1793–1841). Wenn man auf die tensorielle Transformierbarkeit verzichtet, so darf man insbesondere $v^2 \equiv \ldots \equiv v^n \equiv 0$ ansetzen und $v^1 = f\{\xi^j\}$ als irgendeine

Ortsfunktion vorgeben. Dann erhält (4.1/19) die spezielle Gestalt

$$\overset{v}{\int} f_{,j} |dV| = \overset{s}{\int} f v_j |dS| = \overset{s}{\int} f dS_j \,. \tag{4.1/20}$$

Der Geschwindigkeitsgradient beschreibt die Lageänderung und die Form-änderung eines Körpers gemeinsam. Falls man sich nur für die Formänderung interessiert, muß man entweder den das Material beschreibenden Stoffgesetzen gewisse, unter dem etwas irreführenden Begriff der „Objektivität" zusammenge-faßte Einschränkungen auferlegen [51] oder, einfacher, vom Geschwindig-keitsgradienten die Starrkörperbewegung abspalten und nur noch mit den eigentlichen „Formänderungsgeschwindigkeiten" weiterrechnen (Abschnitt 4.3.1).

4.1.4.3 Punktverschiebung und Verschiebungsgradient

Die Gesamtheit der Positionen der materiellen Punkte eines Körpers, wozu auch die Positionen der Oberflächenpunkte gehören, bezeichnet man wie schon gesagt als Konfiguration[4.1)] des Körpers zu irgendeinem Zeitpunkt t. Wenn t den gerade betrachteten „aktuellen" Zeitpunkt darstellt, der im allgemeinen als fortlaufend angesehen wird, so spricht man von der momentanen oder aktuellen Konfiguration, beim jeweils festzusetzenden Anfangszeitpunkt $\underset{0}{t}$ von der An-fangskonfiguration und allgemeiner von einer festen Bezugskonfiguration, wenn man eine zeitunabhängige Konfiguration für die mathematische Beschreibung braucht, ohne daß jene zu irgendeinem früheren (oder späteren) Zeitpunkt vom Körper tatsächlich eingenommen worden sein müßte (Bild 4.2).

Die materiellen Punkte $\overset{0}{P}$ der Bezugskonfiguration werden von einem raum-festen Ursprung 0 ausgehend durch Ortsvektoren $\overset{0}{\mathbf{r}}$ beschrieben, die materiell gleichen Punkte P der aktuellen Konfiguration durch $\mathbf{r}$. $\overset{0}{\xi}{}^j$ bzw. ξ^j repräsentieren die gemäß (3.3/12) gebildeten Punktkoordinaten von $\overset{0}{\mathbf{r}}$ oder $\mathbf{r}$. Wenn man voraussetzt, daß materielle Punkte niemals verschmelzen oder sich teilen dürfen, das heißt, wenn man für den betrachteten Körperbereich Überlappungen und Trennungen (Rißbildung) ausschließt, so ist P eindeutig bestimmt, falls man $\overset{0}{P}$ vorgibt, und umgekehrt liegt $\overset{0}{P}$ eindeutig als Funktion von P fest:

$$r^j = \xi^j \{\overset{0}{\xi}{}^k, t\} \,, \quad \overset{0}{r}{}^k = \overset{0}{\xi}{}^k \{\xi^j, t\} \,. \tag{4.1/21}$$

Im ersten Ausdruck darf man die Anfangsstellung $\overset{0}{\xi}{}^k$ frei vorgeben oder verändern. Der diesen Vorgang steuernde oder registrierende „Beobachter" befindet sich also in oder auf der raumfesten Anfangskonfiguration. Will er jedoch freie Hand in der Endkonfiguration haben, so muß er sich des zweiten Ausdrucks (4.1/21) bedienen. Insofern spiegeln die beiden Gleichungen (4.1/21)

[4.1)] In [4]: Plazierung

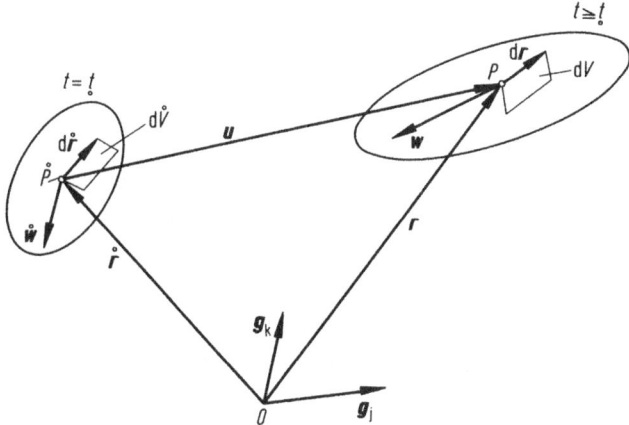

Bild 4.2. Konfigurationen eines materiellen Körpers zu den Zeitpunkten t (Anfangskonfiguration, allgemeiner: Bezugskonfiguration) und t (aktuelle Konfiguration). Einander entsprechende Punkte $\overset{0}{P}$, P; zugehörige Ortsvektoren $\overset{0}{r}$, r; von $\overset{0}{P}$ bzw. P ausgehende Ortsvektoren $\overset{0}{w}$, w sowie infinitesimale Ortsvektoren $d\overset{0}{r}$, dr; Volumenelemente $d\overset{0}{V}$, dV; Punktverschiebung $u = \overset{0}{P}P$; zeitunabhängige affine Basisvektoren g_j, g_k im festen Punkt O des Raumes

zwei duale Beobachterstandpunkte wieder. Dies sollte man bei der anschaulichen Interpretation späterer Ergebnisse im Auge behalten. Die zugehörigen Ortsableitungen seien als Operatoren

$$\overset{0}{\partial}_k = \partial/\partial \overset{0}{\xi}{}^k, \quad \partial_j = \partial/\partial \xi^j \tag{4.1/22}$$

definiert. Dann läßt sich aufgrund der Kettenregel der Differentialrechnung jedem von $\overset{0}{P}$ ausgehenden infinitesimalen Ortsvektor $d\overset{0}{r}$ ein von P ausgehender infinitesimaler Ortsvektor dr zuordnen und umgekehrt (Bild 4.2):

$$dr^j = (\overset{0}{\partial}_k r^j)\, d\overset{0}{r}{}^k, \quad d\overset{0}{r}{}^k = (\partial_j \overset{0}{r}{}^k)\, dr^j. \tag{4.1/23}$$

Aufgrund des allgemeinen Abbildungssatzes (Satz 3.3/1) stellen die Größen $\overset{0}{\partial}_k r^j$ und $\partial_j \overset{0}{r}{}^k$ Dyaden dar. Wir nennen sie zur Erinnerung an C. G. Jacobi (1804–1851) Jacobische oder auch Funktionaldyaden, weil man die zugehörigen Matrizen

$$\overset{0}{\partial} r = \mathbf{M}\{\overset{0}{\partial}_k r^j\}, \quad \partial \overset{0}{r} = \mathbf{M}\{\partial_j \overset{0}{r}{}^k\}$$

gewöhnlich als Jacobische oder Funktionalmatrizen bezeichnet. Diese sind wegen

$$\overset{0}{\partial}_k \overset{0}{\xi}{}^j = \delta_k^j, \quad \partial_j \xi^k = \delta_j^k \tag{4.1/24}$$

und

$$\partial_l \xi^j = (\overset{0}{\partial}_k \xi^j)(\partial_l \overset{0}{\xi}{}^k) = (\overset{0}{\partial}_k r^j)(\partial_l \overset{0}{r}{}^k) \tag{4.1/25}$$

zueinander invers, wobei wiederum die Kettenregel nebst (4.1/21) angewendet wurde:

$$\partial \overset{0}{\mathbf{r}}\, \partial \overset{0}{\mathbf{r}} = \overset{0}{\partial}\mathbf{r}\, \partial \overset{0}{\mathbf{r}} = \mathbf{1} \qquad (4.1/26)$$

mit $\mathbf{1}$ als Symbol für die Einsmatrix.

Jedem durch Vektoren $d\overset{0}{\mathbf{r}}$ in der Bezugskonfiguration aufgespannten infinitesimalen Volumen $d\overset{0}{V}$, dem „Volumenelement", entspricht das durch die Bildvektoren $d\mathbf{r}$ in der aktuellen Konfiguration aufgespannte Volumenelement dV und umgekehrt. Die positive oder negative Orientierung der zugehörigen Vektor-n-tupel $d\overset{0}{\mathbf{r}}$ beziehungsweise $d\mathbf{r}$ sei analog zu Satz 2.3/3 durch einen positiven beziehungsweise negativen Wert von $d\overset{0}{V}$ oder dV bestimmt. Dann liefert (2.3/14) mit (4.1/23)

$$dV = \det\{\overset{0}{\partial}\mathbf{r}\}\, d\overset{0}{V}, \quad d\overset{0}{V} = \det\{\partial \overset{0}{\mathbf{r}}\}\, dV. \qquad (4.1/27)$$

Wegen (4.1/26) hat man

$$\det\{\overset{0}{\partial}\mathbf{r}\} \neq 0, \quad \det\{\partial \overset{0}{\mathbf{r}}\} \neq 0 \qquad (4.1/28)$$

sowie wegen (2.3/9) den

Satz 4.1/1: Sofern die Funktionaldyaden $\overset{0}{\partial}_k r^j$ und $\partial_j \overset{0}{r}{}^k$ stetige Zeitfunktionen darstellen, bleibt die Orientierung jedes infinitesimalen, von einem Punkt P der aktuellen Konfiguration ausgehenden Vektor-n-tupels während des ganzen Zeitverlaufes erhalten.

Wenn insbesondere die Bezugskonfiguration zu irgendeinem Zeitpunkt selbst aktuell war, sein wird oder gar mit der Anfangskonfiguration zusammenfällt, so verschärfen sich die Bedingungen (4.1./28) zu

$$\det\{\overset{0}{\partial}\mathbf{r}\} > 0, \quad \det\{\partial \overset{0}{\mathbf{r}}\} > 0 \qquad (4.1/29)$$

Nur in diesem Fall ist es eigentlich gerechtfertigt, den Verbindungsvektor

$$\mathbf{u} = \overset{0}{\mathbf{P}\mathbf{P}} = \mathbf{r} - \overset{0}{\mathbf{r}} \qquad (4.1/30)$$

als Verschiebungsvektor des Punktes $\overset{0}{P}$ nach P zu bezeichnen. Man tut dies jedoch auch für andere Bezugskonfigurationen und bildet unter Beachtung von (2.4/2), (4.1/30) und (4.1/24) die „Verschiebungsgradienten"

$$\overset{0}{u}{}^j_{\cdot k}\{\overset{0}{\xi}{}^l, t\} = \overset{0}{\partial}_k u^j = \overset{0}{\partial}_k r^j\{\overset{0}{\xi}{}^l, t\} - g^j_{\cdot k},$$
$$u^j_{\cdot k}\{\xi^l, t\} = \partial_k u^j = g^j_{\cdot k} - \partial_k \overset{0}{r}{}^j\{\xi^l, t\}. \qquad (4.1/31)$$

Sie sind als Differenzen von Dyaden selbst Dyaden, jedoch wie die Jacobischen Dyaden in der Regel weder symmetrisch noch antimetrisch. Aus (4.1/24) folgt über (4.1/25)

$$u^j_{\cdot l} - \overset{0}{u}{}^j_{\cdot l} + \overset{0}{u}{}^j_{\cdot k} u^k_{\cdot l} = 0; \qquad (4.1/32)$$

der Unterschied beider vom „ruhenden" Beobachter (auf der Anfangskonfiguration) beziehungsweise vom (durch die aktuelle Konfiguration) „mitbewegten" Beobachter registrierten Verschiebungsgradienten (4.3/31) ist von quadratischer Ordnung und darf bei kleinen Gradienten vernachlässigt werden. Dies geschieht etwa bei der Untersuchung elastischer Verformungen von Festkörpern häufig. Man spricht dann von einer „infinitesimalen" Theorie.

Vom Standpunkt des ruhenden Beobachters aus sowie mit $(\ldots)^{\cdot} = \partial/\partial t$ als (hier partieller) Zeitableitung erhält man die Geschwindigkeit des materiellen Punktes P wegen (2.1/17a) und (4.1/30) zu

$$v^j = (r^j)^{\cdot} = (u^j)^{\cdot} . \tag{4.1/33}$$

(4.1/11b) in Verbindung mit der Kettenregel der Differentialrechnung sowie mit $\overset{0}{\xi}{}^k = \text{const}$ liefert den Geschwindigkeitsgradienten

$$v^j_{\cdot k} = \partial_k(u^j\{\overset{0}{\xi}{}^i, t\})^{\cdot} = \overset{0}{\partial}_l \frac{\partial}{\partial t}(u^j\{\overset{0}{\xi}{}^i, t\}) \, \partial_k \overset{0}{\xi}{}^l$$

wegen (4.1/31) und (4.1/21) in der Gestalt

$$v^j_{\cdot k} = \left(\frac{\partial}{\partial t} \overset{0}{u}{}^j_{\cdot l}\right)\partial_k \overset{0}{r}{}^l = \left(\frac{\partial}{\partial t} \overset{0}{u}{}^j_{\cdot l}\{\overset{0}{\xi}{}^i, t\}\right)(g^l_{\cdot k} - u^l_{\cdot k}\{\overset{0}{\xi}{}^j, t\}). \tag{4.1/34}$$

In ähnlicher Weise bekommt man unter Verwendung der Koordinaten $\xi^k\{t\}$ wandernder Punkte der aktuellen Konfiguration vermittels der totalen Zeitableitung $(\ldots)^{\cdot} = d/dt$ über (3.3/23), (4.1/33) und (3.3/12)

$$v^j_{\cdot k} = \partial_k(u^j\{\xi^i, t\})^{\cdot} = \partial_k\left[\frac{\partial}{\partial t}u^j\{\xi^i, t\} + (\partial_l u^j)v^l\right]$$

$$= \frac{\partial}{\partial t}\partial_k u^j\{\xi^i, t\} + (\partial_l u^j)(\partial_k v^l) + (\partial_k \partial_l u^j)v^l ,$$

$$v^j_{\cdot k} = \frac{\partial}{\partial t}u^j_{\cdot k}\{\xi^i, t\} + u^j_{\cdot l}v^l_{\cdot k} + (\partial_k u^j_{\cdot l}\{\xi^i, t\})v^l \tag{4.1/35}$$

Die nichtlinearen Ausdrücke (4.1/34) und (4.1/35) zeigen untereinander keinerlei Dualität. Nur wieder in einer infinitesimalen Theorie, in welcher man konsequent alle Produkte aus Geschwindigkeits-und Verschiebungstermen oder deren Ableitungen wegläßt, gilt in dieser Näherung sowie unter Beachtung von (4.1/32)

$$u^j_{\cdot k}\{\xi^i, t\} \approx \overset{0}{u}{}^j_{\cdot k}\{\overset{0}{\xi}{}^i, t\}$$

$$v^j_{\cdot k} \approx \frac{\partial}{\partial t} \overset{0}{u}{}^j_{\cdot k}\{\overset{0}{\xi}{}^i, t\} \qquad v^j_{\cdot k} \approx \frac{\partial}{\partial t} u^j_{\cdot k}\{\xi^i, t\} \tag{4.1/36}$$

Wenn man demgegenüber in der strengen Theorie die aktuelle Konfiguration mit der Bezugskonfiguration zusammenfallen läßt, so erhält man aus (4.1/21),

(4.1/22), (4.1/30), (4.1/31), (4.1/34) und (4.1./35)

$$
\left.\begin{array}{l}
r^{j} = \overset{0}{r}{}^{j}, \quad \zeta^{j} = \overset{0}{\zeta}{}^{j}, \quad \overset{0}{\partial}_{k} = \partial_{k}, \quad \overset{0}{\partial}_{k}\, r^{j} = \partial_{k}\,\overset{0}{r}{}^{j} = \delta_{k}^{j}, \\[2mm]
u^{j} = 0, \quad \overset{0}{u}{}^{j}_{.k} = u^{j}_{.k} = 0, \quad v^{j}_{.k} = \dfrac{\partial}{\partial t}\,\overset{0}{u}{}^{j}_{.k} = \dfrac{\partial}{\partial t}\,u^{j}_{.k}.
\end{array}\right\}
\qquad (4.1/37)
$$

Der Verschiebungsgradient beschreibt die Lageänderung und die Formänderung eines Körpers gemeinsam. Falls man sich nur für die Formänderung interessiert, muß man entweder den das Material beschreibenden Stoffgesetzen gewisse, unter dem etwas irreführenden Begriff der „Objektivität" zusammengefaßte Einschränkungen auferlegen [51] oder, einfacher, vom Verschiebungsgradienten die Starrkörperbewegung abspalten und nur noch mit den eigentlichen „Formänderungen" weiterrechnen (Abschnitt 4.3.3).

4.1.4.4 Cauchysche Spannungsdyade und technische Spannungen

Ein wiederum als Punktkontinuum aufgefaßter materieller Körper in der aktuellen Konfiguration (Bild 4.3a), belastet durch irgendwelche Oberflächen- oder Volumenkräfte $\overset{0}{F}$, werde in einem beliebigen inneren Punkt P durch eine gedachte glatte Trennfläche A durchschnitten. Würde man beide Teilkörper ohne Änderung der Lasten $\overset{0}{F}$ auseinanderrücken, so zerfiele die Fläche A in zwei Schnittufer, deren eines man willkürlich als positiv (+) und deren anderes man

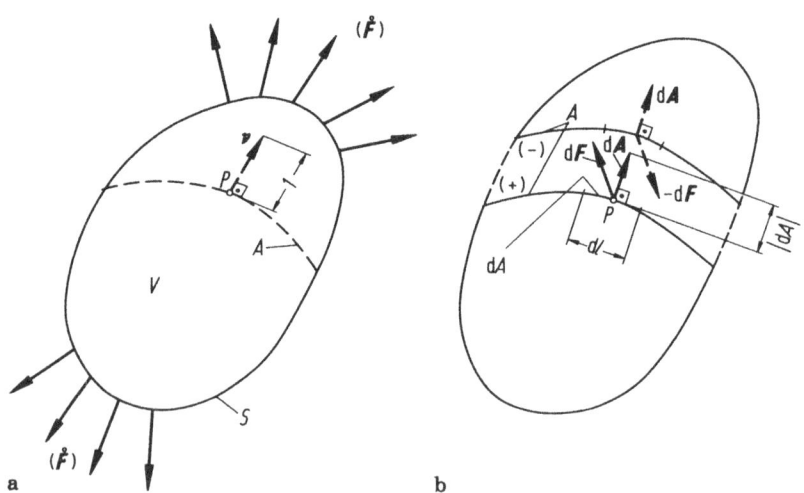

Bild 4.3a, b. Körper mit Volumen V und Oberfläche S, äußerlich belastet durch Oberflächen- und/oder Volumenkräfte $\overset{0}{F}$. **a** Intakt. Gedachte Schnittfläche A durch Punkt P mit Einsnormale **v**; **b** Längs Schnittfläche A zerteilt. $|dA|$: Flächenstück mit Durchmesser dl um Punkt P; $d\mathbf{A}$ Flächennormale der Länge $|dA|$, körperauswärts am positiven (+) und körpereinwärts am negativen (−) Schnittufer; d**F** Schnittkraft auf $|dA|$

entsprechend als negativ (−) bezeichnet (Bild 4.3b). Der „Flächenvektor"

$$d\mathbf{A} = \mathbf{v}|dA| \tag{4.1/38}$$

(vgl. (4.1/17)) senkrecht zur Trennfläche A wird wie die Einsnormale $\mathbf{v}$, $|\mathbf{v}| = 1$, körperauswärts auf dem positiven, also körpereinwärts zum negativen Schnittufer angetragen. Seine Länge entspricht (bei geeignetem Abbildungsmaßstab) dem betragsmäßigen Inhalt $|dA|$ eines zur Fläche A gehörigen, den Punkt P im Inneren enthaltenden Flächenstückes, dessen Form zwar beliebig sein darf, das aber ganz im Inneren einer Kugel mit dem entsprechend zu wählenden infinitesimalen Durchmesser dl liege. Die untere Grenze aller dl heißt Durchmesser des Flächenstückes.

Auf das positive Schnittufer von dA wirkt nach dem Lagrangeschen Schnittprinzip (J. L. Lagrange 1736–1813) eine eindeutig bestimmte Schnittkraft $d\mathbf{F}$, auf das negative Schnittufer die entgegengesetzt gleiche Schnittkraft $-d\mathbf{F}$, und man postuliert im Grenzfall $dl = 0$ die Existenz des Schnitt-Spannungsvektors

$$\mathbf{T} = d\mathbf{F}/|dA|, \tag{4.1/39}$$

der dann definitionsgemäß eindeutig und unabhängig von der Gestalt des Flächenstückes $|dA|$ ist.

Da in Bild 4.4a das schraffierte Volumen $|dV'|$ und die Seitenfläche $|dA''|$ für alle $dl \to 0$ im 3-dimensionalen Raum mindestens mit der Größenordnung $(dl)(dh) \sim (dl)^3$ verschwinden, darf man die zugehörigen Volumen- und Oberflächenkräfte gegenüber $d\mathbf{F}$, $d\mathbf{F}'$ vernachlässigen. Das Kräftegleichgewicht erfordert also $d\mathbf{F} = d\mathbf{F}'$; der Schnittkraftvektor

$$d\mathbf{F} = \mathbf{F}\{P, d\mathbf{A}\} \tag{4.1/40}$$

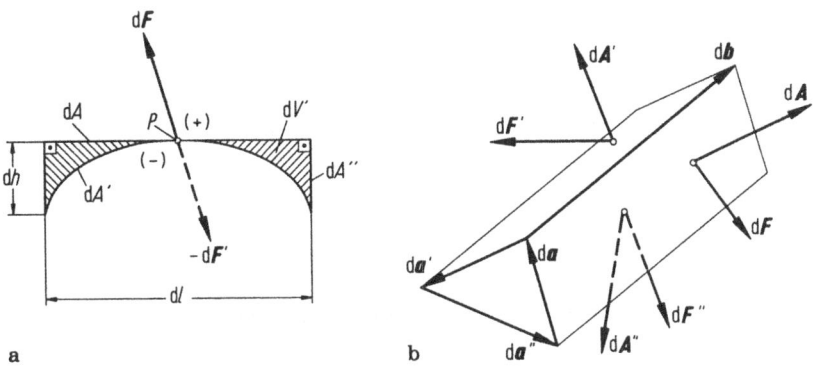

Bild 4.4a,b. Zum infinitesimalen Kräftegleichgewicht. **a** Einander im Punkt P berührende glatte Flächenstücke dA und dA' (eben, gekrümmt), zylindrische Seitenfläche dA'' sowie eingeschlossenes Volumen dV'. dl, dh charakteristische Abmessungen; $d\mathbf{F}$, $d\mathbf{F}'$ Schnittkräfte auf dA bzw. dA'; (+), (−) Schnittufer; **b** Kräfte $d\mathbf{F}$, $d\mathbf{F}'$, $d\mathbf{F}''$ auf die durch Vektoren $d\mathbf{b}$ und $d\mathbf{a}$, $d\mathbf{a}'$, $d\mathbf{a}''$ bestimmten Dachflächen mit den Auswärtsnormalen $d\mathbf{A}$, $d\mathbf{A}'$, $d\mathbf{A}''$

hängt daher in einem gegebenen Punkt nicht von der Krümmung, sondern nur von der Raumrichtung und der Größe des betrachteten Flächenstückes ab. Beide Informationen sind im Flächenvektor $d\mathbf{A}$ vereinigt.

Wir wollen zeigen, daß die durch (4.1/40) vermittelte Vektorabbildung von $d\mathbf{A}$ auf $d\mathbf{F}$ linear ist, das heißt, für je zwei Flächenvektoren $d\mathbf{A}'$, $d\mathbf{A}''$ und für je zwei Skalare α, β die Beziehung

$$\mathbf{F}\{P, \alpha d\mathbf{A}' + \beta d\mathbf{A}''\} = \alpha\,\mathbf{F}\{P, d\mathbf{A}'\} + \beta\,\mathbf{F}\{P, d\mathbf{A}''\} \qquad (4.1/41)$$

erfüllt, und tun dies analog (2.1/8), (2.1/9) in zwei Schritten (a) und (b) für den 3-dimensionalen Raum wie folgt. (Natürlich gelingt ein entsprechender Beweis auch für andere Raumdimensionen $n \geq 1$).

a) Die *Proportionalität*

$$\mathbf{F}\{P, \alpha d\mathbf{A}\} = \alpha\,\mathbf{F}\{P, d\mathbf{A}\}$$

folgt aus (4.1/39)   für $\alpha \geq 0$ gemäß

$$\mathbf{F}\{P, \alpha d\mathbf{A}\} = \mathbf{T}(\alpha|dA|) = \alpha(\mathbf{T}|dA|) = \alpha\,\mathbf{F}\{P, dA\}\,.$$

Für $\alpha < 0$ ergibt sich infolge des dadurch implizierten Überganges vom positiven zum negativen Schnittufer auf beiden Seiten der Gleichung eine zusätzliche Vorzeichenumkehr, so daß sie auch dann richtig bleibt.

b) Die *Additivität*

$$\mathbf{F}\{P, d\mathbf{A}' + d\mathbf{A}''\} = \mathbf{F}\{P, d\mathbf{A}'\} + \mathbf{F}\{P, d\mathbf{A}''\}$$

folgt anhand von Bild 4.4b. Wenn nämlich die Summe dreier Flächenvektoren $d\mathbf{A}$, $d\mathbf{A}'$, $d\mathbf{A}''$, die höchstens eine gewisse Größenordnung $(dl)^2$ besitzen, verschwindet:

$$d\mathbf{A} + d\mathbf{A}' + d\mathbf{A}'' = 0, \qquad (4.1/42)$$

so sind sie linear abhängig und liegen in einer Ebene E. $d\mathbf{b}$ sei ein Vektor der Grössenordnung dl senkrecht zu E, und $d\mathbf{a}$, $d\mathbf{a}'$, $d\mathbf{a}''$ wählen wir parallel zu E, jedoch senkrecht zu $d\mathbf{A}$, $d\mathbf{A}'$ bzw. $d\mathbf{A}''$ ebenfalls von der Größenordnung dl so, daß gemäß Satz 3.3/4 und Satz 3.3./5, zum Beispiel bei einer Rechtsschraubenorientierung des Raumes,

$$d\mathbf{A} = [d\mathbf{b}, d\mathbf{a}]\,, \quad d\mathbf{A}' = [d\mathbf{b}, d\mathbf{a}'] \quad d\mathbf{A}'' = [d\mathbf{b}, d\mathbf{a}''] \qquad (4.1/43)$$

gilt. Aus (4.1/42) und der Linearität des Vektorproduktes (3.3/8) ergibt sich $[d\mathbf{b}, d\mathbf{a} + d\mathbf{a}' + d\mathbf{a}''] = 0$. Da aber der Vektor $d\mathbf{a} + d\mathbf{a}' + d\mathbf{a}''$ parallel zu E, das heißt senkrecht zu $d\mathbf{b}$ gerichtet ist, folgt wegen Satz 3.3/2 sogar

$$d\mathbf{a} + d\mathbf{a}' + d\mathbf{a}'' = 0.$$

$d\mathbf{a}$, $d\mathbf{a}'$, $d\mathbf{a}''$ bilden also das in Bild 4.4b gezeigte Dreieck, und die durch $d\mathbf{a}$, $d\mathbf{a}'$, $d\mathbf{a}''$ mit $d\mathbf{b}$ aufgespannten drei Rechteckflächen das skizzierte Schrägdach. Zu ihnen gehören die Vektoren $d\mathbf{A}$, $d\mathbf{A}'$ bzw. $d\mathbf{A}''$ als Flächenvektoren.

Am Schrägdach von Bild 4.4b heben sich nun die Schnittkräfte auf den dreiecksförmigen Stirnflächen, die zwei entgegengesetzte Schnittufer der Größenordnung $(dl)^2$ bilden, als Differenz bis auf Glieder der Ordnung $(dl)^3$ heraus. Volumenkräfte besitzen wie das eingeschlossene Volumen ebenfalls die Größenordnung $(dl)^3$. Für das Kräftegleichgewicht braucht man also lediglich die Kräfte $d\mathbf{F}$, $d\mathbf{F}'$, $d\mathbf{F}''$ an den Dachflächen zu beachten, da jene von der Größenordnung $(dl)^2$ sind. Es lautet

$$d\mathbf{F} + d\mathbf{F}' + d\mathbf{F}'' = \mathbf{0}\,.$$

Dies entspricht der zu beweisenden Additivitätsbedingung, wenn man $d\mathbf{F}' + d\mathbf{F}'' = -\,d\mathbf{F} = \mathbf{F}\{P,\,-\,d\mathbf{A}\} = \mathbf{F}\{P,\,d\mathbf{A}' + d\mathbf{A}''\}$ einsetzt.

Mit dA_k, dF^j als Koordinaten der Vektoren

$$d\mathbf{A} = dA_k\,\mathbf{g}^k, \quad d\mathbf{F} = dF^j\,\mathbf{g}_j \tag{4.1/44}$$

ergibt dann (4.1/40) wegen (4.1/41) die lineare Vektorabbildung

$$dF^j = T^{kj}\,dA_k \tag{4.1/45}$$

so daß die unter Beachtung von (2.2/9) gebildeten Größen

$$T^{kj}\{P\} = F^j\{P,\mathbf{g}^k\} = (\mathbf{g}^j,\mathbf{F}\{P,\mathbf{g}^k\})\,,$$

deren physikalische Dimension (Maßeinheit) von den Dimensionen (Maßeinheiten) der gewählten Basisvektoren abhängt, die kontravarianten Koordinaten eines vom Punkt P abhängigen Tensors 2. Stufe, nämlich des Spannungstensors oder der Spannungsdyade beschreiben. Sie wird gelegentlich nach A. L. Cauchy (1789–1857) benannt. Wenn die Größen T^{kj} für jeden Punkt P gleich sind, spricht man von einem homogenen Spannungszustand. Auf ihn bezieht sich die anschauliche Interpretation der kontravarianten Spannungskoordinaten in Bild 4.5, wo folglich die sonst erforderlichen Differentialsymbole d vor den Flächeninhalten $|A|$ weggelassen werden durften.

Wir betrachten das durch die kovarianten Basisvektoren $\mathbf{g}_1$, $\mathbf{g}_2$ und $\mathbf{g}_3$ aufgespannte Parallelepiped (Spat). Das positive Schnittufer einer zu irgend zwei Basisvektoren gehörigen, also zum dritten Basisvektor „transversalen" Koordinatenfläche sei jenes, das man von der Spitze des dritten Basisvektors rückblickend sieht, nachdem man diesen gedanklich bis außerhalb des Parallelepipeds verlängert hat. Demnach besteht die Außenfläche des Parallelepipeds aus drei positiven und, jeweils gegenüberliegend, drei negativen Schnittufern der Koordinatenflächen.

Auf dem positiven Schnittufer der zu $\mathbf{g}_{\langle k\rangle}$ transversalen Koordinatenfläche bildet $\mathbf{g}^{\langle k\rangle}$ eine Auswärtsnormale. Dort gilt dann nach (4.1/44)

$$d\mathbf{A} = dA_{\langle k\rangle}\,\mathbf{g}^{\langle k\rangle}, \quad dA_{\langle k\rangle} > 0. \tag{4.1/46}$$

$dA_{\langle k\rangle}$ stellt aber im allgemeinen nicht den meßbaren Flächeninhalt dar. Dieser ist vielmehr durch $|d\underset{\langle k\rangle}{A}| = |d\mathbf{A}| = dA_{\langle k\rangle}\,|\mathbf{g}^{\langle k\rangle}| = dA_{\langle k\rangle}|\sqrt{g^{\langle k\rangle\langle k\rangle}}|$ gegeben (vgl. (2.2/11) und (2.4/2)). Ebenso beträgt die meßbare Kraft am Schnittufer in

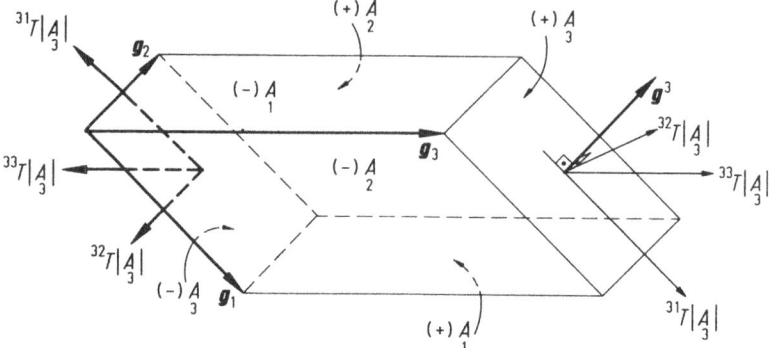

Bild 4.5. Aus den kovarianten Basisvektoren g_1, g_2, g_3 gebildetes Parallelepiped. Kontravarianter Basisvektor g^3. Koordinatenflächen $\underset{1}{A}, \underset{2}{A}, \underset{3}{A}$ mit positiven (+) und negativen (−) Schnittufern. Kräfte $^{3j}T|\underset{3}{A}|$ in Richtung von g_j auf die zu g_3 transversalen, das heißt zu, g^3 normalen Koordinatenflächen $(\pm)\underset{3}{A}$. ^{kj}T technische Spannungen entsprechend den Cauchyschen Spannungen T^{kj}. Homogener Spannungszustand

Koordinatenrichtung g_j nicht dF^j, sondern

$$d\overset{\langle j \rangle}{F} = dF^{\langle j \rangle}|g_{\langle j \rangle}| = dF^{\langle j \rangle}|\sqrt{g_{\langle j \rangle \langle j \rangle}}|,$$

wobei man $d\overset{\langle j \rangle}{F}$ und $dF^{\langle j \rangle}$ das gleiche Vorzeichen zuordnet. Die „technischen Spannungen"

$$^{kj}T = d\overset{j}{F}/|d\underset{k}{A}| \tag{4.1/47}$$

als meßbare Kräfte, dividiert durch den meßbaren Flächeninhalt am positiven Schnittufer der Koordinatenfläche transversal zur g_k – Koordinatenrichtung ergeben sich dann gemäß (4.1/45) zu

$$^{kj}T = \frac{dF^{\langle j \rangle}|\sqrt{g_{\langle j \rangle \langle j \rangle}}|}{dA_{\langle k \rangle}|\sqrt{g^{\langle k \rangle \langle k \rangle}}|} = T^{kj}|\sqrt{g_{\langle j \rangle \langle j \rangle}/g^{\langle k \rangle \langle k \rangle}}| \tag{4.1/48a}$$

Durch konsequente Vertauschung der ko- und kontravarianten Indizes folgt für die technischen Spannungen am Parallelepiped der kontravarianten Basisvektoren entsprechend

$$_{kj}T = T_{kj}|\sqrt{g^{\langle j \rangle \langle j \rangle}/g_{\langle k \rangle \langle k \rangle}}| \tag{4.1/48b}$$

Man beachte, daß die technischen Spannungen im allgemeinen keine Tensoren sind, also weder der Zieh- noch der Transformationsregel für Dyaden genügen. Auch sind sie selbst dann nicht symmetrisch, wenn man dies später für die Cauchyschen Spannungen voraussetzen darf (Abschnitt 4.3.2). Doch besitzen sie definitionsgemäß stets die physikalische Dimension einer Kraft pro Fläche und sind, wie gesagt, im Gegensatz zu den tensoriellen Cauchyschen Spannungen direkt meßbar. Wegen (2.3/7) gilt

Satz 4.1/2: In kartesischen Basen fallen die technischen und die Cauchyschen Spannungen zusammen.

Nach Bild 4.5 weisen die Spannungswerte ^{kj}T und T^{kj} in $\mathbf{g}_j$ – Richtung; der zweite Index j heißt demnach Richtungsindex, während sich der erste Index k („Flächenindex") auf die betrachtete Koordinatenfläche transversal zum Basisvektor $\mathbf{g}_k$ bezieht. T^{kk} bzw. ^{kk}T nennt man Longitudinal- oder Längsspannungen, in einer kartesischen Basis speziell Normalspannungen. Sie zählen hier bei Zug positiv, bei Druck negativ; in der Strömungsmechanik bzw. in der Boden- und Felsmechanik wählt man häufig die umgekehrte Vorzeichenkonvention. Schließlich bezeichnet man die Spannungskoordinaten ^{kj}T bzw. T^{kj} mit $j \neq k$ als Transversal- oder Querspannungen, in einer kartesischen Basis als Schubspannungen.

Die Spannungen am negativen Schnittufer besitzen gemäß Bild 4.3 die umgekehrte Richtung der entsprechenden Spannungen am positiven Schnittufer.

4.2 Allgemeine Eigenschaften

4.2.1 Symmetrische Dyaden

4.2.1.1 Dyadenquadrik

Symmetrische Dyaden S_{jk} sind durch eine der Bedingungen

$$S_{jk} = S_{kj}, \quad S^{jk} = S^{kj}, \quad S_j^{\cdot k} = S_{\cdot j}^k \tag{4.2/1}$$

definiert, die mittels der Ziehregel (3.2/3) auseinander hervorgehen und als tensorielle Gleichheiten zwischen horizontalen Isomeren (vgl. Abschnitt 3.3.1) aufgrund der Identitätsregel (Satz 3.2/5) in jedem Koordinatensystem bestehen. Dies gilt übrigens keineswegs für etwaige Beziehungen der Gestalt

$$S_j^{\cdot k} = S_k^{\cdot j}, \quad S_{\cdot k}^j = S_{\cdot j}^k.$$

Somit sind zwar die Matrizen $\mathbf{M}\{S_{jk}\}$ und $\mathbf{M}\{S^{jk}\}$ in jedem Koordinatensystem symmetrisch, nicht notwendigerweise aber die Matrizen $\mathbf{M}\{S_j^{\cdot k}\}$ $= \mathbf{M}\{S_{\cdot j}^k\}$.

Punkte P des n-dimensionalen Raumes mit affinen Koordinaten ξ^j, die für irgendeinen fest vorgegebenen Skalar c geeigneter Maßeinheit der quadratischen Gleichung

$$S_{jk}\,\xi^j\,\xi^k = c \tag{4.2/2}$$

genügen, bilden eine (Hyper-)Fläche, die man eine Quadrik nennt. Hierzu

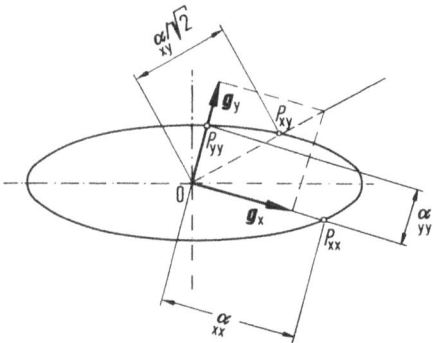

Bild 4.6. Ellipse als spezielle Quadrik in der Ebene. Kartesische Basis g_x, g_y; Durchstoßpunkte P_{xx}, P_{xy}, P_{yy} und Abstände $\underset{xx}{\alpha}$, $\underset{xy}{\alpha}/\sqrt{2}$, $\underset{yy}{\alpha}$ vom Ursprung O

gehören Ellipsen, Parabeln und Hyperbeln als Kurven in der Ebene ($n = 2$, Bild 4.6) sowie Ellipsoide, Paraboloide und Hyperboloide im Raum ($n = 3$). Für positiv (semi-)definite Dyaden im Sinne von (2.4/11) sollte $c > 0$ gewählt werden, für negativ (semi-)definite $c < 0$. Im allgemeinen besitzen Quadriken jedoch neben reellwertigen auch komplexwertige oder unendliche Koordinaten ξ^j.

Es seien nun die geometrischen Punkte der Quadrik gegeben, das heißt insbesondere die Durchstoßpunkte P_{il} mit Geraden durch den Ursprung in Richtung $g_i + g_l$. Sie besitzen den Ortsvektor

$$\mathbf{r} = \tfrac{1}{2}\underset{il}{\alpha}(g_i + g_l)$$

mit den wegen (3.3/12) zugehörigen Punktkoordinaten

$$\xi^j = \tfrac{1}{2}\underset{il}{\alpha}\,(\delta_i^j + \delta_l^j)\,.$$

Dann liefert (4.2/2)

$$(\underset{il}{\alpha})^2\,[S_{ii} + S_{il} + S_{li} + S_{ll}] = 4c.$$

Beginnend mit $i = l$ erhält man hieraus eindeutig zunächst die Hauptdiagonalelemente $S_{ii} = c/(\alpha_{ii})^2$ der Tensormatrix $\mathbf{S} = \mathbf{M}\{S_{il}\}$, und nachdem die S_{ii} bekannt sind, wegen (4.2/1) eindeutig auch die weiteren Elemente $S_{il} = 2c/(\underset{il}{\alpha})^2 - S_{ii}/2 - S_{ll}/2;\ i \neq l$. Demnach wird die symmetrische Dyade vollständig durch ihre Quadrik repräsentiert.

4.2.1.2 Hauptachsen

Die anschaulich bekannte Tatsache, daß Ellipsen und Hyperbeln in der Ebene mindestens zwei, Ellipsoide und Hyperboloide im Raum sogar mindestens drei Symmetrieachsen („Hauptachsen") besitzen, läßt sich wie folgt verallgemeinern.

Satz 4.2/1: Zu jeder symmetrischen Dyade S_{jk} gibt es mindestens ein System von Hauptachsen. Das sind die Geraden in Richtung der Vektoren einer bestimmten kartesischen Basis g_J („Hauptbasis"), für welche die gemischt indizierten Tensorkoordinaten S_{JK} mit $J \neq K$ verschwinden, so daß nur die gleichindizierten „Hauptwerte" $_L S = S_{LL}$ übrig bleiben.

Beweis: Beginnend mit $P = \text{I}$, danach für $P = \text{II}, \ldots, N$ nehmen wir an, wir hätten bereits $P - 1$ Hauptbasisvektoren g_J, $J = \text{I}, \ldots, P - 1$ gefunden, im Fall $P = 1$ also noch gar keinen, und konstruieren g_P wie folgt hinzu.

Nach Satz 2.2/6 können wir $g_\text{I}, \ldots, g_{P-1}$ zunächst provisorisch durch geeignete Vektoren $g_P, \ldots, g_N$ zu einer vollständigen kartesischen Basis erweitern. Daraufhin suchen wir im Raum der Vektoren

$$\mathbf{u} = u^L g_L; \quad L \geq P \tag{4.2/3}$$

die sämtlich orthogonal zu $g_\text{I}, \ldots, g_{P-1}$ sind, nach einem Maximum der Funktion

$$s\{\mathbf{u}\} = \frac{S_{JK} u^J u^K}{g_{QR} u^Q u^R}; \quad J, K, Q, R \geq P. \tag{4.2/4}$$

Genau wie im Beweis von Gl. (2.4/14) überlegen wir, daß solch ein Maximum für $\mathbf{u} \neq \mathbf{0}$ existiert und durch Differentiation gefunden werden kann. Daher setzen wir unter Beachtung von (2.4/10), (2.4/15) und der Gleichung (2.4/16), die in entsprechender Weise auch für S_{JK} statt g_{QR} hingeschrieben werden kann, die Gleichung $(|\mathbf{u}|^2/2)\, \partial s/\partial u^L = 0$ an. Sie lautet

$$(S_{LK} - s\, g_{LK})u^K = 0; \quad L, K \geq P, \tag{4.2/5}$$

worin s den gesuchten Maximalwert der Funktion (4.2/4) darstellt. Aufgrund der Vorbetrachtung weiß man, daß wenigstens eine Lösung $\mathbf{u} \neq \mathbf{0}$ von (4.2/5) existiert. Für das Folgende genügt es, *irgend* eine Lösung zu nehmen, selbst wenn sie s nicht zum Maximum macht. Anhand ihrer bestimmt man mittels der Normierung $g_P = \mathbf{u}/|\mathbf{u}|$ den gesuchten, zu $g_\text{I}, \ldots, g_{P-1}$ orthonormalen, endgültigen P-ten Basisvektor, der den vorläufig gewählten ersetzt. Danach wiederholt man die Prozedur und ermittelt auf entsprechende Weise nacheinander die Vektoren einer endgültigen orthonormalen Basis $g_\text{I}, \ldots, g_N$, die sich unten als Hauptbasis ausweisen wird. Über (4.2/4) erhält man die jeweils zugehörigen Hauptwerte $_P S = s\{g_P\}$.

Wegen (2.4/7) reduziert sich Gleichung (4.2/5) für den P-ten Hauptbasisvektor g_P, der die Koordinaten $u^K = \delta_P^K$ besitzt, auf

$$S_{LP} = {_P S}\, \delta_{LP}, \tag{4.2/6}$$

für $L \geq P$, wegen der Symmetrie von δ_{LP} und S_{LP} aber auch für beliebige Indexpaare L, P. Damit ist Satz 4.2/1 bewiesen und g_J als Hauptbasis identifiziert. Die zugehörigen Matrizen

$$\bar{\mathbf{S}} = \mathbf{M}\{S_{LP}\} = \mathbf{M}\{S^{LP}\} = \mathbf{M}\{S_L^{\cdot P}\} = \mathbf{M}\{S_{\cdot P}^L\}$$

erhalten die Diagonalform

$$\bar{S} = \begin{bmatrix} {}_{\mathrm{I}}S \dots & 0 \dots & 0 \\ 0 & {}_{\mathrm{II}}S \dots & 0 \\ \vdots & \vdots & \vdots \\ 0 & 0 \dots & {}_{\mathrm{N}}S \end{bmatrix} \tag{4.2/7}$$

Aufgrund von (4.2/6) ist nun auch Gleichung (4.2/5) ohne die Einschränkung $L \geq P$ gültig, wenn man die Koordinaten $u^{\mathrm{K}} = \delta_{\mathrm{P}}^{\mathrm{K}}$ irgendeines Hauptbasisvektors $\mathbf{g}_{\mathrm{P}}$ und den zugehörigen Hauptwert $s = {}_{\mathrm{P}}S$ einsetzt. Und zwar reduziert sich dann (4.2/5) für $L = P$ auf das System ${}_{\mathrm{P}}S - \mathrm{s} = 0$. Man erkennt

Satz 4.2/2: Die Lösungen s des bestimmenden Gleichungssystems (4.2/5) sind genau die Hauptwerte ${}_{\mathrm{I}}S, \dots, {}_{\mathrm{N}}S$. Für einen Hauptwert $s = {}_{\mathrm{P}}S$, der mit keinem anderen zusammenfällt, besteht die Lösung $\mathbf{u}$ exakt aus dem zugehörigen Hauptbasis-Vektor $\mathbf{g}_{\mathrm{P}}$, bei mehreren zusammenfallenden ${}_{\mathrm{P}}S$ aus einer beliebigen Linearkombination der entsprechenden, in diesem Sinne auch mehrdeutigen Hauptbasis-Vektoren $\mathbf{g}_{\mathrm{P}}$. Weitere Lösungen $\mathbf{u}$ existieren nicht.

Nunmehr kann (4.2/5) zufolge der Identitätsregel (Satz 3.2/5) sofort in einem beliebigen affinen Koordinatensystem formuliert werden, und zwar in jeder der folgenden isomeren Darstellungen, die ebenfalls alle als bestimmendes Gleichungssystem im Sinne von Satz 4.2/2 anzusehen sind:

$$(S_{\mathrm{lk}} - sg_{\mathrm{lk}})u^{\mathrm{k}} = 0 \,,$$

$$(S^{\mathrm{lk}} - sg^{\mathrm{lk}})u_{\mathrm{k}} = 0 \,,$$

$$(S_{\mathrm{l}}{}^{\cdot\mathrm{k}} - sg_{\mathrm{l}}{}^{\cdot\mathrm{k}})u_{\mathrm{k}} = 0 \,, \tag{4.2/8}$$

$$(S^{\mathrm{l}}{}_{\cdot\mathrm{k}} - sg^{\mathrm{l}}{}_{\cdot\mathrm{k}})u^{\mathrm{k}} = 0 \,.$$

Mit $\mathbf{S}$ als Matrix der S_{lk} oder irgendeiner vertikalen Isomeren, $\mathbf{g}$ als Matrix der entsprechenden metrischen Grundgrößen sowie mit der Spaltenmatrix $\mathbf{u}$ der Vektorkoordinaten u_{k} beziehungsweise u^{k} erhält (4.2/8) die gemeinsame Gestalt

$$(\mathbf{S} - s\mathbf{g})\mathbf{u} = \mathbf{0} \tag{4.2/9}$$

In ihr fällt $\mathbf{g}$ dann und nur dann mit der Einsmatrix $\mathbf{1}$ zusammen, wenn von den letzten beiden Beziehungen (4.2/8) oder von einer kartesischen Basis $\mathbf{g}_{\mathrm{j}}$ ausgegangen wird.

Das lineare Gleichungssystem (4.2/9) besitzt eine Lösung $\mathbf{u} \neq \mathbf{0}$ genau dann, wenn die „charakteristische Gleichung"

$$C\{s\} = \det\{\mathbf{S} - s\mathbf{g}\} = 0 \tag{4.2/10}$$

erfüllt ist. Ihre n unter Umständen teilweise zusammenfallenden Wurzeln $s = {}_{\mathrm{I}}S, \dots, {}_{\mathrm{N}}S$, die sogenannten Eigenwerte, stellen die Hauptwerte der symmetrischen Dyade S_{jk} dar. Die Hauptbasisvektoren $\mathbf{g}_{\mathrm{J}}$ findet man unter den „Eigenvektoren" $\mathbf{u}$ als Lösungen der Gleichungen (4.2/9), und zwar bei zusammenfallenden Eigenwerten erst nach geeigneter Orthonormalisierung etwa mittels (2.2/6).

In einer Hauptbasis g_J reduziert sich die Quadrikengleichung (4.2/2) auf

$$_JS(\xi^J)^2 = {}_IS(\xi^I)^2 + \cdots + {}_NS(\xi^N)^2 = c. \tag{4.2/11}$$

Je nach dem Vorzeichen oder dem Verschwinden der Verhältnisse $_JS/c$ erhält die Quadrik eine elliptische, hyperbolische, parabolische oder eine zu (Hyper-)Ebenen usw. entartete Gestalt.

4.2.1.3 Mohrscher Kreis

Wir studieren speziell solche „ebenen Basistransformationen" des 2- oder höherdimensionalen Raumes, die von einer beliebigen affinen Basis $g_{\alpha 0}$ ausgehend den g_{z0}-Vektor (oder alle nachfolgenden Basisvektoren) ungeändert lassen und lediglich die Basisvektoren g_{x0}, g_{y0} der x, y-Ebene in die Basisvektoren g_x, g_y der gleichen Ebene überführen. Wenn wir dann auch nur die Tensorkoordinaten mit den modifizierten, in den Anwendungen häufig benutzten Bezeichnungen

$$S_x = S_{xx}, \qquad S_y = S_{yy}, \qquad T = S_{xy} = S_{yx} \tag{4.2/12a}$$

bzw.

$$S_{x0} = S_{x0x0}, \qquad S_{y0} = S_{y0y0}, \qquad T_0 = S_{x0y0} = S_{y0x0} \tag{4.2/12b}$$

betrachten, so kommt es bei den Transformationskoeffizienten $a_\alpha^{\beta 0}$ nur auf jene mit den Werten

$$\alpha, \beta, \ldots, \nu \equiv x, y \tag{4.2/13}$$

des griechischen Indexalphabetes an. Die auch unter der Bedingung (4.2/13) symmetrische Dyade $S_{\alpha\beta}$ besitzt also aufgrund der Konstruktion von Abschnitt 4.2.1.2 eine „ebene Hauptbasis", „ebene Hauptachsen" und „ebene Hauptwerte", die allerdings nur dann zur Hauptbasis, zu den Hauptachsen bzw. zu den Hauptwerten der räumlichen Dyade gehören müssen, wenn die x, y-Ebene selbst eine „Hauptebene" ist, also zwei räumliche Hauptachsen enthält. Auch die Ziehregel ist nur unter Vorbehalt anwendbar, etwa wenn g_{z0} (und die weiteren Basisvektoren) orthogonal zur x, y-Ebene gewählt werden.

g_{x0}, g_{y0} sei jetzt eine ebene Hauptbasis, und g_x, g_y eine weitere *kartesische* Basis der Ebene, die aus der Hauptbasis durch den Drehwinkel ψ hervorgehe (Bild 4.7a). Anschaulich oder über (2.1/13) folgt wegen (2.3/2)

$$\mathbf{a} = \mathbf{M}\{a_\alpha^{\cdot\beta 0}\} = \begin{bmatrix} \cos\{\psi\} & \sin\{\psi\} \\ -\sin\{\psi\} & \cos\{\psi\} \end{bmatrix}$$

Wegen $T_0 = 0$ in der ebenen Hauptbasis ergibt dann die Dyaden-Transformationsregel nach (3.2/6) unter Beachtung von

$$(\cos\{\psi\})^2 = (1 + \cos\{2\psi\})/2, \quad (\sin\{\psi\})^2 = (1 - \cos\{2\psi\})/2,$$
$$\sin\{\psi\}\cos\{\psi\} = \sin\{2\psi\}/2 \tag{4.2/14}$$

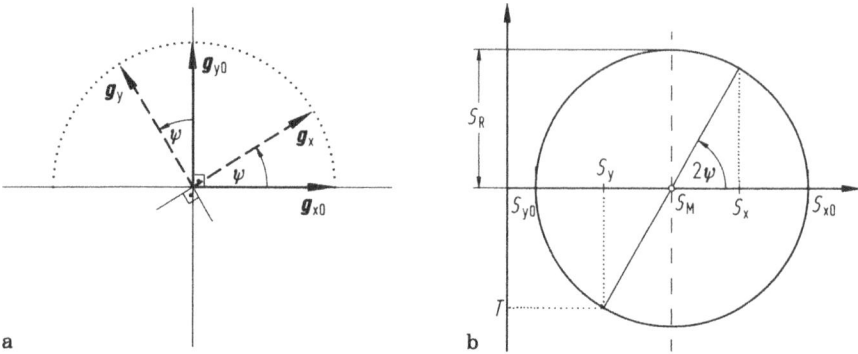

a   b

Bild 4.7. a. Ebene Hauptbasis g_{x_0}, g_{y_0} und gedrehte kartesische Basis g_x, g_y; Drehwinkel ψ; **b** zugehörige Koordinaten S_{x_0}, S_{y_0} bzw. S_x, S_y, T einer symmetrischen Dyade, veranschaulicht anhand des Mohrschen Kreises mit dem Mittelpunkt S_M und dem Radius S_R für $S_{x_0} \geq S_{y_0}$

die Zusammenhänge

$$S_x = S_M + S_R \cos\{2\psi\} ,$$

$$S_y = S_M - S_R \cos\{2\psi\} , \qquad\qquad (4.2/15)$$

$$T = -S_R \sin\{2\psi\} ,$$

worin die Abkürzungen

$$S_M = \frac{1}{2}(S_{x_0} + S_{y_0}) = \frac{1}{2}(S_x + S_y)$$

$$S_R = \frac{1}{2}(S_{x_0} - S_{y_0}) = \sqrt{\left(\frac{S_x - S_y}{2}\right)^2 + (T)^2} \qquad\qquad (4.2/16)$$

eingeführt wurden. Die Gleichungen (4.2/15) und (4.2/16) sind in Bild 4.7b anhand des „Mohrschen Kreises" (O. Mohr, 1835–1918) in der sogenannten Dyadenkoordinaten-Ebene veranschaulicht. Eine solche Darstellung wird bei technischen Anwendungen gern für den Spannungstensor benutzt („Spannungs-kreis", „Spannungsebene"), sie gilt aber wie gezeigt für alle symmetrischen Dyaden.

Übrigens läßt sich mittels der Gleichungen (4.2/15), (4.2/16) bei gegebenen Tensorkoordinaten S_x, S_y, T in einer ebenen kartesischen Basis sofort der Dreh-winkel ψ, also die Lage der ebenen Hauptbasis, nebst zugehörigen ebenen Hauptwerten S_{x_0} und S_{y_0} berechnen. Man bestimmt hierzu zunächst den Mittel-punkt S_M und den Radius S_R des Mohrschen Kreises über (4.2/16), und dann die gesuchten Größen über

$$S_{x_0} = S_M + S_R, \qquad S_{y_0} = S_M - S_R,$$

$$\cos\{2\psi\} = \frac{S_x - S_y}{2S_R}, \quad \sin\{2\psi\} = -\frac{T}{S_R} . \qquad\qquad (4.2/17)$$

4.2.1.4 Skalarinvarianten

Als Skalarinvarianten, kurz Invarianten, bezeichnet man Skalare, die einem Tensor zugeordnet sind. Es handelt sich also um skalare Tensorfunktionen. Für eine ausführliche Darstellung sei auf die Literatur (u.a. [3,19]) verwiesen. Wir geben nur einen kurzen Abriß und beschränken uns auf symmetrische Dyaden.

Skalarinvarianten, deren Wert nicht von der Lage der Hauptachsen im Raum abhängt, nennt man isotrop. Zu ihrer Berechnung können wir die Dyade gleich in einer Hauptbasis g_J ausdrücken und erhalten dann die Hauptwerte $_JS$ als alleinige beschreibende Größen. Ordnet man sie in der Reihenfolge

$$_IS \geq {}_{II}S \geq \ldots \geq {}_NS \tag{4.2/18a}$$

oder

$$_IS \leq {}_{II}S \leq \ldots \leq {}_NS \tag{4.2/18b}$$

an, so liegen sie eindeutig fest und stellen insofern ein vollständiges, in sich unabhängiges isotropes Invarianten-System dar. „Vollständig" heißt: Die Dyade und damit jede andere isotrope Invariante ist durch die $_JS$ ausdrückbar; „unabhängig" bedeutet: man benötigt hierzu alle N Werte $_JS$ und kommt nicht mit weniger aus.

Anisotrope Invarianten, die zusätzlich von der Lage der Hauptachsen g_J in einer vorgegebenen Raumbasis g_α beeinflußt werden, sind etwa die Transformationskoeffizienten a_α^J selbst, vielleicht nur einige von ihnen beziehungsweise irgendwelche Funktionen derselben. Sie spielen unter anderem bei Kristallen eine Rolle, wo die g_α beispielsweise als Gittervektoren die Richtungen der bestimmenden Atomreihen und die Atomabstände repräsentieren.

Wir beschränken uns hier auf die isotropen Invarianten und nennen n solche, aus denen man die Hauptwerte $_JS$ und damit jede andere isotrope Invariante eindeutig bestimmen kann, eine Invariantenbasis.

Wenn man von irgendeiner Vektorbasis g_j ausgeht, so verlangen die Hauptwerte der betrachteten Dyade als Invariantenbasis zu ihrer Bestimmung erstens die Aufstellung der charakteristischen Gleichung (4.2/10) in Gestalt eines Polynoms

$$C\{s\} = {}_0C(-s)^n + {}_1C(-s)^{n-1} + \ldots + {}_{n-1}C(-s) + {}_nC = 0 \tag{4.2/19}$$

sowie zweitens dessen Auflösung. Beide Schritte können bei großen Dimensionen n mit erheblichem Rechenaufwand verbunden sein. Relativ einfach erkennt man über (4.2/10) für $s \to \infty$ bzw. $s \to 0$ zunächst nur die Werte der Koeffizienten

$$\begin{aligned} {}_0C &= \det\{g\} \\ {}_nC &= \det\{S\}, \end{aligned} \tag{4.2/20}$$

aber selbst diese erfordern die Berechnung von Determinanten. Allgemein hat man wegen (4.2/19) und (4.2/10) die k-ten Ableitungen von Determinanten gemäß

$$_{n-k}C = \lim_{s=0} \frac{(-1)^k}{k!} \frac{\partial^k}{\partial s^k} C\{s\} = \lim_{s=0} \frac{(-1)^k}{k!} \frac{\partial^k}{\partial s^k} \det\{\mathbf{S} - s\mathbf{g}\} \qquad (4.2/21)$$

auszuwerten; $0 \le k \le n$.

Die Verhältnisse der Koeffizienten von Gleichung (4.2/19), also etwa die n Skalarinvarianten

$$_kI = {}_kC/{}_0C, \quad k = 1, \ldots, n, \qquad (4.2/22)$$

bestimmen die Wurzeln, das heißt die Hauptwerte unter einer der Bedingungen (4.2/18) eindeutig und stellen insofern selbst eine Invariantenbasis dar. Hierbei bleibt allerdings offen, welchen Einschränkungen die $_kI$ unterliegen, damit die Hauptwerte reell sind. Zur Ermittlung der $_kI$ muß man zwar wiederum die charakteristische Gleichung aufstellen, doch braucht man diese nicht mehr zu lösen.

Noch einfacher lassen sich die n Invarianten

$$\begin{aligned}
_1J &= S_j^{\;j} &&= tr\{\mathbf{S}\}, \\
_2J &= S_j^{\;k} S_k^{\;j} &&= tr\{(\mathbf{S})^2\}, \\
\hline
_nJ &= S_j^{\;k_1} S_{k_1}^{\;k_2} \ldots S_{k_{n-1}}^{\;j} &&= tr\{(\mathbf{S})^n\}
\end{aligned} \qquad (4.2/23)$$

berechnen, nämlich durch mehrfache Multiplikation der gemischt-varianten Tensormatrix $\mathbf{S} = \mathbf{M}\{S_j^{\;k}\}$ mit sich selbst (Potenzierung) und anschließender Bildung der „Spur" tr (englisch: trace), das heißt der Summe der Hauptdiagonalelemente. In einer Hauptbasis $\mathbf{g}_J$ gilt speziell

$$\begin{aligned}
_1S + \ldots + {}_NS &= {}_1J, \\
(_1S)^2 + \ldots + (_NS)^2 &= {}_2J, \\
\hline
(_1S)^n + \ldots + (_NS)^n &= {}_nJ.
\end{aligned} \qquad (4.2/24)$$

Zum Vergleich drücken wir die Koeffizienten $_kC$ des charakteristischen Polynoms in der gleichen Hauptbasis aus. Wegen $\mathbf{S} = \bar{\mathbf{S}}$ und (4.2/7) lautet die charakteristische Gleichung (4.2/10) dann

$$C\{s\} = (_IS - s)(_{II}S - s) \ldots (_NS - s),$$

so daß nach dem Vergleich mit (4.2/19) und (4.2/22)

$$\left.\begin{aligned}
_nC &= {}_nI = {}_IS\;_{II}S \ldots {}_NS \\
_{n-1}C &= {}_{n-1}I = {}_{II}S\;_{III}S \ldots {}_NS + {}_IS\;_{III}S \ldots {}_NS + \ldots + {}_IS\;_{II}S \ldots {}_{N-1}S \\
&\;\;\vdots \\
_1C &= {}_1I = {}_IS + {}_{II}S + \ldots + {}_NS \\
_0C &= 1
\end{aligned}\right\}$$

$$(4.2/25)$$

herauskommt: $_jC$ ist die Summe aller aus j Hauptwerten mit verschiedenen Nummern gebildten Produkte.

Einer Uberlegung von Kurosh [35] folgend[4.2)] führen wir jetzt zu jedem Potenzprodukt der Hauptwerte $_jS$ mit nicht negativen ganzen Exponenten k_1, $k_2, \ldots, k_n$, die teilweise auch verschwinden dürfen-also beispielsweise zum Produkt

$$(_IS)^{k_1} (_{II}S)^{k_2} \ldots (_NS)^{k_n}$$

die durch sämtliche gegenseitigen Vertauschungen („Permutationen") der Hauptwerte und durch Aufsummieren aller so gebildeten Ausdrücke entstehende, gegenüber weiteren Vertauschungen invariante „symmetrische" Funktion

$$F\left\{(_IS)^{k_1}, (_{II}S)^{k_2}, \ldots, (_NS)^{k_n}\right\}$$

$$= (_IS)^{k_1}(_{II}S)^{k_2} \ldots (_NS)^{k_n} + (_{II}S)^{k_1}(_IS)^{k_2} \ldots (_NS)^{k_n} + \ldots$$

ein. So gilt etwa $F\left\{_IS\right\} = {}_IS + {}_{II}S + \ldots + {}_NS$, $F\left\{(_IS)^{k_1}\right\} = (_IS)^{k_1} + \ldots + (_NS)^{k_1}$, $F\left\{_IS, {}_{II}S\right\} = {}_IS\,_{II}S + \ldots + {}_{N-1}S\,_NS$ usw. Über (4.2/24) und (4.2/25) erkennt man für beliebige ganze Zahlen p, k mit $1 \leq k \leq n$, $2 \leq p \leq k-2$

$$_{k-1}J \quad _1I = {}_kJ + F\left\{(_IS)^{k-1}, {}_{II}S\right\}$$

$$_{k-2}J \quad _2I = F\left\{(_IS)^{k-1}, {}_{II}S\right\} + F\left\{(_IS)^{k-2}, {}_{II}S, {}_{III}S\right\}$$

$$\vdots$$

$$_{k-p}J \quad _pI = F\left\{(_IS)^{k-p+1}, {}_{II}S, \ldots, {}_pS\right\} + F\left\{(_IS)^{k-p}, {}_{II}S, \ldots, {}_pS, {}_{p+1}S\right\}$$

$$\vdots$$

$$_1J \,_{k-1}I = F\left\{(_IS)^2, {}_{II}S, \ldots, {}_{k-1}S\right\} + k_kI$$

Hieraus folgt durch Einsetzen die Gültigkeit der folgenden, nach I. Newton (1642–1727) benannten Beziehung:

$$_kJ - {}_{k-1}J \,_1I + {}_{k-2}J \,_2I - \ldots + (-1)^{k-1} \,_1J \,_{k-1}I + (-1)^k \, k_kI = 0$$

für $k \leq n$.

Man benutzt sie mit $k = 1$ beginnend zur sukzessiven Berechnung der Invarianten $_kI$ aus den $_lJ$, wobei man immer die zuvor ermittelten Ausdrücke für $_qI$ substituiert; $q < k$. Da sich somit die Invariantenbasis $_kI$ durch die $_lJ$ ausdrücken läßt, stellen auch diese Größen eine Invariantenbasis dar. Für $k = 1, 2,$ 3 findet man

$$\left.\begin{array}{l} _3I = \frac{1}{6}[(_1J)^3 - 3\,_1J\,_2J + 2\,_3J] \\[4pt] _2I = \frac{1}{2}[(_1J)^2 - {}_2J] \\[4pt] _1I = {}_1J \end{array}\right\} \qquad (4.2/26)$$

[4.2)] Herrn Professor K. Markov, Universität Sofia, sei für seine Hinweise gedankt.

Auf entsprechende Weise kann man die $_k J$ aus den $_l I$ ermitteln, wodurch man die aufwendige Bestimmung der Hauptwerte $_k S$ umgeht.

4.2.1.5 Tensorfunktionen

Tensorfunktionen bilden Tensoren auf Tensoren ab. Die Skalarinvarianten als skalarwertige Tensorfunktionen stellen einen Spezialfall dar. Jetzt wollen wir „Dyadenfunktionen" als Abbildungen von Dyaden auf Dyaden einführen und beschränken uns auf symmetrische Dyaden.

Gegeben sei zunächst die reellwertige Funktion $y = f(x)$ als Abbildung von Skalaren x auf Skalare y.

Für jede symmetrische Dyade S_{jk}, deren Hauptwerte $_j S$ im Definitionsbereich der Skalarfunktion f liegen, werde dann die Bilddyade $\mathbf{f}\{\mathbf{S}\}$ als Matrix mit den Elementen $f_{jk}\{\mathbf{S}\}$ wie folgt definiert:

a) f_{jk} ist symmetrisch mit den gleichen Hauptachsen wie S_{jk}. Diese liegen jedenfalls bei paarweise verschiedenen Hauptwerten eindeutig fest (Satz 4.2/2).

b) die Hauptwerte $_j f$ von f_{jk} betragen

$$_j f = f\{_j S\} . \tag{4.2/27}$$

Zusammenfallende Hauptwerte $_j S$ erzeugen entsprechend zusammenfallende Hauptwerte $_j f$ und sorgen für eine gleichartige Unbestimmtheit der Hauptachsen.

Zur Aufstellung der Bilddyade $f_{jk}\{\mathbf{S}\}$ berechnet man zunächst also die Hauptwerte $_j S$ nebst einer zugehörigen Hauptbasis $\mathbf{g}_J$ von S_{jk}, ermittelt $_j f$ über (4.2/27) und transformiert diese Hauptwerte von f unter Beachtung von (4.2/6) gemäß

$$f_{jk} = a_j^L a_k^P f_{LP} = a_j^L a_k^P \, _P f \, \delta_{LP} \tag{4.2/28}$$

auf die Ausgangskoordinaten zurück.

Als Beispiel berechnen wir $\mathbf{f}\{\mathbf{S}\}$ für die Ebene ($n = 2$) in einer kartesischen Ausgangsbasis $\mathbf{g}_\alpha$ und mit den Bezeichnungen (4.2/12):

$$\mathbf{S} = \begin{bmatrix} S_x & T \\ T & S_y \end{bmatrix} , \quad \mathbf{f} = \begin{bmatrix} f_x & g \\ g & f_y \end{bmatrix} . \tag{4.2/29}$$

Man findet zunächst S_M und S_R über (4.2/16), alsdann S_{xo}, S_{yo} gemäß (4.2/17) und erhält wegen (4.2/27)

$$f_{xo} = f\{S_M + S_R\} , \quad f_{yo} = f\{S_M - S_R\} , \tag{4.2/30a}$$

ferner analog (4.2/16)

$$f_M = \tfrac{1}{2}(f_{xo} + f_{yo}) , \quad f_R = \tfrac{1}{2}(f_{xo} - f_{yo}), \tag{4.2/30b}$$

sowie über (4.2/15) und (4.2/17) schließlich

$$f_x = f_M + f_R \frac{S_x - S_y}{2 S_R} , \quad f_y = f_M - f_R \frac{S_x - S_y}{2 S_R} , \quad g = f_R \frac{T}{S_R} . \tag{4.2/30c}$$

Für analytische Funktionen

$$f(x) = {}_\alpha c(x)^\alpha; \quad \alpha \equiv 0, 1, \ldots, \infty \tag{4.2/31}$$

mit den Koeffizienten ${}_\alpha c = const$ kann man die Bestimmung der Hauptwerte und Hauptachsen umgehen. Da nämlich die Matrix

$$\bar{\mathbf{f}} = \begin{bmatrix} {}_\mathrm{I} f & 0 & \ldots & 0 \\ 0 & {}_\mathrm{II} f & \ldots & 0 \\ \vdots & \vdots & & \vdots \\ 0 & 0 & \ldots & {}_\mathrm{N} f \end{bmatrix}$$

in der Hauptbasis wegen (4.2/27) und (4.2/29) die Reihenentwicklung

$$\bar{\mathbf{f}} = {}_\alpha c(\bar{\mathbf{S}})^\alpha$$

mit elementweiser Konvergenz besitzt, erhält man wegen der Identitätsregel (Satz 3.2/5) in der Ausgangsbasis $\mathbf{g}_\mathrm{j}$ entsprechend

$$\left. \begin{aligned} \mathbf{f}\{\mathbf{S}\} &= {}_\alpha c(\mathbf{S})^\alpha, \\ \mathbf{f} = \mathbf{M}\{f_\mathrm{j}^{\,\mathrm{k}}\}, \quad \mathbf{S} &= \mathbf{M}\{\mathbf{S}_\mathrm{j}^{\,\mathrm{k}}\} \end{aligned} \right\} \tag{4.2/32a}$$

Nach A. Cayley (1821–1895) genügt es, statt der unendlichen Reihe (4.2/32a) eine Summe von nur n Gliedern hinzuschreiben. Da nämlich alle Hauptwerte $_\mathrm{j}S$ die charakteristische Gleichung (4.2/19) erfüllen, gilt für die Matrix (4.2/7), nach der Identitätsregel (Satz 3.2/5) also für die Dyade $\mathbf{S}$ in jeder beliebigen affinen Basis die Cayleysche Beziehung

$$C\{\mathbf{S}\} = {}_0 C(-\mathbf{S})^\mathrm{n} + {}_1 C(-\mathbf{S})^{\mathrm{n}-1} + \ldots + {}_{\mathrm{n}-1} C(-\mathbf{S}) + {}_\mathrm{n} C\mathbf{g} = 0\,,$$

worin wegen (4.2/20) und (2.4/9) ${}_0 C \neq 0$ gilt und $\mathbf{g}$ die Einsmatrix mit den gleichen vertikalen Isomeren wie in der Darstellung von $\mathbf{S}$ bedeutet. Mittels der Cayleyschen Beziehung läßt sich $(\mathbf{S})^\mathrm{n}$ durch die niedrigeren Potenzen von $\mathbf{S}$ oder, nach mehrfacher Anwendung, jede Potenz von $\mathbf{S}$ vermittels der ersten $n-1$ Potenzen ausdrücken. Allerdings sind die Koeffizienten nicht konstant, sondern hängen von $\mathbf{S}$ selbst ab. Dies gilt folglich auch für die Koeffizienten von (4.2/32a), nachdem man dort alle höheren Potenzen von $\mathbf{S}$ über die Cayleysche Beziehung eliminiert hat:

$$_\alpha c = {}_\alpha c\{\mathbf{S}\}\,, \quad {}_\alpha c = 0 \quad \text{für} \quad \alpha \geq n\,. \tag{4.2/32b}$$

Um $_\alpha c$ unter den Bedingungen (4.2/32b) praktisch auszurechnen, schreibt man die Gleichung (4.2/32a) in Hauptachsen hin, wobei man die linke Seite über (4.2/27) ermittelt, und löst das so entstandene lineare Gleichungssystem nach den $_\alpha c$ auf. Wie man sieht, bedarf es hierzu wieder der Hauptwerte, so daß die Berechnung der Tensorfunktion über (4.2/27), (4.2/28) kaum umständlicher ist. Sogar die nach einer genügenden Zahl von Gliedern abgebrochene unendliche Potenzreihe (4.2/32a) mit konstanten, vorgegebenen Koeffizienten könnte einfacher zu berechnen sein. Andererseits gilt die endliche Summe (4.2/32a) mit

(4.2/32b) im Gegensatz zur unendlichen Potenzreihe auch im Grenzfall nicht-analytischer, weitgehend beliebiger, sogar unstetiger Funktionen, die sich beliebig genau durch analytische Funktionen annähern lassen.

4.2.2 Antimetrische Dyaden

Antimetrische Dyaden A_{jk} sind durch die Bedingungen

$$A_{jk} = - A_{kj}, \quad A^{jk} = - A^{kj}, \quad A_j{}^{\cdot k} = - A^k{}_{\cdot j} \qquad (4.2/33)$$

definiert, die mittels der Ziehregel (3.2/3) auseinander hervorgehen und aufgrund der Identitätsregel (Satz 3.2/5) in jedem Koordinatensystem gelten. Dann sind auch die Matrizen $\mathbf{M}\{A_{jk}\}$ und $\mathbf{M}\{A^{jk}\}$ antimetrisch, im allgemeinen aber nicht die Matrizen $\mathbf{M}\{A_j{}^{\cdot k}\} = - \mathbf{M}\{A^k{}_{\cdot j}\}$.

Aus (4.2/33) folgt

$$A_{jj} = 0, \quad A^{kk} = 0, \quad A_k{}^{\cdot k} = A^k{}_{\cdot k} = 0, \qquad (4.2/34)$$

jedoch nicht notwendig $A_{\langle k \rangle}{}^{\langle k \rangle} = 0$ oder $A^{\langle k \rangle}{}_{\cdot \langle k \rangle} = 0$. Nach Vertauschung der Indizes erhält man ferner unter Beachtung von (4.2/33)

$$A_{jk} \xi^j \xi^k = A_{kj} \xi^k \xi^j = - A_{jk} \xi^k \xi^j,$$

das heißt

$$A_{jk} \xi^j \xi^k \equiv 0, \quad A^{jk} \xi_j \xi_k \equiv 0, \qquad (4.2/35)$$

und zwar für beliebige Werte der Punktkoordinaten ξ^l bzw. ξ_l, so daß man antimetrische Dyaden *nicht* durch eine Quadrik analog (4.2/2) veranschaulichen kann. Dies gelingt jedoch auf andere Art wie folgt.

Für $n = 1$ ist wegen (4.2/34) die einzige antimetrische Dyade die Nulldyade $A_{11} = 0$. (Sie ist übrigens gleichzeitig auch symmetrisch.)

Daher beschränken wir uns auf $n \geq 2$ und bilden den Tensor $(n - 2)$-ter Stufe

$$\omega^{k_1 \ldots k_{n-2}} = - \frac{1}{2(n-2)!} \varepsilon^{k_1 \ldots k_{n-2} pq} A_{pq} \qquad (4.2/36)$$

Hieraus folgt umgekehrt wegen (2.5/6)

$$- \varepsilon_{k_1 \ldots k_{n-2} ij} \omega^{k_1 \ldots k_{n-2}} = \frac{1}{2(n-2)!} \varepsilon^{k_1 \ldots k_{n-2} pq} \varepsilon_{k_1 \ldots k_{n-2} ij} A_{pq}$$

$$= \tfrac{1}{2}(\delta_i^p \delta_j^q - \delta_j^p \delta_i^q) A_{pq},$$

also wegen (4.2/33)

$$A_{ij} = - \varepsilon_{k_1 \ldots k_{n-2} ij} \omega^{k_1 \ldots k_{n-2}} \qquad (4.2/37)$$

Die Zuordnung der antimetrischen Dyade A_{ij} zum axialen Tensor $\omega^{k_1 \ldots k_{n-2}}$ ist somit umkehrbar eindeutig. Sie gelingt übrigens *nicht* für eine symmetrische Dyade, weil für diese gemäß Satz 2.5/1 stets $\omega^{k_1 \ldots k_{n-2}} = 0$ herauskäme.

Die durch eine antimetrische Dyade hervorgerufene Abbildung der Vektoren **r** des Raumes auf Vektoren **v**,

$$v_i = A_{ij} r^j,$$ (4.2/38)

kann man nun mittels (4.2/37) und Satz 2.5/1 in der Gestalt

$$v_i = \varepsilon_{k_1 \ldots k_{n-2} ji} \, \omega^{k_1 \ldots k_{n-2}} r^j$$ (4.2/39)

ausdrücken. Wir bezeichnen $2\omega^{k_1 \ldots k_{n-2}}$ als Rotationstensor **rot** $\{\mathbf{v}\}$ und schreiben im Hinblick auf (3.3/4) symbolisch

$$\mathbf{v} = [\omega, \mathbf{r}], \quad \omega = \tfrac{1}{2} \mathbf{rot} \{\mathbf{v}\},$$ (4.2/40)

wobei ω in Verallgemeinerung von (3.3/10) als Winkelgeschwindigkeitstensor aufzufassen ist, wenn **r** den Ortsvektor und **v** ein verallgemeinertes Geschwindigkeitsfeld darstellen (Bild 3.2). Es gehört zu einer verallgemeinerten Starrkörperdrehung um den Ursprung $\mathbf{r} = \mathbf{0}$.

Diese Auffassung wird für den n-dimensionalen Raum auch durch folgende Beobachtung gestützt.

Die Geschwindigkeit des Ursprungs als Drehpunkt beträgt offenbar Null. Aus (4.2/38) ergibt sich wegen (4.2/35) und (2.4/10) ferner

$$(\mathbf{v}, \mathbf{r}) = v_i r^i = A_{ij} r^i r^j = 0,$$

so daß die Geschwindigkeit senkrecht auf dem Radius steht. Wenn schließlich $\Delta \mathbf{r}$ und $\Delta' \mathbf{r}$ zwei von einem beliebigen Punkt $\overset{0}{Q}$ ausgehende Ortsvektoren repräsentieren, so gilt für die Änderungsgeschwindigkeit des Skalarproduktes $(\Delta \mathbf{r}, \Delta' \mathbf{r})$ wegen (2.4/10), (2.1/17a), (4.2/38) und (4.2/33)

$$(\Delta \mathbf{r}, \Delta' \mathbf{r})^{\boldsymbol{\cdot}} = (\Delta r^j \Delta' r_j)^{\boldsymbol{\cdot}} = \Delta v^j \Delta' r_j + \Delta r^j \Delta' v_j$$
$$= A^{jk} \Delta r_k \Delta' r_j + A_{jk} \Delta r^j \Delta' r^k$$
$$= A_{jk} \Delta r^k \Delta' r^j + A_{kj} \Delta r^k \Delta' r^j = 0,$$

worin Δv^j bzw. $\Delta' v^j$ die zu Δr^j, $\Delta' r^j$ gehörigen örtlichen Geschwindigkeitsdifferenzen repräsentieren. Jedenfalls folgt $(\Delta \mathbf{r}, \Delta' \mathbf{r}) = \text{const}$: Punktabstände und Winkel bleiben erhalten, also die gesamte Metrik des Körpers, der sich daher als Starrkörper verhält.

4.2.3 Unitäre Dyaden

„Unitäre" (auch: „orthogonale", „orthonormale", „isometrische") Dyaden U_{jk} werden durch die Eigenschaft definiert, daß die durch sie vermittelte Vektorabbildung

$$w_j = U_{jk} \overset{0}{w}{}^k$$ (4.2/41)

eines jeden Raumvektors $\overset{0}{\mathbf{w}}$ auf seinen Bildvektor **w** das Skalarprodukt unverändert läßt. Deutet man $\overset{0}{\mathbf{w}}$ als Verbindungsvektor zweier beliebiger Punkte in der Anfangskonfiguration eines Körpers und **w** als den entsprechenden Vektor der aktuellen Konfiguration (Bild 4.2), so sind also die Punktabstände und die Winkel in beiden Konfigurationen gleich. Dies entspricht einer Starrkörperbewegung, wenn nach Satz 4.1/1 auch die Orientierung jedes linear unabhängigen Vektor-n-tupels gewahrt bleibt. Anderenfalls wäre eine Spiegelung überlagert (Abschnitt 2.3).

Über (2.4/10) erhält man für je zwei Vektoren $\overset{0}{\mathbf{w}}$, $\overset{0}{\mathbf{w}}'$ und die zugehörigen Bildvektoren $\mathbf{w}$, $\mathbf{w}'$ wegen der Forderung $(\overset{0}{\mathbf{w}}, \overset{0}{\mathbf{w}}') = (\mathbf{w}, \mathbf{w}')$ die Gleichung

$$\overset{0}{w}{}^l \overset{0}{w}{}'_l = w_j w'^j = U_{jk} U^{jl} \overset{0}{w}{}^k \overset{0}{w}{}'_l .$$

Anhand von (2.4/2) folgt wegen der eindeutigen Bestimmtheit eines Tensors durch seine skalare Abbildung (3.1/1)

$$U_{jk} U^{jl} = g_k^{\cdot l} \tag{4.2/42}$$

beziehungsweise in Matrixschreibweise mit T als Transpositionssymbol

$$\left.\begin{aligned}
\underset{*}{\mathbf{U}}{}^T \overset{*}{\mathbf{U}} = \mathbf{1} , \qquad & \underset{*}{\mathbf{U}}{}^T = (\overset{*}{\mathbf{U}})^{-1} \\
\underset{*}{\mathbf{U}} = \mathbf{M}\{U_{jk}\} , \quad & \overset{*}{\mathbf{U}} = \mathbf{M}\{U^{jk}\}
\end{aligned}\right\} \tag{4.2/43}$$

Diese Beziehungen reichen offenbar auch dafür hin, daß $\mathbf{U}$ unitär sei. Für die Determinanten ergibt sich

$$\det\{\underset{*}{\mathbf{U}}\} \det\{\overset{*}{\mathbf{U}}\} = 1 . \tag{4.2/44}$$

Die Ziehregel liefert mit (2.4/4) $\underset{*}{\mathbf{U}} = \mathbf{g}\overset{*}{\mathbf{U}}\mathbf{g}$, wegen (2.4/9) und (2.3/15) also $\det\{\underset{*}{\mathbf{U}}\} = \det\{\overset{*}{\mathbf{U}}\}/|\overset{*}{V}|^4$, das heißt wegen (4.2/44)

$$\det\{\overset{*}{\mathbf{U}}\} = \pm |\overset{*}{V}|^2, \quad \det\{\underset{*}{\mathbf{U}}\} = \pm |V|^2, \tag{4.2/45}$$

wobei die zweite Gleichung entsprechend der ersten folgt. Das Vorzeichen ist wegen (4.2/44) in beiden Ausdrücken gleich, und zwar gilt analog (2.3/9) das obere oder das untere Vorzeichen je nachdem, ob die Abbildung (4.2/41) die Orientierung von Basen erhält oder umkehrt.

Führt man zwei das Skalarprodukt erhaltende Vektorabbildungen hintereinander aus, so bleibt das Skalarprodukt oder, wie man sagt, die „Metrik" insgesamt erhalten. Folglich stellt die Überschiebung

$$W_j^{\cdot k} = U_j^{\cdot l} V_l^{\cdot k}$$

zweier unitärer Dyaden $\mathbf{U}$ und $\mathbf{V}$ wiederum eine unitäre Dyade $\mathbf{W}$ dar. Offenbar ist auch die Einsdyade $g_j^{\cdot k}$ unitär, da sie jeden Vektor $\overset{0}{\mathbf{w}}$ auf sich selbst abbildet: $\mathbf{w} = \overset{0}{\mathbf{w}}$.

4.2.4 Reguläre, singuläre, inverse, definite und semidefinite Dyaden

Wenn die Matrix $\mathbf{D} = \mathbf{M}\{D_{jk}\}$ der Dyade D_{jk} eine nicht-verschwindende Determinante

$$\det\{\mathbf{D}\} \neq 0 \tag{4.2/46}$$

besitzt, so ist dies gleichbedeutend mit der Existenz der Kehrmatrix $(\mathbf{D})^{-1} = \mathbf{M}\{\overset{-1}{D}{}^{jk}\}$, und es gilt gemäß (2.4/2)

$$D_{ji}\,\overset{-1}{D}{}^{ik} = g_j{}^{\cdot k}\,. \tag{4.2/47}$$

Diese Beziehung läßt sich mittels der Regeln (3.2/3) und (3.2/5) auf jedes Koordinatensystem und auf die anderen vertikalen Isomeren umschreiben, so daß $\overset{-1}{D}{}^{jk}$ ebenfalls eine Dyade repräsentiert, die zu D_{jk} invers genannt wird. Auch (4.2/46) muß dann in jedem Koordinatensystem und für alle Isomeren gelten. Wir sprechen von der Regularitätsbedingung und nennen $\mathbf{D}$ sowie $\overset{-1}{\mathbf{D}} = (\mathbf{D})^{-1}$ reguläre Dyaden.

Wenn man mittels der Vektorabbildung von $\mathbf{u}$ auf $\mathbf{w}$,

$$w_j = D_j{}^{\cdot k}u_k \tag{4.2/48}$$

die Vektoren einer Basis $\mathbf{g}_k$ auf diejenigen einer anderen Basis $\mathbf{h}_k = \mathbf{g}_{k'}$ abbildet, so entspricht $D_j{}^{\cdot k}$ den Transformationskoeffizienten $a_j^{k'}$. Insofern bedeutet

$$\det\{\mathbf{D}\} > 0 \quad \text{bzw.} \quad \det\{\mathbf{D}\} < 0 \tag{4.2/49}$$

nach (2.3/9), daß im ersten Fall die Basisorientierung erhalten bleibt, während sie sich im zweiten Fall umkehrt. Dyaden D_{jk} mit

$$\det\{\mathbf{D}\} = 0 \tag{4.2/50}$$

heißen singulär. Es darf in keinem Koordinatensystem eine Kehrmatrix $\overset{-1}{D}{}^{jk}$ existieren, weil sich andernfalls die Beziehungen (4.2/46) und (4.2/47) auf jedes Koordinatensystem erweitern ließen im Widerspruch zu (4.2/50). Daher ist auch (4.2/50) und die Singularität der Dyade eine invariante, in jedem Koordinatensystem gültige Eigenschaft. Gleiches gilt offenbar für die Positivität (positive Definität), die Negativität (negative Definität), die positive Semidefinität und die negative Semidefinität einer Dyade D_{jk}. Diese Eigenschaften sind in Verallgemeinerung von (2.4/11) durch die Forderungen

$$D > 0, \quad D < 0, \quad D \geq 0, \quad D \leq 0 \tag{4.2/51a}$$

an die Quadratform

$$D = D_{jk}r^j r^k \quad \text{mit} \quad \mathbf{r} = r^j\mathbf{g}_j \neq \mathbf{0} \tag{4.2/51b}$$

definiert. Man schreibt auch für die Dyadenmatrizen, zum Beispiel für $\mathbf{D} = \mathbf{M}\{D_{jk}\}$, analog zu (4.2/51) beziehungsweise zu (2.4/12), (4.1/9)

$$\mathbf{D} > 0, \quad \mathbf{D} < 0, \quad \mathbf{D} \geq 0 \quad \text{bzw.} \quad \mathbf{D} \leq 0\,. \tag{4.2/52}$$

Wenn $D_{jk} = S_{jk}$ symmetrisch ist, so reduziert sich die Quadratform D in einer Hauptbasis auf die Summe

$$D = {}_{\mathrm{I}}S(r^{\mathrm{I}})^2 + {}_{\mathrm{II}}S(r^{\mathrm{II}})^2 + \cdots + {}_{\mathrm{N}}S(r^{\mathrm{N}})^2\,.$$

Dann sind die Bedingungen (4.2/51) identisch mit

$${}_jS > 0, \quad {}_jS < 0, \quad {}_jS \geq 0, \quad {}_jS \leq 0 \tag{4.2/53}$$

für alle Hauptwerte ${}_jS$.

Weil in einer Hauptbasis wegen (4.2/7) ferner

$$\det\{\bar{\mathbf{S}}\} = {}_I S_{II} S \cdots {}_N S$$

gilt, weil die inversen Hauptwerte $1/{}_J S$ Hauptwerte der inversen Dyade sind und weil jene dasselbe Vorzeichen wie die ${}_J S$ besitzen, hat man

> **Satz 4.2/3:** Die Inversen regulär symmetrischer Dyaden sind ebenfalls symmetrisch und regulär. Positive und negative symmetrische Dyaden S_{jk} sind stets regulär; auch ihre Inversen sind dann positiv beziehungsweise negativ. Die Determinante positiver symmetrischer Dyaden ist positiv; die Determinante negativer symmetrischer Dyaden besitzt das Vorzeichen $(-1)^n$, worin n die Raumdimension darstellt. Nicht-definite semidefinite symmetrische Dyaden sind singulär.

Schließlich seien R_{jk} und S_{jk} zwei beliebige Dyaden. Dann schreibt man auch

$$\left.\begin{array}{ll} \mathbf{R} > \mathbf{S} & \text{für} \quad \mathbf{R} - \mathbf{S} > 0 \\ \mathbf{R} \geq \mathbf{S} & \text{für} \quad \mathbf{R} - \mathbf{S} \geq 0 \end{array}\right\} \tag{4.2/54}$$

$\mathbf{S} < \mathbf{R}, \mathbf{S} \leq \mathbf{R}$ hat die gleiche Bedeutung wie $\mathbf{R} > \mathbf{S}, \mathbf{R} \geq \mathbf{S}$.

4.2.5 Dyadenzerlegungen

Es gibt mehrere wiederum im wesentlichen auf A. Cayley zurückgehende Methoden, Dyaden in einfacher oder spezieller strukturierte zu zerlegen, deren Eigenschaften sich dementsprechend besser überblicken lassen.

> **Satz 4.2/4:** Jede Dyade D_{jk} erlaubt eine eindeutige additive Zerlegung in eine symmetrische Dyade S_{jk} und einer antimetrische Dyade A_{jk} gemäß
>
> $$D_{jk} = S_{jk} + A_{jk}. \tag{4.2/55}$$

Beweis: Falls die Beziehung (4.2/55) besteht, so folgt über (4.2/33) und (4.2/1) nach einer Indexvertauschung

$$D_{kj} = S_{kj} + A_{kj} = S_{jk} - A_{jk}.$$

Addition bzw, Subtraktion mit (4.2/55) liefert dann eindeutig

$$\begin{aligned} S_{jk} &= \tfrac{1}{2}(D_{jk} + D_{kj}) \\ A_{jk} &= \tfrac{1}{2}(D_{jk} - D_{kj}) \end{aligned} \tag{4.2/56}$$

Umgekehrt sind die symmetrischer oder antisymmetrischer Anteil von D_{jk} genannten Dyaden (4.2/56) in der Tat stets symmetrisch beziehungsweise antimetrisch und ergeben als Summe D_{jk}. Damit ist auch die Existenz der Zerlegung nachgewiesen.

Wegen (4.2/35) reduziert sich die Quadratform (4.2/51) stets auf die entsprechende Form des symmetrischen Anteiles S_{jk}, das heißt:

Satz 4.2/5: Die Dyade D_{jk} ist genau dann positiv oder negativ definit bzw. semidefinit, wenn dies für ihren symmetrischen Anteil gilt.

Im übrigen folgt für jede symmetrische Dyade S_{jk} und jede antimetrische Dyade A_{jk} zunächst aus einer Indexumbenennung (j in k und k in j), alsdann aus (4.2/1) und (4.2/33) die Beziehung

$$S_{jk}A^{jk} = S_{kj}A^{kj} = - S_{jk}A^{jk},$$

das heißt

$$S_{jk}A^{jk} = 0 . \tag{4.2/57}$$

Wenn man daher eine weitere Dyade C_{jk} gemäß (4.2/55) in ihren symmetrischen Anteil R_{jk} und ihren antimetrischen Anteil B_{jk} zerlegt, so erhält man nach vollständiger Überschiebung

$$C_{jk}D^{jk} = R_{jk}S^{jk} + B_{jk}A^{jk} . \tag{4.2/58}$$

Nunmehr formulieren wir den

Satz 4.2/6: Jede reguläre Dyade $D_j{}^k$ erlaubt eine eindeutige „polare" Zerlegung der Gestalt

$$D_j{}^k = U_{jl}S^{lk} = S^{kl}V_{1j} . \tag{4.2/59}$$

worin $U_{jl} = V_{1j}$ unitäre und $S^{lk} = S^{kl}$ eine positive symmetrische Dyade bedeuten.

Beweis: Die zweite Beziehung (4.2/59) folgt aus der ersten durch Indexvertauschung und wird nicht weiter betrachtet. Den Beweis der ersten Beziehung beginnen wir mit dem Nachweis der Eindeutigkeit und ermitteln dabei auch Bestimmungsgleichungen für S^{lk} und U_{jl}.

Falls nämlich die erste Beziehung (4.2/59) besteht, so kann man sie auch in der Form

$$D^j{}_{\cdot i} = U^{jp}S_{pi}$$

schreiben und erhält nach Überschiebung mit (4.2/59) wegen (4.2/42)

$$D^j{}_{\cdot i}D_j{}^k = S_{pi}S^{pk}. \tag{4.2/60}$$

Hierin ist die Dyade

$$T_i{}^k = D^j{}_{\cdot i}D_j{}^k = T^k{}_{\cdot i} \tag{4.2/61}$$

allein wegen $T^k{}_{\cdot i} = D_j{}^k D^j{}_{\cdot i}$, also ohne Kenntnis der Symmetrie von S symmetrisch. Außerdem gilt für beliebige Vektorkoordinaten r_j eines Vektors $\mathbf{r} = r_j\mathbf{g}^j \neq \mathbf{0}$ wegen der vorausgesetzten Regularität von $D^j{}_{\cdot i}$ auch $\mathbf{s} = s_i\mathbf{g}^i \neq \mathbf{0}$, wobei $s_i = D^j{}_{\cdot i}r_j$ gesetzt wurde. Es folgt über (2.4/10)

$$T_i{}^k r^i r_k = D^j{}_{\cdot i}r^i D_j{}^k r_k = s^j s_j = |\mathbf{s}|^2 > 0 ;$$

$T_j{}^k$ ist demnach aufgrund der Definition (4.2/51) sogar positiv definit.

Wenn man jetzt S_{pi} als symmetrische Dyade aus (4.2/60) bestimmen will, so besitzt sie die gleichen Hauptachsen wie $T_j{}^k$, und es gilt für die zugehörigen Hauptwerte wegen (4.2/53), das heißt $_jT > 0$:

$$_jT = (_jS)^2 > 0 \,.$$

Das Ziehen der positiven Wurzel

$$_jS = \sqrt{\{_jT\}} > 0$$

ist in der Tat möglich, so daß man gemäß (4.2/27) S_{ij} eindeutig als die positive symmetrische Dyade

$$S_{ij} = \sqrt{}_{ij}\{\mathbf{T}\} \tag{4.2/62}$$

(mit $\sqrt{}$ als Funktionssymbol) erhält. Sie ist wegen Satz 4.2/3 regulär und besitzt die inverse Dyade $\overset{-1}{S}{}^{jk}$. Mit ihr liefert der Ansatz (4.2/59) wiederum eindeutig

$$U_{jl} = D_j{}^k \, \overset{-1}{S}{}_{lk} \,. \tag{4.2/63}$$

Soweit die Eindeutigkeit. Die Existenz erkennt man wie folgt.

Man bildet aus der gegebenen Dyade $\mathbf{D}$ die, wie wir sahen, positive symmetrische Dyade $\mathbf{T}$ über (4.2/61) und daraus die ebenfalls positive symmetrische Dyade $\mathbf{S}$ gemäß (4.2/62). Alsdann definiert man $\mathbf{U}$ anhand von (4.2/63) und bildet $U_{jl}U^{ji} = D_j{}^k \, \overset{-1}{S}{}_{lk} D^j{}_{.p} \, \overset{-1}{S}{}^{ip}$. Man erhält wegen (4.2/60) mit (4.2/47) und der Substitutionsregel (4.2/4)

$$U_{jl}U^{ji} = \overset{-1}{S}{}_{lk} \, \overset{-1}{S}{}^{ip} S^{qk} S_{qp} = g_i{}^q g^i_{.q} = g_i{}^{.i} \,,$$

so daß sich U_{jl} wegen (4.2/42) in der Tat als unitär erweist. Daraufhin liefert die Überschiebung von Gleichung (4.2/63) mit S^{lp} die Regel (4.2/59), und Satz 4.2/6 ist bewiesen.

Der nachfolgend letzte Zerlegungssatz dieses Kapitels macht von den Begriffen der „Kugeldyade" (auch „isotrope Dyade") und „Deviator" Gebrauch. Bei der Kugeldyade stellt die Dyadenquadrik (Abschn. 4.2.1.1) eine Kugel dar, die keine bestimmte Raumrichtung (etwa als Hauptachse) bevorzugt („Isotropie"), während sich das aus dem Lateinischen stammende Wort „Deviator" auf eine Abweichung bezieht, nämlich auf die Abweichung oder Differenz der gegebenen Dyade von einer Kugeldyade.

Satz 4.2/7: Jede Dyade $D_j{}^k$ läßt sich im n-dimensionalen Raum eindeutig additiv in einen Deviator $D'_j{}^k$ sowie in eine Kugeldyade $\bar{D}g_j{}^k$ gemäß

$$D_j{}^k = D'_j{}^k + \bar{D}g_j{}^k \tag{4.2/64}$$

zerlegen, wobei sich die Skalarinvariante $\bar{D}$ als Spurmittelwert[4.3]

$$\bar{D} = \tfrac{1}{n}D_j{}^j = \tfrac{1}{n}tr\{\mathbf{D}\} \tag{4.2/65}$$

[4.3] „tr" von englisch „trace" = Spur

ergibt, während der Deviator durch die Bedingung

$$\bar{D}' = \tfrac{1}{n}D'^{;j}_{\ j} = 0 \tag{4.2/66}$$

charakterisiert wird.

Beweis: Aus der Forderung (4.2/66) und dem Ansatz (4.2/64) folgt wegen (2.4/2) mit (1/2) nach einer Verjüngung eindeutig die Relation (4.2/65) und umgekehrt: (4.2/65) in (4.2/64) eingesetzt führt zu (4.2/66). Den Deviator selbst findet man seinerseits aus (4.2/64) eindeutig in der Form

$$D'^{;k}_{\ j} = D^{;k}_{\ j} - \bar{D}g^{;k}_{\ j} \tag{4.2/67}$$

Ende des Beweises.

Zerlegt man nun eine weitere Dyade $C^{;k}_{\ j}$ entsprechend (4.2/64) zu

$$C^{;k}_{\ j} = C'^{;k}_{\ j} + \bar{C}g^{;k}_{\ j}\,,$$

so erhält man wegen

$$D'^{;k}_{\ j}g^{\ j}_{k} = D'^{;j}_{\ j} = 0\,, \quad C'^{;k}_{\ j}g^{\ j}_{k} = C'^{;j}_{\ j} = 0$$

(vgl. (4.2/66)) bei vollständiger Überschiebung wegen (2.4/2)

$$C^{;k}_{\ j}D^{\ j}_{k} = C'^{;k}_{\ j}D'^{\ j}_{k} + n\bar{C}\bar{D}\,. \tag{4.2/68}$$

Wenn man ferner von der Zerlegung (4.2/55) der Dyade D_{jk} in einen symmetrischen Anteil S_{jk} und einen antimetrischen Anteil A_{jk} ausgeht, so erkennt man anhand von (4.2/34)

$$\bar{A} = \tfrac{1}{n}A^{;k}_{\ k} = 0\,, \quad \bar{D} = \bar{S}\,. \tag{4.2/69}$$

In Verbindung mit Satz 4.2/6 folgt wiederum eindeutig

$$D^{;k}_{\ j} = S'^{;k}_{\ j} + \bar{S}g^{;k}_{\ j} + A^{;k}_{\ j}\,,$$
$$\bar{S} = \tfrac{1}{n}S^{;j}_{\ j} = \tfrac{1}{n}D^{;j}_{\ j}\,, \quad \bar{S}' = \tfrac{1}{n}S'^{;j}_{\ j} = 0\,. \tag{4.2/70}$$

Nach der entsprechenden Zerlegung von $C^{;k}_{\ j}$ in einen symmetrischen Deviator $R'^{;k}_{\ j}$, einen Kugeltensor $\bar{R}\,g^{;k}_{\ j}$ und einen antimetrischen Anteil $B^{;k}_{\ j}$ erhält man gemäß (4.2/58) und (4.2/68) schließlich

$$C^{;k}_{\ j}D^{\ j}_{k} = R'^{;k}_{\ j}S'^{\ j}_{k} + n\bar{R}\bar{S} + B^{;k}_{\ j}A^{\ j}_{k}\,,$$
$$\bar{R} = \bar{C}\,, \quad \bar{S} = \bar{D}\,. \tag{4.2/71}$$

4.3 Anwendungen auf die Kontinuumsmechanik

4.3.1 Spannungen, Dreh- und Formänderungsgeschwindigkeiten

Den Cauchyschen Spannungstensor T^{kj} in den Punkten der aktuellen Konfiguration eines Körpers (Abschnitt 4.1.4.4) zerlegen wir gemäß (4.2/55) und (4.2/56) eindeutig in einen symmetrischen Anteil

$$\sigma^{jk} = \sigma^{kj} = \tfrac{1}{2}(T^{jk} + T^{kj}) \tag{4.3/1}$$

sowie einen antimetrischen Anteil

$$\tau^{jk} = -\tau^{kj} = \tfrac{1}{2}(T^{jk} - T^{kj}), \tag{4.3/2}$$

so daß

$$T^{jk} = \sigma^{jk} + \tau^{jk} \tag{4.3/3}$$

gilt. Im dreidimensionalen Raum ist es gelegentlich zweckmäßig, den antimetrischen Anteil über (4.2/36) und (4.2/37), jedoch mit umgekehrtem Vorzeichen auf den axialen „Schubspannungsvektor" τ_j abzubilden:

$$\tau_j = \tfrac{1}{2}\varepsilon_{jpq}\tau^{pq}, \quad \tau^{pq} = \varepsilon^{jpq}\tau_j. \tag{4.3/4}$$

Wegen (2.5/3) und (2.5/5) folgt mit $\underset{*}{V}$ als kovariantem Basisvolumen

$$\tau_1 = \underset{*}{V}\tau^{23} = -\underset{*}{V}\tau^{32},$$
$$\tau_2 = \underset{*}{V}\tau^{31} = -\underset{*}{V}\tau^{13}, \tag{4.3/5}$$
$$\tau_3 = \underset{*}{V}\tau^{12} = -\underset{*}{V}\tau^{21}$$

(Bild 4.8). Man beachte, daß die Koordinatenpfeile von τ_j im Gegensatz zu σ^{kl} das Volumenelement, also den zugehörigen kontravarianten Basisvektor $\mathbf{g}^j$ (senkrecht zur Bildebene) ähnlich einer Rotation einsinnig „umfließen".

Die zu (4.3/3) analoge Zerlegung des Geschwindigkeitsgradienten $v_{kj} = v_{k,j}$ (vgl. (4.1/11) in einen symmetrischen und einen antimetrischen Anteil ergibt

$$v_{kj} = \lambda_{kj} + \bar{\omega}_{kj}. \tag{4.3/6}$$

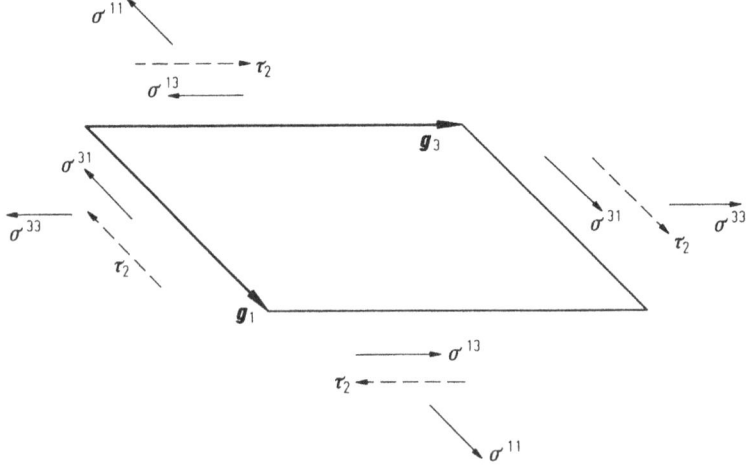

Bild 4.8. Spannungen am durch die Basisvektoren $\mathbf{g}_1, \mathbf{g}_2, \mathbf{g}_3$ aufgespannten Parallelepiped (vgl. Bild 4.5); Schnitt parallel zur $\mathbf{g}_1, \mathbf{g}_3$-Ebene. τ_2 Koordinate des Schubspannungsvektors; σ^{jk} symmetrischer Spannungsanteil

Der antimetrische Anteil

$$\bar{\omega}_{kj} = -\bar{\omega}_{jk} = \tfrac{1}{2}(v_{kj} - v_{jk}) \tag{4.3/7}$$

ordnet vermittels der Abbildung

$$dv_k = -\bar{\omega}_{jk}\, dr^j = \bar{\omega}_{kj}\, dr^j \tag{4.3/8}$$

der durch infinitesimale Ortsvektoren $d\mathbf{r}$ (Bild 4.2) beschriebenen Umgebung jedes Punktes P ein Geschwindigkeitsfeld $d\mathbf{v}$ zu, das einer lokalen Starrkörperdrehung (4.2/40) um P mit dem nach (4.2/36) gebildeten Rotationstensor entspricht, den wir hier ebenfalls nur für den 3-dimensionalen Raum hinschreiben:

$$\left.\begin{aligned}
\omega^k &= -\tfrac{1}{2}\varepsilon^{kpq}\,\bar{\omega}_{pq} \quad \text{oder} \quad \boldsymbol{\omega} = \tfrac{1}{2}\,\mathbf{rot}\ \{\mathbf{v}\};\\
\bar{\omega}_{pq} &= -\varepsilon_{jpq}\,\omega^j\,.
\end{aligned}\right\} \tag{4.3/9}$$

Es handelt sich bei $\boldsymbol{\omega}$ um den in Bild 3.2 veranschaulichten Dreh- oder Winkelgeschwindigkeitsvektor, und man hat analog (4.3/5), jedoch mit umgekehrtem Vorzeichen

$$\begin{aligned}
\omega^1 &= -\overset{*}{V}\,\bar{\omega}_{23} = \overset{*}{V}\,\bar{\omega}_{32}\,,\\
\omega^2 &= -\overset{*}{V}\,\bar{\omega}_{31} = \overset{*}{V}\,\bar{\omega}_{13}\,,\\
\omega^3 &= -\overset{*}{V}\,\bar{\omega}_{12} = \overset{*}{V}\,\bar{\omega}_{21}\,.
\end{aligned} \tag{4.3/10}$$

$\overset{*}{V}$ bezeichnet das kontravariante Basisvolumen.

Vom symmetrischen Anteil der Zerlegung (4.3/6), den sogenannten Formänderungs-, Deformations- oder Verzerrungsgeschwindigkeiten

$$\lambda_{jk} = \lambda_{kj} = \tfrac{1}{2}(v_{jk} + v_{kj}) \tag{4.3/11}$$

erwarten wir aufgrund ihres Namens, daß sie bei einer Starrkörperbewegung verschwinden, daß aber wenigstens eine Koordinate von 0 verschieden ist, falls sich der Körper verformt.

Um dies einzusehen, wählen wir wie in Bild 3.4 die infinitesimalen Ortsvektoren

$$d\overset{1}{\mathbf{r}} = d\xi^1\,\mathbf{g}_1\,, \quad d\overset{2}{\mathbf{r}} = d\xi^2\,\mathbf{g}_2$$

und lassen sie im Materialfluß mitschwimmen. Dann ändern sie ihre Größe und Richtung wegen (4.1/10), (4.1/11) und (4.1/12) gemäß

$$(d\overset{1}{\mathbf{r}})^{\boldsymbol{\cdot}} = \mathbf{v}_{,1}\, d\xi^1 = v_{p1}\,\mathbf{g}^p\, d\xi^1\,,$$

$$(d\overset{2}{\mathbf{r}})^{\boldsymbol{\cdot}} = \mathbf{v}_{,2}\, d\xi^2 = v_{q2}\,\mathbf{g}^q\, d\xi^2\,.$$

Nach (2.4/10) berechnet sich das Skalarprodukt als Produktsumme von Vektorkoordinaten. Daher gilt bei der Differentiation die übliche Produktregel, das heißt wegen (4.3/11) und (2.2/2)

$$(d\overset{1}{\mathbf{r}}, d\overset{2}{\mathbf{r}})^{\boldsymbol{\cdot}} = ((d\overset{1}{\mathbf{r}})^{\boldsymbol{\cdot}}, d\overset{2}{\mathbf{r}}) + (d\overset{1}{\mathbf{r}}, (d\overset{2}{\mathbf{r}})^{\boldsymbol{\cdot}}) = 2\,\lambda_{12}\, d\xi^1\, d\xi^2$$

oder allgemeiner gemäß (2.4/2)

$$\lambda_{jk} = \frac{1}{2 d\xi^{\langle j\rangle} d\xi^{\langle k\rangle}} (d\,\overset{\langle j\rangle}{\mathbf{r}}, d\,\overset{\langle k\rangle}{\mathbf{r}})^{\cdot} = \tfrac{1}{2}(\mathbf{g}_j, \mathbf{g}_k)^{\cdot} = \tfrac{1}{2}(g_{jk})^{\cdot}; \tag{4.3/12}$$

$$d\,\overset{\langle j\rangle}{\mathbf{r}} = d\xi^{\langle j\rangle}\,\mathbf{g}_{\langle j\rangle}, \qquad\qquad d\,\overset{\langle k\rangle}{\mathbf{r}} = d\xi^{\langle k\rangle}\,\mathbf{g}_{\langle k\rangle}.$$

Nach (2.1/13) hat man mit $\psi_{jk} \neq 0$ als zwischen $\mathbf{g}_j$ und $\mathbf{g}_k$ eingeschlossenem Winkel ferner

$$(d\,\overset{\langle j\rangle}{\mathbf{r}}, d\,\overset{\langle k\rangle}{\mathbf{r}}) = |d\,\overset{\langle j\rangle}{\mathbf{r}}|\,|d\,\overset{\langle k\rangle}{\mathbf{r}}|\cos\{\psi_{jk}\},$$

das heißt

$$\begin{aligned}(d\,\overset{\langle j\rangle}{\mathbf{r}}, d\,\overset{\langle k\rangle}{\mathbf{r}})^{\cdot} = {}&(|d\,\overset{\langle j\rangle}{\mathbf{r}}|^{\cdot}|d\,\overset{\langle k\rangle}{\mathbf{r}}| + |d\,\overset{\langle j\rangle}{\mathbf{r}}|\,|d\,\overset{\langle k\rangle}{\mathbf{r}}|^{\cdot})\cos\{\psi_{jk}\}\\ &- |d\,\overset{\langle j\rangle}{\mathbf{r}}|\,|d\,\overset{\langle k\rangle}{\mathbf{r}}|(\psi_{\langle j\rangle\langle k\rangle})^{\cdot}\sin\{\psi_{jk}\}\end{aligned} \tag{4.3/13}$$

oder speziell für $j = k$, $\psi_{jk} = 0$ beziehungsweise direkt nach (2.1/11):

$$(d\,\overset{\langle j\rangle}{\mathbf{r}}, d\,\overset{\langle j\rangle}{\mathbf{r}})^{\cdot} = 2|d\,\overset{\langle j\rangle}{\mathbf{r}}|^{\cdot}|d\,\overset{\langle j\rangle}{\mathbf{r}}|. \tag{4.3/14}$$

Im Falle einer Starrkörperbewegung bleiben alle Längen, also auch infinitesimale Längen, und alle Winkel erhalten. (4.3/13) liefert dann wegen (4.3/12) in der Tat $\lambda_{jk} = 0$. Umgekehrt: Bei der Verformung eines nicht starren Körpers ändern sich insbesondere auch gewisse Punktabstände l, so daß $l^{\cdot} \neq 0$ gilt. Wählt man den Basisvektor $\mathbf{g}_1$ in Richtung der Verbindungsgeraden der betreffenden Punkte, so kann man l als Integral – also als Grenzfall der Summe – der Längen $|d\overset{1}{\mathbf{r}}| \neq 0$ längs der Geraden ausdrücken. $l^{\cdot} \neq 0$ bedingt $|d\overset{1}{\mathbf{r}}|^{\cdot} \neq 0$ an wenigstens einer Stelle der Geraden, wegen (4.3/14) und (4.3/12) also $\lambda_{11} \neq 0$. Dies war zu zeigen.

Wenn in einem Punkt P die Bedingung $\lambda_{jk} = 0$ gilt, so sprechen wir von einem lokalen Starrkörperverhalten, und wir können das soeben gewonnene Resultat auch wie folgt ausdrücken:

Satz 4.3/1: Ein Körper verhält sich als ganzes (global) wie ein Starrkörper dann und nur dann, wenn er in allen Punkten ein lokales Starrkörperverhalten aufweist ($\lambda_{jk} = 0$).

Für kartesische Koordinaten

$$\left.\begin{aligned}&|\mathbf{g}_\alpha| = 1,\\ &\psi_{\alpha\alpha} = 0, \quad \psi_{\alpha\beta} = \frac{\pi}{2}\quad\text{für}\quad \alpha \neq \beta\end{aligned}\right\} \tag{4.3/15}$$

folgt aus (4.3/12), (4.3/13) und (4.3/14) mit (2.1/11) speziell für $d\xi^\alpha > 0$

$$\lambda_{\alpha\alpha} = |d\,\overset{\langle\alpha\rangle}{\mathbf{r}}|^{\cdot}/|d\,\overset{\langle\alpha\rangle}{\mathbf{r}}| \tag{4.3/16a}$$

als Längenänderungsgeschwindigkeit pro Länge in Richtung von $\mathbf{g}_\alpha$ sowie

$$\lambda_{\alpha\beta} = -(\psi_{\alpha\beta})^{\cdot}/2 \quad\text{für}\quad \alpha \neq \beta \tag{4.3/16b}$$

als halbe Verkleinerungsgeschwindigkeit des ursprünglich rechten Winkels zwischen der g_α- und der g_β-Richtung; (4.3/16a) bleibt sogar in beliebigen affinen Koordinaten richtig.

Die Beziehungen (4.3/16a, b) sind in Bild 4.9 veranschaulicht.

Im übrigen garantieren die Gleichungen (4.3/7) mit (4.3/10) sowie (4.3/11), daß sich die Felder der lokalen Winkelgeschwindigkeiten ω_j und der Formänderungsgeschwindigkeiten λ_{jk} auf ein Feld von Punktgeschwindigkeiten v_j zurückführen lassen oder mit diesem „verträglich" sind. Daher nennt man (4.3/7) mit (4.3/10), insbesondere aber (4.3/11) auch die Verträglichkeits- oder Kompatibilitätsbedingungen.

Nun kann man über (4.3/3) und (4.3/6) hinausgehend die Cauchyschen Spannungen und die Formänderungsgeschwindigkeiten gemäß Satz 4.2/7 auch noch in einen isotropen Anteil und einen deviatorischen Anteil zerlegen:

$$\sigma^{jk} = \sigma'^{jk} - pg^{jk}$$

$$\lambda_{jk} = \lambda'_{jk} + \frac{1}{n}\lambda_v g_{ik} \qquad\qquad (4.3/17)$$

worin

$$\lambda_v = \lambda^{\cdot j}_j = g^{jk}\lambda_{jk} \qquad\qquad (4.3/18)$$

gemäß (4.3/11) mit (4.1/13) die Volumenänderungsgeschwindigkeit und

$$p = -\frac{1}{n}\sigma^{\cdot j}_j = -\frac{1}{n}g_{jk}\,\sigma^{jk} \qquad\qquad (4.3/19)$$

den sogenannten hydrostatischen oder mittleren Druck darstellt: Er wäre die einzig auftretende Druckspannung in einer reibungsfreien Flüssigkeit, die durch $\sigma_{jk} = -pg_{jk}$ definiert ist (Abschn. 8.2.4). Die Gesamtzerlegungen

$$T^{jk} = \sigma'^{jk} + \tau^{jk} - pg^{jk}$$

$$v_{jk} = \lambda'_{jk} + \bar\omega_{jk} + \frac{1}{n}\lambda_v g_{jk} \qquad\qquad (4.3/20)$$

sind wie in (4.2/70) ebenfalls eindeutig.

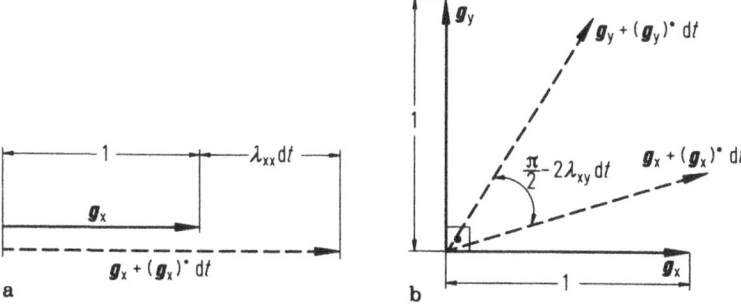

Bild 4.9. Formänderungsgeschwindigkeiten λ_{xx} und λ_{xy} bei Verformung einer anfangs kartesischen Basis g_x, g_y im Zeitintervall dt

4.3.2 Formänderungsleistung, Formänderungsarbeit, Gleichgewicht

Der Spannungsvektor **T** erzeugt am Flächenelement dS der Oberfläche S eines Körpers (Bild 4.10) nach (4.1/39) die Kraft $\mathbf{T}|dS|$, also gegen das Geschwindigkeitsfeld **v** der Oberflächenpunkte wegen (2.1/16) die aufsummierte Leistung

$$_T\dot{W} = \int\limits^S (\mathbf{T}|dS|, \mathbf{v}) = \int\limits^S (\mathbf{T}, \mathbf{v})|dS| \, . \tag{4.3/21a}$$

Hierbei wird **T** in der Regel als Schnittspannung von einem anderen, nicht gezeichneten Körper her übertragen: durch Einspannung in ein Werkzeug, durch Winddruck, Reibkontakt oder ähnlich.

Entsprechend erzeugt die Volumenkraftdichte **f**, also zum Beispiel das spezifische Gewicht γ als Vecktor $\gamma\mathbf{e}$ (**e**: Einsvektor in Fallrichtung), die Fliehkraft (Abschnitt 2.1, Bild 2.1b) oder die magnetische Kraft (3.3/11a) eines Magnetfeldes auf einen stromdurchflossenen Leiter (Bild 3.3a) die Leistung

$$_f\dot{W} = \int\limits^V (\mathbf{f}, \mathbf{v})|dV| \, , \tag{4.3/21b}$$

wo V das Volumen und dV das Volumenelement des Körpers bedeuten.

In analoger Weise rufen Volumenmomentdichten **c** im $(n = 3)$ – dimensionalen Raum wie etwa das magnetische Richtmoment (3.3/11b) (Bild 3.3b) den Leistungsanteil

$$_c\dot{W} = \int\limits^V (\mathbf{c}, \boldsymbol{\omega})|dV| \tag{4.3/21c}$$

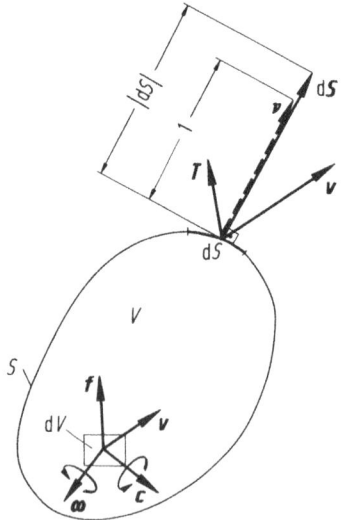

Bild 4.10. Zur Berechnung der Formänderungsleistung am deformierbaren Körper; S Oberfläche; Auswärts-Einsnormale **v**. V Volumen. **f** Volumenkraftdichte. **c** Volumenmoment-Dichte. **T** Oberflächenspannung. **v** Punktgeschwindigkeit. $\boldsymbol{\omega}$ Winkelgeschwindigkeit

hervor, und zwar mit ω als lokaler Winkelgeschwindigkeit, die man im klassischen Kontinuum eindeutig über die Rotation des Geschwindigkeitsfeldes gemäß (4.3/9), (4.3/10) bildet. Dies stellt freilich eine Hypothese dar. Tatsächlich greifen Momente nicht an Punkten, sondern an ausgedehnten Körperbereichen an, wie sie beispielsweise durch die Körner in sandartigen Medien oder durch die kristalline Kornstruktur der Metalle vorgegeben sind. Experimente an plastisch tordierten Aluminiumstäben und Rohren zeigen nun, daß die gemittelte Korndrehung bei Vollproben in grober Näherung, bei dünnwandigen Hohlproben aber nur schlecht mit der Drehung ω aufgrund des Geschwindigkeitsfeldes übereinstimmt [38]. Auch bei granularem Material besteht eine allerdings geringe Abweichung [39]. Wenn man einen verbesserten Ansatz sucht, so muß man ein von ω unabhängiges Winkelgeschwindigkeitsfeld der Körner zulassen und kommt so zum Cosserat-Kontinuum (E. Cosserat, 1866–1931 und F. Cosserat, 1852–1914), auf das wir hier jedoch nicht weiter eingehen. In den meisten Anwendungen der Mechanik darf die Volumenmomentdichte c ohnehin vernachlässigt werden.

(4.3/21a,b,c) ergibt wegen (2.4/10) die „äußere" Gesamtleistung

$$\dot{W} = \overset{S}{\int} T^j v_j |dS| + \overset{V}{\int} [f^j v_j + c_j \omega^j]|dV| \qquad (4.3/22)$$

Das erste Integral läßt sich über (4.1/39), (4.1/45) mit $d\mathbf{S} = \mathbf{v}|dS|$ als Flächenvektor des Oberflächenelements dS (Bild 4.10) und dem Gauss–Greenschen Integralsatz (4.1/19) wie folgt in ein Volumenintegral verwandeln:

$$_T\dot{W} = \overset{S}{\int}(dF^j v_j) = \overset{S}{\int} T^{kj} v_j \, dS_k$$

$$= \overset{V}{\int}(T^{kj} v_j)_{,k}|dV| = \overset{V}{\int}(T^{kj}_{\cdot\cdot,k} v_j + T^{kj} v_{jk})|dV| , \qquad (4.3/23)$$

worin der Cauchysche Spannungstensor T^{kj} ebenso wie das Geschwindigkeitsfeld v_j als stetig sowie als stetig nach den Punktkoordinaten ξ^k differenzierbar vorausgesetzt und die Abkürzung $v_{j,k} = v_{jk}$ für den Geschwindigkeitsgradienten eingeführt wurde. Einzellasten (Kräfte, Momente) sind daher zwar ausgeschlossen, doch kann man sie durch lokal sehr große Werte von $\mathbf{T}$ oder $\mathbf{c}$ simulieren (was ohnehin der Realität nahekommt).

(4.3/22) mit (4.3/23) anstelle des ersten Integrals ergibt schließlich wegen (4.3/6), (4.3/3), (4.2/58), (4.3/4) und (4.3/9)

$$\dot{W} = \overset{V}{\int}([T^{kj}_{\cdot\cdot,k} + f^j]v_j + [2\tau_j + c_j]\omega^j + \sigma^{jk}\lambda_{jk})|dV| \qquad (4.3/24)$$

Wenn man v_j als beliebige, auf das Zeitinkrement dt bezogene virtuelle Verrückungen und ω^j als entsprechende virtuelle Drehungen interpretiert, so besagt das bekannte Prinzip der virtuellen Arbeiten, daß bei einer Starrkörperbewegung $\lambda_{jk} \equiv 0$ die Leistung $\dot{W}$ verschwindet. Dies ist bei stetigen Intergranden, also stetigen Verteilungen der Dichten f^j, c_j in (4.3/24) sowie für beliebig aus einem Körper herausgeschnitten gedachte Teilvolumina V dann und nur dann möglich, wenn die eckigen Klammern im Intergranden verschwinden:

$$T^{kj}_{\cdot\cdot,k} + f^j = 0$$
$$2\tau_j + c_j = 0 \tag{4.3/25}$$

Das Prinzip der virtuellen Arbeiten ist in der Statik den Gleichgewichtsbedingungen äquivalent: Die Summe aller Kräfte und die Summe alle Momente müssen verschwinden. Daher nennt man auch (4.3/25) die Gleichgewichtsbedingungen des Kontinuums und kann sie entsprechend veranschaulichen [13]. Läßt man bei den Volumenkräften die Trägheitskräfte (zum Beispiel Fliehkräfte) und auch bei den Volumenmomenten die eventuellen trägheitsbedingten Anteile zu, so entspricht (4.3/25) den Bewegungsgleichungen für Translation und Drehung der Volumenelemente.

Bei Vernachlässigung der Volumenmomente lauten die Gleichgewichtsbedingungen (4.3/25) wegen (4.3/5) und (4.3/3)

$$\sigma^{kj}_{\cdot\cdot,k} + f^j = 0, \quad T^{kj} \equiv \sigma^{kj} \quad \text{für} \quad c_j \equiv 0; \tag{4.3/26}$$

die Cauchyschen Spannungen sind dann symmetrisch. Dies wird bei den meisten Anwendungen vorausgesetzt.

Die äußere Leistung (4.3/24) reduziert sich aufgrund der Gleichgewichtsbedingungen (4.3/25) unter Beachtung von (4.3/3), (4.2/57) auf

$$\left.\begin{aligned} \dot{W} &= \overset{v}{\int} \Lambda |dV| \\ \text{mit} \\ \Lambda &= \sigma^{jk}\lambda_{jk} = \sigma'^{jk}\lambda'_{jk} - p\,\lambda_{\mathrm{v}}, \end{aligned}\right\} \tag{4.3/27}$$

worin Λ als Formänderungs-Leistungsdichte bezeichnet wird und die Zerlegung (4.3/17) in deviatorische beziehungsweise isotrope Anteile unter Beachtung von (4.2/68) substituiert wurde. $\dot{W}$ in der Form (4.3/27) heißt auch die innere oder Formänderungs-Leistung. Sie hängt in der klassischen Kontinuumsmechanik stets nur von den symmetrischen Spannungen ab. Die Zeitintegration von t bis $t = \underset{0}{t} + \Delta t$ ergibt einen Zuwachs der Formänderungsarbeit W gemäß

$$\Delta W = \int\limits_{\underset{0}{t}}^{t} \dot{W}\, dt \tag{4.3/28}$$

Gelegentlich stellt man analog (4.3/27) auch die Arbeit W mittels einer Arbeitsdichte Φ in der Gestalt

$$W = \overset{v}{\int} \Phi |dV|$$

dar. Wenn man dieses Integral als Summe aller Ausdrücke $\Phi|dV|$ auffaßt, so erkennt man im Vergleich mit (4.3/27), daß

$$\Lambda = d\,\Phi/dt$$

für $|dV| = const$, also für inkompressibles Material gilt, bei kompressiblen Materialien jedoch in der Regel nicht.

So wie in Abschnitt 4.1.4.4 kann man neben den symmetrischen tensoriellen Spannungen σ^{jk} auch technische Spannungen $^{jk}\sigma$ einführen, und zwar als Kräfte pro Flächeneinheit. Zu ihnen findet man durch Verallgemeinerung von (4.3/27), das heißt über den Ansatz

$$\Lambda = {}^{jk}\sigma \,_{jk}\lambda = {}_{jk}\sigma \,^{jk}\lambda = {}^{jk}T \,_{jk}\lambda = {}_{jk}T \,^{jk}\lambda \tag{4.3/29}$$

die „technischen Formänderungsgeschwindigkeiten" $_{jk}\lambda$, und zwar wegen (4.1/48a,b) in der Form

$$_{jk}\lambda = \lambda_{jk}|\sqrt{g^{\langle j \rangle \langle j \rangle}/g_{\langle k \rangle \langle k \rangle}}|, \quad ^{jk}\lambda = \lambda^{jk}|\sqrt{g_{\langle j \rangle \langle j \rangle}/g^{\langle k \rangle \langle k \rangle}}|. \tag{4.3/30}$$

Sie sind freilich ebenso wie die technischen Spannungen $^{jk}\sigma$ nur in orthogonalen Koordinatennetzen symmetrisch, obschon σ_{jk} und λ_{jk} stets symmetrische Tensoren darstellen.

Sofern die Voraussetzungen stetiger und stetig differenzierbarer Spannungs- oder Verschiebungsfelder verletzt sind, muß man Zusatzbetrachtungen anstellen. Im übrigen lassen sich die vorstehenden Überlegungen sofort auf den n-dimensionalen Raum übertragen, wenn man die τ^j und c_j durch entsprechende $(n-2)$-stufige Tensoren ersetzt. Bei Vernachlässigung der Volumenmomente ergeben sich überhaupt keine Änderungen.

4.3.3 Formänderungen

Wir studieren anhand von Bild 4.2 erneut die lineare Abbildung (4.1/23) der von einem Punkt $\overset{0}{P}$ in der Bezugskonfiguration ausgehenden infinitesimalen Ortsvektoren $d\overset{0}{\mathbf{r}}$ auf die vom materiell gleichen Punkt P der aktuellen Konfiguration ausgehenden Ortsvektoren $d\mathbf{r}$. Sie wird durch die Funktionaldyaden $\overset{0}{\partial_k} r^j$ bzw., in umgekehrter Richtung, $\partial_j \overset{0}{r^k}$ vermittelt. Dabei bleibt die durch die Längen und Winkel der infinitesimalen Ortsvektoren definierte lokale Metrik analog Abschnitt 4.2.3 genau dann erhalten, wenn $\overset{0}{\partial_k} r^j$ und dann auch die inverse Dyade $\partial_j \overset{0}{r^k}$ unitär sind. Dies ist unter der Voraussetzung (4.1/29), wenn die Bezugskonfiguration wirklich die Anfangskonfiguration darstellt, die Bedingung für ein lokales Starrkörperverhalten. Besteht es für jeden Punkt des Körpers, so liegt nach Satz 4.3/1 auch ein globales Starrkörperverhalten vor. Wir verweisen ferner auf die Überlegungen in Abschnitt 4.1.4.3, aufgrund derer die Verwendung der Funktionaldyade $\overset{0}{\partial_k} r^j$ einer Beschreibung vom Standpunkt des (in der Bezugskonfiguration) „ruhenden Beobachters" gleichkommt, während der (von der aktuellen Konfiguration) „mitbewegte Beobachter" die Funktionaldyade $\partial_j \overset{0}{r^k}$ benutzt.

Man kann die Funktionaldyaden, oder besser ihre horizontalen Isomeren, gemäß (4.2/59) eindeutig wie folgt aufspalten:

$$\overset{0}{\partial}_k r^j = \overset{0}{U}{}^{jl} \overset{0}{S}_{lk} = \overset{0}{S}_{kl} \overset{0}{V}{}^{lj},$$

$$\partial_j \overset{0}{r}{}^k = U^{kl} S_{lj} = S_{jl} V^{lk}, \tag{4.3/31}$$

worin $\overset{0}{U}{}^{jl} = \overset{0}{V}{}^{lj}$ bzw. $U^{kl} = V^{lk}$ unitäre Dyaden und $\overset{0}{S}_{lk}$ bzw. S_{lj} positive symmetrische Dyaden repräsentieren. Für eine wirkliche, von der Anfangskonfiguration als Bezugskonfiguration ausgehende Bewegung besitzen $\overset{0}{U}, \overset{0}{V}$ beziehungsweise U, V darüber hinaus wegen (4.1/29) und Satz 4.2/3 positive Determinanten. Dann bleibt nämlich neben der Metrik auch die Orientierung erhalten.

Wegen der Eindeutigkeit der Zerlegung (4.3/31) liegt eine lokale Starrkörperbewegung genau dann vor, wenn $\overset{0}{S}$ und S Einsdyaden darstellen. Die Differenzdyaden

$$\overset{0}{\varphi}_{lk} = \overset{0}{S}_{lk} - g_{lk}$$

$$\varphi_{lj} = g_{lj} - S_{lj} \tag{4.3/32}$$

wären dann Formänderungs-, Verformungs- oder Deformationstensoren in dem Sinne, daß

$$\overset{0}{\varphi}_{lk} = 0, \quad \varphi_{lj} = 0$$

notwendige und *hinreichende* Bedingungen für eine lokale Starrkörperbewegung sind und daß eine zusätzlich überlagerte Starrkörperrotation nur $\overset{0}{U}$ bzw. U beeinflußt, also nichts an den Formänderungsdyaden ändert.

Dennoch ist die Definition (4.3/32) in gewisser Weise willkürlich. Sie erzeugt nämlich nur *ein* mögliches Formänderungsmaß unter vielen, deren Verschwinden eine Starrkörperbewegung charakterisiert. Diese Eigenschaft besitzen, wie man gemäß (4.2/27) bei Betrachtung der Hauptwerte erkennt, unter anderem auch die Formänderungsdyaden

$$\overset{0}{\varphi}_{lk} = f_{lk}\{\overset{0}{S}_{pq}\} - f_{lk}\{g_{pq}\}, \left. \right\}$$

$$\varphi_{lj} = f_{lj}\{g_{pq}\} - f_{lj}\{S_{pq}\}, \left. \right\} \tag{4.3/33}$$

worin $f = f\{x\}$ eine beliebige, streng monoton wachsende oder fallende Funktion bedeutet. Wie zu Beginn dieses Abschnittes im Zusammenhang mit dem Verschiebungsgradienten erwähnt, bezieht sich $\overset{0}{\varphi}$ auf den ruhenden und φ auf den mitbewegten Beobachter.

Nach Hencky [17] sind die mit $f = \frac{1}{2}\ln\{(x)^2\} = \ln\{|x|\}$, nach Karni und Reiner [16] die mit $f = -\frac{1}{2}/(x)^2$ und nach Hill [15] die aufgrund eines Vorschlages von Seth mit $f = (x)^{2m}/2m$, $m = const$ gebildeten Formänderungen benannt. Sie enthalten die Henckyschen Formänderungen als Grenzfall $m = 0$ und die Karni-Reinerschen für $m = -1$.

Normalerweise wählt man jedoch den Sonderfall $m = 1$, das heißt $f = (x)^2/2$, und erhält dann die sogenannten Greenschen Formänderungen für den ruhen-

den sowie die Almansischen Formänderungen für den mitbewegten Beobachter.
Sie haben wegen (4.3/31), (4.2/60) die Gestalt

$$\left.\begin{array}{l} \overset{G}{\varphi}{}_j{}^{;k} = \tfrac{1}{2}(\overset{0}{S}_{pj}\,\overset{0}{S}{}^{pk} - g_j{}^{;k}) = \tfrac{1}{2}(\overset{0}{\partial}_j\, r^p\,\overset{0}{\partial}{}^k\, r_p - g_j{}^{;k})\,, \\[2mm] \overset{A}{\varphi}{}_j{}^{;k} = \tfrac{1}{2}(g_j{}^{;k} - S_{pj}\,S^{pk}) = \tfrac{1}{2}(g_j{}^{;k} - \partial_j\, \overset{0}{r}{}^p\, \partial^k\, \overset{0}{r}_p) \end{array}\right\} \tag{4.3/34}$$

(vgl. [18] mit weiteren Hinweisen auf die Originalliteratur). Elimination der
Funktionaldyaden über (4.1/31) liefert die wie (4.3/11) Verträglichkeits- und
Kompatibilitätsbedingungen genannten Beziehungen

$$\begin{array}{l} \overset{G}{\varphi}{}_j{}^{;k}\{\overset{0}{\xi}{}^i, t\} = \overset{0}{\varphi}{}_j{}^{;k} + \tfrac{1}{2}\,\overset{0}{u}{}^l_{\cdot j}\,\overset{0}{u}_l{}^{;k}\,, \\[2mm] \overset{A}{\varphi}{}_j{}^{;k}\{\xi^i, t\} = \bar{\varphi}{}_j{}^{;k} - \tfrac{1}{2}\,u^l_{\cdot j}\,u_l{}^{;k}\,, \end{array} \tag{4.3/35}$$

worin $\overset{0}{u}_j{}^{;k}\{\overset{0}{\xi}{}^i, t\}$ bzw. $u_j{}^{;k}\{\xi^i, t\}$ die auf die Punktkoordinaten $\overset{0}{\xi}{}^i$ von $\overset{0}{P}$ oder ξ^i
von P bezogenen Verschiebungsgradienten (4.1/31) und

$$\begin{array}{l} \overset{0}{\bar{\varphi}}{}_j{}^{;k}\{\overset{0}{\xi}{}^i, t\} = \tfrac{1}{2}(\overset{0}{u}_j{}^{;k} + \overset{0}{u}{}^{;k}_{\cdot j}) \\[2mm] \bar{\varphi}{}_j{}^{;k}\{\xi^i, t\} = \tfrac{1}{2}(u_j{}^{;k} + u^{;k}_{\cdot j}) \end{array} \tag{4.3/36}$$

deren symmetrische Anteile darstellen. Diese gehen auf Cauchy zurück (vgl.
[18]), sind analog den Formänderungsgeschwindigkeiten (4.3/11) aufgebaut und
werden daher oft selbst als Formänderungen bezeichnet, haben jedoch den
Nachteil, daß sie bei Starrkörperdrehungen nicht verschwinden (Übung 4.4.4).
Wir wollen sie die elementaren Formänderungen nennen.

Die unter Beachtung von (4.1/32) gebildete Differenz

$$\overset{0}{\bar{\varphi}}{}_j{}^{;k} - \bar{\varphi}{}_j{}^{;k} = \tfrac{1}{2}(\overset{0}{u}_j{}^{;l}\,u_l{}^{;k} + \overset{0}{u}{}^k_{\cdot l}\,u^{;l}_{\cdot j}) \tag{4.3/37}$$

ist quadratisch in den Verschiebungsgradienten. Beschränkt man sich auf eine
konsequent linearisierte, sogenannte „infinitesimale" Theorie mit insgesamt
kleinen Verformungen und Drehungen, so sind in deren Rahmen wegen (4.3/35)
alle Formänderungsmaße gleich:

$$\overset{G}{\varphi}{}_j{}^{;k} \approx \overset{0}{\bar{\varphi}}{}_j{}^{;k} \approx \bar{\varphi}{}_j{}^{;k} \approx \overset{A}{\varphi}{}_j{}^{;k}\,. \tag{4.3/38}$$

Darüber hinaus ergeben sich dann wegen (4.1/36), (4.3/11) die Formänderungsgeschwindigkeiten als partielle Ableitungen

$$\lambda_j{}^{;k} \approx \frac{\partial}{\partial t}\,\varphi_j{}^{;k}\,, \tag{4.3/39}$$

worin $\varphi_j{}^{;k}$ jede der vier Formänderungen bezeichnen darf. Auf den exakten
Zusammenhang zwischen den Formänderungsgeschwindigkeiten und den Formänderungen kommen wir in Kap. 8 zurück.

Als Beispiel betrachten wir in einer ebenen kartesischen Basis $\mathbf{g}_\alpha$; $\alpha, \beta \equiv x, y$;
die Formänderungen der einachsigen homogenen Dehnung ohne Querschnitts-

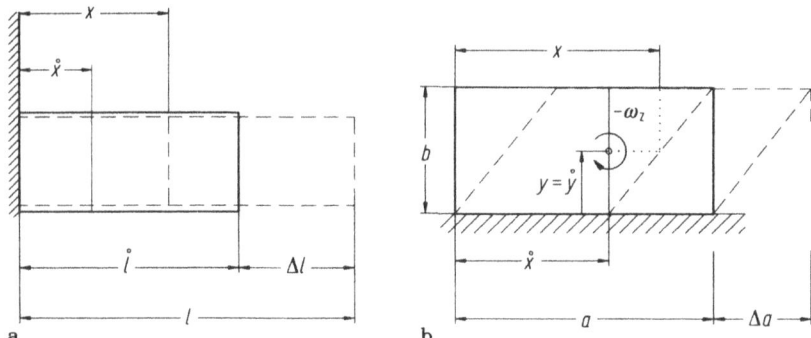

Bild 4.11a,b. Einfache homogene Formänderungen. Die Querschnitte bzw. Punkte mit den Anfangs-koordinaten $\overset{0}{x}$, $\overset{0}{y}$ verschieben sich nach x, y. **a** Dehnung eines Stabes der Anfangslänge $\overset{0}{l}$ auf die aktuelle Länge $l = \overset{0}{l} + \Delta l$ ohne Querschnittsänderung. **b** Horizontale ebene Scherung eines Rechtecks der Abmessungen a, b um den Betrag Δa. ω_z Winkelgeschwindigkeit

änderung sowie der ebenen homogenen Scherung von Bild 4.11 und führen für die Ortskoordinaten (3.3/12) die Abkürzungen $x = \xi^x$, $y = \xi^y$ in der aktuellen Konfiguration sowie $\overset{0}{x} = \overset{0}{\xi}{}^x$, $\overset{0}{y} = \overset{0}{\xi}{}^y$ in der Bezugskonfiguration ein, die als Anfangskonfiguration gewählt wird. Aufgrund der angenommenen Homo-genität setzen wir

$$x/\overset{0}{x} = l/\overset{0}{l}, \quad y = \overset{0}{y} \tag{4.3/40a}$$

für die Dehnung (Bild 4.11a) sowie

$$x = \overset{0}{x} + \overset{0}{y}(\Delta a/b), \quad y = \overset{0}{y} \tag{4.3/40b}$$

für die Scherung an (Bild 4.11b). In beiden Fällen gilt für die Vertikalverschie-bung

$$u_y = y - \overset{0}{y} = 0, \tag{4.3/41}$$

während die Horizontalverschiebung bei der Dehnung

$$u_x = x - \overset{0}{x} = \overset{0}{x}(l/\overset{0}{l} - 1) = x(1 - \overset{0}{l}/l), \tag{4.3/42a}$$

bei der Scherung

$$u_x = x - \overset{0}{x} = \overset{0}{y}(\Delta a/b) = y(\Delta a/b) \tag{4.3/42b}$$

beträgt. Es ergeben sich die Verschiebungsgradienten (4.1/31) bei der Dehnung zu

$$\overset{0}{\mathbf{u}} = \mathbf{M}\{\overset{0}{u}_{\alpha\beta}\} = \begin{bmatrix} l/\overset{0}{l} - 1 & 0 \\ 0 & 0 \end{bmatrix}, \tag{4.3/43a_1}$$

$$\mathbf{u} = \mathbf{M}\{u_{\alpha\beta}\} = \begin{bmatrix} 1 - \overset{0}{l}/l & 0 \\ 0 & 0 \end{bmatrix}, \tag{4.3/43a$_2$}$$

und bei der Scherung zu

$$\overset{0}{\mathbf{u}} = \mathbf{u} = \begin{bmatrix} 0 & \Delta a/b \\ 0 & 0 \end{bmatrix}. \tag{4.3/43b}$$

Alsdann errechnet man für den Dehnungsvorgang die elementaren, die Greenschen und die Almansischen Formänderungen über (4.3/35), (4.3/36) zu

$$\left. \begin{aligned} \overset{0}{\varphi}_{xx} &= l/\overset{0}{l} - 1, \ \bar{\varphi}_{xx} = 1 - \overset{0}{l}/l, \\ \overset{G}{\varphi}_{xx} &= \overset{0}{\varphi}_{xx} + \tfrac{1}{2}(l/\overset{0}{l} - 1)^2 = \tfrac{1}{2}[(l/\overset{0}{l})^2 - 1], \\ \overset{A}{\varphi}_{xx} &= \bar{\varphi}_{xx} - \tfrac{1}{2}(1 - \overset{0}{l}/l)^2 = -\tfrac{1}{2}[1 - (\overset{0}{l}/l)^2], \end{aligned} \right\} \tag{4.3/44a}$$

wobei alle anderen Koordinaten der Dyaden verschwinden. Entsprechend wären im Falle einer reinen Dehnung bzw. Stauchung in y-Richtung nur die Koordinaten $\overset{0}{\varphi}_{yy}$, $\overset{G}{\varphi}_{yy}$ und $\overset{A}{\varphi}_{yy}$ von Null verschieden.

Bei der Scherung hat man demgegenüber mit T als Transpositionssymbol

$$\left. \begin{aligned} \bar{\boldsymbol{\varphi}} \quad &= \mathbf{M}\{\overset{0}{\bar{\varphi}}_{\alpha\beta}\} = \mathbf{M}\{\bar{\varphi}_{\alpha\beta}\} = \begin{bmatrix} 0 & \tfrac{1}{2}\Delta a/b \\ \tfrac{1}{2}\Delta a/b & 0 \end{bmatrix}, \\ \mathbf{M}\{\overset{G}{\varphi}_{\alpha\beta}\} &= \bar{\boldsymbol{\varphi}} + \tfrac{1}{2}\overset{0}{\mathbf{u}}{}^T\overset{0}{\mathbf{u}} \quad = \begin{bmatrix} 0 & \tfrac{1}{2}\Delta a/b \\ \tfrac{1}{2}\Delta a/b & \tfrac{1}{2}(\Delta a/b)^2 \end{bmatrix}, \\ \mathbf{M}\{\overset{A}{\varphi}_{\alpha\beta}\} &= \bar{\boldsymbol{\varphi}} - \tfrac{1}{2}\mathbf{u}^T\mathbf{u} \quad = \begin{bmatrix} 0 & \tfrac{1}{2}\Delta a/b \\ \tfrac{1}{2}\Delta a/b & -\tfrac{1}{2}(\Delta a/b)^2 \end{bmatrix}. \end{aligned} \right\} \tag{4.3/44b}$$

Das in $\bar{\boldsymbol{\varphi}}$ allein, jedoch auch in den anderen beiden Tensoren an entsprechender Stelle auftretende Element $\tfrac{1}{2}\Delta a/b$ repräsentiert gegenüber (4.3/44a) offenbar die eigentliche Scherformänderung, da die Dehnungen bzw. Stauchungen gemäß (4.3/44a) nur die Hauptdiagonale der Formänderungsmatrix besetzen. In der Tat stehen dort bei den elementaren Formänderungen in (4.3/44b) Nullen. Jedoch treten bei den Greenschen und den Almansischen Tensoren zusätzlich quadratische Dehnungs- bzw. Stauchungsanteile auf, die in der infinitesimalen Theorie ($\Delta a/b \to 0$) vernachlässigt werden dürfen. Sie besitzen wegen der den beiden Formänderungsmaßen zugrunde liegenden unterschiedlichen Beschreibungsstandpunkte verschiedene Vorzeichen. Der Greensche Tensor geht wie im Bild 4.11b von einer Rechtecksgestalt in der *Anfangs*konfiguration aus. Dann wird die linke Rechtecksseite (Länge b) bei der Scherung länger (Dehnung). Der Almansische Tensor beruht auf einem in der *aktuellen* Konfiguration rechteckigen Element. Dieses hatte anfänglich eine zu Bild 4.11b spiegelbildlich nach links abgescherte Gestalt, so daß die linke Seite bei der Verformung zum Rechteck hin gestaucht wird.

Bei einer vorgegebenen Dehnungsgeschwindigkeit $l^{\cdot}$ des Stabes bzw. einer Schergeschwindigkeit $\Delta a^{\cdot}$ des Rechtecks ergeben sich die Punktgeschwindigkeiten v_x, v_y nach (4.3/41) und (4.3/42) wegen (4.3/40) zu

$$v_x = \overset{0}{x}\,\dot{l}/\overset{0}{l} = x\dot{l}/l, \quad v_y = 0 \tag{4.3/45a}$$

beim Dehnvorgang und

$$v_x = \overset{0}{y}(\Delta a^{\cdot}/b) = y(\Delta a^{\cdot}/b), \quad v_y = 0 \tag{4.3/45b}$$

beim Schervorgang. (4.3/11) liefert die Formänderungsgeschwindigkeiten $\lambda = \mathbf{M}\{\lambda_{jk}\}$ und (4.3/7) die Drehgeschwindigkeiten $\bar{\omega} = \mathbf{M}\{\bar{\omega}_{jk}\}$ in der Gestalt

$$\lambda = \begin{bmatrix} \dot{l}/l & 0 \\ 0 & 0 \end{bmatrix}, \quad \bar{\omega} = \begin{bmatrix} 0 & 0 \\ 0 & 0 \end{bmatrix} = \mathbf{0} \tag{4.3/46a}$$

bei der Dehnung beziehungsweise

$$\lambda = \begin{bmatrix} 0 & \frac{1}{2}(\Delta a^{\cdot}/b) \\ \frac{1}{2}(\Delta a^{\cdot}/b) & 0 \end{bmatrix}, \quad \bar{\omega} = \begin{bmatrix} 0 & \frac{1}{2}(\Delta a^{\cdot}/b) \\ -\frac{1}{2}(\Delta a^{\cdot}/b) & 0 \end{bmatrix} \tag{4.3/46b}$$

bei der Scherung. Im letzten Fall besitzt der Winkelgeschwindigkeitsvektor ω nach (4.3/10) nur eine einzige nicht-verschwindende kartesische Koordinate

$$\omega_z = -\tfrac{1}{2}(\Delta a^{\cdot}/b) \tag{4.3/47}$$

in z-Richtung senkrecht zur Ebene von Bild 4.11, wobei eine positiv orientierte Basis $\overset{*}{V} = +1$ vorausgesetzt wird.

Die Formänderungsgeschwindigkeiten (4.3/46b) bei der Scherung enthalten im Gegensatz zu den Formänderungen (4.3/44b) keinen Dehnungsanteil. Sie entsprechen äußerlich den elementaren Formänderungen $\bar{\varphi}$ und beziehen sich ausschließlich auf die aktuelle Konfiguration des Körpers.

4.4 Übungen

Es seien die positiv orientierte kartesische Basis $\mathbf{g}_\alpha$, $\alpha = x, y, z$ und die affine Basis $\mathbf{g}_j$, $j = 1, 2, 3$ von Bild 2.8 nebst den Transformationsmatrizen von Abschnitt 9.2.6.1, den Basisvolumina von Abschnitt 9.2.6.3 sowie den metrischen Grundgrößen von Abschnitt 9.2.6.4 gegeben. ξ^j stellen affine Punktkoordinaten dar.

4.4.1 Für das Geschwindigkeitsfeld $v^1 = a$, $v^2 = a + b\,\xi^1$, $v^3 = (b\xi^3)^2/a$ mit $a = const > 0$ und $b = const > 0$ berechne man den Volumenzuwachs pro Zeit, $|V|^{\cdot}$, im Parallelepiped (Spat) $-a/b \le \xi^j \le a/b$.

4.4.2 Ein Körper werde durch Überlagerung der drei homogenen, technischen Zugspannungen $^{11}T = (12/\sqrt{6})\,N/mm^2$ in $\mathbf{g}_1$-Richtung, $^{22}T = (12/\sqrt{6})$ N/mm^2 in $\mathbf{g}_2$-Richtung und $^{33}T = (20/\sqrt{6})\,N/mm^2$ in $\mathbf{g}_3$-Richtung belastet. Man berechne in der nachstehenden Reihenfolge

a) den (hier symmetrischen) Cauchyschen Spannungstensor $T^{jk} = \sigma^{jk}$ sowie dessen Skalarinvarianten $_kI$, $_kJ$ und überprüfe sie nachträglich gegenseitig anhand von (4.2/26),

b) eine Hauptbasis $\mathbf{g}_J$ gleicher Orientierung wie $\mathbf{g}_j$ nebst zugehörigen Spannungs-Hauptwerten („Hauptspannungen") $_J\sigma$,

c) die Spannungsmatrix $\boldsymbol{\sigma} = \mathbf{M}\{\sigma^{\alpha\beta}\}$,

d) den Drehwinkel ψ einer zugehörigen ebenen Hauptbasis $\mathbf{g}_{\alpha_0}$ (Bild 4.7) und die ebenen Hauptspannungen $_{\alpha_0}S$ in der x, y – Ebene.

4.4.3 Ist die symmetrische Dyade mit der Matrix

$$\mathbf{S} = \{S_{\alpha\beta}\} = \begin{bmatrix} 1 & \sqrt{2} & \sqrt{2} \\ \sqrt{2} & 0 & 1 \\ \sqrt{2} & 1 & 0 \end{bmatrix}$$

positiv oder negativ definit bzw. semidefinit? Man bestimme die Matrix $\mathbf{B} = \mathbf{M}\{B_{\alpha\beta}\}$ der Betragsdyade $B_{\alpha\beta} = ABS_{\alpha\beta}\{\mathbf{S}\}$, wobei $ABS\{x\} = |x|$ die Betragsfunktion darstellt.

4.4.4 Für einen gegebenen Drehwinkel γ bestimme man die elementaren Formänderungen $\overset{0}{\varphi}{}_{\alpha}{}^{\cdot\beta}$, $\bar{\varphi}_{\alpha}{}^{\cdot\beta}$ der Starrkörperdrehung von Bild 4.12 und zeige, daß sie in der Regel nicht verschwinden.

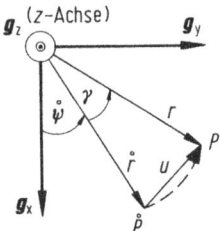

Bild 4.12. Verschiebung u der Punkte $\overset{0}{P}$ eines Starrkörpers in der Anfangskonfiguration nach P in der aktuellen Konfiguration bei einer Drehung um die $z = \xi^z$-Achse (senkrecht zur Bildebene) um den Winkel γ. $\overset{0}{\psi}$ (Winkel), $\overset{0}{r}$ (Radius) Polarkoordinaten von $\overset{0}{P}$; $r = \overset{0}{r}$ Radius von P; $\mathbf{g}_x$, $\mathbf{g}_y$, $\mathbf{g}_z$ kartesische Basis

4.4.5 Man berechne die elementaren Formänderungen $\overset{0}{\varphi}{}_{\alpha}{}^{\cdot\beta}$, $\bar{\varphi}_{\alpha}{}^{\cdot\beta}$ sowie die Greenschen und Almansischen Formänderungen $\overset{G}{\varphi}_{\alpha\beta}$, $\overset{A}{\varphi}_{\alpha\beta}$ bei der ebenen Scherbiegung von Bild 4.13, wobei die „Biegelinie" in der Gestalt

$$g\{x\} = c(x)^2, \quad c = const$$

gegeben sei.

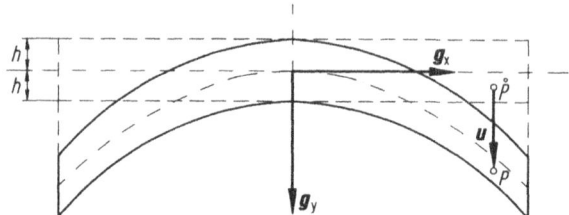

Bild 4.13. Ebene Scherbiegung eines in der Anfangskonfiguration geraden Balkens der Dicke $2h$: Jeder Punkt $\overset{o}{P}$ werde in der $\mathbf{g}_y$-Richtung um einen von $x = \xi^x$ abhängigen Vektor $\mathbf{u} = g\{x\}\mathbf{g}_y$ in den materiell gleichen Punkt P der aktuellen Konfiguration verschoben. $\mathbf{g}_x$, $\mathbf{g}_y$: kartesische Basis mit positiver Orientierung

4.4.6 Wie lautet die polare Zerlegung des Tensors mit der Matrix

$$\mathbf{D} = \mathbf{M}\{D_\alpha{}^\beta\} = \begin{bmatrix} 5 & 4 & 3 \\ 0 & 3\sqrt{2} & -4\sqrt{2} \\ 5 & -4 & -3 \end{bmatrix}?$$

5 Krummlinige Koordinaten

5.1 Mannigfaltigkeiten

5.1.1 Parametermannigfaltigkeit

Die Begriffe und Ansätze dieses Kapitels gehen auf den epochemachenden Habilitationsvortrag von Bernhard Riemann (1826–1866) „Über die Hypothesen, welche der Geometrie zugrunde liegen" zurück (1854). Man spricht deshalb von der Riemannschen Geometrie und nennt die einzuführenden Mannigfaltigkeiten Riemannsche Mannigfaltigkeiten, auch „differenzierbare" Mannigfaltigkeiten, wenn entsprechende Forderungen der Stetigkeit und der stetigen Differenzierbarkeit an die beschreibenden Funktionen gestellt werden. Wir handeln diese Mannigfaltigkeiten teils in beschränkter Allgemeinheit, teils verallgemeinert so ab, wie es für die Belange dieses Buches erforderlich erscheint, und beginnen mit dem Hilfsbegriff der n-dimensionalen Parameter-Mannigfaltigkeit $PM\{n\}$, $n \geq 1$.

Diese ist die Menge der Punkte $\tilde{P} = \tilde{P}(\xi^j)$ im Parallelepiped (Spat)

$$b^j \leq \xi^j \leq c^j; \quad b^j < c^j \tag{5.1/1}$$

eines n-dimensionalen euklidischen Parameterraumes $PR\{n\}$ (Bild 5.1), wobei b^j, c^j reelle Konstanten bedeuten und die affinen Punktkoordinaten ξ^j („Koordinaten-Parameter") wie üblich gemäß

$$\tilde{O}\tilde{P} = \xi^j \tilde{g}_j \tag{5.1/2a}$$

als Vektorkoordinaten des in einem fest gewählten Ursprung $\tilde{O}$ angetragenen Ortsvektors $\tilde{r} = \tilde{O}\tilde{P}$ bezüglich irgendeiner affinen Basis $\tilde{g}_j$ definiert sind (vgl. (3.3/12)).

Es hat sich eine kontravariante Schreibweise der Koordinaten-Parameter eingebürgert, obschon man sie ebensogut als kovariant einführen könnte:

$$\tilde{O}\tilde{P} = \xi_j \tilde{g}^j \tag{5.1/2b}$$

Jedoch wird man im allgemeinen keine Paare kontragredienter Koordinaten ξ_j, ξ^j mehr benutzen können; siehe hierzu das Beispiel von Abschnitt 5.2.2.

Punkte $\tilde{P}$ mit

$$b^j < \xi^j < c^j \tag{5.1/3}$$

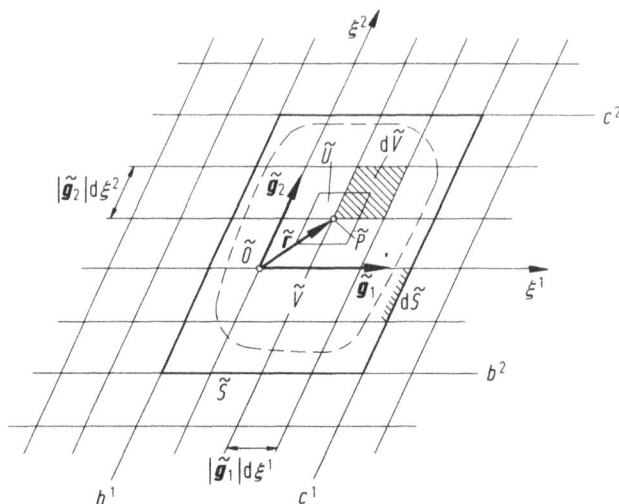

Bild 5.1. $(n = 2)$-dimensionaler euklidischer Parameterraum; affine Koordinaten-Parameter ξ^1, ξ^2 als Punktkoordinaten mit Ursprung $\tilde{O}$; betrachteter Punkt $\tilde{P}$; Ortsvektor $\tilde{r} = \tilde{O}\tilde{P}$; Basisvektoren $\tilde{g}_1$, $\tilde{g}_2$; Umgebung $\tilde{U}$ von $\tilde{P}$. Geschlossen umrandete Parametermanningfaltigkeit $b^j \leq \xi^j \leq c^j$ mit Randseiten $\tilde{S}$ (Randelement $d\tilde{S}$) sowie mit gebrochen umrandetem Volumenbereich $\tilde{V}$ (Inneres: Parameter-Gebiet mit Volumenelement $d\tilde{V}$)

sind innere Punkte der Parametermannigfaltigkeit $PM\{n\}$; sie bilden gemeinsam deren Inneres. Der Rand $\tilde{S}$ besteht aus den n Paaren von Seiten

$$\xi^{\langle k \rangle} = b^{\langle k \rangle}, \quad \xi^{\langle k \rangle} = c^{\langle k \rangle}, \tag{5.1/4}$$

die ihrerseits $(n - 1)$-dimensionale Parameter-Mannigfaltigkeiten (5.1/1) mit $j \neq \langle k \rangle$ darstellen.

Unter einer Umgebung $\tilde{U}(n)$ des Punktes $\tilde{P}$ verstehen wir irgendeine weitere Parameter-Mannigfaltigkeit des gleichen Parameterraumes, die ganz im Inneren von $PM\{n\}$ liegt und $\tilde{P}$ als inneren Punkt enthält (Bild 5.1).

5.1.2 Grundmannigfaltigkeit (Körper, Fläche, Kurve) und Tangentialraum

Wir wenden uns jetzt einem m-dimensionalen euklidischen Raum, dem „Einbettungsraum" $E(m)$, zu und setzen

$$m \geq n$$

voraus. Der von einem festen Ursprung O aus angetragene Ortsvektor $r = OP$ hänge stetig und hinreichend oft stetig differenzierbar von den Koordinaten-Parametern ξ^j ab. Wenn diese in der Parameter-Mannigfaltigkeit (5.1/1) variieren, so beschreiben die gemäß

$$\mathbf{r} = \mathbf{r}(\xi^1, \ldots, \xi^n\} \qquad\qquad (5.1/5)$$

durchlaufenen Punkte P unter der nachfolgenden Einschränkung (5.1/7) beziehungsweise (5.1/9) eine n-dimensionale Grundmannigfaltigkeit $M\{n\}$ des $E\{m\}$, die in den Raum $E\{m\}$ eingebettet ist (Bild 5.2a). Hierbei dürfen Überlappungen, insbesondere Selbstüberdeckungen und Selbstdurchdringungen auftreten – wenn nämlich zu einem Punkt P mehrere Punkte $\tilde{P}$ der Parametermannigfaltigkeit gehören (Bild 5.2b). Diese Punkte zählen wir dann ebenfalls mehrfach, so daß die Abbildung (5.1/5) in diesem Sinne umkehrbar eindeutig ist. $M\{3\}$ heißt auch (Grund-)Körper, $M\{2\}$ (Grund-) Fläche und $M\{1\}$ (Grund-) Kurve oder Kurvenbogen, insbesondere dann, wenn im Innern keine Überlappungen oder Selbstdurchdringungen auftreten. Randpunkte beziehungsweise innere Punkte der Mannigfaltigkeit sind die Bilder von entsprechenden Punkten der Parametermannigfaltigkeit. Bei den Randpunkten von Körpern spricht man von dessen Oberfläche, bei Kurven vom Anfangs- oder Endpunkt.

Die Kurve $\mathbf{r} = \mathbf{r}\{\xi^{\langle k \rangle}\}$, längs deren in (5.1/5) nur ein einziger Koordinaten-Parameter $\xi^{\langle k \rangle}$ variiert, während die anderen konstant bleiben, nennt man die k-oder ξ^k-Koordinatenlinie. Alle Koordinatenlinien gemeinsam erzeugen das im allgemeinen krummlinige Koordinatennetz der Mannigfaltigkeit $M\{n\}$, wobei geradlinige (affine) Netze als Sonderfall eingeschlossen sind.

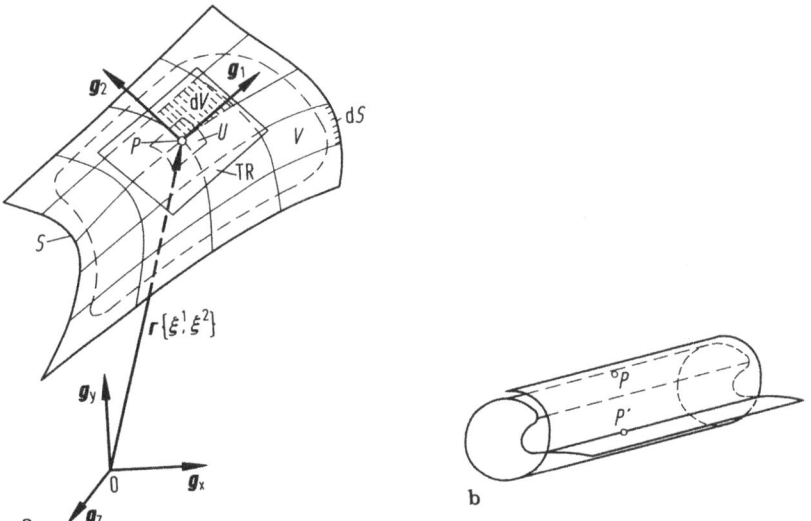

Bild 5.2a,b. ($m = 3$)-dimensionaler euklidischer Einbettungsraum mit ($m = 2$)-dimensionaler gekrümmter Grundmannigfaltigkeit. **a** Krummliniges Koordinatennetz der Linien $\xi^2 = const$ (ξ^1-Linien) und $\xi^1 = const$ (ξ^2-Linien). Betrachteter Punkt P mit Umgebung U und lokaler Basis $\mathbf{g}_1$, $\mathbf{g}_2$ des Tangentialraumes (hier: Tangentialebene) TR. Volumenbereich V (hier: Fläche, gebrochen umrandet) mit Element dV; Randseiten S mit Element dS. Ursprung O, Ortsvektor $\mathbf{r} = OP$. **b** Überlappungen: Selbstüberdeckung (Punkte P) und Selbstdurchdringung (Punkte P')

Unter einer Umgebung $U\{n\}$ des Punktes P verstehen wir das durch (5.1/5) vermittelte Bild irgendeiner Umgebung $\tilde{U}(n)$ eines zu P gehörigen Punktes $\tilde{P}$ im Parameterraum. Sie existiert genau dann, wenn P als Bild von $\tilde{P}$ ein innerer Punkt ist.

Nun fordern wir, daß die Tangentenvektoren an die Koordinatenlinien, nämlich

$$\mathbf{g}_j = \partial\mathbf{r}/\partial\xi^j = \mathbf{r}_{,j} \tag{5.1/6}$$

einen wirklich n-dimensionalen euklidischen Raum $TR = TR\{n\}$ aufspannen: Den Tangentialraum zum inneren Punkt $P = P\{\xi^1, \ldots, \xi^n\}$. Dann müssen jene Vektoren linear unabhängig sein und eine affine Basis des TR darstellen. Dies bedeutet nach Satz 2.3/3 und (2.4/9)

$$\underset{*}{V} = \pm \,|\,\sqrt{\det\{\underset{*}{\mathbf{g}}\}}\,| \neq 0, \quad b^j < \xi^j < c^j, \\ \underset{*}{\mathbf{g}} = \mathbf{M}\{g_{jk}\} \left.\vphantom{\begin{matrix}a\\a\end{matrix}}\right\} \tag{5.1/7}$$

worin $\underset{*}{V}$ das kovariante Basisvolumen und g_{jk} die metrischen Grundsymbole (2.4/2) bedeuten. Hätte man statt der kontravarianten Parametrisierung (5.1/2a) der Parameter-Mannigfaltigkeit $PM\{n\}$ beziehungsweise der Mannigfaltigkeit $M\{n\}$ eine kovariante Parametrisierung (5.1/2b) gewählt, so träte an die Stelle der Beziehungen (5.1/6), (5.1/7) die folgende:

$$\mathbf{g}^j = \partial\mathbf{r}/\partial\xi_j = \mathbf{r}_{,}{}^j; \quad \overset{*}{V} = \pm\,|\,\sqrt{\det\{\overset{*}{\mathbf{g}}\}}\,|; \\ \overset{*}{\mathbf{g}} = \mathbf{M}\{g^{jk}\}, \left.\vphantom{\begin{matrix}a\\a\end{matrix}}\right\} \tag{5.1/8}$$

Man müßte jetzt

$$\overset{*}{V} \neq 0; \quad b_j < \xi_j < c_j \tag{5.1/9}$$

fordern, wobei $\overset{*}{V}$ das kontravariante Basisvolumen und b_j, c_j reelle Konstanten bezeichnen, welche die Seiten der Parameter-Mannigfaltigkeit definieren.

Das Vorzeichen von $\underset{*}{V}$ beziehungsweise $\overset{*}{V}$ liegt für $m = n$ aufgrund der Orientierung des Einbettungsraumes fest und kann für $m > n$ frei vorgegeben werden. Dies bedeutet die Vorgabe einer positiven Orientierung im Tangentialraum. Weil $|\overset{*}{V}|$ bzw. $|\underset{*}{V}|$ wegen der stetigen Differenzierbarkeit von $\mathbf{r}\{\xi^j\}$ oder $\mathbf{r}\{\xi_j\}$ ohnehin stetig in den Koordinaten-Parametern sind und nicht verschwinden dürfen, kann man auch die Stetigkeit von $\overset{*}{V}$ bzw. $\underset{*}{V}$ fordern. Dann muß das Vorzeichen in allen Punkten der Mannigfaltigkeit übereinstimmen:

Satz 5.1/1: Das Vorzeichen des nach (5.1/6) mit (5.1/7) (beziehungweise nach (5.1/8)) definierten Basisvolumens und die dadurch festgelegte Orientierung aller Tangentialräume $TR = TR\{n\}$ zu den inneren Punkten (5.1/3) einer Grundmannigfaltigkeit $M\{n\}$ ist gleich.

Analog dem Basisvolumen $\underset{*}{V}$ definieren wir einen Basisflächeninhalt $\underset{*}{S}$ im Bereich der „negativen" Randseiten $\xi^{\langle k\rangle} = b^{\langle k\rangle}$ oder der „positiven" Randseiten $\xi^{\langle k\rangle} = c^{\langle k\rangle}$ wie folgt.

Wenn der dort betrachtete Punkt P selbst am Rand $\xi^{\langle 1 \rangle} = b^{\langle 1 \rangle}$ oder $\xi^{\langle 1 \rangle} = c^{\langle 1 \rangle}$ der betrachteten Seite liegt, $\langle l \rangle \neq \langle k \rangle$, oder wenn das Basisvolumen $\underset{*}{V}$ in P verschwindet, nennen wir P einen singulären Punkt und setzen

$$\underset{*}{S} = 0.$$

Andernfalls gelte entsprechend (5.1/7)

$$\left. \begin{aligned} &\underset{*}{S} = \pm \,|\,\sqrt{\det\{\underset{*}{\mathbf{g}'}\}}\,|, \quad \underset{*}{\mathbf{g}'} = \mathbf{M}\{g_{ij}\}, \\ &i,j \neq \langle k \rangle. \end{aligned} \right\} \tag{5.1/10a}$$

Die Vorzeichenregelung lautet

$$\left. \begin{aligned} \mathrm{sgn}\{\underset{*}{S}\} &= \mathrm{sgn}\{\underset{*}{V}\} \quad \text{für} \quad \xi^{\langle k \rangle} = c^{\langle k \rangle} \\ \mathrm{sgn}\{\underset{*}{S}\} &= -\,\mathrm{sgn}\{\underset{*}{V}\} \quad \text{für} \quad \xi^{\langle k \rangle} = b^{\langle k \rangle}. \end{aligned} \right\} \tag{5.1/10b}$$

Bei einer kontravarianten Parametrisierung bildet man den Basis-Flächeninhalt $\underset{*}{S}$ entsprechend.

Es sei nun durch einen weiteren Parameterraum $PR'\{n'\}$, $n' \leq n$, und eine darin gelegene Parametermannigfaltigkeit $PM'\{n'\}$ die n'-dimensionale Mannigfaltigkeit $M'\{n'\}$ des Einbettungsraumes $E\{m\}$ gegeben derart, daß ein Punkt P' von $M'\{n'\}$ mit dem Punkt P von $M\{n\}$ zusammenfällt und daß eine ganze Umgebung $U'\{n'\}$ des Punktes $P' = P$ zu $M\{n\}$ gehört. Dann sind auch die analog (5.1/5) gebildeten Ortsvektoren $\mathbf{r}$ einander entsprechender Punkte von M und M' identisch. Für ihre Differenz gilt

$$\mathbf{r}\{\xi^{1'}, \ldots, \xi^{n'}\} - \mathbf{r}\{\xi^1, \ldots, \xi^n\} = \mathbf{0},$$

wobei $\xi^{j'}$ die Parameter-Koordinaten von M' darstellen. Da die Punkte von U' zu M gehören, besteht in U' eine unter Umständen zunächst mehrdeutige Zuordnung der Gestalt

$$\xi^j = \xi^j\{\xi^{k'}\} \tag{5.1/11}$$

Ferner erhalten wir nach Multiplikation der vorherigen Beziehung mit den Basisvektoren $\overset{P}{\mathbf{g}}_k$ des festgehaltenen Tangentialraumes im Punkt P die n Bestimmungsgleichungen für ξ^j,

$$f_k\{\xi^{1'}, \ldots, \xi^{n'}; \, \xi^1, \ldots, \xi^n\} = (\overset{P}{\mathbf{g}}_k, \mathbf{r}\{\xi^{j'}\}) - (\overset{P}{\mathbf{g}}_k, \mathbf{r}\{\xi^j\}) = 0.$$

Aus ihnen folgt wegen (5.1/6) und (2.4/2), wenn man die obere Marke P wieder fortläßt,

$$f_{k,l} = -\,g_{kl} \quad \text{in } P.$$

Die Funktionaldeterminante $\det\{\mathbf{f}\}$, $\mathbf{f} = \mathbf{M}\{f_{k,l}\}$ verschwindet wegen (5.1/7) nicht. Dann ergibt sich aus einem bekannten Satz der Mathematik über implizite Funktionen (vgl. [32]), daß die Darstellung (5.1/11) in einer genügend kleinen Umgebung U' von $P' = P$ sogar eindeutig und genauso oft stetig differenzierbar ist, wie es die Vektorfunktionen $\mathbf{r}$ und $\mathbf{r}'$ nach ihren Variablen sind. Insbesondere folgt für den Ortsvektor $\mathbf{r} = \overline{OP}$ im Einbettungsraum aufgrund der Kettenregel der Differentialrechnung $\mathbf{r}_{,k'} = \mathbf{r}_{,j}\,\xi^j_{,k'}$, oder wegen (5.1/6) die Transformations-regel

$$\mathbf{g}_{k'} = a^j_{k'}\,\mathbf{g}_j; \quad a^j_{k'} = \xi^j_{,k'}. \tag{5.1/12}$$

Nach (5.1/12) liegen die Basisvektoren $\mathbf{g}_{k'}$ der Tangentialräume $TR\{n'\}$ von U' ganz in den Tangentialräumen $TR\{n\}$ der entsprechenden Punkte von M, so daß man $TR\{n'\}$ als Unterraum von $TR\{n\}$ bezeichnet.

Für $n' = n$ kann man unter entsprechenden Voraussetzungen auch die umge-kehrte Betrachtung durchführen. Sie liefert $TR\{n'\} = TR\{n\}$: $\mathbf{g}_{j'}$ und $\mathbf{g}_j$ stellen zwei vollständige Basen ein und desselben Tangentialraumes dar, welche durch die Basistransformation (5.1/12) verbunden sind. Die Gleichungen (5.1/11) besit-zen in einer genügend kleinen Umgebung U des Punktes P eine eindeutige, ebenso oft stetig differenzierbare Auflösung. ξ^j und $\xi^{k'}$ sind also äquivalente Parametrisierungen derselben Mannigfaltigkeit in jener Umgebung U.

5.1.3 Metrik

Bei irgendeiner vorgegebenen, beispielsweise kontravarianten Parametrisierung ξ^j einer Mannigfaltigkeit ist der Tangentialraum TR in jedem inneren Punkt P durch die Basis $\mathbf{g}_j$ und, samt Orientierung, durch das Basisvolumen $\overset{*}{V}$ festgelegt. Man ermittelt $\overset{*}{V}$ über (2.3/15), die metrischen Grundgrößen g_{jk} über (2.4/2), g^{jk} über (2.4/5) und die Permutationssymbole über (2.5/2). In TR gelten alle bisher entwickelten Regeln der Tensorrechnung. Insbesondere kann man mittels der Ziehregel (3.2/3) eine kontravariante Basis und mittels der Transfor-mationsregel (3.2/5) geänderte Basen einführen. Nur darf man im allgemeinen nicht erwarten, daß es zu allen diesen Basen eigene Parametrisierungen im Sinne von (5.1/6) beziehungsweise (5.1/8) gibt; man vergleiche später das Beispiel von Abschnitt 5.2.2.

Zurück zur Mannigfaltigkeit $M\{n\}$. Vom Ortsvektor (5.1/5) bildet man mittels der Kettenregel und (5.1/6) das Differential

$$d\mathbf{r} = \mathbf{r}_{,j}\,d\xi^j = d\xi^j\,\mathbf{g}_j \tag{5.1/13}$$

Demnach liegt $d\mathbf{r}$ im Tangentialraum, und die Koordinaten-Differentiale

$$d\xi^j = dr^j \tag{5.1/14}$$

stellen die Vektorkoordinaten im Tangentialraum dar (Bild 5.3). (5.1/14) ersetzt die bei affinen Punktkoordinaten gültige Beziehung (3.3/12). Für irgend zwei Vektordifferentiale

$$d\overset{1}{\mathbf{r}} = d\overset{1}{\xi}{}^j\mathbf{g}_j, \quad d\overset{2}{\mathbf{r}} = d\overset{2}{\xi}{}^j\mathbf{g}_j \tag{5.1/15}$$

erhält man über (2.4/10) das Skalarprodukt

$$(d\overset{1}{\mathbf{r}}, d\overset{2}{\mathbf{r}}) = g_{jk}\,d\overset{1}{\xi}{}^j\,d\overset{2}{\xi}{}^k \tag{5.1/16}$$

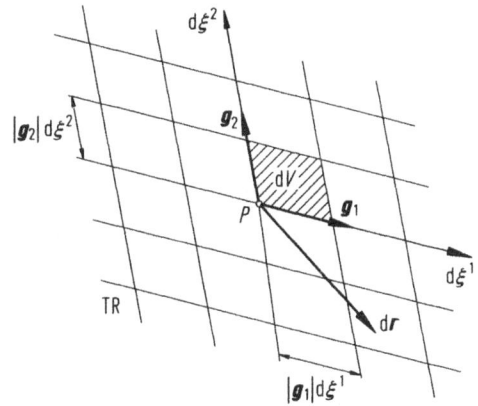

Bild 5.3. ($n = 2$)-dimensionaler Tangentialraum (Tangentialebene) TR im Punkt P einer Mannigfaltigkeit. Affine Basis g_1, g_2; affine Punktkoordinaten $d\xi^1, d\xi^2$ vom Ursprung P aus; Ortsvektor $d\mathbf{r}$ und schraffiertes Volumenelement (hier: Flächenelement) dV

sowie für $d\mathbf{r}$ selbst die Länge

$$ds = |d\mathbf{r}| = |(g_{jk} \, d\xi^j \, d\xi^k)^{1/2}|. \tag{5.1/17}$$

ds wird gleichzeitig als Längen- oder Bogenelement jeder Kurve $\mathbf{r} = \mathbf{r}\{\alpha\}$ durch den Punkt der Mannigfaltigkeit angesehen, die dort das Differential $d\mathbf{r}$ sowie einen Kurvenparameter α mit etwa $b \le \alpha \le c$, $b = const$, $c = const$ besitzt (zum Beispiel $\alpha = t$ in Bild 2.3), so daß sich deren Gesamtlänge zu

$$s = \int_b^c ds = \int_b^c |(g_{jk} \, \xi^j_{\cdot,\alpha} \, \xi^k_{\cdot,\alpha})^{1/2}| \, d\alpha \tag{5.1/18}$$

errechnet. Aus (5.1/16) kann man ferner wegen (2.1/13) auch den Winkel φ zwischen zwei einander in P schneidenden Kurven $\overset{1}{\mathbf{r}} = \mathbf{r}\{\overset{1}{\alpha}\}$, $\overset{2}{\mathbf{r}} = \mathbf{r}\{\overset{2}{\alpha}\}$ der Mannigfaltigkeit (mit den Kurvenparametern $\overset{1}{\alpha}, \overset{2}{\alpha}$) ermitteln. Auf diese Weise überträgt man die Metrik der Tangentialräume auf die Mannigfaltigkeit. Dies gilt auch für das Volumenelement dV gemäß (3.3/13a) in der Form

$$dV = \underset{*}{V} d\xi^1, \ldots, d\xi^n \tag{5.1/19}$$

oder das entsprechend für die negativen Seiten $\xi^{\langle k \rangle} = b^{\langle k \rangle}$ beziehungsweise für die positiven Seiten $\xi^{\langle k \rangle} = c^{\langle k \rangle}$ formulierte Flächenelement

$$dS = \underset{*}{S} d\xi^1 \ldots d\xi^{\langle k \rangle - 1} \, d\xi^{\langle k \rangle + 1} \ldots d\xi^n \tag{5.1/20}$$

Der analog (4.1/17) zu definierende differentielle Flächenvektor senkrecht zu Seite S mit der Länge $|dS|$ werde im Hinblick auf (2.2/2) in der Gestalt

$$d\bar{\mathbf{S}} = (\mathbf{g}^{\langle k \rangle}/|\mathbf{g}^{\langle k \rangle}|) dS$$

angesetzt. Er lautet dann wegen (3.3/9), Satz 3.3/5 und (5.1/10b)

$$d\bar{\mathbf{S}} = \pm \underset{*}{V} \mathbf{g}^{\langle k \rangle} d\xi^1 \cdots d\xi^{\langle k \rangle - 1} d\xi^{\langle k \rangle + 1} \cdots d\xi^n \quad \text{für} \quad \xi^{\langle k \rangle} = \begin{cases} c^{\langle k \rangle} \\ b^{\langle k \rangle} \end{cases}$$

(5.1/21)

und stellt aufgrund von $(\mathbf{g}^{\langle k \rangle}, \mathbf{g}_{\langle k \rangle}) = 1 > 0$ bei positiver Koordinatenorientie-rung $\underset{*}{V} > 0$ in der Tat überall eine Auswärtsnormale, bei negativer Koordinaten-orientierung $\underset{*}{V} < 0$ jedoch überall eine Einwärtsnormale zur Seite dar, zumindest im Falle $d\xi^j > 0$. Demgegenüber wäre der betragsmäßig gleiche Vektor

$$d\mathbf{S} = \pm |\underset{*}{V} d\xi^1 \cdots d\xi^{\langle k \rangle - 1} d\xi^{\langle k \rangle + 1} \cdots d\xi^n| \mathbf{g}^{\langle k \rangle} \quad \text{für} \quad \xi^k = \begin{cases} c^{\langle k \rangle} \\ b^{\langle k \rangle} \end{cases}$$

(5.1/22)

stets eine Auswärtsnormale.

Der nach (5.1/16) zu ermittelnde Winkel φ ebenso wie das Längenelement ds nach (5.1/17) sind offenbar Invarianten des Tangentialraumes und hängen insofern nicht von der Parametrisierung der Mannigfaltigkeit ab. Anders beim Volumenelement dV (und entsprechend beim Seitenelement dS): Hier fordert man, daß die Volumenintegrale irgendeiner integrierbaren Skalarfunktion $f = f\{P\}$ der Punkte P eines beliebigen integrablen Teilbereiches V der Mannig-faltigkeit $M\{n\}$ invariant sein sollen:

$$\overset{v}{\int} f\{P\} dV = \overset{v'}{\int} f\{P\} dV',$$

wobei dem Volumenbereich V der Mannigfaltigkeit $M\{n\}$ in zwei Parameter-mannigfaltigkeiten $PM\{n\}$, $PM'\{n'\}$ mit $n' = n$ sowie den Koordinaten-Para-metern ξ^j, $\xi^{k'}$ gemäß (5.1/11) die Integrations-Bereiche $\tilde{V}$, $\tilde{V}'$ und nach (5.1/19) die Volumenelemente dV, dV' mit den Basisvolumina $\underset{*}{V}$, $\underset{*}{V}'$ zugeordnet sind (Bild 5.1, 5.2):

$$\overset{\tilde{v}}{\int} f\{P\} \underset{*}{V} d\xi^1 \cdots d\xi^n = \overset{\tilde{v}'}{\int} f\{P\} \underset{*}{V}' d\xi^{1'} \cdots d\xi^{n'}$$

(5.1/23)

Führt man gemäß (5.1/12) die Funktionalmatrix $\mathbf{a}$ sowie die Funktionaldetermi-nante (Jacobische Determinante) D durch

$$\mathbf{a} = \mathbf{M}\{a_j^k\} = \mathbf{M}\{\xi^k_{.,j'}\}, \quad D = \det\{\mathbf{a}\}$$

(5.1/24)

ein und beachtet (2.3/14), so geht (5.1/23) mit $g\{P\} = \underset{*}{V} f\{P\}$ als beliebig vorgebbarer Punktfunktion in

$$\overset{\tilde{v}}{\int} g\{P\} d\xi^1 \cdots d\xi^n = \overset{\tilde{v}'}{\int} g\{P\} D \, d\xi^{1'} \cdots d\xi^{n'}$$

(5.1/25)

über. Dies ist in der Tat die übliche Transformationsregel für Mehrfachintegrale (vgl. [13]). Sie gilt bei Randseiten mit verringerter Dimension entsprechend. Wenn man die Bogenlänge s als Kurvenparameter einer Kurve $\mathbf{r} = \mathbf{r}\{s\}$ wählt, so gewinnt der zugehörige Tangentenvektor

$$d\mathbf{r}/ds = d\mathbf{r}/|d\mathbf{r}|$$

nach (5.1/17) die Länge

$$|d\mathbf{r}/ds| = |d\mathbf{r}|/|d\mathbf{r}| = 1 .\tag{5.1/26}$$

5.1.4 Ergänzungen

Der bisherige, auf quaderförmigen Parametermannigfaltigkeiten beruhende Begriff der in den Einbettungsraum „einbettbaren" Grundmannigfaltigkeit läßt sich auf verschiedene Weise erweitern, zum Beispiel wie folgt:

a) Statt einer endlichen, quaderförmigen Parametermannigfaltigkeit (5.1/1) werde eine an einzelnen oder allen Seiten unendliche Parametermannigfaltigkeit

$$b^{\langle j\rangle} \leq \xi^{\langle j\rangle} < \infty \quad \text{oder} \quad -\infty < \xi^{\langle j\rangle} \leq c^{\langle j\rangle}$$
$$\text{oder} \quad -\infty < \xi^{\langle j\rangle} < \infty \tag{5.1/27}$$

zugelassen. An den Positionen $\pm \infty$ entfallen dann die Randseiten.

b) Grundmannigfaltigkeiten mit endlichen oder (teilweise) unendlichen Parametermannigfaltigkeiten kann man nacheinander in endlich vielen Schritten an den Randseiten auf folgende Weise zusammensetzen: Die Punkte einer negativen Seite der einen Mannigfaltigkeit fallen sämtlich mit den Punkten einer positiven Seite der anderen Mannigfaltigkeit oder der gleichen Mannigfaltigkeit zusammen, wobei zwei verschiedene Punkte jeweils mit zwei verschiedenen Punkten zu identifizieren sind. Soweit diese Punkte an den Rändern jener Randseiten liegen und dabei gleichzeitig auch einer anderen, nicht in die Zusammensetzung einbezogenen Randseite angehören, zählen sie zum Rand der zusammengesetzten Mannigfaltigkeit. Andernfalls gehören sie zu deren inneren Punkten und bilden die „verborgenen" Ränder im Gegensatz zu den übrig gebliebenen eigentlichen oder „sichtbaren" Randseiten.

c) Für manche Anwendungen wird die Regularitätsforderung (5.1/7) beziehungsweise (5.1/9) eines nicht verschwindenden lokalen Basisvolumens, die an den verborgenen oder an den sichtbaren Rändern ohnehin nicht erhoben wurde, auch für andere innere Punkte nicht benötigt. Dann sprechen wir von singulären Punkten oder, wenn man auf die Regularitätsforderung insgesamt verzichtet, von singulären Mannigfaltigkeiten. Punkte, in denen die Regularitätsforderung erfüllt ist, und Mannigfaltigkeiten, bei denen sie außer vielleicht an Punkten der verborgenen oder der sichtbaren Ränder überall gilt, nennen wir regulär.

Sofern nicht ausdrücklich etwas anderes gesagt wird, verstehen wir eine Mannigfaltigkeit in der Folge automatisch als (möglicherweise) zusammengesetzt und regulär. Differentiationen lassen sich nur mehr im Innern der einzelnen Grundmannigfaltigkeiten durchführen und sind an den verborgenen Rändern als einseitige Grenzwerte gegebenenfalls mehrdeutig. Dies gilt dort folglich auch für die lokalen Basen $\mathbf{g}_i$, $\mathbf{g}^i$ oder die Basisvolumina V, $\overset{*}{V}$. Bei Integrationen stören die verborgenen Ränder nicht: Man bildet Gesamtintegrale als Summen der Integrale über die einzelnen Grundmannigfaltigkeiten oder, falls verlangt, über Teile davon.

Den Begriff des Körpers, der Fläche oder der Kurve verstehen wir nun allgemein als zusammengesetzte, gegebenenfalls sogar singuläre einbettbare Mannigfaltigkeiten $M\{3\}$, $M\{2\}$ beziehungsweise $M\{1\}$ unter der Voraussetzung, daß Selbstdurchdringungen oder Überlappungen, falls überhaupt, nur an den verborgenen oder an den sichtbaren Rändern stattfinden. Ein Körper $M\{3\}$ im Einbettungsraum $E\{3\}$ oder ein entsprechend definierter Körper $M\{n\}$ im Einbettungsraum $E\{n\}$ kann dann offenbar nur an sichtbaren Rändern selbst überlappen. Ferner setzen wir für Körper die Endlichkeit der Parameterräume voraus; Körper sind also insgesamt endlich. Sie liegen in dieser Form dem bereits früher anschaulich hergeleiteten Gauss-Greenschen Integralsatz (4.1/19), (4.1/20) zugrunde.

Koordinatennetze behalten ihre Bedeutung innerhalb der beteiligten Grundmannigfaltigkeiten bei. Wenn wir künftig von (krummlinigen) Koordinatennetzen schlechthin sprechen, so verstehen wir sie stets als Bestandteil einer Mannigfaltigkeit.

Man kann jedoch auf die geometrische Repräsentation durch Koordinatennetze ganz verzichten. Dann gelangt man zum Konzept der

d) „verallgemeinerten" oder „nicht-einbettbaren" Mannigfaltigkeit, wobei die „verallgemeinerte" Mannigfaltigkeit als Oberbegriff dient. Bei ihr wird den Punkten $\tilde{P}$ der Parametermannigfaltigkeiten beziehungsweise ihren Koordinatenwerten $\xi^1, \ldots, \xi^n$ direkt ein durch Basen $\mathbf{g}_j$ aufgespannter Tangentialraum zugeordnet. Der Ortsvektor $\mathbf{r}$ und damit die Beziehungen (5.1/5), (5.1/6) oder die analoge Beziehung in (5.1/8) werden nicht beachtet oder könnten im Falle der „Nicht-Einbettbarkeit" noch nicht einmal im Inneren aller beteiligten Grundmannigfaltigkeiten aufgestellt werden, selbst wenn man dies wollte. Die Punkte P besitzen jetzt nur noch eine Bedeutung als Ursprung der zugehörigen Tangentialräume; ihnen entspricht keine bestimmte Position innerhalb des Einbettungsraumes mehr. Dennoch werden die Begriffe innerer Punkt, Randpunkt, Umgebung usw. vom Parameterraum her beibehalten, ebenso der Begriff des Einbettungsraumes $E\{m\}$ selbst. Sämtliche Tangentialräume sollen nämlich Unterräume ein und desselben Einbettungsraumes $E\{m\}$ bleiben, und für verschiedene Parametrisierungen der verallgemeinerten Mannigfaltigkeit wird die Gültigkeit der Transformationsregel (5.1/12) ausdrücklich postuliert.

Daß man in der Tat sehr rasch auf nicht-einbettbare Mannigfaltigkeiten stößt, wird bereits am Beispiel der Polarkoordinaten deutlich (Abschnitt 5.2.2). Jene spielen im Zusammenhang mit Versetzungen und Eigenspannungen sogar eine technische Rolle (Abschnitt 6.2.3). Im übrigen zählen wir verallgemeinerte Mannigfaltigkeiten im Gegensatz zu Kondo [22] durchaus noch zur Riemannschen Geometrie. Erst wenn die Zuordnung zwischen den Koordinaten-Parametern ξ^j und den Tangentialräumen mehrdeutig wird, scheint uns die Bezeichnung als Nicht-Riemannsche Geometrie gerechtfertigt.

Ferner führen wir für einbettbare wie für nicht-einbettbare Mannigfaltigkeiten den Begriff des Gekrümmtseins oder des Ungekrümmtseins ein. Den ersten wählen wir für nicht ungekrümmte Mannigfaltigkeiten. Dabei heiße eine Mannigfaltigkeit ungekrümmt, wenn man die Dimension m des Einbettungsraumes $E\{m\}$ so wählen kann (aber natürlich nicht muß), daß $m = n$ gilt: Der Einbettungsraum fällt dann mit allen Tangentialräumen zusammen. Dies entspricht der Anschauung. Bei einer ungekrümmten Kurve ($n = 1$) als eindimensionaler Mannigfaltigkeit sind alle Tangenten mit einer einzigen Geraden identisch, bei einer ungekrümmten ($n = 2$)-dimensionalen Fläche als zweidimensionaler Mannigfaltigkeit alle Tangentialebenen mit einer einzigen Ebene. Der dreidimensionale Körper ($n = 3$) als Mannigfaltigkeit im dreidimensionalen Einbettungsraum ($m = 3$) oder ein entsprechender n-dimensionaler Körper im n-dimensionalen Einbettungsraum ist definitionsgemäß stets ungekrümmt. Man kann seine Punkte in affinen oder gar in kartesischen Koordinaten des Einbettungsraumes darstellen und insofern den Einbettungsraum mit dem Parameterraum zusammenfallen lassen, wobei jetzt im allgemeinen freilich keine quaderförmige Parametermannigfaltigkeit mehr vorliegt, sondern der Körper selbst seine eigene Parametermannigfaltigkeit repräsentiert. (Diese läßt sich wegen der Endlichkeit des Körpers zum Quader erweitern beziehungsweise ergänzen).

Schließlich definieren wir zum späteren Gebrauch eine (einbettbare oder nicht einbettbare, gekrümmte oder ungekrümmte) Untermannigfaltigkeit $UM\{n\}$ der gegebenen Mannigfaltigkeit $M\{n\}$ als n-dimensionale Mannigfaltigkeit derart, daß jeder innere Punkt P, jede zugehörige Umgebung U und jedes in U bestehende Koordinatennetz auch einen inneren Punkt, eine Umgebung sowie ein darin bestehendes Koordinatennetz von M darstellen.

5.2 Beispiele

5.2.1 Affine Koordinaten

Affinen Koordinaten ξ_j als Sonderfall der krummlinigen Koordinaten liegt eine lineare Abbildung (5.1/5) in der Gestalt

$$\mathbf{r} = \xi^j \mathbf{g}_j$$

mit konstanten Basisvektoren $\mathbf{g}_j$ nach (5.1/6) zugrunde. Sie fallen also wegen

(3.3/12) mit den früher eingeführten affinen Koordinaten in metrischen Räumen zusammen, die gleichzeitig die Rolle des Einbettungsraumes $E\{m = n\}$ niedrigst-möglicher Dimension, der Mannigfaltigkeit $M\{n\}$ selbst, der Parametermannigfaltigkeit $PM\{n\}$ sowie aller Tangentialräume $TR\{n\}$ spielen. Wegen der Möglichkeit $m = n$ sind affine Räume ungekrümmt. Alle anderen kovarianten Basen $\mathbf{g}_\alpha$ ebenso wie die kontragredienten, kontravarianten Basen $\mathbf{g}^\alpha$ ergeben nach (5.1/6) ihrerseits wieder affine Koordinaten desselben Raumes. Es gibt weder Selbstüberdeckungen noch Selbstdurchdringungen.

Auf affine Koordinaten und die zugehörigen affinen Mannigfaltigkeiten bezieht sich wegen der Gleichheit (3.3/12) zwischen Punkt- und Vektorkoordinaten die in den Kapiteln 2 bis 4 entwickelte Tensorrechnung unmittelbar. Kartesische Koordinaten sind ein Spezialfall.

5.2.2 Polarkoordinaten und Kreiszylinder

Wir gehen von kartesischen Koordinaten ξ^α; $\alpha, \ldots, \nu \equiv x, y, z$ des $(m = 3)$-dimensionalen Einbettungsraumes aus, den wir mit seinem eigenen Parameterraum identifizieren (Abschnitt 5.1.1), ordnen ihm im Hinblick auf (2.3/13) eine positive Orientierung durch das Basisvolumen

$$\underset{*}{\overline{V}} = 1 \tag{5.2/1}$$

zu und benutzen die Abkürzungen $x = \xi^x$, $y = \xi^y$, $z = \xi^z$.

Dann definieren wir gemäß Bild 5.4a im gleichen Raum das $(n = 3)$-dimensionale System von Polar- oder Zylinderkoordinaten ξ^i; $i, j, k \equiv r, \psi, \zeta$ mit den

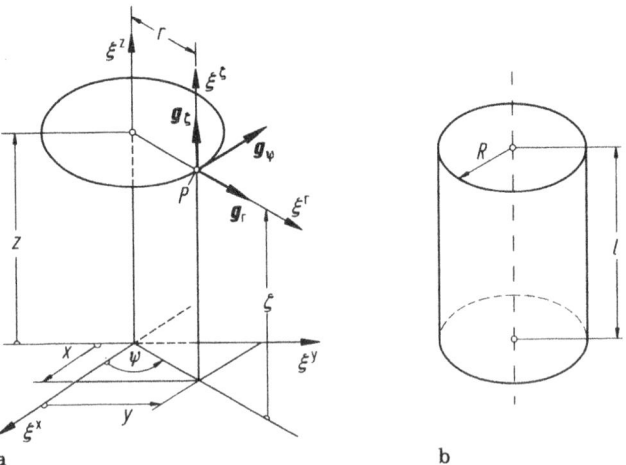

a   b

Bild 5.4. **a** Zylinderkoordinaten (Polarkoordinaten) $r = \xi^r$, $\psi = \xi^\psi$, $\zeta = \xi^\zeta$ und kartesische Koordinaten $x = \xi^x$, $y = \xi^y$, $z = \xi^z$ eines Punktes P. $\mathbf{g}_r$, $\mathbf{g}_\psi$, $\mathbf{g}_\zeta$ Basis im Tangentialraum. **b** Zylinder als Körper, Radius R, Länge l

Abkürzungen $r = \xi^r$ (Radius), $\psi = \xi^\psi$ (Azimutwinkel) und $\zeta = \xi^\zeta$ (Axialkoordinate) durch

$$\left.\begin{array}{l} x = r\,\cos\{\psi\}, \quad y = r\,\sin\{\psi\}, \quad z = \zeta; \\ 0 \le r < \infty, \quad -\infty < \psi < \infty, \quad -\infty < \zeta < \infty\,. \end{array}\right\} \tag{5.2/2}$$

Der Raum wird unendlich oft überdeckt. Wegen $n = m = 3$ ist jede durch Zylinderkoordinaten erzeugte Mannigfaltigkeit ungekrümmt, insbesondere auch der Zylinder von Bild 5.4b als Körper.

Über (5.1/12) erhalten wir die Transformationskoeffizienten der kartesischen Basis $\mathbf{g}_\alpha$ in die Basen $\mathbf{g}_j$ der Tangentialräume als Matrix

$$\mathbf{a} = \mathbf{M}\{a^\alpha_{\cdot k}\} = \begin{bmatrix} \partial x/\partial r & \partial x/\partial \psi & \partial x/\partial \zeta \\ \partial y/\partial r & \partial y/\partial \psi & \partial y/\partial \zeta \\ \partial z/\partial r & \partial z/\partial \psi & \partial z/\partial \zeta \end{bmatrix},$$

$$\mathbf{a} = \begin{bmatrix} \cos\{\psi\} & -r\sin\{\psi\} & 0 \\ \sin\{\psi\} & r\cos\{\psi\} & 0 \\ 0 & 0 & 1 \end{bmatrix}.$$

(2.3/1) liefert $\mathbf{g}_k = a^\alpha_k\,\mathbf{g}_\alpha$, das heißt

$$\left.\begin{array}{l} \mathbf{g}_r = \cos\{\psi\}\mathbf{g}_x + \sin\{\psi\}\mathbf{g}_y \\ \mathbf{g}_\psi = -r\sin\{\psi\}\mathbf{g}_x + r\cos\{\psi\}\mathbf{g}_y \\ \mathbf{g}_\zeta = \mathbf{g}_z \end{array}\right\} \tag{5.2/3}$$

Das zugehörige Basisvolumen folgt aus (2.3/14) mit (5.2/1) zu

$$\underset{*}{V} = \det\{\mathbf{a}\}\,\underset{*}{\bar{V}} = r \ge 0; \tag{5.2/4}$$

allein die Achse $r = 0$ besteht aus singulären Punkten. Die Matrix der kovarianten metrischen Grundsymbole (2.4/2) lautet

$$\underset{*}{\mathbf{g}} = \mathbf{M}\{g_{jk}\} = \begin{bmatrix} 1 & 0 & 0 \\ 0 & (r)^2 & 0 \\ 0 & 0 & 1 \end{bmatrix} \tag{5.2/5}$$

Da sie nur in der Hauptdiagonale besetzt ist, bilden die Koordinatenlinien ein in jedem Punkt orthogonales Netz. $\mathbf{g}_r$ und $\mathbf{g}_\zeta$ besitzen die Länge 1, $\mathbf{g}_\psi$ hat jedoch die Länge r. Diese verschwindet auf der Achse $r = 0$.

Nach (2.4/5) erhalten wir die Matrix der kontravarianten metrischen Grundsymbole als inverse von $\underset{*}{\mathbf{g}}$ in der Gestalt

$$\overset{*}{\mathbf{g}} = \mathbf{M}\{g^{jk}\} = \begin{bmatrix} 1 & 0 & 0 \\ 0 & (1/r)^2 & 0 \\ 0 & 0 & 1 \end{bmatrix} \tag{5.2/6}$$

und die zugehörige kontravariante Basis durch Indexziehen $\mathbf{g}^k = g^{kj}\mathbf{g}_j$ zu

$$\left.\begin{aligned}
\mathbf{g}^r &= \mathbf{g}_r && = \cos\{\psi\}\mathbf{g}_x + \sin\{\psi\}\mathbf{g}_y \\
\mathbf{g}^\psi &= \frac{1}{(r)^2}\mathbf{g}_\psi = -\frac{1}{r}\sin\{\psi\}\mathbf{g}_x + \frac{1}{r}\cos\{\psi\}\mathbf{g}_y \\
\mathbf{g}^\zeta &= \mathbf{g}_\zeta && = \mathbf{g}_z
\end{aligned}\right\}
\tag{5.2/7}$$

Sie besitzt wegen (2.3/15) das Basisvolumen

$$\overset{*}{V} = \frac{1}{r} > 0 \quad \text{für} \quad r > 0 \,. \tag{5.2/8}$$

Das Volumenelement (5.1/19) findet man als

$$dV = r\,dr\,d\psi\,d\zeta \,, \tag{5.2/9}$$

die Oberflächenelemente des Zylinders

$$0 \le r \le R, \quad 0 \le \psi \le 2\pi, \quad 0 \le \zeta \le l, \tag{5.2/10}$$

der nun im Innern keine Überlappungen mehr besitzt (Bild 5.4b), zu

$$\left.\begin{aligned}
dS &= \underset{R}{S}\,d\psi\,d\zeta && \text{für} \quad r = R\,, \\
dS &= \underset{l}{S}\,dr\,d\psi && \text{für} \quad \zeta = l\,, \\
dS &= \underset{0}{S}\,dr\,d\psi && \text{für} \quad \zeta = 0\,,
\end{aligned}\right\}
\tag{5.2/11a}$$

worin sich die Basis-Randflächen $\underset{R}{S}, \underset{l}{S}, \underset{0}{S}$, nach (5.1/10a,b) in der Gestalt

$$\underset{R}{S} = R, \quad \underset{l}{S} = r, \quad \underset{0}{S} = -r \tag{5.2/11b}$$

ergeben. Bei der hier bestehenden positiven Orientierung (5.2/4) des Polarkoordinatensystems sind $\underset{l}{S}$ und $\underset{R}{S}$ an positiven Randseiten positiv, während $\underset{0}{S} < 0$ an einer negativen Randseite gilt. Dies entspricht dem Konzept des positiven beziehungsweise negativen Schnittufers in Bild 4.5. Der Gesamtinhalt $|S|$ der Zylinder-Oberfläche wird jedoch in der Regel als betragsmäßige Summe aller $|dS|$ in der Form

$$|S| = \int\limits_{\zeta=0}^{l}\int\limits_{\psi=0}^{2\pi} |\underset{R}{S}|\,d\psi\,d\zeta + \int\limits_{r=0}^{R}\int\limits_{\psi=0}^{2\pi} (|\underset{l}{S}| + |\underset{0}{S}|)\,d\psi\,dr = 2\pi R(l + R)$$

verstanden, während das Gesamtvolumen

$$V = \int\limits_{\zeta=0}^{l}\int\limits_{\psi=0}^{2\pi}\int\limits_{r=0}^{R} r\,dr\,d\psi\,d\zeta = \pi R^2 l$$

ohnehin positiv herauskommt.

Wir fragen jetzt, ob es beim vorliegenden Beispiel ein kovariantes Koordinatensystem $\tilde{r} = \xi_r$, $\tilde{\psi} = \xi_\psi$, $\tilde{\zeta} = \xi_\zeta$ gibt, das über (5.1/8) zur kontravarianten Basis $\mathbf{g}^j$ paßt. Dies bedeutet wegen der Kettenregel

$$\mathbf{g}^j = \mathbf{r},^j = \mathbf{r},_r \frac{\partial r}{\partial \xi_j} + \mathbf{r},_\psi \frac{\partial \psi}{\partial \xi_j} + \mathbf{r},_\zeta \frac{\partial \zeta}{\partial \xi_j},$$

wegen (5.1/6) und (5.2/7) also

$$\mathbf{g}_r = (\partial r/\partial \tilde{r})\mathbf{g}_r + (\partial \psi/\partial \tilde{r})\mathbf{g}_\psi + (\partial \zeta/\partial \tilde{r})\mathbf{g}_\zeta$$

$$\frac{1}{(r)^2}\mathbf{g}_\psi = (\partial r/\partial \tilde{\psi})\mathbf{g}_r + (\partial \psi/\partial \tilde{\psi})\mathbf{g}_\psi + (\partial \zeta/\partial \tilde{\psi})\mathbf{g}_\zeta$$

$$\mathbf{g}_\zeta = (\partial r/\partial \tilde{\zeta})\mathbf{g}_r + (\partial \psi/\partial \tilde{\zeta})\mathbf{g}_\psi + (\partial \zeta/\partial \tilde{\zeta})\mathbf{g}_\zeta$$

Durch Vergleich beider Seiten erkennt man zunächst $\partial \psi/\partial \tilde{r} = \partial \psi/\partial \tilde{\zeta} = 0$, also $\psi = \psi\{\tilde{\psi}\}$, und ebenso $r = r\{\tilde{r}\}$, $\zeta = \zeta\{\tilde{\zeta}\}$. Ferner liefert der Vergleich: $\partial r/\partial \tilde{r} = 1$, $\partial \zeta/\partial \tilde{\zeta} = 1$, $\partial \psi/\partial \tilde{\psi} = 1/(r)^2$, das heißt $r = \tilde{r} + const$, $\zeta = \tilde{\zeta} + const$, aber $\psi = \tilde{\psi}/(r)^2 + const = \psi\{\tilde{r}, \tilde{\psi}\}$ im Widerspruch zur vorherigen Feststellung $\psi = \psi\{\tilde{\psi}\}$. Es gibt also keine kovariante Parametrisierung, oder anders ausgedrückt: Wie auch immer man die kovariante Parametrisierung ξ_j einführt – die verallgemeinerten Koordinatensysteme oder Mannigfaltigkeiten mit den obigen Basisvektoren $\mathbf{g}^r\{\xi_j\}$, $\mathbf{g}^\psi(\xi_j)$, $\mathbf{g}^\zeta\{\xi_j\}$ sind nicht einbettbar.

Abschließend kommen wir erneut auf den Begriff des Gekrümmtseins zurück. Der Zylinder als ($n = 3$)-dimensionale Mannigfaltigkeit im ($n = 3$)-dimensionalen Einbettungsraum ist, wie schon ausgeführt, definitionsgemäß ungekrümmt. Seine Querschnittsebenen als ($n = 2$)-dimensionale Mannigfaltigkeiten

$$\zeta = const, \quad 0 \leq r \leq R, \quad 0 \leq \psi \leq 2\pi$$

gehören wegen (5.2/2) zur x, y – Ebene, also dem ($m = 2$)-dimensionalen affinen Raum

$$\xi^z = const, \quad -\infty < \xi^x < \infty, \quad -\infty < \xi^y < \infty$$

an und sind daher wegen $m = n = 2$ ebenfalls ungekrümmt. Entsprechendes gilt für die r, ζ-Koordinatenebenen (Längsschnitte)

$$\psi = const, \quad 0 \leq r \leq R, \quad 0 \leq \zeta \leq l,$$

hingegen zumindest aufgrund der Anschauung nicht für die eigentlichen Zylinderflächen

$$r = const, \quad 0 \leq \psi \leq 2\pi, \quad 0 \leq \zeta \leq l,$$

Diese wären also gekrümmt. Der analytische Beweis ergibt sich später aus dem Nicht-Verschwinden der Krümmungen (Abschnitt 7.2).

5.2.3 Kugelkoordinaten und Kugeln

Wie in Abschnitt 5.2.2 gehen wir wieder von kartesischen Koordinaten ξ^α; $\alpha, \ldots, \nu \equiv x, y, z$; kurz: $x = \xi^x$, $y = \xi^y$, $z = \xi^z$ des dreidimensionalen Raumes $E\{3\}$ aus, den wir als seinen eigenen Parameterraum ansehen und durch das kartesische Basisvolumen $\overset{*}{V} = 1$ orientieren. Dann definieren wir Kugelkoordinaten ξ^i; $i, j, k \equiv r, \psi, \vartheta$; kurz: $r = \xi^r$, $\psi = \xi^\psi$, $\vartheta = \xi^\vartheta$ (Bild 5.5a) durch

$$x = r\cos\{\vartheta\}\,\cos\{\psi\}, \quad y = r\cos\{\vartheta\}\,\sin\{\psi\}, \quad z = r\sin\{\vartheta\}; \left.\begin{array}{c} \\ \\ \end{array}\right\}$$
$$0 \le r < \infty, \quad -\frac{\pi}{2} \le \vartheta \le \frac{\pi}{2}, \quad -\infty < \psi < \infty. \qquad (5.2/12)$$

Der Raum wird unendlich oft überdeckt. Dies gilt nicht für das Innere der Kugel (Bild 5.5b)

$$0 \le r \le R, \quad -\frac{\pi}{2} \le \vartheta \le \frac{\pi}{2}, \quad 0 \le \psi \le 2\pi, \qquad (5.2/13)$$

die als ungekrümmte $(n = 3)$-dimensionale Mannigfaltigkeit im $(m = 3)$-dimensionalen Raum einen Körper darstellt. Ihre Oberfläche

$$r = R, \quad -\frac{\pi}{2} \le \vartheta \le \frac{\pi}{2}, \quad 0 \le \psi \le 2\pi,$$

ist als $(n = 2)$-dimensionale Mannigfaltigkeit im $(n = 3)$-dimensionalen Raum anschaulich gekrümmt.

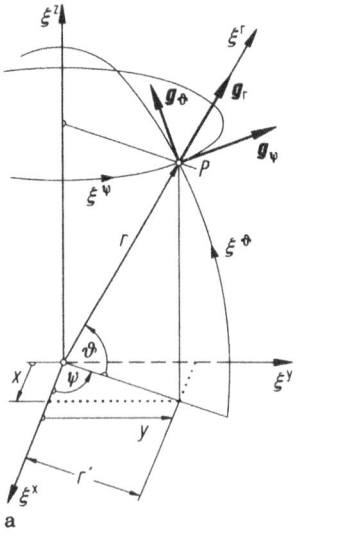
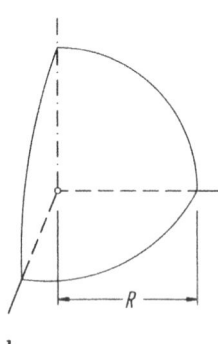

a   b

Bild 5.5. a Kugelkoordinaten $r = \xi^r$, $\psi = \xi^\psi$, $\vartheta = \xi^\vartheta$ und kartesische Koordinaten $x = \xi^x$, $y = \xi^y$, $z = \xi^z$ eines Punktes P. g_r, g_ψ, g_ϑ Basis im Tangentialraum. **b** Kugelquadrant als Körper; Radius R

Wie in Abschnitt 5.2.2 ermitteln wir die Transformationsmatrix

$$\mathbf{a} = M\{a^{\alpha}_{\cdot k}\} = \begin{bmatrix} \cos\{\vartheta\}\cos\{\psi\} & -r\cos\{\vartheta\}\sin\{\psi\} & -r\sin\{\vartheta\}\cos\{\psi\} \\ \cos\{\vartheta\}\sin\{\psi\} & r\cos\{\vartheta\}\cos\{\psi\} & -r\sin\{\vartheta\}\sin\{\psi\} \\ \sin\{\vartheta\} & 0 & r\cos\{\vartheta\} \end{bmatrix}$$

Aus $\mathbf{g}_k = a^{\alpha}_{\cdot k}\, \mathbf{g}_{\alpha}$ folgt

$$\left.\begin{aligned} \mathbf{g}_r &= \cos\{\vartheta\}\cos\{\psi\}\mathbf{g}_x + \cos\{\vartheta\}\sin\{\psi\}\mathbf{g}_y + \sin\{\vartheta\}\mathbf{g}_z \\ \mathbf{g}_{\psi} &= -r\cos\{\vartheta\}\sin\{\psi\}\mathbf{g}_x + r\cos\{\vartheta\}\cos\{\psi\}\mathbf{g}_y \\ \mathbf{g}_{\vartheta} &= -r\sin\{\vartheta\}\cos\{\psi\}\mathbf{g}_x - r\sin\{\vartheta\}\sin\{\psi\}\mathbf{g}_y + r\cos\{\vartheta\}\mathbf{g}_z \end{aligned}\right\} \tag{5.2/14}$$

mit den Basisvolumina

$$\underset{*}{V} = \det\{\mathbf{a}\}\ \bar{V} = (r)^2 \cos\{\vartheta\} \geq 0,$$

$$\overset{*}{V} = 1/\underset{*}{V} = ((r)^2 \cos\{\vartheta\})^{-1} > 0 \quad \text{für} \quad r\cos\{\vartheta\} > 0. \tag{5.2/15}$$

Die singulären Punkte $r = 0$ bzw. $\vartheta = \pm\,\pi/2$ gehören zur z – Achse. Die metrischen Grundsymbole $g_{jk} = (\mathbf{g}_j, \mathbf{g}_k)$ als Matrix

$$\underset{*}{\mathbf{g}} = M\{g_{jk}\} = \begin{bmatrix} 1 & 0 & 0 \\ 0 & (r\cos\{\vartheta\})^2 & 0 \\ 0 & 0 & (r)^2 \end{bmatrix} \tag{5.2/16}$$

zeigen, daß wiederum ein orthogonales Koordinatennetz vorliegt, von dessen Basen im Tangentialraum jedoch nur $\mathbf{g}_r$ die Länge 1 besitzt. Es handelt sich also nicht um kartesische Basen. Man erhält außer auf der singulären z-Achse

$$\overset{*}{\mathbf{g}} = (\underset{*}{\mathbf{g}})^{-1} = M\{g^{jk}\} = \begin{bmatrix} 1 & 0 & 0 \\ 0 & 1/(r\cos\{\vartheta\})^2 & 0 \\ 0 & 0 & 1/(r)^2 \end{bmatrix} \tag{5.2/17}$$

sowie $\mathbf{g}^j = g^{jk}\mathbf{g}_k$, das heißt

$$\mathbf{g}^r = \mathbf{g}_r, \quad \mathbf{g}^{\psi} = (r\cos\{\vartheta\})^{-2}\mathbf{g}_{\psi}, \quad \mathbf{g}^{\vartheta} = (r)^{-2}\mathbf{g}_{\vartheta}. \tag{5.2/18}$$

Das Volumenelement (5.1/19) lautet

$$dV = \underset{*}{V}\,dr\,d\psi\,d\vartheta = (r)^2 \cos\{\vartheta\}\,dr\,d\psi\,d\vartheta. \tag{5.2/19}$$

und das Oberflächen-Element der Kugel $r = R$ gemäß (5.1/20) mit (5.1/10)

$$dS = \underset{*}{S}\,d\psi\,d\vartheta = (R)^2 \cos\{\vartheta\}\,d\psi\,d\vartheta. \tag{5.2/20}$$

5.2.4 Tordierte (mitgeschleppte) Koordinaten, tordierter Kreiszylinder

Ausgangspunkt: Kartesische Koordinaten ξ^{α}; $\alpha, \ldots, \nu \equiv x, y, z$; kurz $x = \xi^x$, $y = \xi^y$, $z = \xi^z$ mit der Orientierung gemäß $\bar{V} = 1$ im Einbettungsraum $E\{3\}$, der sein eigener Parameterraum $PR\{3\}$ sei. Ein Kreiszylinder in Polarkoordinaten r, ψ, ζ analog Bild 5.4 werde jetzt so verformt, daß sich jede Querschnittsebene $z = \zeta = const$ unabhängig von den anderen um einen vorgegebenen, individuellen Winkel („Torsionswinkel") $\vartheta = \vartheta\{\zeta\}$ gegen seine Ursprungslage verdreht (Bild 5.6). Anfänglich achsparallele ζ-Koordinatenlinien erhalten eine verwundene, zum Beispiel spiralförmige Gestalt, während die r- und ψ-Linien in ihren Ebenen erhalten bleiben. Dabei drehen sich die radialen r-Linien um den Winkel ϑ so wie die Speichen eines Rades. Trotz der ungeänderten Bezeichnung stellen die r, ψ, ζ-Linien für $\vartheta \neq 0$ in der Regel also keine Polarkoordinaten mehr dar. Vielmehr werden sie von den Punkten des Raumes aus deren Anfangslage (Anfangskonfiguration als Bezugskonfiguration) $\overset{0}{P}$ in die augenblicklich betrachtete Lage P der Momentankonfiguration oder aktuellen Konfiguration „mitgeschleppt". Insofern handelt es sich hier um ein konkretes Beispiel für die

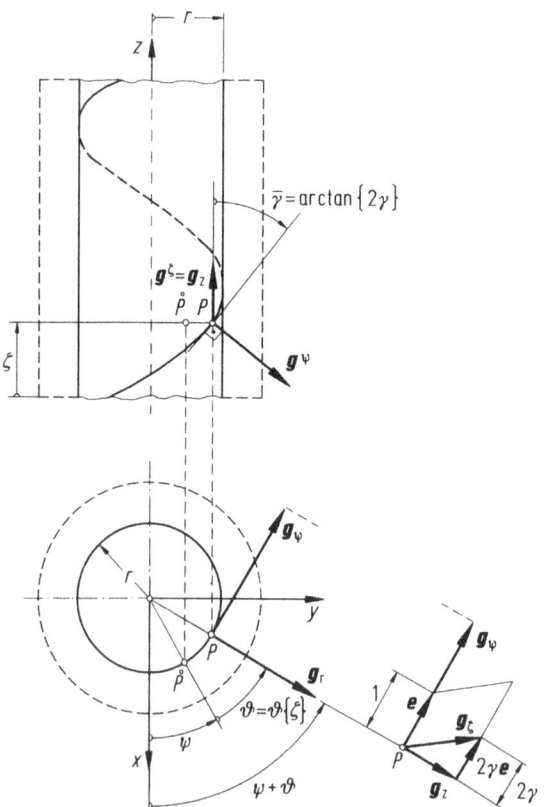

Bild 5.6. Kreiszylinder. Die Punkte $\overset{0}{P} = P\{r, \psi, \zeta; 0\}$ einer unverformten Mannigfaltigkeit (Anfangskonfiguration) verschieben sich in die Punkte $P = P\{r, \psi, \zeta; \vartheta\}$ der tordierten Manningfaltigkeit (aktuelle Konfiguration). x, y, z kartesische Koordinaten (Basisvektor $\mathbf{g}_z$); $\vartheta = \vartheta\{\zeta\}$ Torsions-(Dreh-)Winkel der Querschnitte; γ Scherung; $\bar{\gamma}$ Scherwinkel; $\mathbf{g}_r, \mathbf{g}_\psi, \mathbf{g}_\zeta$ und $\mathbf{g}^r, \mathbf{g}^\psi, \mathbf{g}^\zeta$ kovariante bzw. kontravariante Basis im Tangentialraum der aktuellen Konfiguration

zuvor allgemein in Bild 4.2, dort aber mittels eines raumfesten affinen Koordinatensystems wiedergegebene Situation.

Mit den Bezeichnungen ξ^i; $i, j, k \equiv r, \psi, \zeta$; kurz: $r = \xi^r$, $\psi = \xi^\psi$, $\zeta = \xi^\zeta$ ergeben sich die oben beschriebenen „tordierten", also bei der Drehung der Querschnitte mitgeschleppten Koordinaten aus den Polarkoordinaten, wenn man gemäß Bild 5.6 in (5.2/2) den Winkel $\psi + \vartheta$ für ψ substituiert:

$$\left.\begin{array}{l} x = r\cos\{\psi + \vartheta\{\zeta\}\}, \quad y = r\sin\{\psi + \vartheta\{\zeta\}\}, \quad z = \zeta; \\ 0 \le r < \infty, \quad -\infty < \psi < \infty, \quad -\infty < \zeta < \infty. \end{array}\right\} \tag{5.2/21}$$

Der tordierte Zylinder wird analog (5.2/10) durch

$$0 \le r \le R, \quad 0 \le \psi \le 2\pi, \quad 0 \le \zeta \le l$$

begrenzt. Mit den Abkürzungen

$$\vartheta' = d\vartheta\{\zeta\}/d\zeta, \quad 2\gamma = r\vartheta' \tag{5.2/22}$$

folgt über $a^\alpha_k = \xi^\alpha_{.,k}$ aus (5.2/21) die Transformationsmatrix

$$\mathbf{a} = \mathbf{M}\{a^\alpha_{.k}\} = \begin{bmatrix} \cos\{\psi + \vartheta\} & -r\sin\{\psi + \vartheta\} & -2\gamma\sin\{\psi + \vartheta\} \\ \sin\{\psi + \vartheta\} & r\cos\{\psi + \vartheta\} & 2\gamma\cos\{\psi + \vartheta\} \\ 0 & 0 & 1 \end{bmatrix} \tag{5.2/23}$$

Aus $\mathbf{g}_k = a^\alpha_k \mathbf{g}_\alpha$ erhält man die tordierte Basis der Tangentialräume

$$\left.\begin{array}{ll} \mathbf{g}_r &= \cos\{\psi + \vartheta\}\mathbf{g}_x + \sin\{\psi + \vartheta\}\mathbf{g}_y \\ \mathbf{g}_\psi &= -r\sin\{\psi + \vartheta\}\mathbf{g}_x + r\cos\{\psi + \vartheta\}\mathbf{g}_y \\ \mathbf{g}_\zeta &= -2\gamma\sin\{\psi + \vartheta\}\mathbf{g}_x + 2\gamma\cos\{\psi + \vartheta\}\mathbf{g}_y + \mathbf{g}_z \\ &= 2\gamma\mathbf{e} + \mathbf{g}_z, \end{array}\right\} \tag{5.2/24a}$$

worin

$$\mathbf{e} = \mathbf{g}_\psi/r = -\sin\{\psi + \vartheta\}\mathbf{g}_x + \cos\{\psi + \vartheta\}\mathbf{g}_y \tag{5.2/24b}$$

den Einsvektor (Länge $|\mathbf{e}| = |\sqrt{(\mathbf{e}, \mathbf{e})}| = 1$) in Richtung von $\mathbf{g}_\psi$ darstellt. Da $\mathbf{g}_z$ als kartesischer Basisvektor ohnehin die Länge 1 besitzt, beträgt der Tangens der Verkleinerung des ursprünglich rechten Winkels zwischen $\mathbf{g}_z = \mathbf{g}_\zeta\{\vartheta = 0\}$ und $\mathbf{g}_\zeta\{\vartheta\}$ gerade 2γ. Im Vergleich der Scherung des Parallelepipeds von Bild 5.6 mit derjenigen in Bild 4.11b entspricht daher γ gerade dem dortigen Verhältnis $\frac{1}{2}(\Delta a/b)$, also der einzigen nicht-verschwindenden Koordinate des elementaren Formänderungstensors $\overline{\varphi}$ in (4.3/44b), das an gleicher Stelle auch im Greenschen und Almansischen Formänderungstensor auftaucht. Dies rechtfertigt für γ den dort geprägten Namen „Scherung" oder „Schubformänderung".

Nun bestimmen wir die Basisvolumina außerhalb der Achse zu

$$\underset{*}{V} = \det\{\mathbf{a}\}\,\overline{V} = r > 0$$
$$\overset{*}{V} = 1/\underset{*}{V} = 1/r > 0 \tag{5.2/25}$$

sowie die Matrix der metrischen Grundgrößen $g_{jk} = (\mathbf{g}_j, \mathbf{g}_k)$ gemäß

$$\mathbf{g}_* = \mathbf{M}\{g_{jk}\} = \begin{bmatrix} 1 & 0 & 0 \\ 0 & (r)^2 & 2r\gamma \\ 0 & 2r\gamma & 1 + 4(\gamma)^2 \end{bmatrix} \tag{5.2/26}$$

mit der Kehrmatrix

$$\overset{*}{\mathbf{g}} = \mathbf{M}\{g^{jk}\} = \begin{bmatrix} 1 & 0 & 0 \\ 0 & \dfrac{1}{(r)^2}[1 + 4(\gamma)^2] & -\dfrac{2\gamma}{r} \\ 0 & -\dfrac{2\gamma}{r} & 1 \end{bmatrix} \tag{5.2/27}$$

sowie der kontravarianten Basis $\mathbf{g}^j = g^{jk}\mathbf{g}_k$, das heißt unter Berücksichtigung von (5.2/24a, b)

$$\left.\begin{aligned} \mathbf{g}^r &= \mathbf{g}_r \\ \mathbf{g}^\psi &= \frac{1}{(r)^2}[1 + 4(\gamma)^2]\mathbf{g}_\psi - \frac{2\gamma}{r}\mathbf{g}_\zeta = \frac{1}{r}(\mathbf{e} - 2\gamma\,\mathbf{g}_z) \\ \mathbf{g}^\zeta &= -\frac{2\gamma}{r}\mathbf{g}_\psi + \mathbf{g}_\zeta = \mathbf{g}_z \end{aligned}\right\} \tag{5.2/28}$$

Weder die kovariante Basis (nebst dem kontravarianten Koordinatennetz) noch die kontravariante Basis sind für $\vartheta \neq 0$ orthogonal. Jedoch bleiben das Volumenelement (5.2/9) und die Randelemente (5.2/11) der Anfangskonfiguration (in Polarkoordinaten) beim Mitschleppen hier unverändert erhalten.

5.2.5 Schalenkoordinaten, Schalen

Wie in den voranstehenden Beispielen seien der ($m = 3$)-dimensionale metrische Einbettungsraum $E\{3\}$ und der damit zusammenfallende Parameterraum $PR\{3\}$ durch das kartesische Koordinatensystem ζ^α; $\alpha, \ldots, \nu \equiv x, y, z$ (Abkürzung: $x = \zeta^x$, $y = \zeta^y$, $z = \zeta^z$) gegeben; das Basisvolumen betrage $\overset{*}{V} = 1$.

In den $E\{3\}$ sei eine Fläche $\mathbf{r} = \overset{0}{\mathbf{r}}\{\xi^1, \xi^2\}$ als zweidimensionale Mannigfaltigkeit $M\{2\}$ mit den Koordinaten ξ^i eingebettet; $i, \ldots, s \equiv 1, 2$. Man nennt sie die Mittelfläche der zu konstruierenden Schale. Die Forderung (5.1/7) sei auch in allen Randpunkten erfüllt, das heißt

$$\overset{*}{A} \neq 0 \quad \text{für} \quad b^j \leq \xi^j \leq c^j \tag{5.2/29}$$

mit $b^j < c^j$ als reellen Größen, worin $\overset{*}{A}$ das zweidimensionale Basisvolumen der Basisvektoren $\overset{0}{\mathbf{g}}_1 = \overset{0}{\mathbf{r}}_{,1}$ und $\overset{0}{\mathbf{g}}_2 = \overset{0}{\mathbf{r}}_{,2}$, also einen Basis-Flächeninhalt darstellt. Wegen Satz 2.3/2 und Satz 3.3/4 bilden dann die drei Vektoren

$$\overset{0}{\mathbf{g}}_1, \overset{0}{\mathbf{g}}_2, \overset{0}{\mathbf{g}} = [\overset{0}{\mathbf{g}}_1, \overset{0}{\mathbf{g}}_2] \tag{5.2/30}$$

eine positiv orientierte Basis des $E\{3\}$ mit dem über (3.3/5) und Satz 3.3/5 ermittelten Basisvolumen $\underset{0}{V} = (\underset{*}{A})^2$. Wegen Satz 3.3/3 gilt ferner

$$(\overset{0}{g}_1, \overset{0}{g}) = (\overset{0}{g}_2, \overset{0}{g}) = 0; \quad |\overset{0}{g}|^2 = (\overset{0}{g}, \overset{0}{g}) = (\underset{*}{A})^2 = \underset{0}{V} > 0 . \tag{5.2/31}$$

Nun sei die halbe Schalendicke h als Ortsfunktion

$$h = h\{\xi^1, \xi^2\} > 0, \quad b^j \le \xi^j \le c^j$$

vorgegeben. Mit ihr bildet man den Dickenvektor

$$\overset{0}{g}_3 = h\overset{0}{g}/|\overset{0}{g}| = \frac{h}{|\underset{*}{A}|}\overset{0}{g} \tag{5.2/32}$$

Er steht wegen (5.2/31) senkrecht auf der Schalenmittelfläche und besitzt die Länge h, so daß $\overset{0}{g}_3$ und $-\overset{0}{g}_3$, im betrachteten Punkt $\overset{0}{P} = \overset{0}{P}\{\xi^1, \xi^2\}$ der Mittelfläche angetragen, bis an die beidseitigen Begrenzungsflächen der Schale reichen, die sogenannten Laibungen.

Bild 5.7 illustriert dies anhand einer Zylinderschale, die in Polarkoordinaten durch (hier) $\psi = \xi^1$ als Azimutwinkel und $\zeta = \xi^2$ als Axialkoordinate beschrieben wird, während $R > 0$ den Radius der Mittelfläche darstellt. Zweckmäßigerweise ist $h < R$ zu fordern. Dann gilt gemäß (5.2/2), (5.2/3), (5.2/10)

$$\overset{0}{x} = R\cos\{\psi\}, \quad \overset{0}{y} = R\sin\{\psi\}, \quad \overset{0}{z} = \zeta;$$

$$0 \le \psi \le 2\pi, \quad 0 \le \zeta \le l$$

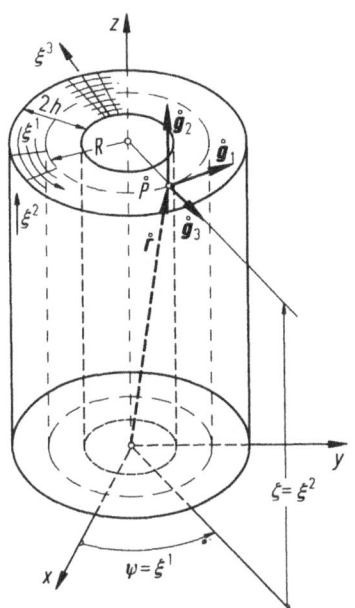

Bild 5.7. Zur Konstruktion von Schalenkoordinaten, hier für eine Zylinderschale. R: Radius der Mittelfläche; $2h$: Schalendicke; x, y, z: kartesische Koordinaten; $\psi = \xi^1$, $\zeta = \xi^2$: Zylinderkoordinaten der Schalenmittelfläche; $\overset{0}{g}_1, \overset{0}{g}_2$ Basis der Schalenmittelfläche; $\overset{0}{r} = \overset{0}{r}\{\xi^1, \xi^2\}$ Ortsvektor der Schalenmittelfläche; $\overset{0}{g}_3$ Dickenvektor

mit

$$\overset{0}{\mathbf{r}} = \overset{0}{x}\,\mathbf{g}_x + \overset{0}{y}\,\mathbf{g}_y + \overset{0}{z}\,\mathbf{g}_z$$

als Ortsvektor der Mittelfläche sowie

$$\left.\begin{array}{l}\overset{0}{\mathbf{g}}_1 = - R\sin\{\psi\}\mathbf{g}_x + R\cos\{\psi\}\mathbf{g}_y \\ \overset{0}{\mathbf{g}}_2 = \mathbf{g}_z.\end{array}\right\} \tag{5.2/33a}$$

Aus (5.2/11b) entnimmt man $\underset{*}{A} = \underset{R}{S} = R$. Über (5.2/30) und (5.2/32) folgt dann wegen $[\mathbf{g}_x, \mathbf{g}_z] = -\mathbf{g}_y$, $[\mathbf{g}_y, \mathbf{g}_z] = \mathbf{g}_x$ der Dickenvektor

$$\overset{0}{\mathbf{g}}_3 = h(\cos\{\psi\}\,\mathbf{g}_x + sin\{\psi\}\mathbf{g}_y) \tag{5.2/33b}$$

als Ergänzung zur Basis (5.2/33a) der Tangentialebene an die Schalenmittelfläche.

Nun kann man jeden Punkt P zwischen den beiden Schalenlaibungen durch die Koordinaten ξ^1, ξ^2 seiner orthogonalen Projektion auf die Mittelfläche sowie durch seinen orthogonalen, vorzeichenbehafteten Abstand von dieser, bezogen auf die halbe Schalendicke, beschreiben:

$$\mathbf{r} = \mathbf{OP} = \overset{0}{\mathbf{r}}\{\xi^1, \xi^2\} + \xi^3 \overset{0}{\mathbf{g}}_3. \tag{5.2/34}$$

ξ^1, ξ^2, ξ^3 bilden die Schalenkoordinaten, und der durch (5.2/29) in Verbindung mit

$$-1 \leq \xi^3 \leq 1 \tag{5.2/35}$$

beschriebene Körper, der keine Selbstdurchdringungen und Selbstüberschneidungen besitzen sollte, heißt „Schale". Seine Laibungen werden durch die Rand-Seiten $\xi^3 = \pm 1$ gebildet.

Differentiation von (5.2/34) gibt die Basen der Tangentialräume in der Form

$$\left.\begin{array}{l}\mathbf{g}_1 = \mathbf{r}_{,1} = \overset{0}{\mathbf{g}}_1 + \xi^3 \overset{0}{\mathbf{g}}_{3,1} \\ \mathbf{g}_2 = \mathbf{r}_{,2} = \overset{0}{\mathbf{g}}_2 + \xi^3 \overset{0}{\mathbf{g}}_{3,2} \\ \mathbf{g}_3 = \mathbf{r}_{,3} = \overset{0}{\mathbf{g}}_3\end{array}\right\} \tag{5.2/36}$$

Interessanterweise treten hierin die Ableitungen $\overset{0}{\mathbf{g}}_{3,j}$ des Dickenvektors auf, die offenbar nur bei gekrümmten Mittelflächen ($\overset{0}{\mathbf{g}}_3 \neq \mathbf{const}$) nicht verschwinden. Solche Ableitungen besprechen wir im nächsten Kapitel des Buches; sie führen über die sogenannten Christoffel-Symbole in der Tat auf die sogenannten Krümmungstensoren. Beim Beispiel der Zylinderschale ergeben sich die Ableitungen über (5.2/33b) zu

$$\overset{0}{\mathbf{g}}_{3,1} = \partial\overset{0}{\mathbf{g}}_3/\partial\psi = h(-\sin\{\psi\}\mathbf{g}_x + \cos\{\psi\}\mathbf{g}_y) + h_{,\psi}(\cos\{\psi\}\mathbf{g}_x + \sin\{\psi\}\mathbf{g}_y)$$

$$\overset{0}{\mathbf{g}}_{3,2} = \partial\overset{0}{\mathbf{g}}_3/\partial\zeta = h_{,\zeta}(\cos\{\psi\}\mathbf{g}_x + \sin\{\psi\}\mathbf{g}_y),$$

das heißt

$$\left.\begin{array}{l}\overset{0}{\mathbf{g}}_{3,1} = (h/R)\overset{0}{\mathbf{g}}_1 + (h_{,\psi}/h)\overset{0}{\mathbf{g}}_3 \\ \overset{0}{\mathbf{g}}_{3,2} = (h_{,\zeta}/h)\overset{0}{\mathbf{g}}_3\end{array}\right\} \tag{5.2/37}$$

5.3 Stokesscher Integralsatz und Anwendungen; Einbettbarkeit

Obschon der in diesem Abschnitt etwa in Gestalt von (5.3/12) zu beweisende Stokessche Integralsatz (G. G. Stokes, 1819–1903) für sich genommen eine Bedeutung in den physikalischen Feldtheorien besitzt, wird er im vorliegenden Buch nur zur Herleitung der Sätze 5.3/1 und 5.3/2 benutzt, welche die Einbettbarkeit einer verallgemeinerten Mannigfaltigkeit betreffen. Da auch sein Beweis im n-dimensionalen Einbettungsraum eine gewisse Abstraktionsbereitschaft verlangt, möge ihn der hauptsächlich an den Anwendungen interessierte Leser überspringen und den Inhalt der Sätze 5.3/1 und 5.3/2 als gegeben ansehen.

Wir betrachten eine n-dimensionale quaderförmige Parametermannigfaltigkeit $PM\{n\}$ im Parameterraum $PR\{n\}$, $n \geq 2$, mit den affinen Koordinaten ξ^j (s. Bild 5.8a für $n = 3$), wie sie insbesondere als Ausgangspunkt für die Grundmannigfaltigkeiten von Abschnitt 5.1.2 diente. $PM\{n\}$ erzeugt im Einbettungsraum $E\{m\}$, $m \geq 2$, eine Mannigfaltigkeit $M\{n\}$, die wir jedoch im Gegensatz zu den Grundmannigfaltigkeiten als nicht-einbettbar zulassen und daher allgemein nicht zeichnen können. Statt ihrer stellt Bild 5.8c einen Tangentialraum $TR\{n = 3\}$ mit dem Ursprung P dar, der direkt zum Punkt $\tilde{P}$ der Parametermannigfaltigkeit $PM\{n\}$ gehören möge.

Um eine anschauliche Vorstellung zu entwickeln, konzentriere sich der Leser gedanklich auf einen dreidimensionalen Einbettungsraum $E\{m = 3\}$ und auf eine dreidimensionale Mannigfaltigkeit $M\{n = 3\}$, die zudem einbettbar sein möge. In diesem Fall kann der Parameterraum mit dem Einbettungsraum und die Parametermannigfaltigkeit mit der eigentlichen Mannigfaltigkeit identifiziert werden (Abschnitt 5.1.4); es gilt $\tilde{P} = P$, und die oberen $\sim$ − Marken dürfen in Bild 5.8a insgesamt entfallen.

Zurück zur allgemeinen Darstellung. Ganz im Inneren der Parametermannigfaltigkeit $PM\{n\}$ verlaufe die stückweise glatte, geschlossene, nicht auf einen Punkt zusammengeschrumpfte Kurve $\tilde{C}$. Sie sei etwa durch den von einem Punkt $\tilde{X}$ aus zählenden Kurvenparameter $\tilde{s}$ mit

$$0 \leq \tilde{s} \leq \tilde{l}; \quad \tilde{\mathbf{r}}\{0\} = \tilde{\mathbf{r}}\{\tilde{l}\} = \tilde{\mathbf{O}}\tilde{\mathbf{X}}; \quad \tilde{l} > 0 \tag{5.3/1}$$

in der Form $\mathbf{r} = \mathbf{r}\{\tilde{s}\}$ gegeben, wo zum Beispiel $\tilde{s}$ die variable Bogenlänge und $\tilde{l}$ die Gesamtlänge der Kurve bedeuten, oder abschnittsweise durch zwei getrennte Vektorfunktionen $\tilde{\mathbf{r}} = \overset{1}{\tilde{\mathbf{r}}}\{\tilde{\alpha}\}, \tilde{\mathbf{r}} = \overset{2}{\tilde{\mathbf{r}}}\{\tilde{\beta}\}$ mit den Parametern (zum Beispiel: Teil-Bogenlängen) $\tilde{\alpha}, \tilde{\beta}$:

$$0 \leq \tilde{\alpha} \leq a, \quad 0 \leq \tilde{\beta} \leq b \quad \text{mit} \quad a > 0, \quad b > 0,$$
$$\overset{1}{\tilde{\mathbf{r}}}\{0\} = \overset{2}{\tilde{\mathbf{r}}}\{0\} = \tilde{\mathbf{O}}\tilde{\mathbf{X}}, \quad \overset{1}{\tilde{\mathbf{r}}}\{a\} = \overset{2}{\tilde{\mathbf{r}}}\{b\} = \tilde{\mathbf{O}}\tilde{\mathbf{Y}}, \tag{5.3/2}$$

wobei $\tilde{O}$ den Ursprung, $\tilde{Y}$ einen von $\tilde{X}$ verschiedenen Punkt der Kurve und $\tilde{\mathbf{r}}$ den Ortsvektor des Parameterraumes $PR\{n\}$ darstellen.

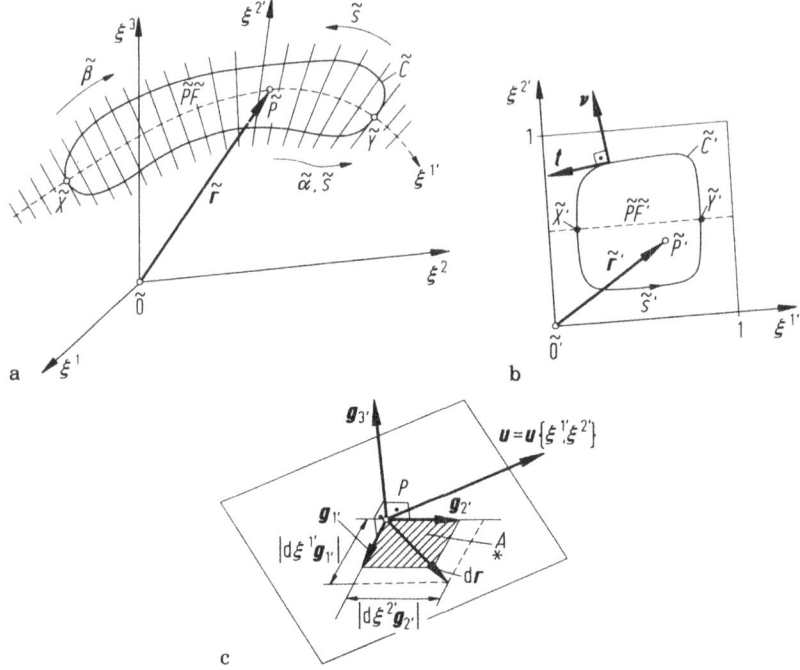

Bild 5.8. a Parameterraum $PR\{n\}$ mit geschlossener glatter Kurve $\tilde{C}$. Kurvenparameter $\tilde{s}$ (von $\tilde{X}$ bis $\tilde{X}$) sowie $\tilde{\alpha}$, $\tilde{\beta}$ (von $\tilde{X}$ bis $\tilde{Y}$). Durch Geraden überstrichene, von $\tilde{C}$ umschlossene Parameterfläche $\tilde{P}\tilde{F}$ mit Punkt $\tilde{P}$ und Ortsvektor $\mathbf{r} = \tilde{O}\tilde{\mathbf{P}}$ (Ursprung $\tilde{O}$). Koordinaten-Parameter ξ^1, ξ^2, ξ^3. **b** 2-dimensionaler Parameterraum $PR'\{2\}$ mit Parameterbereich $\tilde{P}\tilde{F}'$. Ursprung $\tilde{O}'$; Punkte $\tilde{X}'$, $\tilde{Y}'$, $\tilde{P}'$; $\tilde{\mathbf{r}}' = \tilde{O}'\tilde{\mathbf{P}}'$. Kartesische Koordinaten-Parameter $\xi^{1'}$, $\xi^{2'}$. Einfach geschlossene Kurve $\tilde{C}'$ umschließt $\tilde{P}\tilde{F}'$. Auswärts-Einsnormale $\mathbf{v}$, Tangente $\mathbf{t}$, Bogenlänge $\tilde{s}'$. **c** Tangentialebene (Ursprung P) im Einbettungsraum $E\{m\}$ zum Punkt $\tilde{P}$ der Parameterfläche $\tilde{P}\tilde{F}$. Basis $\mathbf{g}_{1'}$, $\mathbf{g}_{2'}$, Normalvektor $\mathbf{g}_{3'}$; beliebiges Vektorfeld $\mathbf{u}$; Ortsdifferential $d\mathbf{r}$, 2-dimensionales Basisvolumen A.

$\tilde{P}\tilde{F}$ repräsentiere eine „Fläche mit der Randkurve $\tilde{C}$" in der Parametermannigfaltigkeit $PM\{n\}$, die sogenannte Parameterfläche. Darunter verstehen wir folgendes.

In einem von $PR\{n\}$ getrennten 2-dimensionalen Parameterraum $PR'\{2\}$, der „Parameterebene", sei eine Parametermannigfaltigkeit $PM'\{2\}$ durch kartesische Koordinaten $\xi^{1'}$, $\xi^{2'}$ mit

$$0 \le \xi^{1'} \le 1, \quad 0 \le \xi^{2'} \le 1 \tag{5.3/3}$$

definiert. Ganz in ihrem Innern verlaufe die stetige, stückweise glatte, nicht zu einem Punkt entartete, einfach geschlossene Kurve $\tilde{C}'$ (Bild 5.8b). Wenn dann eine stetige und für $0 < \xi^1 < 1, 0 < \xi^2 < 1$ genügend oft stetig differenzierbare Vektorfunktion

$$\tilde{\mathbf{r}} = \tilde{\mathbf{r}}\{\xi^{1'}, \xi^{2'}\} \tag{5.3/4}$$

der Punkte $\tilde{P}' = \tilde{P}\{\xi^{1'}, \xi^{2'}\}$ von $PM'\{2\}$ auf Punkte $\tilde{P} = \tilde{P}\{\xi^j\}$ der Parametermannigfaltigkeit $PM\{n\}$ von Bild 5.8a gegeben ist so, daß dabei die Punkte der Kurve $\tilde{C}'$ auf die Punkte der Kurve $\tilde{C}$ abgebildet werden, so stellt die Gesamtheit der Bildpunkte $\tilde{P}$ von Punkten $\tilde{P}'$ des Parameterbereiches $\tilde{P}\tilde{F}'$, der von der Kurve $\tilde{C}'$ umschlossen wird, die Parameterfläche $\tilde{P}\tilde{F}$ dar. Diese enthalte auch ihre Randkurve $\tilde{C}$.

Die Abbildung (5.3/4) entspricht abgesehen von dem nicht mehr notwendig rechteckigen Parameterbereich $PF'\{2\}$ derjenigen (5.1/5) einer 2-dimensionalen, unter Umständen singulären Mannigfaltigkeit $M\{2\}$, in welcher gegebenenfalls die Zusatzforderung (5.1/7) eines nicht verschwindenden Basisvolumens nicht mehr erfüllt ist – jetzt allerdings des Parameterraumes statt des Einbettungsraumes. Nach wie vor sind Überlappungen zugelassen.

Wir zeigen zunächst, daß es zu jeder stetigen, stückweise glatten, einfach geschlossenen Randkurve $\tilde{C}$ in $PM\{n\}$ wenigstens eine zugehörige Parameterfläche $\tilde{P}\tilde{F}$ gibt, und wählen $\varepsilon > 0$ als kleine Zahl, die jedenfalls $\varepsilon < 1/2$ erfüllt. Dann setzen wir die Vektorfunktion (5.3/4) zu

$$\tilde{\mathbf{r}} = \frac{\xi^{2'} - \varepsilon}{1 - 2\varepsilon} \overset{2}{\tilde{\mathbf{r}}} \left\{ \tilde{\beta} = \frac{\xi^{1'} - \varepsilon}{1 - 2\varepsilon} b \right\} + \frac{1 - \varepsilon - \xi^{2'}}{1 - 2\varepsilon} \overset{1}{\tilde{\mathbf{r}}} \left\{ \tilde{\alpha} = \frac{\xi^{1'} - \varepsilon}{1 - 2\varepsilon} a \right\}$$

an und erkennen, daß sie für $\varepsilon \leq \xi^{1'} \leq 1 - \varepsilon$ und $\xi^{2'} = \varepsilon$ den Kurventeil $\overset{1}{\tilde{\mathbf{r}}}\{\tilde{\alpha}\}$ beziehungsweise für $\xi^{2'} = 1 - \varepsilon$ den Kurventeil $\overset{2}{\tilde{\mathbf{r}}}\{\beta\}$ von $\tilde{C}$ enthält sowie für $1 - \varepsilon \geq \xi^{2'} \geq \varepsilon$ lauter auf Geraden dazwischen liegende Punkte. Variiert man $\xi^{1'}, \xi^{2'}$ gemäß (5.3/3) in den Grenzen von 0 bis 1, so kommen Punkte außerhalb der Kurve $\tilde{C}$ hinzu, die jedoch für einen genügend klein gewählten Wert ε sicherlich ebenfalls noch ganz im Innern der Parametermannigfaltigkeit $PM\{n\}$ liegen. Die Kurve $\tilde{C}'$ der Parametermannigfaltigkeit $PM'\{2\}$ entspricht dabei den stückweise glatten, vom Parameter $\tilde{s}'$ (Bild 5.8b) abhängigen Verläufen

$$\xi^{1'} = \varepsilon + \tilde{s}', \qquad \xi^{2'} = \varepsilon \qquad \text{für} \quad 0 \qquad \leq \tilde{s}' \leq 1 - 2\varepsilon\,;$$
$$\xi^{1'} = 1 - \varepsilon, \qquad \xi^{2'} = 3\varepsilon - 1 + \tilde{s}' \quad \text{für} \quad 1 - 2\varepsilon \leq \tilde{s}' \leq 2 - 4\varepsilon\,;$$
$$\xi^{1'} = 3 - 5\varepsilon - \tilde{s}', \quad \xi^{2'} = 1 - \varepsilon \qquad \text{für} \quad 2 - 4\varepsilon \leq \tilde{s}' \leq 3 - 6\varepsilon\,;$$
$$\xi^{1'} = \varepsilon, \qquad \xi^{2'} = 4 - 7\varepsilon - s' \quad \text{für} \quad 3 - 6\varepsilon \leq \tilde{s}' \leq 4 - 8\varepsilon\,.$$

Im zweiten und vierten Teilverlauf gilt $\tilde{\mathbf{r}} \equiv \tilde{O}\tilde{Y}$ beziehungsweise $\tilde{\mathbf{r}} \equiv \tilde{O}\tilde{X}$.

Von jetzt an sei $\tilde{P}\tilde{F}$ die soeben konstruierte oder irgendeine andere Parameterfläche innerhalb der Randkurve $\tilde{C}$.

Mit $\tilde{s}$ als Bogenlänge der Randkurve $\tilde{C}'$ in Bild 5.8b, $\tilde{P}\tilde{F}'$ als Symbol des durch $\tilde{C}'$ eingeschlossenen Parameterbereiches und ν als Auswärts-Einsnormale zu $\tilde{C}'$ liefert der Gauss-Greensche Integralsatz (4.1/20)

$$\int\limits^{\tilde{P}\tilde{F}'} (u_{1', 2'} - u_{2', 1'}) |\,d\xi^{1'}\, d\xi^{2'}| = \int\limits^{\tilde{C}'} (u_1 \cdot \nu^{2'} - u_2 \cdot \nu^{1'}) |\,d\tilde{s}'|, \tag{5.3/5}$$

worin $u_1\{\xi^{1'}, \xi^{2'}\}$, $u_2\{\xi^{1'}, \xi^{2'}\}$ irgend zwei vorgegebene Funktionen darstellen. Wir bilden nun gemäß dem ebenen Vektorprodukt von Bild 3.1b den Vektor $\mathbf{t} = [\mathbf{v}]$ der Länge $|\mathbf{t}| = |\mathbf{v}| = 1$. Er geht aus $\mathbf{v}$ durch eine Drehung um $90°$ im gleichen Sinne hervor wie die $\xi^{2'}$-Achse aus der $\xi^{1'}$-Achse in Bild 5.8b und repräsentiert einen Tangenten-Einsvektor zur Kurve $\tilde{C}'$ im „positiven Umlaufsinn". Über (3.3/4) und (2.5/5) folgt für kartesische Koordinaten wegen (2.3/13a) gerade $t_{1'} = t^{1'} = -v^{2'}, t_{2'} = t^{2'} = v^{1'}$, das heißt mit $d\xi^{1'} = t^{1'}|d\tilde{s}'|, d\xi^{2'} = t^{2'}|d\tilde{s}'|$ als Koordinaten-Inkrementen längs der Kurve $\tilde{C}'$:

$$(u_{1'}v^{2'} - u_{2'}v^{1'})|ds'| = -(u_{1'}d\xi^{1'} + u_{2'}d\xi^{2'}) \qquad (5.3/6)$$

Jetzt betrachten wir die zur Parametermannigfaltigkeit $PM\{n\}$ im Einbettungsraum $E\{m\}$ gehörige, gegebenenfalls verallgemeinerte, einfach zusammenhängende Mannigfaltigkeit $M\{n\}$, die durch ihre Tangentialräume $TR\{n\}$ mit den lokalen Basen $\mathbf{g}_1, \ldots, \mathbf{g}_n$ definiert ist. In ihnen lassen sich mittels der oben eingeführten Abbildung (5.3/4) in der Gestalt $\xi^j = \xi^j\{\xi^{1'}, \xi^{2'}\}$ über (5.1/12) die Tangentenvektoren $\mathbf{g}_{1'}, \mathbf{g}_{2'}$ bilden (Bild 5.8c). Sie bestimmen die Tangentialebene im Bildpunkt P von $\tilde{P}$ einer in Bild 5.8 nicht wiedergegebenen Fläche PF innerhalb der ebenfalls nicht eingezeichneten Mannigfaltigkeit $M\{n\}$, für welche der Parameterbereich $\tilde{P}\tilde{F}'$ als Ort der Parameterwerte ξ^j dient. Allerdings braucht auch PF nicht unbedingt der Regularitätsforderung (5.1/7) in bezug auf die Tangentenvektoren $\mathbf{g}_{1'}, \mathbf{g}_{2'}$ zu genügen.

Die in Bild 5.8 nicht dargestellte Bildkurve C in der Mannigfaltigkeit $M\{n\}$, nämlich von $\tilde{C}$ und damit von $\tilde{C}'$, besitzt nach (5.1/14) in bezug auf $\tilde{C}'$ den inkrementellen Tangentenvektor $d\mathbf{r} = d\xi^{1'}\mathbf{g}_{1'} + d\xi^{2'}\mathbf{g}_{2'}$. Er braucht in der Folge für $\mathbf{g}_{1'} = \mathbf{g}_{2'} = \mathbf{0}$, das heißt für $d\mathbf{r} = \mathbf{0}$, nicht betrachtet zu werden. Im Falle $\mathbf{g}_{1'} = \mathbf{0}$ oder $\mathbf{g}_{2'} = \mathbf{0}$ führt man als $\mathbf{g}_{1'}$ beziehungsweise als $\mathbf{g}_{2'}$ einen etwa zu $\mathbf{g}_{2'}$ oder zu $\mathbf{g}_{1'}$ senkrechten Einsvektor ein, und zwar in Kombination mit $d\xi^{1'} = 0$ beziehungsweise mit $d\xi^{2'} = 0$. Dann läßt sich in jedem Fall nach Satz 2.2/6 $\mathbf{g}_{1'}$ und $\mathbf{g}_{2'}$ zu einer vollständigen, positiv orientierten Basis $\mathbf{g}_{j'}$ des Tangentialraumes $TR\{n\}$ ergänzen, wobei $d\mathbf{r} = d\xi^{1'}\mathbf{g}_{1'} + d\xi^{2'}\mathbf{g}_{2'} = d\xi^{j'}\mathbf{g}_{j'}$ mit $i', j', \ldots, s' \equiv 1, \ldots, n', d\xi^{3'} = \cdots = d\xi^{n'} = 0$ und $n' = n$ gilt. Für ein beliebiges weiteres Vektorfeld $\mathbf{u} = u_{k'}\mathbf{g}^{k'}$ in den Tangentialräumen $TR\{n\}$ der Mannigfaltigkeit $M\{n\}$ hat man also

$$(\mathbf{u}, d\mathbf{r}) = u_{k'}d\xi^{k'} = u_{1'}d\xi^{1'} + u_{2'}d\xi^{2'}$$

und kann dieses Skalarprodukt gemäß $(\mathbf{u}, d\mathbf{r}) = u_i d\xi^i$ auch in den ursprünglichen Basen $\mathbf{g}_j$ der Tangentialräume ausdrücken. Dies ergibt wegen (5.3/6) für die rechte Seite von (5.3/5) den Ausdruck

$$-\int^C u_j d\xi^j \qquad (5.3/7)$$

Für die linke Seite beachten wir nach (5.1/12)

$$u_{j',k'} = (a_{j'}^p u_p)_{,k'} = a_{j'}^p u_{p,q}\xi^q_{,k'} + a_{j',k'}^p u_p$$
$$= a_{j'}^p a_{k'}^q u_{p,q} + \xi^p_{.,j'k'}u_p,$$

das heißt

$$u_{j',k'} - u_{k',j'} = a_{j'}^p a_{k'}^q u_{p,q} - a_{k'}^p a_{j'}^q u_{p,q}$$
$$= a_{j'}^p a_{k'}^q (u_{p,q} - u_{q,p}) \tag{5.3/8}$$

Damit ergibt (5.3/5) über (5.3/7) den Stokesschen Integralsatz in seiner einfachsten Gestalt, nämlich

$$- \int\limits^{\widetilde{\widetilde{PF}}'} a_{1'}^p a_{2'}^q (u_{p,q} - u_{q,p}) |d\xi^{1'} d\xi^{2'}| = \int\limits^{C} u_j \, d\xi^j, \tag{5.3/9}$$

wobei rechtsseitig ein positiver Umlaufsinn entsprechend der oben beschriebenen Tangentenrichtung t im Parameterraum $PR'\{2\}$ zu wählen ist.

Wir wenden uns erneut den Tangentenvektoren $\mathbf{g}_{1'}$, $\mathbf{g}_{2'}$ zu, jetzt allerdings für die Flächen im Inneren der Kurven C beziehungsweise $\tilde{C}$, und beschränken uns auf reguläre Punkte, in denen $\mathbf{g}_{1'}$ und $\mathbf{g}_{2'}$ linear unabhängig sind, weil singuläre Punkte nichts zu den hier zu entwickelnden Flächenintegralen beitragen. Bei der Schmidtschen Orthogonalisierung von $\mathbf{g}_{1'}$, $\mathbf{g}_{2'}$ erhält man dann gemäß (2.2/6) zunächst orthogonale Vektoren $\bar{\mathbf{g}}_I$, $\bar{\mathbf{g}}_{II}$ der Längen $\underset{I}{\alpha} = |\bar{\mathbf{g}}_I| > 0$, $\underset{II}{\alpha} = |\bar{\mathbf{g}}_{II}| > 0$, die gemäß (2.3/18) gebildet werden und wegen Satz 2.3/4 die Volumeninhalte nicht ändern. Da wir gemäß Satz 2.2/6 die Vektoren $\mathbf{g}_{3'}, \ldots, \mathbf{g}_{n'}$ als orthonormale Ergänzung zu $\mathbf{g}_{1'}$, $\mathbf{g}_{2'}$ und damit gleichzeitig zu $\bar{\mathbf{g}}_I$, $\bar{\mathbf{g}}_{II}$ aufstellen, gilt mit $\underset{III}{\alpha} = |\mathbf{g}_{3'}| = 1, \ldots, \underset{N}{\alpha} = |\mathbf{g}_{n'}| = 1$ und (2.3/17) für die positive Orientierung

$$\underset{*}{A} = V\{\mathbf{g}_{1'}, \mathbf{g}_{2'}\} = V\{\bar{\mathbf{g}}_I, \bar{\mathbf{g}}_{II}\} = \pm \underset{I}{\alpha}\underset{II}{\alpha},$$

$$\underset{*}{V} = V\{\mathbf{g}_{1'}, \mathbf{g}_{2'}, \ldots, \mathbf{g}_{n'}\} = V\{\bar{\mathbf{g}}_I, \bar{\mathbf{g}}_{II}, \ldots, \bar{\mathbf{g}}_N\} = \underset{I}{\alpha}\underset{II}{\alpha},$$

das heißt

$$\underset{*}{V} = |\underset{*}{A}| \tag{5.3/10}$$

Nun führt man gemäß (4.2/36) die sogenannte Normalkomponente zur Tangentialebene,

$$rot^v\{\mathbf{u}\} = 2\omega^{3'\cdots n'} = \frac{-1}{(n-2)!} \varepsilon^{3'\cdots n' p' q'} u_{p'q'}$$

des über die Dyade $u_{p',q'}$ gebildeten Rotationstensors $\mathbf{rot}\{\mathbf{u}\}$ ein (vgl. (4.2/40)). Sie besitzt wegen Satz 2.5/1 und (2.5/3a, b) für alle orthonormal ergänzten Basen $\mathbf{g}_{1'}, \ldots, \mathbf{g}_{n'}$ positiver Orientierung, bei denen die $\mathbf{g}_{3'}, \ldots, \mathbf{g}_{n'}$ in sich kartesisch sind und zur Tangentialebene senkrecht stehen, denselben Wert

$$rot^v\{\mathbf{u}\} = \frac{-1}{(n-2)!} \overset{*}{V}(u_{1',2'} - u_{2',1'}),$$

der im Falle $n = 2$ als Skalar aufzufassen ist $((n-2)! = 1)$. Die Erweiterung der linken Seite von (5.3/5) im Zähler und Nenner mit $\underset{*}{V}$ ergibt wegen (2.3/15),

(5.3/10), und weil

$$dA = \underset{*}{A} d\xi^{1'} d\xi^{2'} \tag{5.3/11}$$

hier analog (5.1/19) das 2-dimensionale Volumenelement, also das „Flächenelement" der zur Parameterfläche $\widetilde{P}\widetilde{F}$ gehörigen Fläche PF des Einbettungsraumes darstellt, gemeinsam mit (5.3/7)

$$\overset{PF}{\int} rot^v\{\mathbf{u}\}\, dA = \frac{1}{(n-2)!} \overset{C}{\int} u_j\, d\xi^j. \tag{5.3/12}$$

Dies ist die am häufigsten benutzte Fassung des Stokesschen Integralsatzes, hier sogar für verallgemeinerte Mannigfaltigkeiten formuliert, die sich im Einbettungsraum gar nicht geometrisch darstellen zu lassen brauchen (Abschnitt 5.1.4). Im letzten Fall besitzen PF und C nur symbolische Bedeutung.

Auch kommt es nicht mehr unbedingt auf die quaderförmige Parametermannigfaltigkeit $PM\{n\}$ als solche an. Vielmehr genügt es in vielen Fällen zu wissen, daß sich jede geschlossene Kurve

$$C: \quad \xi^j = \xi^j\{s\}, \quad 0 \le s \le l \quad \text{mit} \quad \xi^j\{0\} = \xi^j\{l\}$$

einer im Sinne von Abschnitt 5.1.4 erweiterten und verallgemeinerten Mannigfaltigkeit, deren Koordinaten-Parameter ξ^j also abschnittsweise zu wechselnden Parametermannigfaltigkeiten gehören dürfen, durch eine Parameterfläche PF: $\xi^j = \xi^j\{\xi^{1'}, \xi^{2'}\}$ überbrückt werden kann, welche C im Inneren enthält. Solche Mannigfaltigkeiten heißen „einfach zusammenhängend". Wie gezeigt sind jedenfalls die durch eine einzige, quaderförmige Parametermannigfaltigkeit repräsentierten Mannigfaltigkeiten, insbesondere also alle Grundmannigfaltigkeiten, einfach zusammenhängend.

Gleichung (5.3/5) gilt insbesondere auch dann, wenn $u_{1'}$ und $u_{2'}$ die j-ten affinen Koordinaten zweier Vektoren $\overset{1'}{\mathbf{u}}, \overset{2'}{\mathbf{u}}$ des Einbettungsraumes darstellen, und daraufhin für diese Vektoren $\overset{1'}{\mathbf{u}}, \overset{2'}{\mathbf{u}}$ selbst. Den Ausdruck (5.3/7) kann man auf entsprechende Weise umformulieren, falls sich die Vektoren $\overset{j'}{\mathbf{u}}$ bezüglich der Marke j' wie Vektorkoordinaten $u_{j'}$ transformieren. Dies trifft sicherlich für die Basisvektoren $\mathbf{g}_{j'}$ zu. Deshalb läßt sich (5.3/9) auch in die Gestalt

$$\overset{\widetilde{P}\widetilde{F}'}{\int} a_{1'}^j a_{2'}^k (\mathbf{g}_{j,k} - \mathbf{g}_{k,j}) |d\xi^{1'} d\xi^{2'}| = \overset{\widetilde{C}}{\int} \mathbf{g}_j\, d\xi^j \tag{5.3/13}$$

bringen. Falls nun die Basisvektoren $\mathbf{g}_j$ des Tangentialraumes einer einfach zusammenhängenden Mannigfaltigkeit so vorgegeben werden, daß überall

$$\mathbf{g}_{j,k} = \mathbf{g}_{k,j} \tag{5.3/14}$$

gilt, so würde aus (5.3/13) $\overset{\widetilde{C}}{\int} \mathbf{g}_j\, d\xi^j = \mathbf{0}$ folgen: Das Integral der Basisvektoren über jede einfach geschlossene Kurve verschwindet. Es verschwindet dann auch für mehrfach geschlossene, zum Beispiel 8-förmige Kurven, wenn man diese in mehrere einfach geschlossener 0-förmige zerlegt. In Bild 5.8a müssen infolgedessen die Kurvenintegrale über $\mathbf{g}_j$ von $\tilde{X}$ nach $\tilde{Y}$ längs beider Hälften von $\tilde{C}$, und zwar für jede beliebige Verbindungskurve, denselben Wert liefern, das heißt, sie müssen unabhängig vom Integrationsweg sein. Aufgrund des Ansatzes $\mathbf{r}_{,j} = \mathbf{g}_j$ gemäß (5.1/6) ergibt dann das vom Ursprung $\tilde{X} = \tilde{O}$ zu irgendeinem Punkt $\tilde{Y} = \tilde{P}\{\xi^j\}$ erstreckte Integral

$$\mathbf{r} = \int_{\tilde{O}}^{\tilde{P}} \mathbf{g}_j \, d\xi^j + \mathbf{r}_0 \qquad (5.3/15)$$

innerhalb der gewählten Parametermannigfaltigkeit die eindeutige, vom Integrationsweg unabhängige Vektorfunktion $\mathbf{r}\{\xi^j\} - \mathbf{r}_0$, wobei etwa mit $\mathbf{r}_0 = \mathbf{r}\{\xi^j = 0\} = \mathbf{0}$ der Ursprung $\tilde{O}$ des Parameterraumes auf den Ursprung O des Einbettungsraumes abgebildet wird.

$\mathbf{r} = \mathbf{r}\{\xi^j\}$ nach (5.3/15) definiert über (5.1/5) eine einbettbare Mannigfaltigkeit. Wenn man hierbei die Verbindungskurve von O nach P speziell so wählt, daß sie auf dem letzten Stück, etwa von $\bar{\xi}^j$ bis ξ^j, parallel zur $\langle k \rangle$-Achse verläuft, so lautet (5.3/15) wegen $d\xi^j = 0$ für $j \neq \langle k \rangle$:

$$\mathbf{r} = \int_{\tilde{O}}^{\tilde{P}\{\bar{\xi}^j\}} \mathbf{g}_j \, d\xi^j + \int_{\bar{\xi}^{\langle k \rangle}}^{\xi^{\langle k \rangle}} \mathbf{g}_{\langle k \rangle} \, d\xi^{\langle k \rangle}$$

Das erste Integral ist konstant, und aus dem zweiten Wert folgt wie in (5.1/6) verlangt

$$\mathbf{r}_{,k} = \mathbf{g}_k \qquad (5.3/16)$$

Da sich aus dieser Beziehung umgekehrt wieder $\mathbf{g}_{k,j} = \mathbf{r}_{,kj} = \mathbf{r}_{,jk} = \mathbf{g}_{j,k}$ ergibt, hat man

Satz 5.3/1: Die Gleichung (5.3/14) ist notwendig und bei einfach zusammenhängenden Mannigfaltigkeiten auch hinreichend für die Einbettbarkeit.

Dies gilt, wie vorausgesetzt, zunächst für $n \geq 2$. Im Falle $n = 1$ (Kurve) ist die Gleichung $\mathbf{r}_{,1} = \mathbf{g}_1$ stets eindeutig über die einzige vorhandene Variable ξ^1 integrierbar, und (5.3/14) wird automatisch erfüllt. Daher gilt Satz 5.3/1 auch für $n = 1$.

Für später benötigen wir noch eine zu Satz 5.3/1 analoge Aussage in bezug auf die Ableitungen $\mathbf{g}_{k,j}$ der lokalen Basen statt in bezug auf diese selbst. In der Tat transformieren sich für einen festen Wert l die Ableitungen $\mathbf{g}_{l,j}$ nach der Kettenregel und (5.1/12) in der Form

$$\mathbf{g}_{l,k'} = \mathbf{g}_{l,j} \, \xi^j_{,k'} = \mathbf{g}_{l,j} \, a^j_{k'},$$

also wie Vektoren. Dann gilt (5.3/13) auch nach einer Ersetzung von $\mathbf{g}_j$ durch $\mathbf{g}_{j,l}$, und es folgt entsprechend Satz 5.3/1 der

Satz 5.3/2: Notwendig und in einer einfach zusammenhängenden Mannigfaltigkeit auch hinreichend für die Existenz der Vektorfelder $g_{l,j}$ ist die Gleichheit

$$g_{l,jk} = g_{l,kj}$$

für alle Indexpaare j, k.

5.4 Übungen

In den folgenden Aufgaben sind $x = \xi^x$, $y = \xi^y$ ebene sowie in Verbindung mit $z = \xi^z$ räumliche kartesische Koordinaten des ebenen beziehungsweise dreidimensionalen Basisvolumens $\bar{V} = 1$. Der zugehörige Parameterraum sei mit dem Einbettungsraum identisch.

5.4.1 Für das Kegelkoordinatensystem $\rho = \xi^\rho$, $\psi = \xi^\psi$, $\vartheta = \xi^\vartheta$ im ($n = m = 3$)-dimensionalen Raum, Bild 5.9a, mit ψ, ϑ als Azimut- beziehungsweise Longitudinalwinkeln sowie mit ρ als gerichtetem Abstand von der x, y-Ebene bestimme man

a) die lokale kovariante Basis g_ρ, g_ψ, g_ϑ der Tangentialräume, ausgedrückt in der kartesischen Basis g_x, g_y, g_z, und das Basisvolumen $\overset{*}{V}$;

b) die metrischen Grundgrößen als Matrizen

$$\underset{*}{g} = M\{g_{jk}\}, \quad \overset{*}{g} = M\{g^{jk}\}; \quad i, \ldots, s = \rho, \psi, \vartheta;$$

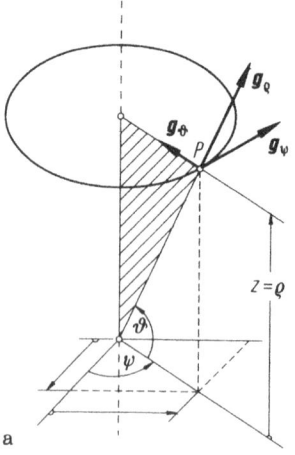
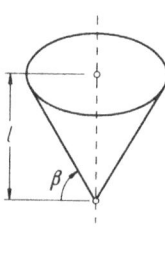

Bild 5.9. a Kegelkoordinaten $\rho = \xi^\rho$, $\psi = \xi^\psi$, $\vartheta = \xi^\vartheta$ und kartesische Koordinaten $x = \xi^x$, $y = \xi^y$, $z = \xi^z$ eines Punktes P. g_ρ, g_ψ, g_ϑ Basis im Tangentialraum. **b** Kegel(stumpf) als Körper, Länge l, komplementärer Spitzenwinkel β.

c) die lokale kontravariante Basis $\mathbf{g}^\rho$, $\mathbf{g}^\psi$, $\mathbf{g}^\vartheta$;

d) das Volumenelement dV nebst den Randelementen dS (für $\rho = l$) und $\underset{\beta}{dS}$ (für $\vartheta = \beta$); Bild 5.9b.

e) Man bestimme den Gesamtbetrag des Volumens $|V|$ und der Oberfläche $|S|$ für den Kegelstumpf $0 \le \rho \le l$, $0 \le \psi \le 2\pi$, $\beta \le \vartheta \le \dfrac{\pi}{2}$ von Bild 5.9b durch Volumen- bzw. Oberflächenintegration, wobei $l \ge 0$ und $0 < \beta \le \dfrac{\pi}{2}$ vorgegeben sei.

5.4.2 Für die ebene Scherbiegung von Bild 4.13 mit

$$g\{x\} = c(x)^2; \quad c = const$$

als Gestalt der Biegelinie bestimme man abhängig vom Verformungsparameter $c \ge 0$ und in mitgeschleppten, für $c = 0$ mit dem x, y-System zusammenfallenden Koordinaten $j = \xi^j$, wobei $i, \ldots, s \equiv \xi, \eta$ gilt, ähnlich wie in Aufgabe 5.4.1a–d

a) die lokale kovariante Basis $\mathbf{g}_j$ und das Basisvolumen V,

b) die Matrizen $\mathbf{g} = \mathbf{M}\{g_{jk}\}$, $\overset{*}{\mathbf{g}} = \mathbf{M}\{\overset{*}{g}{}^{jk}\}$ der metrischen Grundgrößen,

c) die lokale kontravariante Basis $\mathbf{g}^j$,

d) das Volumenelement dV sowie die Seitenelemente $\underset{h}{dS}$, $\underset{-h}{d\,S}$ der inneren und äußeren Laibungen $\eta = \pm h$.

5.4.3 Man beantworte die Fragen von Aufgabe 5.4.2 für die Bernoullische

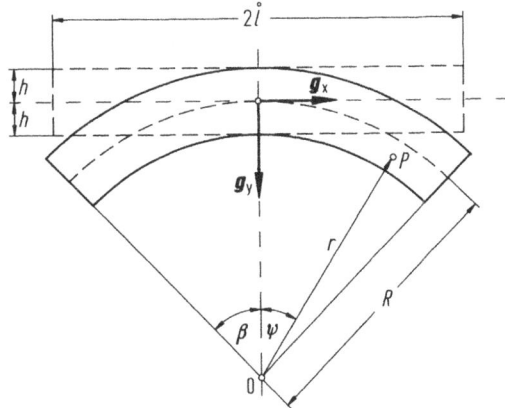

Bild 5.10. Bernoullische, kreisförmige Biegung eines ursprünglich geraden Balkens der konstanten Dicke $2h$ und der Anfangslänge $2\overset{0}{l}$ in der x, y-Ebene, wobei der Balkenmittelquerschnitt seine Lage $x = 0$, die mittlere Längsfaser („Biegelinie", anfangs: $y = 0$) ihre Länge, jede Längsfaser (anfangs: $y = const$) ihren Abstand von der Biegelinie und jeder Querschnitt $x = const$ seine ebene Gestalt senkrecht zur Biegelinie behält. $x = \xi^x$, $y = \xi^y$ kartesische Koordinaten zu einer Basis mit positiver Orientierung; $\beta > 0$ Biegewinkel; R Krümmungsradius der Biegelinie; r, ψ Polarkoordinaten mit Ursprung O in der aktuellen Konfiguration.

Balkenbiegung von Bild 5.10 mit dem Biegewinkel β als Verformungsparameter.

5.4.4 Sind die folgenden $(n = 2)$-dimensionalen, für

$$0 \leq \xi^1 \leq 1, \quad 0 \leq \xi^2 \leq 1$$

definierten, verallgemeinerten Untermannigfaltigkeiten des 3-dimensionalen Einbettungsraumes $E\{m = 3\}$ in diesen einbettbar? Wie lautet dann der Ortsvektor $\mathbf{r} = \mathbf{r}\{\xi^1, \xi^2\}$ zu den Punkten der Mannigfaltigkeiten? ($h = const \neq 0$):

a) $\mathbf{g}_1 = \cos\{\pi\xi^2\}\mathbf{g}_x + \sin\{\pi\xi^2\}\mathbf{g}_y$

   $\mathbf{g}_2 = \pi\xi^1[\cos\{\pi\xi^2\}\mathbf{g}_x + \sin\{\pi\xi^2\}\mathbf{g}_y] + h\mathbf{g}_z$

b) $\mathbf{g}_1 = \cos\{\pi\xi^2\}\mathbf{g}_x + \sin\{\pi\xi^2\}\mathbf{g}_y$

   $\mathbf{g}_2 = \pi\xi^1[-\sin\{\pi\xi^2\}\mathbf{g}_x + \cos\{\pi\xi^2\}\mathbf{g}_y] + h\mathbf{g}_z$

6 Christoffelsymbole

6.1 Abrollen und Abwickeln

Wir gehen von einer n-dimensionalen Mannigfaltigkeit $M\{n\}$ des Einbettungs-raumes $E\{m\}$ aus, die im Sinne von Abschnitt 5.1.4 auch eine verallgemeinerte, einbettbare oder nichteinbettbare Riemannsche Mannigfaltigkeit sein darf. Ihre Punkte, hier insbesondere O und P (Bild 6.1a), werden durch Koordinaten-Parameter ξ^j definiert

$$P = P\{\xi^j\}, \quad O = P\{\overset{0}{\xi}{}^j\}.$$

C ist eine Kurve der Punkte P mit $\xi^j = \xi^j\{s\}$, wo s irgendeinen Kurvenparameter darstellt. Ferner seien zu jedem Punkt P die Basisvektoren $\mathbf{g}_j = \mathbf{g}_j\{\xi^j\}$ des zugehörigen Tangentialraumes TR definiert.

Wir halten nun den Tangentialraum TR_0 im Punkt O fest und „rollen", anschaulich gesprochen, M längs C auf TR_0 „ab", wobei sich jeder Punkt P von C auf einen Punkt P' der Abrollkurve C' von C abdrückt. Dem Abrollpunkt P' ordnen wir den gleichen Parameterwert $s' = s$ wie P zu, so daß $s' = s$ auch

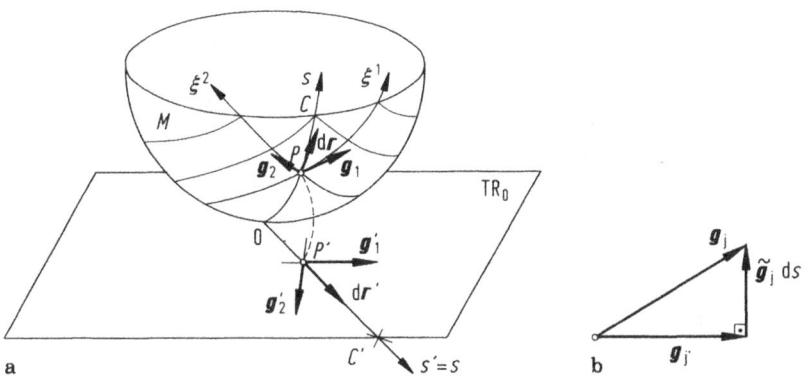

Bild 6.1. a Abrollen einer ($n = 2$)-dimensionalen Mannigfaltigkeit M (Koordinaten ξ^j) längs ihrer Kurve C (Parameter s) auf den Tangentialraum TR_0 im Punkt O. $\mathbf{g}_j$ Basis im Punkt P von C. Abrollkurve C' (Parameter $s' = s$) mit Abrollpunkt P' und abgerollter Basis $\mathbf{g}_{j'}$. $d\mathbf{r}$, $d\mathbf{r}'$ Tangenten-vektoren an C bzw. C'; **b** Orthogonale Abweichung der Basen $\mathbf{g}_j$ und $\mathbf{g}_{j'}$ in zu O infinitesimal benachbarten Punkten P, P' als Folge der äußeren Krümmung von M, ausgedrückt durch den Vektor $\tilde{\mathbf{g}}_j$

Kurvenparameter von C' ist. Gleichzeitig wird die Basis $\mathbf{g}_j$ jedes Tangentialraumes TR längs C mit abgerollt; es entsteht die abgerollte Basis $\mathbf{g}_{j'}$, die den nun in TR_0 liegenden, abgerollten Tangentialraum TR' definiert.

Zur mathematischen Formulierung gehen wir von der üblichen Vorstellung aus, daß sich TR im Moment des Abrollen gleichsam wie eine Stempelfläche senkrecht auf TR_0 bzw. TR' absenkt, so daß sich beide Basen $\mathbf{g}_k$, $\mathbf{g}_{k'}$ kurz vor oder nach dem Kontakt nur um zueinander senkrechte Anteile unterscheiden. Dies führt, bezogen auf den Parameterabstand $\Delta s \to 0$ vom betrachteten Kontaktpunkt P aufgrund der l'Hospitalschen Grenzwertregel zu dem Ansatz

$$\frac{1}{\Delta s}(\mathbf{g}_k - \mathbf{g}_{k'}, \mathbf{g}^l) \to \left(\frac{d}{ds}(\mathbf{g}_k - \mathbf{g}_{k'}), \mathbf{g}^l\right) = 0. \qquad (6.1/1)$$

$d\mathbf{g}_{k'}/ds$ liegt definitionsgemäß ganz in $\mathbf{TR}_0$, also auch im Tangentialraum TR' und heißt „Orthogonalprojektion" von $d\mathbf{g}_k/ds$ auf TR_0 beziehungsweise TR' oder, wenn im Punkt $P = P'$ beim Abrollen gerade TR und TR' zusammenfallen, auch Orthogonalprojektion von $d\mathbf{g}_k/ds$ in P auf TR. Diese läßt sich nach der im Moment des Abrollens mit $\mathbf{g}_i$ identischen Basis $\mathbf{g}_{i'}$ von TR' entwickeln:

$$d\mathbf{g}_{k'}/ds = \gamma_k^{i'}\mathbf{g}_{i'}. \qquad (6.1/2)$$

$\gamma_k^{i'}$ stellen geeignete Koeffizienten dar, die wir Abrollkoeffizienten nennen wollen. Mit

$$\tilde{\mathbf{g}}_k = d[\mathbf{g}_k - \mathbf{g}_{k'}]/ds \qquad (6.1/3)$$

als Maß für die infinitesimale Abweichung beider Basen voneinander (Bild 6.1b) erkennt man aus (6.1/1)

$$\left.\begin{array}{l} d\mathbf{g}_k/ds = \gamma_k^i\mathbf{g}_i + \tilde{\mathbf{g}}_k \\ \text{worin} \\ (\tilde{\mathbf{g}}_k, \mathbf{g}^l) = 0, \quad \gamma_k^i = \gamma_k^{i'} \end{array}\right\} \qquad (6.1/4)$$

gilt beziehungsweise gesetzt wurde. Durch (6.1/2) und (6.1/4) ist dann der Abrollvorgang beschrieben, und zwar eindeutig. In der Tat erhält man bei gegebener Kurve C aus (6.1/4) zunächst die Abrollkoeffizienten und den Vektor $\tilde{\mathbf{g}}_k$ in der eindeutigen Gestalt

$$\gamma_k^l = (d\mathbf{g}_k/ds, \mathbf{g}^l), \quad \tilde{\mathbf{g}}_k = d\mathbf{g}_k/ds - \gamma_k^i\mathbf{g}_i, \qquad (6.1/5)$$

so daß auch die Projektion $d\mathbf{g}_{k'}/ds$ eindeutig über (6.1/2) festliegt. Umgekehrt: Wenn man γ_k^l, $\tilde{\mathbf{g}}_k$ und $d\mathbf{g}_{k'}/ds$ über (6.1/5) mit (6.1/2) ermittelt, so sieht man, daß die Orthogonalitätsbedingung $(\tilde{\mathbf{g}}_k, \mathbf{g}^l) = 0$ in (6.1/4) und damit auch die Ansatzbedingung (6.1/1) erfüllt ist.

Bei einer gegebenen, im Anfangspunkt O des Rollvorganges mit der abgerollten Basis zusammenfallenden Basis

$$(\mathbf{g}_j)_0 = (\mathbf{g}_{j'})_0 = \mathbf{g}_{j_0}, \qquad (6.1/6)$$

läßt sich daraufhin das lineare gewöhnliche Differentialgleichungssystem (6.1/2) eindeutig zu $\mathbf{g}_{k'} = \mathbf{g}_{k'}\{s\}$ integrieren, und durch die anschließende Integration der Beziehung (5.1/13) in der Gestalt

$$
\left.\begin{aligned}
d\mathbf{r}'/ds' &= (d\xi^{j'}/ds')\mathbf{g}_{j'} \\
\text{mit} & \\
\xi^{j'} &= \xi^{j}, \quad s' = s
\end{aligned}\right\} \tag{6.1/7}
$$

erhält man C' als in TR_0 eingebettete Kurve $\mathbf{r}' = \mathbf{r}'\{s'\}$ selbst dann, wenn die Mannigfaltigkeit M nicht-einbettbar war.

Der Ansatz (6.1/7) macht davon Gebrauch, daß die Koordinaten $d\xi^{j'}/ds'$ bzw. $d\xi^{j}/ds$ der Tangenten $d\mathbf{r}'/ds'$ an C' bzw. $d\mathbf{r}/ds$ an C in den einander entsprechenden Basen $\mathbf{g}_{k'}$, $\mathbf{g}_{k}$ gleich sein sollen, wie es der Anschauung beim Abrollen entspricht (Bild 6.1). Dies gilt auch für die Gleichheit der lokalen Metriken sowie der Permutationstensoren

$$
g_{jk} = g_{j'k'}, \quad \varepsilon_{j_1 \ldots j_n} = \varepsilon_{j_1' \ldots j_n'} . \tag{6.1/8}
$$

Die erste Gleichung (6.1/8) entnimmt man der im Moment des Abrollens gültigen Beziehung $\mathbf{g}_{j'} = \mathbf{g}_j$ gemeinsam mit (2.4/2). Die zweite folgt aus (2.4/9) sowie (2.5/3), wenn man postuliert, daß beim Abrollen die Orientierung erhalten bleibt.

Aus (6.1/8) ergibt sich ferner wegen (5.1/18) und (6.1/7)

| **Satz 6.1/1:** Wenn s als Bogenlänge der Kurve C gewählt wird, so ist $s' = s$ auch die Bogenlänge der Abrollkurve C'.

Die vorausstehenden Gleichungen, beispielsweise (6.1/2), (6.1/4), (6.1/5), (6.1/7) gelten insbesondere dann, wenn die Kurve C eine Koordinatenlinie darstellt – etwa die ξ^j-Linie. In allen Gleichungen sollte dann wegen $s = \xi^j$ der zusätzliche Index j auftreten, und wir schreiben

$$
\left.\begin{aligned}
\mathbf{g}_{k',\,j'} &= \Gamma_{k'j'}^{i'}\,\mathbf{g}_{i'} \\
\mathbf{g}_{k,\,j} &= \Gamma_{kj}^{i}\,\mathbf{g}_{i} + \tilde{\mathbf{g}}_{kj} \\
(\tilde{\mathbf{g}}_{kj}, \mathbf{g}^{l}) &= 0 \\
\Gamma_{kj}^{i} &= \Gamma_{k'j'}^{i'} = (\mathbf{g}_{k,\,j}, \mathbf{g}^{i}) \\
\mathbf{r}'_{,\,k'} &= \mathbf{g}_{k'}
\end{aligned}\right\} \tag{6.1/9}
$$

Wiederum bezeichnet man die Vektorableitungen $\mathbf{g}_{k',\,j'}$ als Orthogonalprojektionen von $\mathbf{g}_{k,\,j}$ im Abrollpunkt P auf den jeweiligen Tangentialraum TR, während die nunmehr dreifach indizierten Abrollkoeffizienten

$$
\Gamma_{kj}^{i} = \Gamma_{k'j'}^{i'},
$$

die im betrachteten Abrollpunkt und daher auch später zusammenfallen, Christoffelsymbole heißen (zu Ehren des Mathematikers E. W. Christoffel, 1829–1900). Wir werden in Abschnitt 6.3.2 erkennen, daß sie keinen Tensor repräsentieren, und beachten deshalb nicht immer streng das Verbot, Indizes übereinanderzusetzen. Aus Satz 5.3/1 folgt

Satz 6.1/2: Notwendig für die Einbettbarket der Mannigfaltigkeit $M\{n\}$ im Einbettungsraum $E\{m\}$ und im Falle des einfachen Zusammenhanges auch hinreichend sind die Symmetrien

$$\Gamma_{kj}^{\,l} = \Gamma_{jk}^{\,l}, \quad \tilde{\mathbf{g}}_{kj} = \tilde{\mathbf{g}}_{jk}. \tag{6.1/10}$$

Speziell bei ungekrümmten Mannigfaltigkeiten, die durch $n = m$ definiert sind (Abschn. 5.1/4), stellen die $\mathbf{g}^l$ eine Basis des Einbettungsraumes dar. Dann hat man wegen (6.1/9) von vornherein

$$\tilde{\mathbf{g}}_{kj} \equiv 0. \tag{6.1/11}$$

Dies reicht für das Ungekrümmtsein der Mannigfaltigkeit auch hin, weil dann die ersten beiden Differentialgleichungen für $\mathbf{g}_j$ beziehungsweise $\mathbf{g}_{j'}$ in (6.1/9) zusammenfallen, so daß bei gleichen Anfangsbedingungen (6.1/6) die Basen $\mathbf{g}_j$, $\mathbf{g}_{j'}$ insgesamt identisch sind: $TR_0\{n\}$ ist Einbettungsraum $E\{m\}$ für alle Tangentialräume TR, und es folgt $m = n$. Hier kommt es also bei der Frage der Einbettbarkeit von $M\{n\}$ gemäß (6.1/10) nur noch auf die Symmetrie der Christoffelsymbole hinsichtlich der unteren beiden Indizes an.

Für $n \leq m$ sowie für eine wieder beliebige Kurve C: $\xi^j = \xi^j(s)$ (Bild 6.1) gilt $d\mathbf{g}_k/ds = \mathbf{g}_{k,j}\,d\xi^j/ds$, so daß man wegen (6.1/5) und (6.1/9)

$$\gamma_k^i = \Gamma_{kj}^i\,d\xi^j/ds, \quad \tilde{\mathbf{g}}_k = \tilde{\mathbf{g}}_{kj}\,d\xi^j/ds \tag{6.1/12}$$

erhält.

Wenn man nun zwei Kurven $\underset{1}{C}$, $\underset{2}{C}$ der Mannigfaltigkeit M betrachtet, die beide von O ausgehend zum gleichen Punkt P laufen, so stellt sich im allgemeinen heraus, daß man beim Abrollen zwei verschiedene Abrollpunkte P' sowie zwei unterschiedliche Abrollbasen $\mathbf{g}_{j'}$ in TR_0 erhält. Nur bei bestimmten Mannigfaltigkeiten M wird für alle Punkte P Eindeutigkeit bestehen. Solche Mannigfaltigkeiten nennen wir abwickelbar und sprechen vom Abwickeln statt vom Abrollen (Bild 6.2). Im Falle der Einbettbarkeit prägt sich dabei auch das

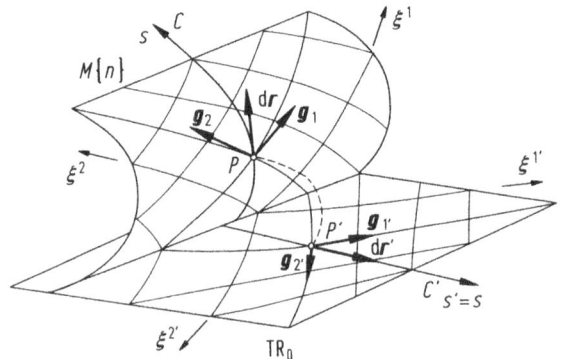

Bild 6.2. Abwickeln einer Manningfaltigkeit $M\{n\}$ (Fläche $n = 2$) auf den festen Tangentialraum $TR_0\{n\}$ (Ebene $n = 2$), zum Beispiel längs der Kurve C. $\xi^{j'}$ ($= \xi^j$) Abgewickeltes Koordinatennetz. Weitere Bezeichnungen wie Bild 6.1

ganze Netz der ξ^i-Koordinatenlinien als (krummliniges) $\xi^{i'}$-Netz mit ab, wenn analog (6.1/7) $\xi^{i'} = \xi^i$ gewählt wird.

Um die Abwickelbarkeit zu untersuchen, beginnen wir mit den Basisvektoren $\mathbf{g}_{k'}$. Deren eindeutige Konstruierbarkeit ist durch Integration der Ableitungen $\mathbf{g}_{k',j'}$ längs beliebiger Kurven C' gemäß Satz 5.3/2 in einfach zusammenhängenden Mannigfaltigkeiten dann und, allgemein, nur dann gewährleistet, wenn

$$\mathbf{g}_{k',j'l'} = \mathbf{g}_{k',l'j'} \tag{6.1/13}$$

gilt. Hierzu liefert die Differentiation der ersten Gleichung (6.1/9) und nachträgliche Substitution von (6.1/9) in die differenzierte Formel wegen $\xi^j = \xi^{j'}$

$$\mathbf{g}_{k',j'l'} = \Gamma^{p'}_{k'j',l'}\,\mathbf{g}_{p'} + \Gamma^{i'}_{k'j'}\,\mathbf{g}_{i',l'} = (\Gamma^{p'}_{k'j',l'} + \Gamma^{i'}_{k'j'}\,\Gamma^{p'}_{i'l'})\mathbf{g}_{p'}\,,$$

also wegen (6.1/13) und $\Gamma^{i'}_{j'k'} = \Gamma^i_{jk}$ als notwendige und hinreichende Bedingung

$$\Gamma^p_{kj,l} + \Gamma^i_{ki}\Gamma^p_{il} = \Gamma^p_{kl,j} + \Gamma^i_{kl}\Gamma^p_{ij} \tag{6.1/14}$$

Sie garantiert, wie gesagt, zunächst die Eindeutigkeit der abgewickelten Basen $\mathbf{g}_{k'}$, also der abgewickelten Tangentialräume TR', die insoweit eine verallgemeinerte Mannigfaltigkeit $M'\{n\}$ im Tangentialraum $TR_0\{n\}$ bilden. Dieser stellt einen Einbettungsraum $E\{n\}$ der Dimension n aller TR' dar. M' ist somit stets ungekrümmt.

Will man darüberhinaus die eigentliche Einbettbarkeit von $M'\{n\} = TR_0\{n\}$ erzwingen, so muß man zusätzlich analog (6.1/10) mit (6.1/11) die notwendige und bei einfach zusammenhängenden Mannigfaltigkeiten auch hinreichende Bedingung

$$\Gamma^l_{jk} = \Gamma^l_{kj} \tag{6.1/15}$$

erfüllen. Wir erinnern daran, daß zum Beispiel die Grundmannigfaltigkeiten als verallgemeinerte Mannigfaltigkeiten stets einfach zusammenhängend sind (Abschnitt 5.3).

6.2 Beispiele

6.2.1 Affine Koordinaten

Affine Koordinaten ξ^j besitzen räumlich konstante Basisvektoren $\mathbf{g}_j$. Es folgt $\mathbf{g}_{j,k} = \mathbf{0}$, also gemäß (6.1/9)

$$\Gamma^l_{jk} \equiv 0, \quad \tilde{\mathbf{g}}_{jk} \equiv \mathbf{0}\,.$$

Hieraus erkennt man bereits, daß die Christoffelsymbole im allgemeinen kein Tensor sein können. Als solcher müßten sie nun nämlich in sämtlichen Punkt-

Koordinatensystemen verschwinden. Würde man jedoch krummlinige Koordinaten einführen, so ergäbe sich $\Gamma^{i}_{jk} \not\equiv 0$; siehe auch Abschnitt 6.2.2 und folgende. Natürlich sind die Bedingungen (6.1/10) der Einbettbarkeit erfüllt.

6.2.2 Polarkoordinaten und Kugelkoordinaten

Aus (5.2/3), vgl. auch Bild 5.4, folgt für Polarkoordinaten mit

$$r = \xi^r, \quad \psi = \xi^\psi \quad \text{und} \quad \zeta = \xi^\zeta \quad \text{sowie} \quad j, k \equiv r, \psi, \zeta$$

$$\left.\begin{aligned}
\mathbf{g}_{r,r} &= \mathbf{0} \\
\mathbf{g}_{r,\psi} &= -\sin\{\psi\}\mathbf{g}_x + \cos\{\psi\}\mathbf{g}_y = \mathbf{g}_\psi/r \\
\mathbf{g}_{r,\zeta} &= \mathbf{0} \\
\mathbf{g}_{\psi,r} &= -\sin\{\psi\}\mathbf{g}_x + \cos\{\psi\}\mathbf{g}_y = \mathbf{g}_\psi/r \\
\mathbf{g}_{\psi,\psi} &= -r[\cos\{\psi\}\mathbf{g}_x + \sin\{\psi\}\mathbf{g}_y] = -r\mathbf{g}_r \\
\mathbf{g}_{\psi,\zeta} &= \mathbf{0} \\
\mathbf{g}_{\zeta,r} &= \mathbf{g}_{\zeta,\psi} = \mathbf{g}_{\zeta,\zeta} = \mathbf{0}.
\end{aligned}\right\} \tag{6.2/1}$$

Über (2.2/2), (5.2/7) und (6.1/9) erkennt man

$$\left.\begin{aligned}
\mathbf{M}\{\Gamma^{r}_{jk}\} &= \mathbf{M}\{(\mathbf{g}_{j,k}, \mathbf{g}^r)\} = \begin{bmatrix} 0 & 0 & 0 \\ 0 & -r & 0 \\ 0 & 0 & 0 \end{bmatrix} \\
\mathbf{M}\{\Gamma^{\psi}_{jk}\} &= \mathbf{M}\{(\mathbf{g}_{j,k}, \mathbf{g}^\psi)\} = \begin{bmatrix} 0 & 1/r & 0 \\ 1/r & 0 & 0 \\ 0 & 0 & 0 \end{bmatrix} \\
\mathbf{M}\{\Gamma^{\zeta}_{jk}\} &= \mathbf{M}\{(\mathbf{g}_{j,k}, \mathbf{g}^\zeta)\} = \mathbf{0}
\end{aligned}\right\} \tag{6.2/2}$$

mit $\mathbf{0}$ als Nullmatrix. Wie zu erwarten ist die Einbettbedingung (6.1/10) mit (6.1/11) erfüllt. Für Kugelkoordinaten (Bild 5.5) erhält man entsprechend aus (5.2/14)

$$\begin{aligned}
\mathbf{g}_{r,r} &= \mathbf{0} & \mathbf{g}_{r,\psi} &= \mathbf{g}_\psi/r & \mathbf{g}_{r,\vartheta} &= \mathbf{g}_\vartheta/r \\
\mathbf{g}_{\psi,r} &= \mathbf{g}_\psi/r & \mathbf{g}_{\psi,\psi} &= r[\sin\{\vartheta\}\mathbf{g}_z - \mathbf{g}_r] & \mathbf{g}_{\psi,\vartheta} &= r\sin\{\vartheta\}[\sin\{\psi\}\mathbf{g}_x \\
& & & & & \quad - \cos\{\psi\}\mathbf{g}_y] \\
\mathbf{g}_{\vartheta,r} &= \mathbf{g}_\vartheta/r & \mathbf{g}_{\vartheta,\psi} &= \mathbf{g}_{\psi,\vartheta} & \mathbf{g}_{\vartheta,\vartheta} &= -r\mathbf{g}_r
\end{aligned}$$

(2.2/2) mit (5.2/18) ergibt wegen (6.1/9)

$$\mathbf{M}\{\Gamma_{jk}^{r}\} = \begin{bmatrix} 0 & 0 & 0 \\ 0 & -r(\cos\{\vartheta\})^2 & 0 \\ 0 & 0 & -r \end{bmatrix}$$

$$\mathbf{M}\{\Gamma_{jk}^{\psi}\} = \begin{bmatrix} 0 & 1/r & 0 \\ 1/r & 0 & -\tan\{\vartheta\} \\ 0 & -\tan\{\vartheta\} & 0 \end{bmatrix} \tag{6.2/3}$$

$$\mathbf{M}\{\Gamma_{jk}^{\vartheta}\} = \begin{bmatrix} 0 & 0 & 1/r \\ 0 & \sin\{\vartheta\}\cos\{\vartheta\} & 0 \\ 1/r & 0 & 0 \end{bmatrix}$$

Natürlich ist wieder die Einbettbedingung (6.1/10) mit (6.1/11) erfüllt.

Auf die umfangreiche Kontrolle der Abwickelbarkeitsbedingung (6.1/14), etwa für je eine Zylinder- und eine Kugelschale $r = R = $ const, sei an dieser Stelle verzichtet. Sie wäre für die anschaulich abwickelbare Zylinderschale erfüllt, für die Kugelschale jedoch nicht. Man vergleiche später Abschnitt 7.2 und Bild 7.2.

6.2.3 Tordierter, elastisch-plastischer Kreiszylinder unter Eigenspannungen; Inkompatibilität

Die vermittels des vorgegebenen Torsions-Drehwinkels

$$\vartheta = \vartheta'\zeta; \quad \vartheta' = const \tag{6.2/4}$$

homogen verformten, anfangs zylindrischen Koordinaten ξ^i; $i, j, k \equiv r, \psi, \zeta$ von Bild 5.6 führen über (5.2/24a,b) mit den Abkürzungen $r = \xi^r$, $\psi = \xi^\psi$, $\zeta = \xi^\zeta$ sowie (5.2/22) zu

$$\left. \begin{array}{lll} \mathbf{g}_{r,r} = \mathbf{0}, & \mathbf{g}_{r,\psi} = \mathbf{g}_\psi/r, & \mathbf{g}_{r,\zeta} = \vartheta'\mathbf{g}_\psi/r \\ \mathbf{g}_{\psi,r} = \mathbf{g}_\psi/r, & \mathbf{g}_{\psi,\psi} = -r\mathbf{g}_r, & \mathbf{g}_{\psi,\zeta} = -r\vartheta'\mathbf{g}_r \\ \mathbf{g}_{\zeta,r} = 2_{\gamma,r}\mathbf{g}_\psi/r, & \mathbf{g}_{\zeta,\psi} = -2\gamma\mathbf{g}_r, & \mathbf{g}_{\zeta,\zeta} = -2\gamma\vartheta'\mathbf{g}_r \end{array} \right\} \tag{6.2/4}$$

Hieraus erhält man über (2.2/2) ähnlich wie zuvor

$$\left. \begin{array}{l} \mathbf{M}\{\Gamma_{jk}^{r}\} = \begin{bmatrix} 0 & 0 & 0 \\ 0 & -r & -r\vartheta' \\ 0 & -2\gamma & -2\gamma\vartheta' \end{bmatrix} \\[3em] \mathbf{M}\{\Gamma_{jk}^{\psi}\} = \begin{bmatrix} 0 & 1/r & \vartheta'/r \\ 1/r & 0 & 0 \\ -2\gamma_{,r}/r & 0 & 0 \end{bmatrix} \\[3em] \mathbf{M}\{\Gamma_{jk}^{\zeta}\} = \mathbf{0} \end{array} \right\} \tag{6.2/5}$$

Unter Beachtung von (5.2/22) erkennt man wiederum die Symmetrie $\Gamma_{jk}^{i} = \Gamma_{kj}^{i}$; in der Tat ist der tordierte Zylinder $M\{3\}$ ebenso wie der unverformte Zylinder im euklidischen Raum $E\{3\}$ eingebettet.

Wie bereits in Abschnitt 5.2.4 ausgeführt, bedeutet das Symbol γ an den Stellen, wo es nicht von vornherein durch $r\,\vartheta'/2$ ersetzt wurde, eine Scherverformung (vgl. Bild 5.6 mit Bild 4.11; $\gamma = \frac{1}{2}(\Delta a/b)$). Wenn wir uns hier zur Erleichterung des Verständnisses auf kleine Verformungen beschränken, also wie üblich den elementaren Formänderungstensor $\bar{\varphi}$ in (4.3/44b) benutzen, so stellt γ überhaupt den einzigen nicht-verschwindenden Verformungsanteil dar. Freilich handelt es sich dort um eine ebene Scherung in kartesischen Koordinaten. Die zugehörige Schubspannung τ müssen wir daher jetzt ebenfalls auf lokale kartesische Koordinaten beziehen, also etwa auf die unverformte Anfangskonfiguration ($\vartheta = 0$), wo das r, ψ, ζ-Koordinatensystem noch orthogonal war. Hierin stellt dann

$$\tau = {}^{\zeta_0\psi_0}\sigma \qquad (6.2/6a)$$

die technische Spannung dar (vgl. (4.1/48a)). Die Indexmarke 0 verweist auf die Anfangskonfiguration, und wir deuten dementsprechend auch

$$\gamma = {}_{\zeta_0\psi_0}\bar{\varphi} \qquad (6.2/6b)$$

als technische Formänderung.

Unter der Annahme eines einsinnig verdrehten „isotropen" Materials, dessen Werkstoffeigenschaften intern richtungsunabhängig sind, setzt man

$$\tau = \tau\{\gamma\} = \tau\{\gamma\{r\}\} \qquad (6.2/7)$$

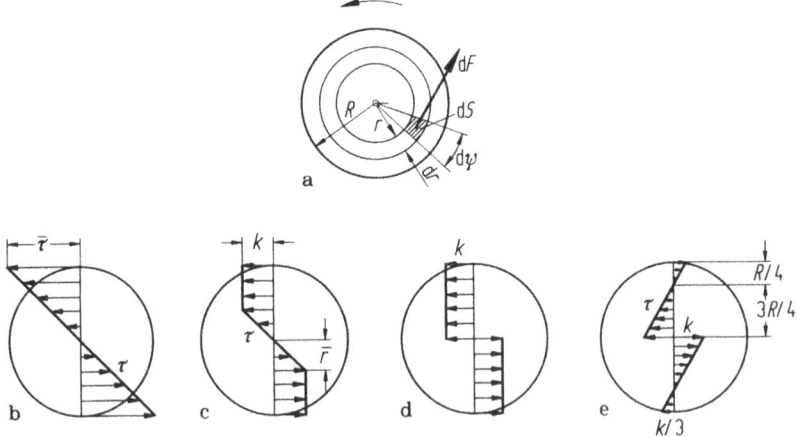

Bild 6.3a–e. Zylinderquerschnitt (Radius R) in der Anfangskonfiguration mit Schubspannungsverteilung $\tau = \tau\{r\}$. **a** Polarkoordinaten r, ψ; Querschnittselement dS, Kraftanteil dF, Torsionsmoment M; **b** Elastischer Zustand; maximale Schubspannung $\bar{\tau}$; **c** Elastisch/plastischer Zustand; Grenzradius $\bar{r}$, Scherfließgrenze k; **d** Vollplastischer Zustand $\bar{r} = 0$; **e** Rest- oder Eigenspannungsverteilung nach Vollplastifizierung

an und postuliert, daß neben τ keine anderen (technischen) Spannungskoordinaten mehr auftreten. Dann ergibt sich das Torsionsmoment $\underset{t}{M}$ als Summe der Produkte Kraft (dF) mal Hebelarm (r) über alle gemäß (5.2/11) gebildeten Flächenelemente $dS = r\,dr\,d\psi$ der Stirnfläche eines Zylinders vom Radius R in der Gestalt

$$\underset{t}{M} = \int\limits_{r=0}^{R} \int\limits_{\psi=0}^{2\pi} r\,dF = \int\limits_{r=0}^{R} \int\limits_{\psi=0}^{2\pi} r\tau\,dS = 2\pi \int\limits_{0}^{R} r^2 \tau\,dr \qquad (6.2/8)$$

(Bild 6.3a), worin

$$dF = \tau\,dS$$

die auf das Flächenelement dS des Zylinderquerschnitts wirkende Kraft darstellt.

Wir beginnen mit einer rein elastischen Verformung $\overset{E}{\gamma}$ und nehmen wie in der linearen Elastizität üblich (vgl. [13]) die Gültigkeit des verallgemeinerten Hookeschen Gesetzes

$$\tau = 2G\overset{E}{\gamma} \qquad (6.2/9)$$

mit $G = const > 0$ als elastischem Schubmodul an (R. Hooke, 1635–1703). Wegen (5.2/22) erhält man den linearen Schubspannungsverlauf von Bild 6.3b:

$$\tau = G\,\vartheta'r; \quad \bar{\tau} = G\,\vartheta'R \qquad (6.2/10)$$

mit $\bar{\tau}$ als Maximalwert auf der Mantelfläche $r = R$. Das zugehörige rein elastische Torsionsmoment beträgt nach (6.2/8)

$$\overset{E}{\underset{t}{M}} = \frac{\pi}{2}\,G\,\vartheta'\,R^4 = \frac{\pi}{2}\,\bar{\tau}R^3 \qquad (6.2/11)$$

Bei einem elastisch/plastischen Material, also etwa einem duktilen Metall, darf jedoch $|\tau|$ nicht die Schub- oder Scherfließgrenze $k > 0$ überschreiten, die wir hier vereinfacht als Konstante ansehen (ideal-plastisches Material, vgl. [20]). Ab einem gewissen Grenzradius $\bar{r}$ (Bild 6.3c) geht daher die elastische Schubspannungsverteilung in die plastische Verteilung

$$\tau = k \qquad (6.2/12)$$

über (Fließbedingung nach H. Tresca, 1864). $\bar{r}$ folgt nach Einsetzen von (6.2/12) in (6.2/10) zu

$$\bar{r} = k/(G\vartheta') \, . \qquad (6.2/13)$$

Wir betrachten zur Vereinfachung nur den Grenzfall sehr großer Torsion $\vartheta' \to \infty$, $\bar{r} \to 0$, den wir als vollplastisch bezeichnen (Bild 6.3d), und setzen wie bei *kleinen* Formänderungen üblich voraus, daß die Gesamtverformung γ durch lineare Überlagerung

$$\gamma = \overset{E}{\gamma} + \overset{P}{\gamma} \tag{6.2/14}$$

eines elastischen Anteils $\overset{E}{\gamma}$ und eines plastischen Anteils $\overset{P}{\gamma}$ entstehe. Über (6.2/12), (6.2/9) und (5.2/22) finden wir

$$\overset{E}{\gamma} = \frac{k}{2G}, \quad \overset{P}{\gamma} = \gamma - \overset{E}{\gamma} = \frac{r}{2}\vartheta' - \frac{k}{2G}. \tag{6.2/15}$$

Beide Anteile ergeben, anstelle von γ in die Christoffelsymbole eingesetzt, unsymmetrische Matrizen (6.2/5) und repräsentieren jede für sich eine nicht-einbettbare Mannigfaltigkeit, deren Basisvektoren $\mathbf{g}_i$ über (5.2/24) ermittelt werden können.

Verformungszustände, die auf nicht-einbettbare Mannigfaltigkeiten führen, nennt man unverträglich oder inkompatibel. Zu ihnen läßt sich kein Koordinatennetz $\mathbf{r} = \mathbf{r}\{\xi^i\}$, also gemäß (4.1/30) auch kein Feld von Punktverschiebungen $\mathbf{u}$ konstruieren.

Wir wollen jetzt den vollplastisch tordierten Zylinder entlasten, indem wir das nach (6.2/12) über (6.2/8) berechnete Torsionsmoment

$$\overset{P}{\underset{t}{M}} = \tfrac{2}{3}\pi k R^3 \tag{6.2/16}$$

entfernen. Die Entlastung verlaufe rein elastisch nach den zuvor entwickelten Gleichungen. Dies kann für die Endquerschnitte nur dann zutreffen, wenn man sich dort je eine starre Platte aufgeschweißt denkt, weil ja andernfalls die Schubspannungen verschwinden müßten. Doch nimmt man im Sinne einer bekannten Hypothese von B. de Saint Venant (1797–1886) an, daß die folgenden Betrachtungen auch für das Innere eines genügend langen Zylinders mit freien Enden gelten.

Dann simulieren wir die Entlastung durch Aufbringen eines elastischen Momentes $\overset{E}{\underset{t}{M}}$ gleicher Größe wie $\overset{P}{\underset{t}{M}}$, jedoch umgekehrten Vorzeichens. Identifizierung der rechten Seiten von (6.2/16) und (6.2/11) liefert

$$\bar{\tau} = \frac{4}{3}k\,.$$

Hiermit ergibt die Subtraktion der Spannungsverteilung in Bild 6.3b von derjenigen in Bild 6.3d gerade die „Rest"-oder „Eigenspannungsverteilung" von Bild 6.3e. Die elastische Formänderungsverteilung $\overset{E}{\gamma}$ aus (6.2/15) reduziert sich dabei um $\overset{E}{\gamma}$ aus (6.2/9), worin gemäß Bild 6.3b

$$\tau = \frac{r}{R}\bar{\tau} = \frac{4}{3} \cdot \frac{r}{R}k$$

einzusetzen ist, und man erhält die Verteilung der „Rest"- oder „Eigenverzerrungen"

$$\overset{R}{\gamma} = \frac{k}{2G} - \frac{2}{3G}\frac{r}{R}k = \frac{k}{2G}\left(1 - \frac{4}{3}\frac{r}{R}\right) \tag{6.2/17}$$

Sie entspricht der τ-Verteilung von Bild 6.3e, wenn man dort k durch $k/2G$ ersetzt, und ist natürlich wiederum imkompatibel. Die Tatsache, daß es sich um Restverformungen handelt, kommt eben gerade dadurch zum Ausdruck, daß kein zugehöriges Verschiebungsfeld existiert, welches auf 0 zurückfedern könnte.

6.3 Weitere Betrachtungen

6.3.1 Christoffelsymbole 1. und 2. Art

Die in (6.1/9) definierten Christoffelsymbole kann man bei ausschließlicher Verwendung kontravarianter Koordinaten-Parameter ξ^i unmittelbar wie folgt verallgemeinern:

$$\begin{aligned}
\mathbf{g}_{k,j} &= \Gamma_{kj}{}^l\mathbf{g}_l + \tilde{\mathbf{g}}_{kj} = \Gamma_{kjp}\mathbf{g}^p + \tilde{\mathbf{g}}_{kj} \\
\mathbf{g}^i_{\cdot,j} &= \Gamma^i_{\cdot j}{}^l\mathbf{g}_l + \tilde{\mathbf{g}}^i_{\cdot j} = \Gamma^i_{\cdot jp}\mathbf{g}^p + \tilde{\mathbf{g}}^i_{\cdot j}
\end{aligned} \right\} \tag{6.3/1}$$

mit

$$(\tilde{\mathbf{g}}_{kj}, \mathbf{g}^l) = (\tilde{\mathbf{g}}^i_{\cdot j}, \mathbf{g}^l) = 0 \tag{6.3/2}$$

und

$$\begin{aligned}
\Gamma_{kj}{}^{\cdot\cdot l} &= (\mathbf{g}_{k,j}, \mathbf{g}^l), \quad \Gamma_{kjp} = (\mathbf{g}_{k,j}, \mathbf{g}_p) \\
\Gamma^i{}_j^{\cdot\cdot l} &= (\mathbf{g}^i_{\cdot,j}, \mathbf{g}^l), \quad \Gamma^i_{\cdot jp} = (\mathbf{g}^i_{\cdot,j}, \mathbf{g}_p)
\end{aligned} \right\} \tag{6.3/3}$$

Für die beiden rechtsstehenden Größen hat sich der Name „Christoffelsymbole 1. Art", für die beiden linksstehenden der Name „Christoffelsymbole 2. Art" eingebürgert. Zu diesen gehört offenbar unser bisher und weiterhin bevorzugtes Christoffelsymbol

$$\Gamma_{kj}^l = \Gamma_{kj}{}^{\cdot\cdot l} \tag{6.3/4}$$

In der Literatur findet man gelegentlich noch die Schreibweisen

$$\Gamma_{kj}^l = \left\{\begin{matrix} l \\ kj \end{matrix}\right\}, \quad \Gamma_{kjp} = [kj, p]$$

sowie deren Bezeichnungen als „Klammersymbole".

Wegen (2.4/1) und (6.3/3) überträgt sich die Ziehregel (3.2/3) sofort auf den jeweils letzten Index:

$$\begin{aligned}
\Gamma_{kj}{}^{\cdot\cdot l} &= g^{lp}\Gamma_{kjp}, \quad \Gamma_{kjp} = g_{pl}\Gamma_{kj}{}^{\cdot\cdot l}, \\
\Gamma^i{}_j^{\cdot\cdot l} &= g^{lp}\Gamma^i_{\cdot jp}, \quad \Gamma^i_{\cdot jp} = g_{pl}\Gamma^i{}_j^{\cdot\cdot l},
\end{aligned} \right\} \tag{6.3/5}$$

so daß wir beispielsweise nur noch die Christoffelsymbole $\Gamma_{kj}^{\cdot\cdot l}$ und $\Gamma_{\cdot jk}^{l}$ zu betrachten brauchen. Für diese erhalten wir aus (2.2/2) und (6.3/3)

$$0 = (\mathbf{g}_k, \mathbf{g}^l)_{,j} = (\mathbf{g}_{k,j}, \mathbf{g}^l) + (\mathbf{g}_k, \mathbf{g}^l_{,j}) ;$$

$$\Gamma_{kj}^{\cdot\cdot l} + \Gamma_{\cdot jk}^{l} = 0 \tag{6.3/6a}$$

Auf diese Weise gehen beide Christoffelsymbole auseinander hervor, und es reicht in der Tat aus, nur das bisher benutzte Christoffelsymbol Γ_{kj}^{l} beizubehalten. Analog zu (6.3/6a) findet man ferner

$$\Gamma_{kjl} + \Gamma_{ljk} = g_{kl,j} \quad \Gamma_{\cdot j}^{k\cdot l} + \Gamma_{j}^{l\cdot k} = g_{\cdot\cdot,j}^{kl} \tag{6.3/6b}$$

6.3.2 Transformationsregeln; Cartanscher Tensor, Versetzungsdichte und Burgersvektor

Die Beziehung (5.1/12), das heißt die Transformationsregeln

$$\mathbf{g}_{k'} = \xi_{\cdot,k'}^{i}\mathbf{g}_i, \quad \mathbf{g}^{j'} = \xi_{\cdot,p}^{j'}\mathbf{g}^p , \tag{6.3/7}$$

wurden in Abschnitt 5.1.4 ausdrücklich auch für verallgemeinerte Mannigfaltigkeiten postuliert. Aus ihnen folgt durch Differentiation

$$\mathbf{g}_{k',l'} = \xi_{\cdot,k'l'}^{i}\mathbf{g}_i + \xi_{\cdot,k'}^{i}\mathbf{g}_{i,l'}$$

$$= \xi_{\cdot,k'l'}^{i}\mathbf{g}_i + \xi_{\cdot,k'}^{i}\mathbf{g}_{i,q}\xi_{\cdot,l'}^{q},$$

also wegen (2.2/2), (6.3./3) und (6.3/7)

$$\Gamma_{k'l'}^{j'} = (\mathbf{g}_{k',l'}, \mathbf{g}^{j'})$$

$$= \xi_{\cdot,p}^{j'}[\xi_{\cdot,k'l'}^{i}\delta_i^p + \xi_{\cdot,k'}^{i}\xi_{\cdot,l'}^{q}(\mathbf{g}_{i,q}, \mathbf{g}^p)]$$

oder

$$\Gamma_{k'l'}^{j'} = \xi_{\cdot,i}^{j'}\Gamma_{\cdot,k'l'}^{i} + \xi_{\cdot,p}^{j'}\xi_{\cdot,k'}^{i}\xi_{\cdot,l'}^{q}\Gamma_{iq}^{p} \tag{6.3/8}$$

Dies ist, wie schon zu vermuten, *keine* Tensortransformation. Da jedoch gemäß (5.1/12)

$$a_p^{j'} = \xi_{\cdot,p}^{j'}, \quad a_{l'}^{q} = \xi_{\cdot,l'}^{q}$$

sowie

$$\xi_{\cdot,k'l'}^{i} = \xi_{\cdot,l'k'}^{i}$$

gilt, transformiert sich der eindeutig analog (4.2/56) gebildete antimetrische Anteil

$$C_{kj}^{\cdot\cdot l} = \tfrac{1}{2}(\Gamma_{kj}^{l} - \Gamma_{jk}^{l}) \tag{6.3/9}$$

seinerseits wie ein dreistufiger gemischtvarianter Tensor. Wir wollen ihn zu Ehren von E. J. Cartan (1869–1961) [23] den Cartanschen Tensor statt, wie von

Cartan vorgeschlagen, den Torsionstensor nennen, da er in seiner Bedeutung keineswegs auf die technische Torsion (Abschnitt 6.2.2) beschränkt ist. Jedenfalls verschwindet er wegen Satz 6.1/2 im Falle der Einbettbarkeit; bei ungekrümmten Mannigfaltigkeiten wegen (6.1/11) auch nur im Falle der Einbettbarkeit. Daher ist seine Größe ein Maß für die Nicht-Einbettbarkeit oder, wie in Abschnitt 6.2.3 diskutiert, für inkompatible Verformungen mit zugehörigen Eigenspannungen eines Körper. Diese hängen bei kristallinem Aufbau mit sogenannten Versetzungen des Gitters zusammen, die man angesichts der Antimetrie des Cartanschen Tensors in bezug auf die unteren beiden Indizes sowie gemäß (4.2/36), (4.2/37) auch durch den $(n-1)$-stufigen Tensor $\Omega = -2(n-2)!\,\omega$ charakterisieren kann, für den

$$\Omega^{k1\ldots k\{n-2\}p} = \varepsilon^{k1\ldots k\{n-2\}ij} C_{ij}{}^{\cdot\cdot p} \tag{6.3/10a}$$

gilt sowie umgekehrt

$$C_{ij}{}^{\cdot\cdot p} = \frac{1}{2(n-2)!}\varepsilon_{k1\ldots k\{n-2\}ij}\Omega^{k1\ldots k\{n-2\}p} \tag{6.3/10b}$$

Ω stimmt im $(n=3)$-dimensionalen Raum mit dem aus der Metallphysik bekannten Tensor der Versetzungsdichten überein, welcher den Ausgangspunkt der von Kröner, Kondo sowie von Bilby, Bullough und Smith entwickelten Kontinuumstheorie der Versetzungen und Eigenspannungen bildet; vgl. [21, 22].

So wie der Spannungstensor T^{jk} gemäß (4.1/45) jedem Flächenvektor $d\mathbf{A}$ einen Kraftvektor $d\mathbf{F}$ zuordnet (Bild 4.3), gehört vermittels der Versetzungsdichte Ω^{jk} im $(n=3)$-dimensionalen Raum zu dem durch $d\mathbf{A}$ charakterisierten Schnittflächen-Element ein Vektor $d\mathbf{b}$ mit

$$db^{j} = \Omega^{kj} dA_{k}, \tag{6.3/11}$$

den man nach dem Physiker J.M. Burgers (1939) als infinitesimalen Burgersvektor bezeichnet. Sein Integral über eine beliebige, durch ihre Parameterfläche $\widetilde{P}\widetilde{F}$ (Bild 5.8a) definierte, gegebenenfalls singuläre Raumfläche PF, nämlich der (integrale) Burgersvektor $\mathbf{b} = \mathbf{b}\{PF\}$, verschwindet über alle jene Flächen genau dann, wenn dies auch für die Versetzungsdichte gilt – also bei einfach zusammenhängenden Körpern im Falle der Einbettbarkeit beziehungsweise der Kompatibilität. $\mathbf{b}$ wird als Maß für die durch die Raumfläche hindurchtretenden sogenannten Versetzungslinien angesehen. In affinen Raumkoordinaten ξ^{α} folgt wegen (6.3/10), (6.3/9) und (6.3/3) mit den Bezeichnungen von Bild 5.8:

$$b^{\alpha} = \int\limits^{\widetilde{P}\widetilde{F}'} db^{\alpha} = \int\limits^{\widetilde{P}\widetilde{F}'} a^{\alpha}_{j'} db^{j'} = \int\limits^{\widetilde{P}\widetilde{F}'} a^{\alpha}_{j'} \Omega^{k'j'} dA_{k'} = \int\limits^{\widetilde{P}\widetilde{F}'} a^{\alpha}_{j'}\varepsilon^{k'p'q'} C_{p'q'}{}^{\cdot\cdot j'} dA_{k'}$$

$$= \int\limits^{\widetilde{P}\widetilde{F}'} a^{\alpha}_{j'}\varepsilon^{k'p'q'}\Gamma_{p'q'}{}^{j'} dA_{k'} = \int\limits^{\widetilde{P}\widetilde{F}'} (a^{\alpha}_{j'}\mathbf{g}^{j'}, \varepsilon^{k'p'q'}\mathbf{g}_{p',q'} dA_{k'})$$

$$= \left(\mathbf{g}^{\alpha}, \int\limits^{\widetilde{P}\widetilde{F}'} \varepsilon^{k'p'q'}\mathbf{g}_{p',q'} dA_{k'}\right)$$

Über $dA_{1'} = dA_{2'} = 0$ (Bild 5.8c) und (2.5/5) ergibt sich

$$\mathbf{b} = \int\limits^{\tilde{P}\tilde{F}'} \varepsilon^{k'p'q'} \mathbf{g}_{p',q'}\, dA_{k'} = \int\limits^{\tilde{P}\tilde{F}'} \overset{*}{V}(\mathbf{g}_{1',2'} - \mathbf{g}_{2',1'})\, dA_{3'}\,.$$

Da $\mathbf{g}_{3'}$ in Abschnitt 5.3 als Einsvektor einer positiv orientierten orthonormalen Ergänzungsbasis konstruiert worden war, gilt mit dem Flächenelement dA nach (5.3/11) $dA_{3'} = |dA|$. Wegen (2.3/15), (5.3/10) und (5.3/13) erhält man schließlich

$$\mathbf{b} = \int\limits^C \mathbf{g}_j\, d\xi^j\,, \tag{6.3/12}$$

worin C die geschlossene Randkurve des Flächenstückes PF oder genauer: $\tilde{C}$ die geschlossene Randkurve der Parameterfläche $\tilde{P}\tilde{F}$ von PF repräsentiert, die man im Sinne des positiven Drehsinnes umfährt. Von diesem, also von der Raumorientierung, hängt das Vorzeichen von $\mathbf{b}$ ab. Nach formalem Einsetzen von $\mathbf{g}_j = \mathbf{r}_{,j}$ (vgl. (5.1/6)) ergibt sich $\mathbf{b}$ als Klaffung $\varDelta\mathbf{r}$ des Ortsvektors nach einem geschlossenen Umlauf der Parameter-Randkurve $\tilde{C}$.

Obschon der Versetzungsbegriff aus der Metallphysik stammt, bezieht sich der vorstehend beschriebene Formalismus nicht notwendig auf eine Kristallstruktur. Tatsächlich sind die von V. Volterra (1860–1940) bereits 1907 untersuchten „Dislokationen 1. Art" des längsgeschnittenen, kontinuums-elastischen Hohlzylinders (Bild 6.4) den erst 1934 von E. Orowan, G. I. Taylor und M. Polanyi unabhängig entdeckten Versetzungen äquivalent [23]. Würde man hierbei auf die Eindeutigkeit der lokalen Kristallorientierung, also auf die Eindeutigkeit der durch die lokalen Basen $\mathbf{g}_j$ beschriebenen Tangentialräume verzichten, so dürften die Ufer der Längsschnitte zusätzlich gegeneinander verkantet sein. Solche Volterraschen Dislokationen 2. Art sind physikalisch nur schwer vorstellbar und führen mathematisch zur Nicht-Riemannschen Geometrie im engeren Sinne (Abschnitt 5.1.4).

In gekrümmten Mannigfaltigkeiten ($n < m$), die indirekt in Kondos Buch [22] zugelassen werden ($n = 3$, $m = 6$), liegen die Dinge wieder anders. Zwar besteht für nicht-verschwindende Cartansche Tensoren, Burgersvektoren oder Verset-

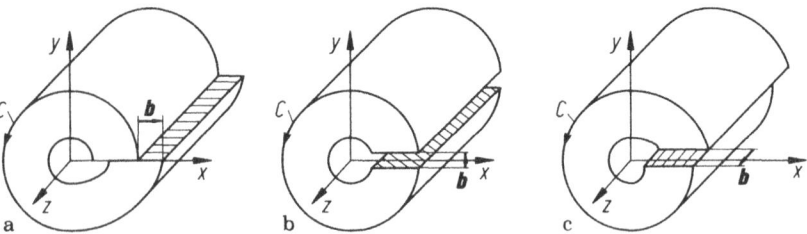

Bild 6.4a–c. Volterrasche Dislokationen nach dem Umlauf um einen geschlitzten Kreiszylinder gemäß [23]. Positiv orientierte kartesische Koordinaten $\alpha = \xi^\alpha$; $\alpha = x, y, z$. Burgersvektor; **b** C Bild einer geschlossenen Kurve $\tilde{C}$ des Parameterraumes; Bild 5.8a. **a,b** Stufenversetzungen, **c** Schraubenversetzung

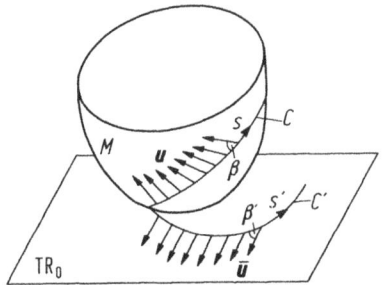

Bild 6.5. Innere Parallelität (affiner Zusammenhang) des Vektorfeldes **u** der Manningfaltigkeit M längs einer Kurve C entsprechend der geometrischen Parallelität des auf den festen Tangential-raum TR_0 abgerollten Vektorfeldes $\bar{\mathbf{u}}$ längs der Abrollkurve C'. Kurvenparameter $s = s'$. Winkel $\beta\{s\} = \beta'\{s'\}$. Weitere Erläuterungen zu dieser Abbildung in Kapitel 7.1

zungsdichten stets eine Inkompatibilität beziehungsweise Nicht-Einbettbarkeit, dies jedoch wegen (6.1/10) möglicherweise auch schon dann, wenn jene Größen verschwinden – sofern nur $\tilde{g}_{kj} \neq 0$ gilt. Man stelle sich etwa eine räumliche Spiralkurve als eindimensionale Manningfaltigkeit vor, die sich nicht in die ($m = 2$)-dimensionale Ebene einbetten läßt.

6.3.3 Zusammenhang mit dem metrischen Grundtensor

Wenn man die Christoffelsymbole analog (4.2/55), (4.2/56) gemäß

$$\Gamma_{jlk} = G_{jlk} + C_{jlk} \tag{6.3/13a}$$

eindeutig in ein bezüglich der ersten beiden Indizes symmetrisches Christoffel-symbol

$$G_{jlk} = \tfrac{1}{2}(\Gamma_{jlk} + \Gamma_{ljk}), \quad G_{jl}^{p} = \tfrac{1}{2}(\Gamma_{jl}^{\,p} + \Gamma_{lj}^{\,p}) \tag{6.3/13b}$$

sowie in den antimetrischen Cartanschen Tensor (6.3/9) zerlegt, wobei wegen (6.3/4) und (6.3/5)

$$G_{jlk} = g_{pk}G_{jl}^{p}, \quad G_{jl}^{p} = g^{pk}G_{jlk}$$

$$C_{jlk} = g_{pk}C_{ji}^{\,p}, \quad C_{ji}^{\,p} = g^{pk}C_{jlk} \tag{6.3/14}$$

gilt, so folgt aus (6.3/6b)

$$g_{jk,l} = C_{jlk} + C_{klj} + G_{jlk} + G_{klj}\,.$$

Hieraus erhält man wegen $C_{jlk} = -C_{ljk}$, $G_{jlk} = G_{ljk}$

$$\tfrac{1}{2}(-g_{jk,l} + g_{kl,j} + g_{lj,k}) = G_{jkl} + C_{ljk} + C_{lkj} \tag{6.3/15}$$

Im Falle der einbettbaren Mannigfaltigkeit $C_{ljk} = 0$ stellt dies eine explizite Bestimmungsgleichung für das dann symmetrische Christoffelsymbol $\Gamma_{jkl} = G_{jkl}$

dar. Andernfalls darf man neben den metrischen Grundsymbolen g_{jk} und ihren Ortsableitungen $g_{jk,l}$ noch den antimetrischen Cartanschen Tensor C_{ljk}, also die Versetzungsdichte vorschreiben, woraus dann eindeutig G_{jkl} sowie Γ_{jkl} folgt.

6.4 Übungen

6.4.1 Man bestimme unter Zuhilfenahme der Lösungen in Abschnitt 9.5.4 von Übungen aus Abschnitt 5.4 die Christoffelsymbole $\Gamma^{\,1}_{jk}$ für:
a) Kegelkoordinaten (Abschnitt 5.4.1, 9.5.4.1; Bild 5.9a);
b) Mitgeschleppte Koordinaten bei ebener Scherbiegung (Abschnitt 5.2.4, 9.5.4.2; Bild 4.13);
c) Mitgeschleppte Koordinaten bei ebener Bernoullischer Biegung (Abschnitt 5.4.3, 9.5.4.3; Bild 5.10).

6.4.2 Bei der Bernoullischen Biegung beispielsweise eines Balkens mit Rechteckquerschnitt (Bild 5.10; $\beta < \overset{0}{l}/h$) erhält eine Längsfaser im konstanten Abstand $\eta = R - r$ von der Biegelinie, $|\eta| \le h$, die (halbe) Länge $l = r\beta = (R - \eta)\beta = \overset{0}{l} - \eta\beta$, analog (4.3/44a) also die elementare Formänderung (Dehnung)

$$\bar{\varphi} = l/\overset{0}{l} - 1 = -\beta\eta/\overset{0}{l} \,, \tag{6.4.1}$$

die sich in Abschnitt 4.3 auf kartesische Koordinaten bezog und daher jetzt als technische Formänderung anzusehen ist. Wir fassen sie als reine Längsformänderung auf, lassen also Querformänderungen und Scherungen aus dem Spiel. Dementsprechend schreiben wir gemäß Abschnitt 9.5.4.3a jetzt

$$\left.\begin{aligned} \mathbf{g}_\xi &= [1 + \bar{\varphi}](\cos\{\xi\beta/\overset{0}{l}\}\mathbf{g}_x + \sin\{\xi\beta/\overset{0}{l}\}\mathbf{g}_y)\,, \\ \mathbf{g}_\eta &= -\sin\{\xi\beta/\overset{0}{l}\}\mathbf{g}_x + \cos\{\xi\beta/\overset{0}{l}\}\mathbf{g}_y\,, \\ \underset{*}{V} &= 1 + \bar{\varphi}\,. \end{aligned}\right\} \tag{6.4/2}$$

$\bar{\varphi}$ lasse sich analog (6.2/14) in einen elastischen Anteil $\bar{\varphi}^E$ und einen plastischen Anteil $\bar{\varphi}^P$ aufspalten:

$$\bar{\varphi} = \bar{\varphi}^E + \bar{\varphi}^P \tag{6.4/3}$$

Die zugehörige technische Längsspannung erfülle das Hookesche Gesetz

$$\sigma = E\bar{\varphi}^E \tag{6.4/4}$$

(mit $E = const > 0$ als Elastizitäts- oder Youngschem Modul) sowie in den plastischen Zonen des Balkenquerschnittes die Zug/Druck-Fließbedingung

$$\sigma = \mp Y \quad \text{für} \quad \eta \gtrless 0\,, \tag{6.4/5}$$

wobei einsinnige Biegung (ohne Krümmungsumkehr) und eine konstante Zug/Druck-Fließgrenze $Y > 0$ vorausgesetzt werden.

Schließlich berechnet man das an den Querschnitten eines Balkens konstanter Erstreckung senkrecht zur Bildebene, $s > 0$, angreifende Biegemoment um den Querschnittsmittelpunkt analog (6.2/8) zu

$$\underset{b}{M} = -\int\limits_{-h}^{h} \eta \, dF , \quad dF = \sigma \, dS = \sigma s \, d\eta , \tag{6.4/6}$$

worin dF die am Flächenelement dS mit dem Hebelarm η angreifende Kraft darstellt.

a) Für einen gegebenen Biegewinkel $\beta > 0$ bestimme man die Lage $\pm \bar{\eta}$ der Grenzfasern zwischen der elastischen Zone ($|\eta| \leq \bar{\eta}$) und der plastischen Zone ($|\eta| > \bar{\eta}$), die Spannungsverteilung $\sigma = \sigma\{\eta\}$, die Verformungsanteile $\bar{\varphi}^P$, $\bar{\varphi}^E$ sowie das Biegemoment $\underset{b}{M}$.

b) Stellen $\bar{\varphi}^E$ oder $\bar{\varphi}^P$ im Falle $\varphi^P \neq 0$ kompatible Formänderung dar?

c) Wie lautet die Restspannungsverteilung $\sigma = \overset{R}{\sigma}\{\eta\}$ nach vollständiger Entlastung, das heißt nach vollständigem Entfernen des Biegemomentes $\underset{b}{M}$?

6.4.3 Man ermittle den Cartanschen Tensor und die Versetzungsdichten zum Restspannungszustand $\overset{R}{\sigma}$ des (annähernd) voll plastifizierten Querschnittes im Belastungszustand, und zwar für

a) die de St.-Venantsche Torsion nach Bild 6.3e im ($n = 3$)-dimensionalen Raum;

b) die Bernoullische Biegung nach Bild 9.2b (Aufg. 6.4.2c) in der ($n = 2$)-dimensionalen Ebene.

c) Zur Bernoullischen Biegung bestimme man darüber hinaus unter der Voraussetzung kleiner Biegewinkel $\beta \ll 1$, d.h. auch $\bar{\varphi} \ll 1$, sowie der für viele Materialien realistischen Annahme $Y/E \ll 1$ annähernd den Burgersvektor **b** in bezug auf den gesamten Balkenlängsschnitt.

7 Tensorableitungen

7.1 Kovariante Ortsableitung, affiner Zusammenhang

Das längs einer beliebigen Richtung der betrachteten Mannigfaltigkeit gebildete Differential df eines Skalarfeldes $f = f\{\xi^j\}$ ist natürlich selbst ein Skalar; es gilt nach der Kettenregel der Differentialrechnung

$$df = f_{,j} d\xi^j .$$ (7.1/1)

Diese Beziehung stellt eine Linearabbildung aller Vektoren $d\xi^j = dr^j$ des Tangentialraumes (vgl. (5.1/14)) auf Skalare dar. Zufolge des Allgemeinen Abbildungssatzes 3.3/1 sind dann die Größen $f_{,j}$ wie schon in affinen Koordinatensystemen, so auch jetzt die Koordinaten eines Tensors 1. Stufe, nämlich des Gradientenvektors (3.3/17) im Tangentialraum. Diese tensorielle Eigenschaft charakterisieren wir durch die Schreibweise

$$f|_j = f_{,j}$$ (7.1/2)

und nennen die linke Seite eine kovariante (Orts-)Ableitung. Sie stimmt also bei Skalaren mit der partiellen Ortsableitung überein. Jedoch läßt sich die kontravariante Ableitung $f|^j$ nicht mehr allgemein durch $f^{,j}$ ausdrücken, sondern nur noch durch die Zielregel $f|^j = g^{jk} f|_k$. (Hätten wir kovariante Ortskoordinaten ξ_j statt der kontravarianten ξ^j eingeführt, so könnten wir durch $f^{,j}$ eine kontravariante Ortsableitung direkt definieren).

Die Änderung $d\mathbf{u}$ eines Vektorfeldes $\mathbf{u} = \mathbf{u}\{\xi^j\}$ beim Fortschreiten zu einem benachbarten Punkt $\xi^j + d\xi^j$ ist selbst ein Vektor. Analog (6.1/4), jedoch mit $\mathbf{u}$ statt $\mathbf{g}_k$ und mit ξ^j statt s, entwickeln wir $\mathbf{u}_{,j}$ unter Betrachtung von (6.1/5) eindeutig gemäß

$$\left. \begin{aligned} \mathbf{u}_{,j} &= d\mathbf{u}/d\xi^j = u^k|_j \mathbf{g}_k + \tilde{\mathbf{u}}_j , \\ (\tilde{\mathbf{u}}_j, \mathbf{g}^k) &= 0, \quad u^k|_j = (\mathbf{u}_{,j}, \mathbf{g}^k) \end{aligned} \right\}$$ (7.1/3)

in einen (bei ungekrümmten Mannigfaltigkeiten verschwindenden) Anteil $\tilde{\mathbf{u}}_j$ senkrecht zum Tangentialraum sowie in die Orthogonalprojektion $\bar{\mathbf{u}}_{,j} = u^k|_j \mathbf{g}_k$ auf den Tangentialraum, deren formal mit $u^k|_j$ bezeichnete Koordinaten „kovariante Ableitungen" der Vektorkoordinaten u^k heißen. Der Vektor des Tangentialraumes

$$d\bar{\mathbf{u}} = \bar{\mathbf{u}}_{,j} d\xi^j = u^k|_j d\xi^j \mathbf{g}_k$$ (7.1/4)

mit den Vektorkoordinaten

$$d\bar{u}^k = u^k|_j\, d\xi^j \tag{7.1/5}$$

(Kern: $d\bar{u}$, nicht $\bar{u}$, so daß wir auch **du** statt d**u** schreiben dürften) entsteht daher als lineare Abbildung des Vektors $d\xi^j = dr^j$ (vgl. (5.1/14)) vermittels der Größen $u^k|_j$, die folglich aufgrund des allgemeinen Abbildungssatzes 3.3/1 einen zweistufigen Tensor oder eine Dyade darstellen.

Um sie zu berechnen, differenzieren wir den Ansatz $\mathbf{u} = u^k\mathbf{g}_k$ nach ξ^j und erhalten wegen (6.3/1), (6.3/4)

$$\mathbf{u}_{,j} = u^k_{.,j}\mathbf{g}_k + u^l\mathbf{g}_{l,j} = (u^k_{.,j} + u^l\varGamma^k_{lj})\mathbf{g}_k + u^l\tilde{\mathbf{g}}_{lj}\,,$$

wegen (7.1/3) und (6.3/2) also

$$u^k|_j = u^k_{.,j} + u^l\varGamma^k_{lj}\,. \tag{7.1/6a}$$

Entsprechend folgt über den Ansatz $\mathbf{u} = u_k\mathbf{g}^k$ in Verbindung mit (6.3/6)

$$\mathbf{u}_{,i} = u_{k,i}\mathbf{g}^k + u_l\mathbf{g}^l_{.,j} = (u_{k,j} + u_l\varGamma^l_{.jk})\mathbf{g}^k + u_l\tilde{\mathbf{g}}^l_{.j}\,,$$

$$u_k|_j = u_{k,j} - u_l\varGamma^l_{kj}\,. \tag{7.1/6b}$$

Wegen der Tensoreigenschaft gilt neben der Transformationsregel (3.2/5) auch die Ziehregel (3.2/3) für beide Indizes. In bezug auf den zweiten (Differentiations-)Index j stellt sie die Definitionsgleichung für die kontravarianten Isomeren $u^k|^j$, $u_k|^j$ dar.

Da die Christoffelsymbole kein Tensor sind, so können in krummlinigen Koordinaten gemäß (7.1/6) allgemein wohl auch die partiellen Ableitungen $u^k_{.,j}$, $u_{k,j}$ keinen Tensor mehr repräsentieren, obschon sie dies nach Satz 3.3/6 in affinen Koordinaten taten. Vielmehr bedeuten kovariante Ableitungen die natürliche, tensorielle Verallgemeinerung der partiellen Ableitungen auf krummlinige Koordinatensysteme. Sie fallen in affinen Koordinaten ($\varGamma^j_{kl} \equiv 0$) mit den partiellen Ableitungen zusammen. Da man in ungekrümmten Mannigfaltigkeiten, deren Tangentialräume sämtlich dem euklidischen Einbettungsraum $E\{n = m\}$ entsprechen, stets affine Koordinaten zur Verfügung hat, folgt in Ergänzung der Identitätsregel von Satz 3.2/5 zunächst für Tensoren 1. Stufe (Vektoren):

Satz 7.1/1: Tensorielle Identitäten, ausgedrückt in affinen Koordinaten einer ungekrümmten Mannigfaltigkeit, gelten nach einer Umparametrisierung auch in den Tangentialräumen krummliniger, einbettbarer oder nicht-einbettbarer Koordinaten derselben Mannigfaltigkeit, wobei partielle Ortsableitungen in kovariante Ortsableitungen übergehen.

Satz 7.1/1 überträgt sich später automatisch auf Tensoren höherer Stufe, so daß er bereits hier in voller Allgemeinheit formuliert wurde. Dies gilt auch für

Satz 7.1/2: Wenn man beim Abrollen längs einer $\xi^{\langle j\rangle}$-Koordinatenlinie oder beim Abwickeln längs aller ξ^j-Koordinatenlinien einen Tensor aus den Tangentialräumen TR der Mannigfaltigkeit koordinatenweise identisch auf die abgerollten beziehungsweise auf die abgewickelten Tangentialräume TR' überträgt (das heißt, wenn man den Tensor „mit abrollt" oder „mit abwickelt"), so gilt dies auch für die kovarianten Ableitungen in bezug auf $\xi^{\langle j \rangle} = \xi^{\langle j' \rangle}$ beziehungsweise $\xi^j = \xi^{j'}$.

Dies folgt hier zunächst für kovariante Vektorableitungen (7.1/6)) aus der Gleichheit der Christoffelsymbole $\Gamma^i_{kj} = \Gamma^{i'}_{k'j'}$; siehe (6.1/9).

Die Parallelität oder Ortsunabhängigkeit eines abgerollten Vektorfeldes $\bar{u}$ läßt sich durch $d\bar{u} = 0$ ausdrücken. Entlang einer beliebigen Kurve liefert dies gemäß (7.1/4)

$$u^k|_j d\xi^j = 0 \qquad (7.1/7)$$

Man sagt dann, die Vektoren des Vektorfeldes u seien auch in der ursprünglichen, nicht-abgerollten Mannigfaltigkeit „innerlich" parallel oder „hängen affin zusammen" (Bild 6.5), wobei die aus der notwendigen und hinreichenden Bedingung (7.1/7) über (7.1/6) folgenden Beziehungen

$$\left.\begin{array}{l} (u^k_{,j} + u^l\Gamma^k_{lj})d\xi^j = 0 \\ (u_{k,j} - u_l\Gamma^l_{kj})d\xi^j = 0 \end{array}\right\} \qquad (7.1/8)$$

den affinen Zusammenhang vermitteln. Entsprechend besteht für ein konstantes Skalarfeld $f = const$ wegen (7.1/1) der affine Zusammenhang

$$f_{,j}d\xi^j = 0. \qquad (7.1/9)$$

Wir wenden uns jetzt Tensoren $A^{j_1\cdots j_h}$, $B_{j_h+1\cdots j_m}$, $T^{j_1\cdots j_h j_h+1\cdots j_m}$ beliebiger Stufe h, $m - h$ und m zu, wobei $0 \le h \le m$ irgendwelche ganzen Zahlen bedeuten. (m hat hier nichts mit der Dimension des Einbettungsraumes zu tun). Dann wollen wir allgemein die kovarianten Ortsableitungen $A^{j_1\cdots j_h}|_k$, $B_{j_h+1\cdots j_m}|_k$, $T^{j_1\cdots j_h j_h+1\cdots j_m}|_k$ so definieren, daß für Überschiebungsprodukte

$$A^{j_1\cdots j_h} = T^{j_1\cdots j_m}B_{j_h+1\cdots j_m} \qquad (7.1/10)$$

die Produktregel der Differentialrechnung gilt:

$$A^{j_1\cdots j_h}|_k = T^{j_1\cdots j_m}|_k B_{j_h+1\cdots j_m} + T^{j_1\cdots j_m}B_{j_h+1\cdots j_m}|_k \qquad (7.1/11)$$

Ferner mögen für Tensoren 0-ter und 1-ter Stufe die Ableitungsregeln (7.1/2), (7.1/6) erhalten bleiben. Dann werden wir zeigen:

a) Es gibt in der Tat eine kovariante Ortsableitung der beschriebenen Art.
b) Sie besitzt für T (und entsprechend für A, B) die Gestalt

$$T^{j_1\cdots j_m}|_k = T^{j_1\cdots j_m}_{,k} + T^{lj_2\cdots j_m}\Gamma^{j_1}_{lk} + T^{j_1 l\cdots j_m}\Gamma^{j_2}_{lk}$$
$$+ \ldots + T^{j_1 j_2\cdots l}\Gamma^{j_m}_{lk} \qquad (7.1/12a)$$

$$T_{j_1\ldots j_m}|_k = T_{j_1\ldots j_m,k} - T_{lj_2\ldots j_m}\Gamma^l_{j_1 k} - T_{j_1 l\ldots j_m}\Gamma^l_{j_2 k} - \ldots - T_{j_1 j_2\ldots l}\Gamma^l_{j_m k}$$
$$(7.1/12b)$$

oder in gemischt-varianter Schreibweise

$$T\overset{\dots}{\dots}\overset{i}{\dots}{}_j\overset{\dots}{\dots}|_k = T\overset{\dots}{\dots}\overset{i}{\dots}{}_j\overset{\dots}{\dots}{}_{,k}\cdots + T\overset{\dots}{\dots}\overset{l}{\dots}{}_j\overset{\dots}{\dots}\Gamma^i_{lk}\cdots - T\overset{\dots}{\dots}\overset{i}{\dots}{}_j\overset{\dots}{\dots}{}_l\Gamma^l_{jk}\cdots,$$

(7.1/12c)

wobei auf der rechten Seite zunächst eine partielle Ortsableitung auftritt, alsdann zu jedem oberen laufenden Index ein positives und zu jedem unteren laufenden Index ein negatives Produktsummen-Glied, gebildet aus je einer Koordinate von **T** sowie einem Christoffelsymbol. Die Indexstellung ergibt sich aufgrund eines Vergleiches beider Seiten von (7.1/12) nahezu automatisch.

c) Die kontravarianten Isomeren zum Differentationsindex k werden durch die Ziehregel definiert:

$$T\cdots|^p = g^{pk}T\cdots|_k, \quad T\cdots|_k = g_{kp}T\cdots|^p$$

(7.1/13)

d) Die kovariante Ableitung des n-stufigen Tensors **T** einschließlich der kontravarianten Isomeren bildet einen Tensor der Stufe $n + 1$.

e) Bei einer Umparametrisierung $\xi^j = \xi^j\{\xi^{k'}\}$ der Mannigfaltigkeit gilt die Kettenregel der Differentialrechnung in der Gestalt

$$T\cdots|_{k'} = T\cdots|_p\,\xi^p_{.,k'}$$

(7.1/14)

Beweis der Aussagen (a–e): Wir wählen den Tensor **B** in (7.1/10) zunächst als Vektor u_j. Dann liefert (7.1/11) wegen $h = m - 1$

$$A^{j_1\cdots j_{m-1}}|_k - T^{j_1\cdots j_m}u_{j_m}|_k = T^{j_1\cdots j_m}|_k u_{j_m}$$

(7.1/15)

Für $m = 0, 1$ ist die Tensoreigenschaft von $T\cdots|_k$ bereits bekannt. Nun nehmen wir $m \geq 2$ an sowie im Sinne der vollständigen Induktion, daß jene Tensoreigenschaft bereits für Tensoren **T** kleinerer Stufe als m bewiesen sei. Dann stellt für alle Vektoren **u** die linke Seite von (7.1/15) einen Tensor dar, und gemäß dem allgemeinen Abbildungssatz 3.3/1 trifft dies auch für $T\cdots|_k$ beziehungsweise in Verbindung mit (7.1/13) für $T\cdots|^k$ zu. Neben der Definition (c) ist somit die Aussage (d) gesichert.

Nach (3.2/5) gilt nunmehr die Transformationsregel

$$T\cdots|_{k'} = a^p_{k'}T\cdots|_p\,,$$

so daß über (5.1/12) die Kettenregel (7.1/14), das heißt die Aussage (e) folgt.

Auch die Gleichungen (7.1/12) sind bereits für $m = 0, 1$ erwiesen. Wiederum im Sinne der vollständigen Induktion nehmen wir $m \geq 2$ an sowie, daß jene Gleichungen für Tensoren kleinerer Stufe als m gelten, und weisen daraufhin ihre Gültigkeit für die Stufe m nach.

Hierzu wählen wir **B** in (7.1/10) erneut als Vektor u_j, jetzt aber vereinfacht in der Form eines längs der ξ^k-Richtung innerlich parallelen Vektorfeldes. Ein solches läßt sich bei beliebig vorgegebenem Anfangswert u_j im betrachteten Punkt P stets eindeutig als Lösung der Bedingung des linearen Zusammenhanges (7.1/8) längs der ξ^k-Linie finden, das heißt als Integral der gewöhnlichen Differentialgleichungen

$$u_{j,k} = u_l \Gamma_{jk}^l,$$ (7.1/16)

und werde als bekannt vorausgesetzt. Wegen (7.1/7) lautet die Forderung (7.1/11) dann

$$(T^{j_1 \cdots j_m} u_{j_m})|_k = T^{j_1 \cdots j_m}|_k u_{j_m}$$

Das linksseitige Überschiebungsprodukt stellt einen Tensor der Stufe $m - 1$ dar, für den voraussetzungsgemäß die Formel (7.1/12a) gelte. Schreibt man sie dementsprechend nieder und substituiert (7.1/16), so erhält man Gleichung (7.1/12a) in vollständiger Gestalt, jedoch mit u_{j_m} multipliziert. Da u_{j_m} beliebig war, folgt in der Tat Gleichung (7.1/12a) selbst.

Entsprechend beweist man (7.1/12b), (7.1/12c) und hat damit auch die Aussage (b) gerechtfertigt.

Um schließlich Aussage (a) zu untermauern, muß man aufgrund der Formeln (7.1/12) die Gültigkeit der Produktregel (7.1/11) für beliebige Tensoren **B** nachweisen. Dies gelingt durch direktes Nachrechnen. Ende des Beweises der Aussagen (a − e).

Aus (7.1/12) folgt für je zwei gleichartige Isomeren $A \cdots$, $B \cdots$ gleichstufiger Tensoren nun auch die Additivität der kovarianten Ableitung in der Form

$$(A \cdots + B \cdots)|_k = A \cdots|_k + B \cdots|_k.$$ (7.1/17)

Da sich, wie vorerwähnt, die Sätze 7.1/1 und 7.1/2 sofort auf Tensoren beliebiger Stufe übertragen, kann man die Ableitungen

$$g_{jk}|_l \quad \text{und} \quad \varepsilon_{j_1 \ldots j_n}|_l$$

des metrischen Grundtensors beziehungsweise des Permutationstensors auch nach dem Abrollen der betrachteten Mannigfaltigkeit auf irgendeinen Tangentialraum TR_0 längs der ξ^l-Linie als Abrollkurve bilden. Dies gilt umso mehr, als sich ja beim Abrollen gemäß (6.1/8) die metrischen Grundsymbole und die Permutationssymbole ohnehin ungeändert übertragen.

In der ungekrümmten Mannigfaltigkeit TR_0 lassen sich stets kartesische Punktkoordinaten ξ^j einführen. In diesen sind g_{jk} und $\varepsilon_{j_1 \ldots j_n}$ konstante, ortsunabhängige Größen:

$$g_{j'k'}|_{l'} \equiv g_{j'k',l'} \equiv 0, \quad \varepsilon_{j_1' \ldots j_n'}|_{l'} \equiv \varepsilon_{j_1' \ldots j_n', l'} \equiv 0$$

Satz 7.1/12 liefert folglich

$$g_{jk}|_l \equiv 0, \quad \varepsilon_{j_1 \ldots j_n}|_l \equiv 0, \quad g^{jk}|_l \equiv 0, \quad \varepsilon^{j_1 \cdots j_n}|_l \equiv 0$$ (7.1/18)

usw. für die Ausgangsmannigfaltigkeit selbst, und über (7.1/12), (6.3/5) erhält man die entsprechenden affinen Zusammenhänge

$$g_{jk,l} - g_{pk}\Gamma_{jl}^p - g_{jp}\Gamma_{kl}^p = g_{jk,l} - \Gamma_{jlk} - \Gamma_{klj} = 0,$$

$$\varepsilon_{j_1 \ldots j_n, l} - \varepsilon_{p \ldots j_n}\Gamma_{j_1 l}^p - \ldots - \varepsilon_{j_1 \ldots p}\Gamma_{j_n l}^p = 0,$$

deren erster uns bereits in Gl. (6.3/6b) entgegengetreten war.

7.2 Krümmungsmaße

7.2.1 Äußere Krümmungen

Wenn der in irgendeinem Punkt P der Mannigfaltigkeit $M\{n\}$ gebildete Tangentialraum $TR\{n\}$ nicht mit dem Tangentialraum TR_0 eines anderen Punktes 0 übereinstimmt, so muß $M\{n\}$ nach Abschnitt 5.1/4 gekrümmt sein. Wir studieren *lokale* Krümmungen und betrachten hierzu jeweils infinitesimal benachbarte Punkte. Dann stellt das längs sämtlicher Abrollrichtungen über Bild 6.1/b oder Gl. (6.1/3) gebildete Vektorfeld $\tilde{g}_k$ beziehungsweise, wegen (6.1/12), der Vektor $\tilde{g}_{kj}$ ein Maß für die Krümmung von M im betrachteten Punkt P dar. Weil ferner $\tilde{g}_{kj}$ gemäß (6.1/9) senkrecht auf dem zugehörigen, durch die Basen g_i, g^i definierten Tangentialraum $TR\{n\}$ steht, kann $\tilde{g}_{kj}$ nicht innerhalb von TR beobachtet werden, sondern nur außerhalb vom Einbettungsraum $E\{m\}$ her. Daher spricht man von der *äußeren* Krümmung.

Wir wollen $\tilde{g}_{kj}$ nach kontragredienten Basen g_α, g^β des Einbettungsraumes entwickeln,

$$\alpha, \beta, \gamma \equiv 1, \ldots, m, \tag{7.2/1}$$

die man wegen Satz 2.2/6 vermittels einer orthonormalen Ergänzung der kontragredienten Basen g_j, g^j des Tangentialraumes,

$$i, j, \ldots, s \equiv 1, \ldots, n, \tag{7.2/2}$$

durch weitere Vektoren

$$g_Q = g^Q: \quad P, Q, S \equiv n+1, \ldots, m \tag{7.2/3}$$

erhält. Aufgrund der Kontragredienzbedingung (2.2/2) hat man $(g_\alpha, g^\beta) = (g^\beta, g_\alpha) = \delta_\alpha^\beta$, also unter Beachtung von (7.2/1) insbesondere

$$\left.\begin{aligned} g_{Qj} &= g_{jQ} = (g_j, g_Q) = 0, \\ g^{Qj} &= g^{jQ} = (g^j, g^Q) = 0, \\ g_{PQ} &= g_{QP} = (g_P, g_Q) = \delta_{PQ}, \\ g^{PQ} &= g^{QP} = (g^P, g^Q) = \delta^{PQ}. \end{aligned}\right\} \tag{7.2/4}$$

In den vervollständigten Basen g_α, g^β kann man ebenso wie in den Basen g_j, g^k der Tangentialräume die oberen und unteren Positionen von Summationsindizes vertauschen, vorausgesetzt, daß ihre Gegenständigkeit erhalten bleibt (vgl. (2.4/10)). Diese Vertauschbarkeit überträgt sich wie folgt auch auf die orthonormalen Ergänzungen allein,

$$u^Q v_Q = u^\alpha v_\alpha - u^j v_j = u_\alpha v^\alpha - u_j v^j = u_Q v^Q, \tag{7.2/5}$$

wobei Vektorkoordinaten u^Q, v_Q als Beispiel für beliebige Tensorkoordinaten zugrunde gelegt wurden.

Jetzt wenden wir uns der angekündigten Entwicklung der Krümmungsmaße $\tilde{g}_{kj}$ nach den orthonormal ergänzten g_α, g^α zu und erhalten analog (6.3/1) und (6.3/2)

$$\tilde{g}_{kj} = \Gamma_{kj}{}^{\cdot Q} g_Q = \Gamma_{kjP} g^P$$
$$\tilde{g}^i{}_{\cdot j} = \Gamma^i{}_{\cdot j}{}^Q g_Q = \Gamma^i{}_{\cdot jP} g^P \tag{7.2/6}$$

Die Koeffizienten stellen verallgemeinerte Christoffelsymbole dar und repräsentieren wie $\tilde{g}_{kj}$ äußere Krümmungsmaße, deren Auftreten beziehungsweise Nicht-Verschwinden für gekrümmte Mannigfaltigkeiten charakteristisch ist. Man nennt sie gelegentlich die Euler-Schoutensche Krümmungen. Allerdings weist Schouten [5, S. 256] selbst darauf hin, daß dies historisch ungerechtfertigt sei. Offenbar liegen jene äußeren Krümmungen im Fall $m = n + 1$, wo der Ergänzungsvektor $g_m = g^m$ bis auf das Vorzeichen eindeutig ist, ebenfalls bis auf das Vorzeichen eindeutig fest; das Vorzeichen wird durch die Zusatzforderung einer positiven Orientierung der Basis g_α im $E\{m\}$ definiert. Für $m > n + 1$ hängen die äußeren Krümmungen zwar von der einmal gewählten orthonormalen Ergänzung g_Q ab (und transformieren sich mit dieser gemäß (6.3/8) im Einbettungsraum), doch kann man die g_Q wegen Satz 2.2/6 bei einem Wechsel der Basis g_j im Tangentialraum festhalten.

Setzt man (7.2/6) in (6.3/1) ein, so folgt mit den bisherigen und den verallgemeinerten Christoffelsymbolen gemeinsam

$$g_{k,j} = \Gamma_{kj}{}^{\cdot \alpha} g_\alpha = \Gamma_{kj\beta} g^\beta$$
$$g^i{}_{\cdot,j} = \Gamma^i{}_{\cdot j}{}^\alpha g_\alpha = \Gamma^i{}_{\cdot j\beta} g^\beta \tag{7.2/7}$$

Die Beziehungen (6.3/3) und (6.3/5) gelten weiterhin, woraus wegen (7.2/4) in Analogie zu (6.3/6) insbesondere die Gleichungen

$$\left. \begin{array}{l} \Gamma_{kj}{}^{\cdot Q} + \Gamma^Q{}_{\cdot jk} = 0 \\ \Gamma_{kjQ} + \Gamma_{Qjk} = 0 \\ \Gamma^{k\cdot Q}{}_{\cdot j} + \Gamma^{Q \cdot k}{}_{\cdot j} = 0 \end{array} \right\} \tag{7.2/8}$$

folgen oder zur Definition der jeweils an zweiter Stelle stehenden Symbole verwendet werden können. Im übrigen benützen wir analog (6.3/4) auch in der Folge die Schreibweise

$$\Gamma^Q_{kj} = \Gamma_{kj}{}^{\cdot Q} \tag{7.2/9}$$

und zeigen, daß sich Γ^Q_{kj} bei festgehaltener orthonormaler Ergänzung g_Q in bezug auf die unteren beiden Indizes als Tensor verhält. Hierzu gehen wir von der Transformationsregel (6.3/8) im Einbettungsraum aus, jetzt jedoch mit untransformiertem Index $j' = p = Q$. Dann kommt wegen (5.1/12)

$$\Gamma^Q_{k'l'} = a^i_{k'} a^q_{l'} \Gamma^Q_{iq}$$

heraus, also die Dyadentransformation.

Wir wollen die äußeren Krümmungsdyaden Γ^Q_{kl} für eine einbettbare Mannigfaltigkeit, bei der sie analog (6.1/10) symmetrisch sind, anschaulich deuten und beschränken uns auf den Fall $m = n + 1$, also im besonderen auf eine im euklidischen Raum $E\{3\}$ eingebettete reguläre Fläche $M\{2\}$ (Bild 7.1a). Nach Satz 4.2/1 kann man g_1, g_2 hier speziell als kartesische Basis der Tangentialebene in zwei Hauptachsen von Γ^Q_{jk}, den sogenannten Krümmungs-Hauptrichtungen, wählen und schneidet mittels zweier Ebenen, die durch die (eindeutige) Normalenrichtung $g_Q = g_3$ sowie die Tangentenrichtungen von g_1 beziehungsweise g_2 bestimmt sind, zwei ebene Kurven der Fläche heraus, die sich ihrerseits im betrachteten Punkt P schneiden. Ihre Kurvenparameter ξ^1, ξ^2 entsprechen wegen $|g_1| = |g_2| = 1$, (5.1/26) und (5.1/16) den Bogenlängen $s = s^1$, $s = s^2$. Approximiert man nun die Kurven in ihren Ebenen von 2. Ordnung genau, so daß neben den Tangenten g_j auch deren Ableitungen $g_{j,j}$ übereinstimmen, durch Kreise mit den „Hauptkrümmungsradien" $\underset{1}{r}$, $\underset{2}{r}$, dann drehen sich g_3 und g_j beim Fortschreiten längs $d\xi^j$ um den Winkel $d\psi = d\xi^{\langle j \rangle}/r_{\langle j \rangle}$. Aus Bild 7.1b folgt wegen (6.3/3) neben der Hauptachs-Bedingung

$$\Gamma^3_{12} = (g_{1,2}, g^3) = 0, \qquad \Gamma^3_{21} = (g_{2,1}, g^3) = 0$$

auch

$$\Gamma^3_{11} = (g_{1,1}, g^3) = -\frac{1}{\underset{1}{r}}, \qquad \Gamma^3_{22} = (g_{2,2}, g^3) = -\frac{1}{\underset{2}{r}} .$$

(7.2/10a)

Gemäß (6.3/5) und (7.2/8) berechnet man wegen $g_{\alpha\beta} = g^{\alpha\beta} = \delta_{\alpha\beta}$, $g_\alpha = g^\alpha$ jetzt

$$\Gamma^2_{32} = -\Gamma^2_{.23} = -\Gamma^2_{.2}{}^3 = -(g^2_{.,2}, g^3)$$

$$= (g_{2,2}, g^3) = -\Gamma^3_{22} = \frac{1}{\underset{2}{r}}$$

(7.2/10b)

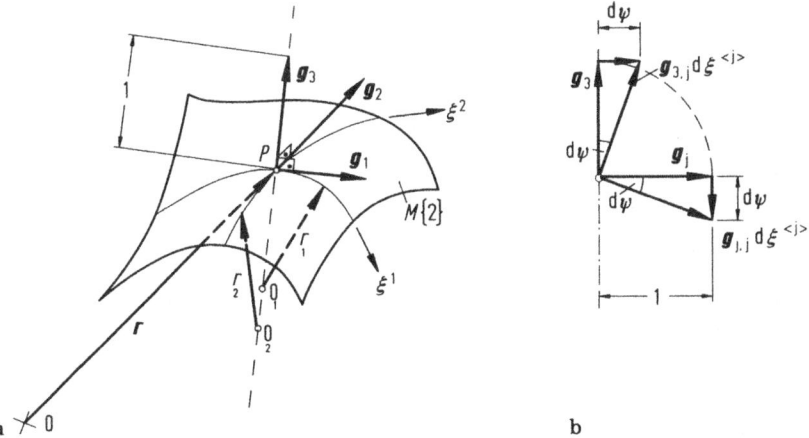

a   b

Bild 7.1. a Flächenstück $M\{2\}$ im 3-dimensionalen Raum $E\{3\}$. $\underset{1}{O}$, $\underset{2}{O}$ Krümmungsmittelpunkte; $\underset{1}{r}$, $\underset{2}{r}$ Hauptkrümmungsradien in Richtung von g_3 positiv; ξ^1, ξ^2 orthogonale krummlinige Koordinaten (Bogenlängen); $g_1 = g^1$, $g_2 = g^2$ kartesische Tangentenvektoren; $g_3 = g^3$ Normaleneinsvektor im Punkt P; $r = OP$ Ortsvektor vom Ursprung O aus. **b** Drehung der Basisvektoren beim Fortschreiten um $d\xi^j$ längs der ξ^j-Linie

sowie auf ähnliche Weise weitere Koeffizienten, die sich ebenfalls wie bei Krümmungen üblich als inverse Krümmungsradien erweisen.

Für $n = m - 1 > 2$ gibt es entsprechend dem oben Gesagten n Hauptkrümmungsradien r mit $\Gamma_{jj}^m = -1/r$; für $m > n + 1$ existieren solche Hauptkrümmungsradien $\overset{Q}{\underset{j}{r}} = -1/\Gamma_{jj}^{\underset{j}{Q}}$ zu jedem Ergänzungsvektor $\mathbf{g}^Q$.

7.2.2 Innere Krümmungen

Will man die Krümmung der Mannigfaltigkeit $M\{n\}$ von „innen", also allein aufgrund der in den Tangentialräumen vorliegenden metrischen Informationen g_{jk}, $\varepsilon_{j_1,\ldots,j_n}$, Γ_{jk}^l und deren Ortsableitungen beurteilen, so kann man wegen (6.1/7), (6.1/8), (6.1/9) nicht mehr zwischen der Mannigfaltigkeit und ihren Abrollungen unterscheiden. Statt der Abweichung vom Tangentialraum, also von einer ungekrümmten Mannigfaltigkeit, läßt ein inneres Krümmungsmaß bestenfalls noch die Abweichung von einer abwickelbaren Mannigfaltigkeit erkennen. Hierzu eignen sich die Größen

$$R_{j\cdot kl}^{\;\;p} = [-\Gamma_{jk,l}^p + \Gamma_{qk}^p \Gamma_{jl}^q] - [-\Gamma_{jl,k}^p + \Gamma_{ql}^p \Gamma_{jk}^q]\,, \tag{7.2/11}$$

weil sie wegen (6.1/14) für eine abwickelbare Mannigfaltigkeit verschwinden, und dies bei einfach zusammenhängenden Mannigfaltigkeiten auch *nur* im Falle der Abwickelbarkeit.

Um $R_{j\cdot kl}^{\;\;p}$ zu diskutieren, bilden wir zunächst für ein in den Tangentialräumen liegendes Vektorfeld u_j die zweiten kovarianten Ortsableitungen über (7.1/6b) und (7.1/12b) zu

$$\begin{aligned}
u_j|_{kl} &= (u_j|_k)|_l = (u_{j,k} - u_p \Gamma_{jk}^p)|_l \\
&= (u_{j,k} - u_p \Gamma_{jk}^p)_{,l} - (u_{q,k} - u_p \Gamma_{qk}^p)\Gamma_{jl}^q - (u_{j,q} - u_p \Gamma_{jq}^p)\Gamma_{kl}^q \\
&= u_{j,kl} - u_{p,l}\Gamma_{jk}^p - u_{q,k}\Gamma_{jl}^q - u_{j,q}\Gamma_{kl}^q + u_p(-\Gamma_{jk,l}^p + \Gamma_{qk}^p\Gamma_{jl}^q + \Gamma_{jq}^p\Gamma_{kl}^q)
\end{aligned}$$

Nach Vertauschung der Indizes k und l erhält man einen entsprechenden Ausdruck für $u_j|_{lk}$. In der Differenz heben sich die Glieder $u_{j,kl} = u_{j,lk}$ heraus, so daß sich wegen (6.3/9), (7.1/6b) und (7.2/11)

$$u_j|_{kl} - u_j|_{lk} = -2C_{ki}^{\;\;q}u_j|_q + R_{j\cdot kl}^{\;\;p}u_p \tag{7.2/12}$$

ergibt. $C_{ki}^{\;\;q}$ stellt den Cartanschen Tensor der Nicht-Einbettbarkeit dar.

$R_{j\cdot kl}^{\;\;p}$ vermittelt gemäß (7.2/12) eine lineare Abbildung der Vektoren u_p auf Tensoren $u_j|_{kl} - u_j|_{lk} + 2C_{ki}^{\;\;q}u_j|_q$ und repräsentiert aufgrund des Allgemeinen Abbildungssatzes 3.3/1 selbst einen Tensor 4. Stufe: den „Riemannschen Krümmungstensor".

Darüber hinaus zeigt Gleichung (7.2/12), daß die zweiten kovarianten Ortsableitungen in der Regel nicht vertauschbar sind. Eine solche Vertauschbarkeit besteht im wesentlichen bei abwickelbaren einbettbaren Mannigfaltigkeiten, für die $\mathbf{R}$ und $\mathbf{C}$ verschwinden.

Ferner ist der Riemannsche Krümmungstensor (7.2/11) in den letzten beiden Indizes antimetrisch,

$$R_{j\cdot kl}^{\ \ p} = -R_{j\cdot lk}^{\ \ p}\,, \tag{7.2/13}$$

besteht also aus höchstens $\frac{1}{2}n^3(n-1)$ unabhängigen Größen, und läßt sich beispielsweise für eine $(n=3)$-dimensionale Mannigfaltigkeit analog (4.2/36), (4.2/37) auf den dreistufigen Tensor

$$\left.\begin{aligned} \omega_j^{\ pq} &= -\tfrac{1}{2}\varepsilon^{qkl}R_{j\cdot kl}^{\ \ p}\\ \text{mit}&\\ R_{j\cdot kl}^{\ \ p} &= -\varepsilon_{klq}\omega_j^{\ pq}\,, \end{aligned}\right\} \tag{7.2/14}$$

zurückführen, für eine $(n=2)$-dimensionale Mannigfaltigkeit sogar auf die Dyade

$$\left.\begin{aligned} \omega_j^{\ p} &= -\tfrac{1}{2}\varepsilon^{kl}R_{j\cdot kl}^{\ \ p}\\ \text{mit}&\\ R_{j\cdot kl}^{\ \ p} &= -\varepsilon_{kl}\omega_j^{\ p} \end{aligned}\right\} \tag{7.2/15}$$

Von jetzt an beschränken wir uns auf Mannigfaltigkeiten $M\{n\}$, die im Raum $E\{m\}$ einbettbar sind. (5.1/6) liefert wegen (6.3/3), (7.2/7) sowie wegen der aus (6.3/6a), (6.3/4) für die zur orthonormal ergänzten Basis $\mathbf{g}_\alpha$ gebildeten Christoffelsymbole folgenden Beziehungen

$$\Gamma_{\cdot\gamma\beta}^{\alpha} = -\Gamma_{\beta\cdot\cdot}^{\ \ \alpha}\,,\quad \Gamma_{\beta\gamma}^{\alpha} = \Gamma_{\beta\gamma}^{\cdot\cdot\alpha}$$

sofort

$$\Gamma_{ik}^{\ \ p} = (\mathbf{r}_{,ik}, \mathbf{g}^p)\,,$$

$$\begin{aligned} \Gamma_{ik\cdot,l}^{\ \ p} &= (\mathbf{r}_{,ikl}, \mathbf{g}^p) + (\mathbf{r}_{,ik}, \mathbf{g}^p_{,l})\\ &= (\mathbf{r}_{,ikl}, \mathbf{g}^p) + \Gamma_{\cdot l\alpha}^{p}(\mathbf{r}_{,ik}, \mathbf{g}^\alpha)\\ &= (\mathbf{r}_{,ikl}, \mathbf{g}^p) - \Gamma_{\alpha l}^{p}\Gamma_{ik}^{\alpha} \end{aligned}$$

das heißt

$$-\Gamma_{jk,l}^{p} + \Gamma_{jl,k}^{p} = \Gamma_{\alpha l}^{p}\Gamma_{jk}^{\alpha} - \Gamma_{\alpha k}^{p}\Gamma_{jl}^{\alpha}$$

Schließlich folgt aus (7.2/11) über (7.2/1) bis (7.2/3)

$$R_{j\cdot kl}^{\ \ p} = \Gamma_{Ql}^{p}\Gamma_{jk}^{Q} - \Gamma_{Qk}^{p}\Gamma_{jl}^{Q} \tag{7.2/16}$$

für einbettbare Mannigfaltigkeiten.

Aus der Ziehregel (3.2/3) erhält man nun mittels (7.2/8), (7.2/9), (6.3/5) und (7.2/5)

$$\begin{aligned} -R_{\cdot slk}^{q} &= g^{qj}g_{sp}R_{j\cdot kl}^{\ \ p} = g^{qj}g_{sp}(-\Gamma_{\cdot kj}^{Q}\Gamma_{Ql}^{\cdot\cdot p} + \Gamma_{\cdot lj}^{Q}\Gamma_{Qk}^{\cdot\cdot p})\\ &= -\Gamma_{\cdot k}^{Q\cdot q}\Gamma_{Qls} + \Gamma_{\cdot l}^{Q\cdot q}\Gamma_{Qks} = -\Gamma_{\cdot k}^{q\cdot Q}\Gamma_{slQ} + \Gamma_{\cdot l}^{q\cdot Q}\Gamma_{skQ}\\ &= -\Gamma_{\cdot kQ}^{q}\Gamma_{\cdot si}^{\cdot\cdot Q} + \Gamma_{\cdot lQ}^{q}\Gamma_{\cdot sk}^{\cdot\cdot Q} = \Gamma_{Qk}^{q}\Gamma_{sl}^{Q} - \Gamma_{Ql}^{q}\Gamma_{sk}^{Q}\\ &= R_{s\cdot lk}^{\ \ q} \end{aligned}$$

R oder gemäß (7.2/14), (7.2/15) auch **ω** sind also bei einbettbaren Mannigfaltigkeiten hinsichtlich der ersten beiden Indizes antimetrisch und lassen sich analog (4.2/36), (4.2/37) umformen. Auf diese Weise erhält man etwa für eine $(n = 3)$-dimensionale, zum Beispiel wie bei Kondo [22] in den $E\{6\}$ einbettbare Mannigfaltigkeit $M\{3\}$ die innere Krümmungsdyade

$$\varkappa^{rq} = -\tfrac{1}{2}\varepsilon^{rjp}\omega_{jp}{}^{\cdot\cdot q} = \tfrac{1}{4}\varepsilon^{rjp}\varepsilon^{qkl}R_{jpkl}$$

mit

$$R_{jpkl} = -\varepsilon_{klq}\omega_{jp}{}^{\cdot\cdot q} = \varepsilon_{klq}\varepsilon_{rjp}\varkappa^{rq}\,.$$

(7.2/17)

Für die $(n = 2)$-dimensionale, beispielsweise in den dreidimensionalen Raum einbettbare zweidimensionale Mannigfaltigkeit (Fläche) $M\{2\}$ ergibt sich entsprechend die skalare innere Krümmung

$$\varkappa = -\tfrac{1}{2}\varepsilon_{jp}\omega^{jp} = \tfrac{1}{4}\varepsilon_{jp}\varepsilon^{kl}R^{jp}{}_{\cdot\cdot kl}$$

mit

$$R^{jp}{}_{\cdot\cdot kl} = -\varepsilon_{kl}\omega^{jp} = \varepsilon^{jp}\varepsilon_{kl}\varkappa\,.$$

(7.2/18)

Wegen (2.5/5) besitzt $R^{jp}{}_{\cdot\cdot kl}$ hier nur Koordinaten der Größe 0 oder $\pm\varkappa$. In der lokalen kartesischen Basis $\mathbf{g}_1, \mathbf{g}_2, \mathbf{g}_3$ von Bild 7.1 folgt über (7.2/16) und (7.2/10) eindeutig

$$\varkappa = \Gamma_{32}^2\Gamma_{11}^3 - \Gamma_{31}^2\Gamma_{12}^3 = -\frac{1}{\underset{1}{r}\,\underset{2}{r}}$$

(7.2/19)

als sogenannte Gaußsche Krümmung. Sie verschwindet im Falle $\underset{1}{r} = \infty$ oder $\underset{2}{r} = \infty$, wenn eine der Koordinatenlinien einen Wendepunkt besitzt. Abwickelbarkeit $R_{j\cdot kl}^{\cdot r} \equiv 0$, also $\varkappa \equiv 0$ ist für $\underset{1}{r} \equiv \infty$ oder $\underset{2}{r} \equiv \infty$ gegeben, das heißt bei

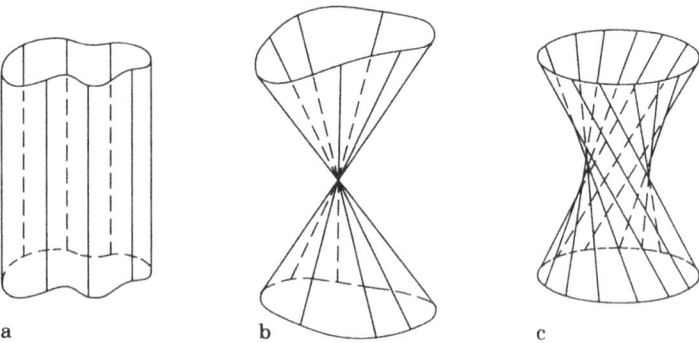

a   b   c

Bild 7.2a–c. Abwickelbare Flächen, durch je eine Geradenschar erzeugt. **a** Zylinder, **b** Kegel, **c** Rotationshyperboloid

Koordinatennetzen mit einer Geradenschar. Solche Flächen werden, wie man sagt, durch Geraden „erzeugt" und heißen Regelflächen. Zu ihnen gehören beispielsweise Zylinder, Kegel oder Rotationshyperboloide (Bild 7.2).

7.3 Zeitableitungen

In diesem Abschnitt spielt die physikalische Bedeutung der Zeit t keine Rolle. Sie darf daher einen beliebigen Parameter für den Ablauf des jeweiligen Geschehens repräsentieren.

7.3.1 Punktgeschwindigkeit und Punktbeschleunigung in einer starren Mannigfaltigkeit

Wenn bei einem geeignet gewählten, gegenüber dem Beobachter ruhenden oder seinerseits bewegten Einbettungsraum $E\{m\}$ der vom Ursprung aus gemessene Ortsvektor $\mathbf{r} = \mathbf{r}\{\xi^1, \ldots, \xi^n\}$ zu den Punkten P einer einbettbaren Mannigfaltigkeit $M\{n\}$ explizite zeitunabhängig ist, so bezeichnet man diese Mannigfaltigkeit als starr und das Koordinatensystem der ξ^j als mit der Mannigfaltigkeit verbunden beziehungsweise kurz als körperfest, falls sich M als Körper im Sinne von Abschnitt 5.1.4 deuten läßt. Für einen in M bewegten Punkt $\xi^j = \xi^j\{t\}$ charakterisieren wir die Ableitung nach der Zeit t durch einen hochgestellten Punkt und schreiben

$$(\mathbf{r})^\cdot = \frac{d\mathbf{r}}{dt} = \mathbf{r}_{,j}(\xi^j)^\cdot.$$

Dabei sind auch die durch (5.1/6) definierten lokalen Basisvektoren $\mathbf{g}_j = \mathbf{r}_{,j}$ zeitunabhängig: sie bilden eine starre Basis. Wenn man nun über (2.1/17) bzw. Bild 2.3 die Punktgeschwindigkeit $\mathbf{v}$ mit den Koordinaten v^j im Tangentialraum einführt, so erhält man wegen (5.1/14)

$$v^j = (\xi^j)^\cdot; \quad \mathbf{v} = v^j \mathbf{g}_j \tag{7.3/1}$$

$\mathbf{v}$ wird als Vektor der Relativgeschwindigkeit des Punktes P in bezug auf die Mannigfaltigkeit M oder auf das gewählte Koordinatensystem ξ^j bezeichnet. Die Beziehung (7.3/1) ist in der Tat gegenüber zeitunabhängigen Umparametrisierungen

$$\xi^j = \xi^j\{\xi^{k'}\}, \quad \xi^{k'} = \xi^{k'}\{\xi^j\} \tag{7.3/2}$$

invariant, weil dann auch die Transformationskoeffizienten

$$a^j_{k'} = \xi^j_{.,k'}, \quad a^{k'}_j = \xi^{k'}_{.,j} \tag{7.3/3}$$

(vgl. (5.1/11), (5.1/12)) zeitunabhängig sind. Da die Gültigkeit von (7.3/3) in der

Form (5.1/12) ausdrücklich auch bei der Umparametrisierung von verallgemeinerten Mannigfaltigkeiten gefordert worden war (Abschnitt 5.1.4), kann man den Geschwindigkeitsvektor $\mathbf{v}$ vermittels (7.3/1) auch für jene definieren, sofern nur die lokalen Basen $\mathbf{g}_j$ zeitunabhängig bleiben. Freilich besteht dann keine Beziehung der Gestalt $\mathbf{v} = (\mathbf{r})^{\cdot}$ mehr.

Mittels (7.3/1) bildet man in analoger Weise zunächst wieder für einbettbare starre Mannigfaltigkeiten die Relativbeschleunigung

$$\mathbf{b} = (\mathbf{v})^{\cdot} = (v^j)^{\cdot}\mathbf{g}_j + v^j\mathbf{g}_{j,k}(\xi^k)^{\cdot}$$

des Punktes P. Sie lautet wegen (7.2/7), (6.3/4) sowie unter Benutzung der Indexalphabete (7.2/1) bis (7.2/3) auch

$$\left.\begin{array}{l} \mathbf{b} = b^{\alpha}\mathbf{g}_{\alpha} = b^j\mathbf{g}_j + b^Q\mathbf{g}_Q\,, \\[2mm] b^j = (\xi^j)^{\cdot\cdot} + (\xi^k)^{\cdot}(\xi^l)^{\cdot}\Gamma^j_{kl}\,, \quad b^Q = (\xi^k)^{\cdot}(\xi^l)^{\cdot}\Gamma^Q_{kl}\,, \end{array}\right\} \tag{7.3/4}$$

wobei zwei hochgestellte Punkte eine doppelte Zeitdifferentiation bedeuten. $\mathbf{b}$ stellt einen Vektor dar, allerdings des Einbettungsraumes $E\{m\}$ der Mannigfaltigkeit $M\{n\}$. b^j repräsentiert die Beschleunigungsanteile innerhalb des Tangentialraumes („Tangentialbeschleunigungen"), b^Q diejenigen senkrecht dazu („Normalbeschleunigungen"). Letztere hängen von den äußeren Krümmungen Γ^Q_{kl} der Mannigfaltigkeit ab. Im übrigen dient (7.3/4) auch der Definition der Punktbeschleunigungen für verallgemeinerte starre Mannigfaltigkeiten.

Als Beispiel betrachten wir (einbettbare) Zylinderkoordinaten (Bild 5.4) $r = \xi^r, \psi = \xi^{\psi}, \zeta = \xi^{\zeta}$ des $(n = m = 3)$-dimensionalen Raumes, die also zu einer ungekrümmten 3-dimensionalen Mannigfaltigkeit gehören, so daß die Normalbeschleunigungen entfallen. Man hat wegen (6.2/2)

$$v^r = \dot{r}, \qquad v^{\psi} = \dot{\psi}, \qquad v^{\zeta} = \dot{\zeta},$$
$$b^r = \ddot{r} - r(\dot{\psi})^2, \quad b^{\psi} = \ddot{\psi} + \frac{2}{r}\dot{r}\dot{\psi}, \quad b^{\zeta} = \ddot{\zeta}, \tag{7.3/5}$$

worin die Differentiationspunkte platzsparend über die Koordinatensymbole gesetzt wurden. Für Kugelkoordinaten $r = \xi^r$, $\psi = \xi^{\psi}$, $\vartheta = \xi^{\vartheta}$ im ungekrümmten $(n = m = 3)$-dimensionalen Raum (Bild 5.5) gilt wegen (6.2/3) entsprechend

$$\left.\begin{array}{l} v^r = \dot{r}, \ v^{\psi} = \dot{\psi}, \ v^{\vartheta} = \dot{\vartheta}; \\[3mm] b^r = \ddot{r} - r(\cos\{\vartheta\})^2(\dot{\psi})^2 - r(\dot{\vartheta})^2, \\[3mm] b^{\psi} = \ddot{\psi} + \frac{2}{r}\dot{r}\dot{\psi} - 2\dot{\psi}\dot{\vartheta}\tan\{\vartheta\}, \\[3mm] b^{\vartheta} = \ddot{\vartheta} + (\dot{\psi})^2\sin\{\vartheta\}\cos\{\vartheta\} + \frac{2}{r}\dot{r}\dot{\vartheta}\,. \end{array}\right\} \tag{7.3/6}$$

Wie die Spannungen in (4.1/48) oder die Formänderungsgeschwindigkeiten in (4.3/30), so drückt man die Geschwindigkeiten und Beschleunigungen gern in

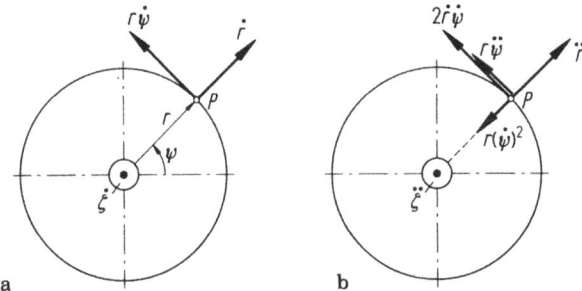

Bild 7.3a,b. Bewegung eines Punktes P in Zylinder- oder Polarkoordinaten. **a** Technische Geschwindigkeiten: Radialgeschwindigkeit $\dot{r}$, Kreisumfangsgeschwindigkeit $r\dot{\psi}$, Axialgeschwindigkeit $\dot{\zeta}$; **b** Technische Beschleunigungen: Radialbeschleunigung $\ddot{r}$, Zentripetalbeschleunigung $r(\dot{\psi})^2$, Kreisumfangsbeschleunigung $r\ddot{\psi}$. Coriolisbeschleunigung $2\dot{r}\dot{\psi}$, Axialbeschleunigung $\ddot{\zeta}$

sogenannten technischen, aus Einsvektoren bestehenden Basen

$$_\alpha g = \mathbf{g}_{\langle\alpha\rangle}/|\mathbf{g}_{\langle\alpha\rangle}| = \mathbf{g}_{\langle\alpha\rangle}/|\sqrt{g_{\langle\alpha\rangle\langle\alpha\rangle}}|$$

$$^\alpha g = \mathbf{g}^{\langle\alpha\rangle}/|\mathbf{g}^{\langle\alpha\rangle}| = \mathbf{g}^{\langle\alpha\rangle}/|\sqrt{g^{\langle\alpha\rangle\langle\alpha\rangle}}|$$

aus, die bei orthogonalen Koordinaten sogar kartesisch sind. Der Ansatz $\mathbf{w} = w^\alpha \mathbf{g}_\alpha = {}^\alpha w {}_\alpha \mathbf{g} = w_\alpha \mathbf{g}^\alpha = {}_\alpha w {}^\alpha \mathbf{g}$ für irgendeinen Vektor $\mathbf{w}$ des Einbettungsraumes führt dann zu dessen technischen Koordinaten

$$^\alpha w = w^{\langle\alpha\rangle}|\sqrt{g_{\langle\alpha\rangle\langle\alpha\rangle}}|, \quad _\alpha w = w_{\langle\alpha\rangle}|\sqrt{g^{\langle\alpha\rangle\langle\alpha\rangle}}| \tag{7.3/7}$$

Dies liefert wegen (5.2/5) in Zylinderkoordinaten die technischen Geschwindigkeiten

$$^r v = \dot{r}, \quad ^\psi v = r\dot{\psi}, \quad ^\zeta v = \dot{\zeta}.$$

Der erfahrene „Mechaniker" deutet sie sofort als Radial-, Kreisumfangs- und Axialgeschwindigkeit (Bild 7.3a, vgl. [13]). Dementsprechend lassen sich die Anteile der technischen Beschleunigungen

$$^r b = \ddot{r} - r(\dot{\psi})^2, \quad ^\psi b = r\ddot{\psi} + 2\dot{r}\dot{\psi}, \quad ^\zeta b = \ddot{\zeta} \tag{7.3/8}$$

in bekannter Weise als Radial-, Zentripetal-, Kreisumfangs-, Coriolis- oder Axialbeschleunigungen interpretieren (Bild 7.3b).

7.3.2 Partielle und totale Zeitableitungen in starren Mannigfaltigkeiten

Wir betrachten zeitlich konstante oder veränderliche Tensorfelder $T_{j_1 \ldots j_n}\{\xi^k, t\}$ in den Tangentialräumen einer als starr vorausgesetzten Mannigfaltigkeit $M\{n\}$, beschrieben durch fest verbundene („körperfeste") Koordinaten ξ^k, und erhalten mit derselben Begründung wie für (3.3/19) beziehungsweise in unmittelbarer Umkehrung den

Satz 7.3/1: Die partielle Zeitableitung

$$\frac{\partial}{\partial t} T_{j_1 \ldots j_h} = \partial T_{j_1 \ldots j_h} / \partial t \tag{7.3/9}$$

stellt ein Tensorfeld dar, und zwar für jede vertikale Isomere desselben Tensors $T_{j_1 \ldots j_h}$ die entsprechende vertikale Isomere des abgeleiteten Tensors. Wenn umgekehrt die Tensoreigenschaft von $\partial T_{j_1 \ldots j_h} / \partial t$ bekannt ist, so ist auch $T_{j_1 \ldots j_h}$ ein Tensor, vorausgesetzt dies trifft für den Anfangswert $T_{j_1 \ldots j_h}\{\underset{0}{t}\}$ zu irgendeinem Anfangszeitpunkt $t = \underset{0}{t}$ zu.

Ein mit der Geschwindigkeit **v** innerhalb der Mannigfaltigkeit bewegter Beobachter würde in affinen Koordinaten die totale Zeitableitung (3.3/23) messen (Bild 3.6). Aus den Sätzen 7.1/1 und 7.1/2 ergibt sich dann als unmittelbare Verallgemeinerung

Satz 7.3/2: Die totale Zeitableitung

$$\frac{d}{dt} T_{j_1 \ldots j_h} = \frac{\partial}{\partial t} T_{j_1 \ldots j_h} + T_{j_1 \ldots j_h}|_k v^k \tag{7.3/10}$$

stellt einen Tensor dar, und zwar für jede vertikale Isomere desselben Tensors $T_{j_1 \ldots j_h}$ die entsprechende vertikale Isomere des abgeleiteten Tensors.

7.3.3 Anfangs- und Momentankonfiguration einer zeitlich veränderlichen Mannigfaltigkeit

Wir stellen uns jetzt zwei vorerst einbettbare Mannigfaltigkeiten $M\{n\}$, $\underset{0}{M}\{n\}$ desselben Einbettungsraumes $E\{m\}$ zu beliebigen Zeitpunkten $\underset{0}{t}$, t vor, deren erste wir als (starre) Anfangs- oder Bezugskonfiguration zum (festen) Anfangszeitpunkt $\underset{0}{t}$ in fest mit ihr verbundenen Koordinaten $\overset{0}{\xi}{}^{jo}$ auffassen, während die zweite als aktuelle oder Momentankonfiguration zum variablen Zeitpunkt t eben einer „zeitlich veränderlichen Mannigfaltigkeit" gelte. Ihre „materiellen" Punkte $P\{\xi^j = const\}$ im weiterhin als „fest mit $M\{n\}$ verbunden" („materiefest", „materiell") bezeichneten ξ^j-Koordinatensystem bewegen sich im Einbettungsraum allein infolge der zeitlichen Änderung von $M\{n\}$; sie werden, wie man sagt, von der Mannigfaltigkeit mitgeschleppt, mitgeführt oder kurz: geführt. $\overset{0}{P}$ in $\underset{0}{M}\{n\}$ repräsentiere den mitgeschleppten Punkt P zum Anfangszeitpunkt $\underset{0}{t}$. Dann vereinbaren wir der soeben vermittelten Anschauung entsprechend, daß $\overset{0}{P}$ in $\underset{0}{M}\{n\}$ und P in $M\{n\}$ identische Koordinatenwerte

$$\overset{0}{\xi}{}^{jo} = \xi^j \tag{7.3/11}$$

besitzen (Bild 7.4). Die lokalen kovarianten Basen $\overset{0}{\mathbf{g}}_{j_0}, \mathbf{g}_j$ an die Koordinatennetze (7.3/11) in den Punkiten $\overset{0}{P}$ und P gelten ebenfalls als mitgeschleppt, mitgeführt beziehungsweise geführt.

Wir erinnern an Abschnitt 4.1.4.3 (Bild 4.2), wo wir bereits zwischen der Anfangs-oder Bezugskonfiguration eines Körpers und seiner aktuellen Konfiguration unterschieden, jedoch beide Konfigurationen in einer gemeinsamen affinen Basis des Einbettungsraumes beschrieben. Demgegenüber handelte es sich bei den tordierten Koordinaten $r = \xi^r, \psi = \xi^\psi, \zeta = \xi^\zeta$ des tordierten (verwundenen) Kreiszylinders in Abschnitt 5.2.4 (Bild 5.6) bereits um mitgeschleppte Koordinaten im Sinne des vorliegenden Abschnittes.

Neben dem Punkt P, den kontravarianten Koordinaten ξ^j und der kovarianten Basis $\mathbf{g}_j$ wird auch jeder zeitabhängige Vektor $\mathbf{w}$ sowie jeder zeitabhängige Tensor $\mathbf{T}$ der Stufe h als mitgeschleppt charakterisiert, wenn seine kontravarianten Koordinaten in bezug auf die mitgeschleppte lokale Basis $\mathbf{g}_j$ zeitunabhängig sind:

$$T^{j1\ldots jh}\{\xi^k\} = T^{j1_0\ldots jh_0}\{\overset{0}{\xi}{}^{k_0}\} \qquad (7.3/12)$$

Solches trifft dann im allgemeinen für die kontravariante Basis $\mathbf{g}^k$ nicht mehr zu. Ihre kontravarianten Koordinaten, die metrischen Grundgrößen g^{kj}, sind nämlich wegen (2.4/5) dann und nur dann zeitunabhängig, wenn auch die kovarianten metrischen Grundsymbole $g_{jk} = (\mathbf{g}_j, \mathbf{g}_k)$ nicht von t abhängen. In diesem Fall stellen die Basisvektoren $\mathbf{g}_j$ ein starres n-Bein dar, so daß sich die Mannigfaltigkeit analog Satz 4.3/1 als ein Starrkörper verhält.

In allen anderen Fällen erzeugt die kontravariante Basis $\mathbf{g}^j$ eine sich unabhängig verändernde, verallgemeinerte Mannigfaltigkeit. Diese sowie alle Vekto-

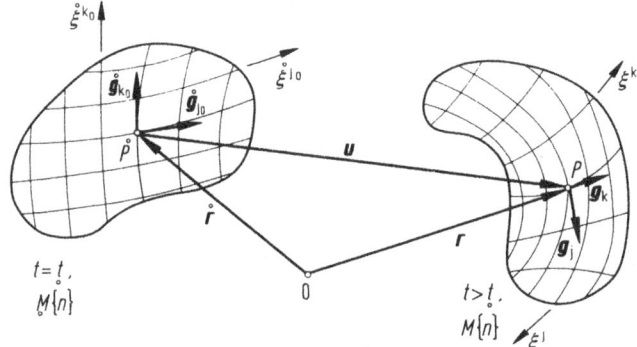

Bild 7.4. Konfigurationen $\underset{0}{M}\{n\}, M\{n\}$ einer einbettbaren Mannigfaltigkeit zur Zeit $t = \underset{0}{t}$ (Anfang) und $t > \underset{0}{t}$ (momentan, aktuell) mit Anfangskoordinaten $\overset{0}{\xi}{}^{j_0}$ beziehungsweise mitgeschleppten (aktuellen, Momentan-)Koordinaten ξ^j. Punkte $\overset{0}{P}$ nebst lokalen Basen $\overset{0}{\mathbf{g}}_{k_0}$ der Anfangs- oder Bezugskonfiguration werden zu Punkten P der aktuellen Konfiguration mit gleichen Koordinaten $\xi^j = \overset{0}{\xi}{}^{j_0}$ sowie zu den lokalen Basen $\mathbf{g}_k$ mitgeschleppt. Ursprung O, Verbindungsvektor $\mathbf{u} = \overset{0}{P}P$ und Ortsvektor $\overset{0}{\mathbf{r}} = O\overset{0}{P}$, $\mathbf{r} = OP$ im Einbettungsraum

ren **w** und Tensoren **T** mit zeitlich konstanten kovarianten Koordinaten

$$T_{j1\ldots jn}\{\xi^k\} = \overset{0}{T}_{j1_0\ldots jh_0}\{\overset{0}{\xi}^{k_0}\} \tag{7.3/13}$$

heißen gegengeschleppt. Natürlich lassen sich die Konzepte des Mit- und Gegenschleppens gemäß (7.3/12), (7.3/13) nun insgesamt auf verallgemeinerte Mannigfaltigkeiten übertragen.

Als Beispiele betrachten wir ausgehend von einer kartesischen Anfangsbasis $\overset{0}{\mathbf{g}}_{x_0} = \overset{0}{\mathbf{g}}^{x_0}$, $\overset{0}{\mathbf{g}}_{y_0} = \overset{0}{\mathbf{g}}^{y_0}$ und von zugehörigen kartesischen Punktkoordinaten $x_0 = \overset{0}{\xi}^{x_0}$, $y_0 = \overset{0}{\xi}^{y_0}$ die einachsige Dehnung von Bild 7.5a sowie die ebene Scherung von Bild 7.5b. Offenbar gilt mit den dort angegebenen Bezeichnungen

$$\mathbf{g}_x = \frac{l}{\overset{0}{l}}\,\overset{0}{\mathbf{g}}_{x_0}; \quad \underset{*}{\mathbf{g}} = \mathbf{M}\{g_{jk}\} = \mathbf{M}\{g_{xx}\} = \mathbf{M}\{(l/\overset{0}{l})^2\} \tag{7.3/14}$$

für die Dehnung und

$$\mathbf{g}_x = \overset{0}{\mathbf{g}}_{x_0}, \quad \mathbf{g}_y = \overset{0}{\mathbf{g}}_{y_0} + \frac{\Delta a}{b}\,\overset{0}{\mathbf{g}}_{x_0};$$

$$\underset{*}{\mathbf{g}} = \mathbf{M}\{g_{jk}\} = \begin{bmatrix} 1 & \Delta a/b \\ \Delta a/b & 1 + (\Delta a/b)^2 \end{bmatrix} \tag{7.3/15}$$

für die Scherung. Es folgt durch Matrixinversion

$$\overset{*}{\mathbf{g}} = \mathbf{M}\{g^{jk}\} = \mathbf{M}\{(\overset{0}{l}/l)^2\} \tag{7.3/16}$$

im ersten sowie

$$\overset{*}{\mathbf{g}} = \mathbf{M}\{g^{jk}\} = \begin{bmatrix} 1 + (\Delta a/b)^2 & -\Delta a/b \\ -\Delta a/b & 1 \end{bmatrix} \tag{7.3/17}$$

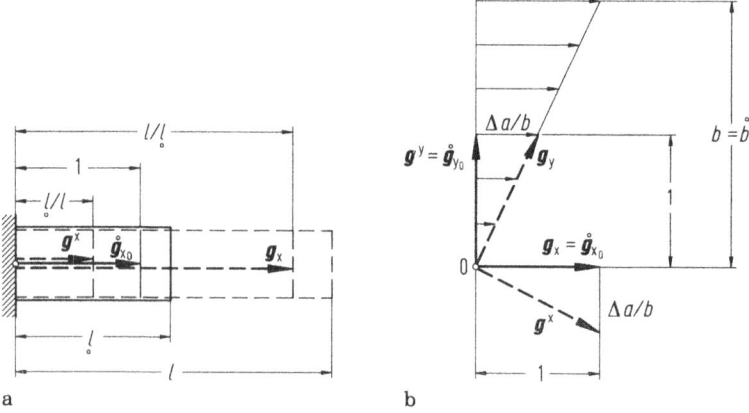

Bild 7.5. Zeitlich veränderliche Konfigurationen. Anfangsabmessungen $\overset{0}{l}$, $\overset{0}{b}$; Momentanabmessungen l, $b = \overset{0}{b}$; Verschiebung Δa. Anfangs kartesische Basen $\overset{0}{\mathbf{g}}_{x_0} = \overset{0}{\mathbf{g}}^{x_0}$, $\overset{0}{\mathbf{g}}_{y_0} = \overset{0}{\mathbf{g}}^{y_0}$. Mitgeschleppte Basen $\mathbf{g}_x$, $\mathbf{g}_y$; gegengeschleppte Basen $\mathbf{g}^x$, $\mathbf{g}^y$ jeweils im festgehaltenen Koordinatenursprung O

im zweiten Beispiel, also wegen $\mathbf{g}^j = g^{jk}\mathbf{g}_k$

$$\mathbf{g}^x = (\underset{0}{l}/l)^2\mathbf{g}_x = (\underset{0}{l}/l)\overset{0}{\mathbf{g}}_{x0} \tag{7.3/18}$$

bei der Dehnung, jedoch

$$\left.\begin{array}{l}\mathbf{g}^x = [1 + (\varDelta a/b)^2]\mathbf{g}_x - (\varDelta a/b)\mathbf{g}_y = \overset{0}{\mathbf{g}}_{x0} - (\varDelta a/b)\overset{0}{\mathbf{g}}_{y0} \\[2mm] \mathbf{g}^y = -(\varDelta a/b)\mathbf{g}_x \quad\ + \mathbf{g}_y \quad\ = \overset{0}{\mathbf{g}}_{y0}\end{array}\right\} \tag{7.3/19}$$

bei der Scherung (Bild 7.5). Man erkennt die voneinander verschiedene mit- beziehungsweise gegengeschleppte Veränderung der kovarianten und kontrava- rianten Basen.

Führt man jetzt in Verallgemeinerung von (4.1/7) unter Berücksichtigung von (7.3/11), also $d\overset{0}{\xi}{}^{j0} = d\xi^j$, und von (3.3/13a) eine kontravariante Dichte $\overset{*}{\rho} = \overset{*}{\rho}\{\xi^j\}$ sowie analog dazu eine kovariante Dichte $\rho = \rho\{\xi^j\}$ durch die Bedingung einer konstanten verallgemeinerten Masse ein:

$$\overset{*}{\rho}\underset{*}{V} = \overset{*}{\underset{0}{\rho}}\,\overset{0}{\underset{*}{V}}, \quad \rho\overset{*}{V} = \overset{0}{\underset{*}{\rho}}\,\overset{*}{\underset{0}{V}}, \tag{7.3/20a}$$

worin $\underset{*}{V}$ das kovariante, $\overset{*}{V}$ das kontravariante Basisvolumen und $\overset{*}{\underset{0}{\rho}}, \overset{0}{\underset{*}{V}}, \overset{0}{\underset{*}{\rho}}, \overset{*}{\underset{0}{V}}$ Anfangswerte darstellen, so sind jene Dichten nur bis auf jeweils einen als orts- und zeitunabhängig vorausgesetzten Faktor festgelegt, den man unter anderem dimensionsbehaftet derart wählen kann, daß die Produkte (7.3/20a) in der Tat die physikalische Dimension von Massen erhalten. Oft identifiziert man ferner die zur momentanen Basis $\mathbf{g}_j$ gehörigen ko- und kontravarianten Dichten

$$\rho = \overset{*}{\rho} = \underset{*}{\rho} \tag{7.3/20b}$$

beide mit der durch (4.1/7), (4.1/8) anhand der physikalischen Masse definierten Dichte ρ. Ferner folgt nach einer Multiplikation beider Gleichungen (7.3/20a) über (2.3/15)

$$\overset{*}{\underset{*}{\rho}}\rho = \overset{*}{\underset{0*}{\rho}}\overset{0}{\rho}\,. \tag{7.3/20c}$$

Wegen (2.5/3) und (7.3/20a) wird der Tensor

$$\overset{*}{\rho}\varepsilon_{j1\ldots jn} = \overset{*}{\underset{0}{\rho}}\varepsilon_{j1_0\ldots jn_0} \tag{7.3/21a}$$

stets gegengeschleppt, aber

$$\underset{*}{\rho}\varepsilon^{j1\ldots jn} = \overset{0}{\underset{*}{\rho}}\varepsilon^{j1_0\ldots jn_0} \tag{7.3/21b}$$

mitgeschleppt. Bildet man nun aus $n-1$ Vektoren $d\overset{1}{\mathbf{w}}, \ldots, d\overset{n-1}{\mathbf{w}}$ des Tangen- tialraumes den geometrisch durch die Sätze 3.3/3 bis 3.3/5 charakterisierten Hyperflächen-Vektor

$$d\mathbf{A} = [d\overset{1}{\mathbf{w}}, \ldots, d\overset{n-1}{\mathbf{w}}] \tag{7.3/22}$$

mit Anfangswerten $d\overset{0}{\mathbf{A}}$ oder $d\underset{0}{\mathbf{A}}$, so wird wegen (3.3/4) und (7.3/21) der von $n-1$ mitgeschleppten Vektoren $d\overset{i}{\mathbf{w}}$ aufgespannte modifizierte Flächenvektor $\underset{*}{\rho}d\mathbf{A}$ gemäß

$$\overset{*}{\rho}dA_{*j} = \overset{*}{\rho}\varepsilon_{k_1\ldots k_{n-1}j}d\overset{1}{\overset{*}{w}}{}^{k_1}\ldots d\overset{n-1}{\overset{*}{w}}{}^{k_{n-1}} = \overset{*}{\rho}d\overset{0}{\overset{}{A}}{}_{j_0} \tag{7.3/23a}$$

gegengeschleppt, hingegen der entsprechend aus $n-1$ gegengeschleppten Vektoren $d\overset{*}{\underset{j}{\mathbf{w}}}$ aufgespannte modifizierte Flächenvektor $\overset{*}{\rho}d\overset{*}{\mathbf{A}}$ gemäß

$$\overset{*}{\rho}d\overset{*}{A}{}^j = \overset{*}{\rho}\varepsilon^{k_1\cdots k_{n-1}j}d\overset{*}{\underset{1}{\overset{}{\mathbf{w}}}}{}_{k_1}\ldots d\overset{*}{\underset{n-1}{\overset{}{\mathbf{w}}}}{}_{k_{n-1}} = \overset{*}{\rho}d\overset{0}{\overset{*}{A}}{}^{j_0} \tag{7.3/23b}$$

mitgeschleppt.

Wir bilden jetzt nach (2.3/2) und (2.3/3) im Einbettungsraum die Transformationskoeffizienten

$$a^\alpha_{\beta_0} = (\mathbf{g}^\alpha, \overset{0}{\mathbf{g}}{}_{\beta_0}),\cdot \quad a^{\beta_0}_\alpha = (\mathbf{g}_\alpha, \overset{0}{\mathbf{g}}{}^{\beta_0}) \tag{7.3/24}$$

einer gemäß Satz 2.2/6 (vgl. (7.2/1)) orthonormal ergänzten lokalen Basis der Anfangskonfiguration in die jeweils gegen- oder mitgeschleppte lokale Basis der Momentankonfiguration. Dann ordnet der gemäß (7.2/2) eingeschränkte Koeffizientensatz $a^k_{j_0}$ jedem Vektor $\overset{0}{w}{}^{j_0}\{\overset{}{\underset{0}{t}}\}$ der Anfangskonfiguration die Orthogonalprojektion $\bar{w}^k$ desselben Vektors auf den Tangentialraum und in den Koordinaten der Momentankonfiguration zu. $\overset{0}{w}{}^{j_0}$ wird andererseits gemäß (7.3/12) in den Vektor

$$w^j\{t\} = \overset{0}{w}{}^{j_0}\{\overset{}{\underset{0}{t}}\}$$

der Momentankonfiguration mitgeschleppt. Insofern kann man die Transformationsregel (2.3/19) hier auch als lineare Vektorabbildung

$$\bar{w}^k = a^k_{.j}w^j,\quad a^k_{.j} = a^k_{j_0} \tag{7.3/25}$$

auffassen, so daß die Transformationskoeffizienten $a^k_{j_0}$ in der Gestalt $a^k_{.j}$ eine Dyade der Momentankonfiguration darstellen. Analog folgt für jeden Vektor $\overset{0}{w}{}^{k_0}$ der Anfangskonfiguration, der zum Vektor $w^k = \overset{0}{w}{}^{k_0}$ mitgeschleppt wird, die lineare Abbildung

$$\overset{0}{\bar{w}}{}^{j_0} = \overset{0}{a}{}^{j_0}_{.k_0}\overset{0}{w}{}^{k_0};\quad \overset{0}{a}{}^{j_0}_{.k_0} = a^{j_0}_k \tag{7.3/26}$$

auf die Projektion $\overset{0}{\bar{\mathbf{w}}}$ von $\mathbf{w}$ auf den Tangentialraum der Anfangskonfiguration.

Die Matrizen $\overset{0}{\mathbf{a}}$ und $\mathbf{a}$ der Dyaden $\overset{0}{a}{}^{j_0}_{.k_0}$, $a^j_{.k}$ sind wegen (2.3/6) zumindest bei ungekrümmten Mannigfaltigkeiten invers. Dennoch handelt es sich nicht um inverse Dyaden im Sinne von Abschnitt 4.2.4, da die betroffenen Dyadenkoordinaten $\overset{0}{a}{}^{j_0}_{.k_0}$, $a^j_{.k}$ zu im allgemeinen unterschiedlichen Basen gehören. Bei momentan zusammenfallenden Konfigurationen gilt offenbar

$$\overset{0}{a}{}^{j_0}_{.k_0} = \delta^{j_0}_{k_0},\quad a^j_{.k} = \delta^j_k \quad \text{für} \quad t = \overset{}{\underset{0}{t}} \tag{7.3/27}$$

Für eine einbettbare Mannigfaltigkeit, also etwa für eine zweidimensionale Fläche oder einen dreidimensionalen Körper im dreidimensionalen Einbettungsraum, erhält man aus Bild 7.4

$$\mathbf{r} = \overset{0}{\mathbf{r}} + \mathbf{u},\quad \overset{0}{\mathbf{r}} = \mathbf{r} - \mathbf{u}, \tag{7.3/28}$$

worin der Verbindungsvektor $\mathbf{u} = \overset{0}{\mathbf{P}}\mathbf{P}$ die Punktverschiebung beschreibt. Nach einer Differentiation folgt wegen (7.3/11), (5.1/6) und (7.1/4), wenn man die kovariante Ableitung im Einbettungsraum $E\{m\}$ (nicht in der Mannigfaltigkeit $M\{n\}$, falls diese gekrümmt ist, d.h. für $n < m$) mit einem Doppelstrich markiert:

$$\mathbf{g}_j = \mathbf{g}_{jo} + u^{\alpha_0}\|_{jo}\mathbf{g}_{\alpha_0}, \quad \mathbf{g}_{jo} = \mathbf{g}_j - u^\alpha\|_j\mathbf{g}_\alpha \tag{7.3/29}$$

oder aufgrund von (7.3/24), (7.3/25), (7.3/26) und (2.2/2), (2.4/2)

$$\overset{0}{a}{}^{k_0}_{.jo} = a^{k_0}_{.j} = g^{k_0}_{.jo} + u^{k_0}\|_{jo}, \quad a^k_{.j} = a^k_{jo} = g^k_{.j} - u^k\|_j \tag{7.3/30}$$

Die kovarianten Ableitungen sind hier also mittels der Christoffelsymbole $\Gamma^k_{\alpha j}$ zu bilden, die wegen (6.3/4) und (6.3/6a) den Symbolen $-\Gamma^k_{.j\alpha}$ einer orthonormal ergänzten Basis des Tangentialraumes entsprechen; vgl. (7.2/7). Bei ungekrümmten Mannigfaltigkeiten $n = m$, beispielsweise dem dreidimensionalen Körper im dreidimensionalen Einbettungsraum, genügt die einfach gestrichene kovariante Ableitung.

Für das Folgende benötigen wir noch die partiellen zeitlichen Ableitungen

$$(\overset{0}{a}{}^{jo}_{.k_0})\dot{} = \frac{\partial}{\partial t}\,a^{jo}_{.k_0}\{\overset{0}{\xi}{}^{lo}, t\}, \quad (a^j_{.k})\dot{} = \frac{\partial}{\partial t}\,a^j_{.k}\{\xi^l, t\}$$

der oben beschriebenen Abbildungsdyaden. Nach Satz 7.3/1 repräsentiert wenigstens $(a^{jo}_{.k_0})\dot{}$ wiederum eine Dyade, die wir mit $v^j_{.k}$ bezeichnen. Wir berechnen sie speziell für den Fall momentan identischer Konfigurationen, $\overset{}{\underset{0}{t}} = t$, gemäß (7.3/24) in der Form

$$v^j_{.k} = (a^{jo}_k)\dot{}_{t=\underset{0}{t}} = (\dot{\mathbf{g}}_k, \mathbf{g}^j)\,,$$

worin $\dot{\mathbf{g}}_k$ die Zeitableitung des mitgeschleppten Vektors $\mathbf{g}_k$ im Einbettungsraum bedeutet. Über (7.3/24) erhalten wir entsprechend für $t = \underset{0}{t}$

$$\bar{v}^j_{.k} = (a^j_{k_0})\dot{}_{t=\underset{0}{t}} = (\dot{\mathbf{g}}^j, \mathbf{g}_k)$$

Wegen (2.2/2) und (2.4/2) gilt schließlich

$$\bar{v}^j_{.k} + v^j_{.k} = (\mathbf{g}^j, \mathbf{g}_k)\dot{} = (\delta^j_k)\dot{} = 0\,,$$

so daß auch $\bar{v}^j_{.k}$ eine Dyade repräsentiert, nämlich die Dyade $-v^j_{.k}$. Beide Dyaden kann man wegen (7.3/24) sofort auf die orthonormal ergänzten $\mathbf{g}^\alpha$, $\mathbf{g}_\beta$ des Einbettungsraumes erweitern – vorausgesetzt natürlich, daß auch diese zeitlich stetig differenzierbar seien:

$$\left.\begin{array}{c} v^\alpha_{.\beta} = (a^{\alpha_0}_\beta)\dot{}_{t=\underset{0}{t}} = (\mathbf{g}^\alpha, \dot{\mathbf{g}}_\beta), \quad \bar{v}^\alpha_{.\beta} = (a^\alpha_{\beta_0})\dot{}_{t=\underset{0}{t}} = (\dot{\mathbf{g}}^\alpha, \mathbf{g}_\beta) \\ v^\alpha_{.\beta} + \bar{v}^\alpha_{.\beta} = 0\,. \end{array}\right\} \tag{7.3/30}$$

Es folgt

$$\dot{\mathbf{g}}_\beta = v^\alpha_{.\beta}\mathbf{g}_\alpha, \quad \dot{\mathbf{g}}^\alpha = \bar{v}^\alpha_{.\beta}\mathbf{g}^\beta = -v^\alpha_{.\beta}\mathbf{g}^\beta\,. \tag{7.3/31}$$

Nun werde der nach (5.1/13) gebildete Vektor $d\mathbf{r} = d\xi^\beta\mathbf{g}_\beta$ mitgeschleppt. Bildet man gegenüber dem ruhenden Einbettungsraum die Zeitableitung $(d\mathbf{r})^{\cdot}$, so folgt wegen (7.3/12), d.h. $(d\xi^{\beta})^{\cdot} = 0$,

$$(dr)^{\cdot} = d\xi^{\beta}\dot{\mathbf{g}}_{\beta} = v^{\alpha}_{.\beta}d\xi^{\beta}\mathbf{g}_{\alpha} \qquad (7.3/32)$$

Die über (7.3/1) im Einbettungsraum auch auf nicht-einbettbare Mannigfaltigkeiten verallgemeinerbare Beziehung (4.1/12) liefert mittels (7.1/4) $(d\mathbf{r})^{\cdot} = d\mathbf{v} = v^{\alpha}\|_{\beta}d\xi^{\beta}\mathbf{g}_{\alpha}$, wobei der doppelte Strich wie oben erläutert die kovariante Ableitung im Einbettungsraum charakterisiert. Dann ergibt der Vergleich mit (7.3/32) sofort

$$v^{\alpha}_{.\beta} = v^{\alpha}\|_{\beta} \,. \qquad (7.3/33)$$

Bei ungekrümmten Mannigfaltigkeiten genügt wieder der einfache Ableitungs-Strich.

$v^{\alpha}_{.\beta}$ stellt wegen (7.3/33) und Satz 7.1/1 eine unmittelbare Verallgemeinerung des bereits in (4.1/11b) eingeführten Geschwindigkeitsgradienten dar und soll auch weiterhin als Geschwindigkeitsgradient bezeichnet werden.

7.3.4 Punktgeschwindigkeit und Punktbeschleunigung in einer zeitlich veränderlichen Mannigfaltigkeit

Wir betrachten eine n-dimensionale starre Mannigfaltigkeit $M'\{n\}$ derart, daß die ebenfalls starre Anfangskonfiguration $\underset{0}{M}\{n\}$ und die aktuelle Konfiguration $M\{n\}$ einer gleichdimensionalen veränderlichen Mannigfaltigkeit zu allen Zeitpunkten t Untermannigfaltigkeiten von $M'\{n\}$ sind (Bild 7.6). Dies trifft beispielsweise für die Bewegung eines 3-dimensionalen Körpers im $(m = n = 3)$-dimensionalen Einbettungsraum zu.

Ein mitgeschleppter Punkt P, Anfangslage $\underset{0}{P} = P\{\overset{0}{\xi}{}^{\text{io}}\}$, kann dann durch die mitgeschleppten Koordinaten $\xi^{\text{i}} = \overset{0}{\xi}{}^{\text{io}}$ oder durch die Koordinaten ξ^{io} der globalen Mannigfaltigkeit $M'\{n\}$ beschrieben werden. Diese stellen zu jedem Zeitpunkt t eine Umparametrisierung der mitgeschleppten Koordinaten dar:

$$\xi^{\text{jo}} = \xi^{\text{jo}}\{\xi^{\text{i}}, t\}; \quad \xi^{\text{i}} = \xi^{\text{i}}\{\xi^{\text{jo}}, t\} \,. \qquad (7.3/34)$$

Wenn nun der geometrische Punkt $P = P\{t\}$ kein materieller Punkt ist, sondern sich seinerseits gegenüber den materiellen Punkten der aktuellen Konfiguration $M\{n\}$ gemäß $\xi^{\text{i}} = \xi^{\text{i}}\{t\}$ bewegt, so lassen sich jedenfalls seine Geschwindigkeit und seine Beschleunigung relativ zu $M\{n\}$, die wir jetzt Absolutgeschwindigkeit $\overset{\text{A}}{\mathbf{v}}$ und Absolutbeschleunigung $\overset{\text{A}}{\mathbf{b}}$ nennen, nach den Formeln von Abschnitt 7.3.1 ermitteln. Dementsprechend liefert (7.3/1) wegen (7.3/34) sowie mit einem hochgestellten Punkt als (totaler) Zeitableitung

$$\overset{\text{A}}{v}{}^{\text{jo}} = (\xi^{\text{jo}})^{\cdot} = \xi^{\text{jo}}_{.,\text{i}}(\xi^{\text{i}})^{\cdot} + \partial\xi^{\text{jo}}/\partial t \qquad (7.3/35)$$

Das letzte Glied stellt die Geschwindigkeit eines in der aktuellen Konfiguration festen Punktes $P\{\xi^{\text{j}} = const\}$ dar, dessen Lage momentan mit derjenigen des

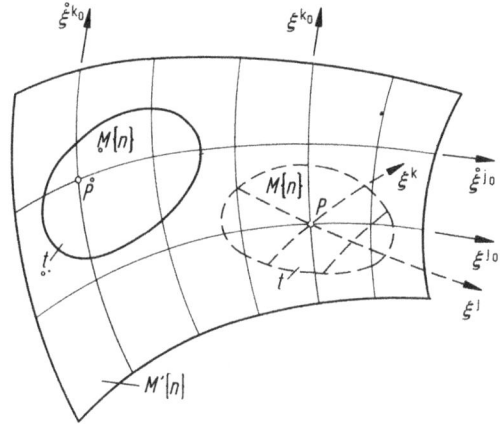

Bild 7.6. Zur Bezugs-Untermanningfaltigkeit $M\{n\}$, Zeitpunkt $t = \underset{0}{t}$, der gleichdimensionalen ruhenden Mannigfaltigkeit $M'\{n\}$ gehört die aktuelle Konfiguration $M\{n\}$, Zeitpunkt t. $M\{n\}$ stellt hier ebenfalls eine Untermannigfaltigkeit von $M'\{n\}$ dar. $\underset{0}{P}$ Punkt der Anfangskonfiguration $\underset{0}{M}\{n\}$; Koordinaten $\underset{0}{\xi}{}^{jo}, \underset{0}{\xi}{}^{ko}, \ldots$; P zugehöriger mitgeschleppter Punkt in der aktuellen Konfiguration $M\{n\}$, mitgeschleppte Koordinaten $\xi^{j}, \xi^{k}, \ldots$; Koordinaten bezüglich $M'\{n\}$: $\xi^{jo}, \xi^{ko}, \ldots$

betrachteten bewegten Punktes P übereinstimmt. Dieser würde also, falls er auf der veränderlichen Mannigfaltigkeit „einfriert", mit der Geschwindigkeit

$$\overset{F}{v}{}^{jo} = \partial \xi^{jo}/\partial t \tag{7.3/36}$$

geführt, die dementsprechend Führungsgeschwindigkeit heißt. Wenn sie verschwindet, besitzt der bewegliche Punkt P noch einen Geschwindigkeitsanteil gegenüber der aktuellen Konfiguration, den wir jetzt als Relativgeschwindigkeit $\overset{R}{v}$ bezeichnen. Aus (7.3/35), (7.3/1) und (5.1/12) folgt somit

$$\overset{A}{v}{}^{jo} = \overset{R}{v}{}^{jo} + \overset{F}{v}{}^{jo}, \quad \overset{A}{v}{}^{j} = \overset{R}{v}{}^{j} + \overset{F}{v}{}^{j}, \tag{7.3/37}$$

$$\overset{R}{v}{}^{jo} = a_i^{jo}\overset{R}{v}{}^{i}, \quad \overset{F}{v}{}^{j} = a_{io}^{j}\overset{F}{v}{}^{io}, \quad \overset{R}{v}{}^{i} = (\xi^{i})^{\boldsymbol{\cdot}} \tag{7.3/38}$$

Dies entspricht dem von der Starrkörpermechanik her bekannten Überlagerungsgesetz für Punktgeschwindigkeiten [13]. Offenbar berechnet sich die Relativgeschwindigkeit $\overset{R}{v}{}^{i}$ in (7.1/38) analog zur früheren Formel (7.3/1), die sich auf eine starre Mannigfaltigkeit in damit fest verbundenen Koordinaten bezog, so, als ob auch die Momentankonfiguration im betrachteten Augenblick erstarrt wäre.

Zur Definition der Absolutbeschleunigung als Relativbeschleunigung zur starren, globalen Mannigfaltigkeit $M'\{n\}$ geht man von (7.3/4) aus,

$$\overset{A}{b}{}^{\alpha o} = (\overset{A}{v}{}^{\alpha o})^{\boldsymbol{\cdot}} + \overset{A}{v}{}^{ko}\overset{A}{v}{}^{lo}\Gamma_{kolo}^{\alpha o}, \tag{7.3/39}$$

worin α_0 alle Indexwerte (7.2/1) der orthonormal ergänzten Basis im Einbettungsraum durchläuft und in Analogie zur Indizierung (7.2/3) $\overset{A}{v}{}^{Qo} \equiv 0, (\overset{A}{v}{}^{Qo})^{\boldsymbol{\cdot}} \equiv 0$

zu beachten ist. Dann folgt aus (7.3/37) und (7.3/38) zunächst

$$(\overset{A}{v}{}^{io})^{\cdot} = (\overset{F}{v}{}^{io})^{\cdot} + (a_k^{io})^{\cdot}\overset{R}{v}{}^{k} + a_k^{io}(\overset{R}{v}{}^{k})^{\cdot}.$$

Die (totalen) Ableitungen berechnet man für den einstufigen Tensor $\overset{F}{v}{}^{io}$ über (7.3/10), worin v als Absolutgeschwindigkeit $\overset{A}{v}$ zu substituieren ist. Dies ergibt für $t = \underset{0}{t}$ wegen (7.3/27) und (7.3/30)

$$(\overset{A}{v}{}^{io})^{\cdot} = \frac{\partial}{\partial t}\overset{F}{v}{}^{i} + \overset{F}{v}{}^{i}|_k\overset{A}{v}{}^{k} + \overset{F}{v}{}^{i}_{,k}\overset{R}{v}{}^{k} + (\overset{R}{v}{}^{i})^{\cdot}. \tag{7.3/40}$$

Nach Einsetzen von (7.3/40) und (7.3/37) in (7.3/39) findet man schließlich über (7.3/30) mit (7.3/33) die ebenfalls aus der Starrkörpermechanik bekannte Zerlegung der absoluten Beschleunigung

$$\overset{A}{b}{}^{\alpha} = \overset{F}{b}{}^{\alpha} + \overset{C}{b}{}^{\alpha} + \overset{R}{b}{}^{\alpha} \tag{7.3/41a}$$

in die Führungsbeschleunigungen

$$\overset{F}{b}{}^{i} = \frac{\partial}{\partial t}\overset{F}{v}{}^{i} + \overset{F}{v}{}^{i}|_k\overset{F}{v}{}^{k} + \overset{F}{v}{}^{k}\overset{F}{v}{}^{l}G_{kl}^{i}, \quad \overset{F}{b}{}^{Q} = \overset{F}{v}{}^{k}\overset{F}{v}{}^{l}G_{kl}^{Q}. \tag{7.3/41b}$$

die nach G.G. Coriolis (1792–1843) benannten Coriolisbeschleunigungen

$$\overset{C}{b}{}^{i} = (\overset{F}{v}{}^{i}|_k + \overset{F}{v}{}^{i}\|_k + 2\overset{F}{v}{}^{l}G_{kl}^{i})\overset{R}{v}{}^{k}, \quad \overset{C}{b}{}^{Q} = 2\overset{F}{v}{}^{l}G_{kl}^{Q}\overset{R}{v}{}^{k} \tag{7.3/41c}$$

sowie die Relativbeschleunigungen gegenüber der aktuellen Konfiguration

$$\overset{R}{b}{}^{i} = (\xi^{i})^{\cdot\cdot} + \overset{R}{v}{}^{k}\overset{R}{v}{}^{l}G_{kl}^{i}, \quad \overset{R}{b}{}^{Q} = \overset{R}{v}{}^{k}\overset{R}{v}{}^{l}G_{kl}^{Q}, \tag{7.3/41d}$$

die andererseits der Gleichung (7.3/8) entsprechen und sich daher wie zuvor schon die Relativgeschwindigkeiten auf einen momentan erstarrten Zustand der aktuellen Konfiguration beziehen. Hierbei bedeuten zwei hochgestellte Punkte die zweifache totale Zeitableitung, zwei vertikale Striche die kovariante Ortsableitung in einer orthonormal ergänzten Basis des Tangentialraumes und G_{kl} den nach (6.3/13) gebildeten symmetrischen Anteil der verallgemeinerten Christoffelsymbole. Bei ungekrümmten Mannigfaltigkeiten ($m = n$) genügt der einfache Vertikalstrich, und es sind die Christoffelsymbole selbst einzusetzen. Alle Beschleunigungen wurden getrennt als Koordinaten b^i innerhalb des Tangentialraumes (Tangentialbeschleunigungen) und als dazu senkrechte Koordinaten b^Q (Normalbeschleunigungen) angegeben.

Mittels (7.3/7) lassen sich wieder die technischen Geschwindigkeiten und Beschleunigungen bilden.

7.3.5 Zeitableitungen von Tensoren in veränderlichen Mannigfaltigkeiten

Ein orts- und zeitabhängiges Tensorfeld $T^{j_1o\cdots j_ho}\{\xi^{ko}, t\}$ der globalen Bezugsmannigfaltigkeit $M'\{n\}$, durch die sich eine veränderliche Mannigfaltigkeit

$M\{n\}$ bewegt, kann unter den Voraussetzungen von Bild 7.6 auch in die mitgeschleppten Koordinaten der aktuellen Konfiguration $M\{n\}$ transformiert werden[7.1]: $T^{j_1\cdots j_h}\{\xi^k, t\}$. Es handelt sich hierbei um das gleiche Tensorfeld, nicht etwa um einen mitgeschleppten Tensor. Das genannte Feld wird lediglich vom Standpunkt eines in der mitgeschleppten Basis $\mathbf{g}_j$ verankerten Beobachters beschrieben.

Zunächst betrachten wir aber die Zeitableitung relativ zur globalen Bezugsmannigfaltigkeit $M'\{n\}$ am festen Ort, und zwar speziell im Augenblick des Zusammenfallens der Bezugskonfiguration mit der aktuellen Konfiguration:

$$\underset{t}{\partial} T^{j_1\cdots j_h} = \partial T^{j_1\cdots j_h} = \left(\frac{\partial}{\partial t}\, T^{j_1_0\cdots j_h_0}\{\xi^{k_0}, t\}\right)_{\underset{0}{t}=t} \tag{7.3/42}$$

(Kern: ∂T). Diese Ableitung wird hier als ortsfest gekennzeichnet. Sie stellt nach Satz 7.3/1 ihrerseits ein Tensorfeld gleicher Stufe h wie der Tensor $\mathbf{T}$ dar, und zwar stets dasselbe, welche vertikale Isomere auch immer differenziert wird.

Dies ist bei der sogenannten Relativableitung anders, die im mitgeführten Punkt P der veränderlichen Mannigfaltigkeit als partielle Ableitung gebildet wird und auf die Satz 7.3/1 nicht zutrifft, weil die metrischen Grundsymbole g_{jk}, g^{jk} zeitabhängig sind. Je nach der für die Zeitdifferentiation herangezogenen Isomeren entstehen jetzt im allgemeinen verschiedene Tensoren, die wir sämtlich als Relativableitungen im weiteren Sinne bezeichnen und bei denen wir die Differentiationsmarken, hier zum Beispiel #, entweder (wie zuvor schon den Differentiationspunkt) rechts oben hinter der in Klammern (...) gesetzten indizierten Größe anfügen oder sie über beziehungsweise jetzt auch unter den Kern setzen und dann mit zum Kern zählen:

$$\begin{aligned}\overset{\#}{T}{}^{j_1\cdots j_h} &= \frac{\partial}{\partial t}\, T^{j_1\cdots j_h}\{\xi^j, t\}, \\[4pt] \underset{\#}{T}{}_{j_1\cdots j_h} &= \frac{\partial}{\partial t}\, T_{j_1\cdots j_h}\{\xi^j, t\}, \\[4pt] (T^{\cdots\;\cdots j_q\cdots}_{\cdots j_p\cdots\;\cdots})^{\#} &= \frac{\partial}{\partial t}\, T^{\cdots\;\cdots j_q\cdots}_{\cdots j_p\cdots\;\cdots}\{\xi^j, t\}\end{aligned} \right\} \tag{7.3/43}$$

Sie lassen sich insbesondere nicht durch die Ziehregel ineinander überführen, so daß zum Beispiel

$$\underset{\#}{T}{}^{j_1\cdots j_h} = g^{j_1 k_1}\cdots g^{j_h k_h}\, \underset{\#}{T}{}_{k_1\cdots k_h} \tag{7.3/44}$$

im allgemeinen nicht mit $\overset{\#}{T}{}^{j_1\cdots j_h}$ übereinstimmt.

Jene Relativableitungen hat man nach J.G. Oldroyd [24, 25] beziehungsweise, für in der globalen Konfiguration zeitlich unveränderliche Tensorfelder $\mathbf{T}$ mit

---

[7.1] Von den verschiedenen Möglichkeiten der Doppelindizierung, vgl. Abschnitt 1.2, wird in den folgenden Gleichungen die von Fall zu Fall zweckmäßigere oder übersichtlichere gewählt.

$\underset{t}{\partial} \mathbf{T} \equiv \mathbf{0}$, auch nach S. Lie (1842–1899) benannt. Als partielle Zeitableitungen (7.3/43) erfüllen sie natürlich die üblichen Regeln der Differentialrechnung wie zum Beispiel die Produktregel oder die Kettenregel, obschon dies in der Literatur bestritten wurde [26].

In der Transformationsgleichung

$$T^{j_1 \circ \cdots j_{h \circ}} = a_{k_1}^{j_1 \circ} \cdots a_{k_h}^{j_{h \circ}} T^{k_1 \cdots k_h}$$

bildet man jetzt die totale Zeitableitung unter der Voraussetzung eines geführten Punktes $\xi^j = \overset{0}{\xi}{}^{j \circ} = const$, die dann bezüglich der Koordinaten $T^{k_1 \cdots k_h}$ mit der partiellen Ableitung in (7.3/43) zusammenfällt. Wegen (7.3/10) erhält man mit $v^{j \circ}$ als Führungsgeschwindigkeit (7.3/36), bei der auf die Marke F verzichtet wird, da ohnehin keine Relativgeschwindigkeit des Punktes P gegenüber der veränderlichen Konfiguration $M\{n\}$ existiert,

$$\frac{\partial}{\partial t} T^{j_1 \circ \cdots j_{h \circ}} + T^{j_1 \circ \cdots j_{h \circ}}|_{k_0} v^{k_0}$$

$$= [(a_{k_1}^{j_1 \circ})^{\cdot} a_{k_2}^{j_2 \circ} \cdots a_{kh}^{j_{h \circ}} + a_{k_1}^{j_1 \circ} (a_{k_2}^{j_2 \circ})^{\cdot} \cdots a_{kh}^{j_{h \circ}} + a_{k_1}^{j_1 \circ} a_{k_2}^{j_2 \circ} \cdots (a_{kh}^{j_{h \circ}})^{\cdot}] T^{k_1 \cdots k_h}$$

$$+ a_{k_1}^{j_1 \circ} a_{k_2}^{j_2 \circ} \cdots a_{kh}^{j_{h \circ}} \frac{\partial}{\partial t} T^{k_1 \cdots k_h}.$$

Hieraus folgt bei zusammenfallenden Konfigurationen wegen (7.3/26), (7.3/27), (7.3/30) sowie (7.3/42), (7.3/43) für die kovarianten und entsprechend für die anderen Isomeren

$$\left.\begin{aligned}
\overset{\#}{T}{}^{j_1 \cdots j_h} &= \underset{t}{\partial} T^{j_1 \cdots j_h} + T^{j_1 \cdots j_h}|_k v^k - v^{j_1}_{\cdot k} T^{k j_2 \cdots j_h} \\
&\quad - v^{j_2}_{\cdot k} T^{j_1 k \cdots j_h} - \cdots - v^{j_h}_{\cdot k} T^{j_1 j_2 \cdots k}, \\
\underset{\#}{T}_{j_1 \cdots j_h} &= \underset{t}{\partial} T_{j_1 \cdots j_h} + T_{j_1 \cdots j_h}|_k v^k + v^k_{\cdot j_1} T_{k j_2 \cdots j_h} \\
&\quad + v^k_{\cdot j_2} T_{j_1 k \cdots j_h} + \cdots + v^k_{\cdot j_h} T_{j_1 j_2 \cdots k}, \\
(T^{\cdots \cdot \cdots j_q \cdots}_{\cdots j_p \cdots \cdots})^{\#} &= \underset{t}{\partial} T^{\cdots \cdot \cdots j_q \cdots}_{\cdots j_p \cdots \cdots} + T^{\cdots \cdot \cdots j_q \cdots}_{\cdots j_p \cdots \cdots}|_k v^k \\
&\quad \cdots + v^k_{\cdot j_p} T^{\cdots \cdot \cdots j_q \cdots}_{\cdots k \cdots \cdots} \cdots - v^{j_q}_{\cdot k} T^{\cdots \cdot \cdots k \cdots}_{\cdots j_p \cdots \cdots} \cdots
\end{aligned}\right\} \quad (7.3/45)$$

Aufgrund der Gestalt der rechten Seiten stellen die Relativableitungen (auch: Oldroyd-Liesche Ableitungen) selbst Tensoren gleicher Stufe h wie die Ausgangstensoren dar.

Die Gleichungen (7.3/45) werden kaum zur Berechnung der Relativableitungen als solche benutzt. In der Tat ermittelt man diese meist einfacher direkt über (7.3/43). Hingegen lassen sich die rechtsstehenden Terme in (7.3/45) bei einzelnen Anwendungen physikalisch-technisch interpretieren oder auch zur Definition weiterer Ableitungen umdeuten. Hierzu läßt man meist die jeweils ersten beiden Glieder der rechten Seiten, welche die totale Ableitung (7.3/10) repräsentieren, unverändert. Der Beobachter folgt also weiterhin dem betrachteten Punkt P der veränderlichen Mannigfaltigkeit $M\{n\}$. Jedoch ersetzt man den Geschwindig-keitsgradienten $v^k_{.1}$ beispielsweise durch eine antimetrische Dyade $A^k_{.1}$,

$$v^k_{.1} \rightarrow A^k_{.1} = -A_1^{.k} \tag{7.3/46}$$

und substituiert damit $M\{n\}$ lokal durch eine starr um P rotierende Mannigfal-tigkeit mit dem Geschwindigkeitsfeld (4.2/40). So entstehen die Zeitableitungen vom Standpunkt des mitdrehenden Beobachters aus oder kurz: die mitdrehen-den (engl.: co-rotational) Ableitungen.

Für die Wahl von $A^k_{.1}$ gibt es mehrere Vorschläge (vgl. z.B. [30, 31]); insbeson-dere kann man sie den vom Geschwindigkeitsfeld unabhängigen lokalen Cosse-ratdrehungen der Werkstoffpartikel anpassen (vgl. Abschnitt 4.3.2). Aufgrund einer Befürwortung durch W. Prager [29] hat sich jedoch weitgehend die von S. Zaremba [27] und G. Jaumann [10] vorgeschlagene Ableitung durchgesetzt, bei welcher der nach (4.3/7) gebildete antimetrische Anteil

$$A^k_{.1} = \tfrac{1}{2}(v^k_{.1} - v_1^{.k}) \tag{7.3/47}$$

statt $v^k_{.1}$ in (7.3/45) zu substituieren ist. Er entspricht wegen (4.3/7) mit (4.1/11b) der mittleren, vom Geschwindigkeitsfeld selbst induzierten Rotation.

Welche Ableitung am zweckmäßigsten ist, hängt vom jeweiligen Problem ab. Hier einige allgemeine Regeln.

Satz 7.3/3: Die analog (7.3/45) mit der Substitution (7.3/46) gebildeten mit-drehenden Zeitableitungen

$$\overset{0}{T}{}^{j_1\ldots j_h}, \quad \underset{0}{T}{}_{j_1\ldots j_h}, \quad (T^{\ldots\ldots\,\ldots j_q\ldots}_{\ldots j_p\ldots\,\ldots})^0$$

stellen verschiedene Isomeren ein- und desselben Tensors dar, der dann mit dem einheitlichen Kern $\underset{0}{\partial}T$ (bzw. $\underset{zj}{\partial}T$ für die Zaremba-Jaumannsche Ablei-tung) geschrieben wird.

Der Beweis folgt aus der Tatsache, daß für Starrkörperrotationen die metrischen Grundsymbole g_{jk}, g^{jk} zeitlich konstant sind und in (7.3/43) der Reihenfolge nach mit der partiellen Zeitableitung $\partial/\partial t$ vertauscht werden dürfen.

Satz 7.3/4: Für jede Zeitableitung der Gestalt (7.3/45) gilt, wenn T ein tensor-elles Überschiebungsprodukt darstellt, die Produktregel der Differentialrech-nung, gleichgültig, welche Bedeutung der Tensor $v^k_{.1}$ auch immer besitzt.

Beweis: Der Einfachheit halber betrachten wir ein Produkt der Gestalt

$$T^j_{.1} = P^{jk}Q_{k1},$$

doch läßt sich der Beweis erkennbar auf beliebige Überschiebungsprodukte übertragen.

Da die Produktregel jedenfalls für die partiellen Ableitungen (7.3/42) sowie gemäß (7.1/10), (7.1/11) auch für kovariante Ableitungen gilt, hat man wegen

(7.3/45) nacheinander

$$(T^j_{.1})^\# = \underset{t}{\partial} P^{jk}Q_{kl} + P^{jk}\underset{t}{\partial}Q_{kl} + [P^{jk}|_i Q_{kl} + P^{jk}Q_{kl}|_i]v^i$$
$$- v^j_{.i}P^{ik}Q_{kl} + v^i_{.1}P^{jk}Q_{ki},$$

$$\overset{\#}{P}{}^{jk} = \underset{t}{\partial}P^{jk} + P^{jk}|_i v^i - v^j_{.i}P^{ik} - v^k_{.i}P^{ji}$$

$$\overset{\#}{Q}_{kl} = \underset{t}{\partial}Q_{kl} + Q_{kl}|_i v^i + v^i_{.k}Q_{il} + v^i_{.1}Q_{ki}$$

und erkennt durch Einsetzen die Gültigkeit von

$$(T^j_{.1})^\# = \overset{\#}{P}{}^{jk}Q_{kl} + P^{jk}\overset{\#}{Q}_{kl}.$$

Satz 7.3/5: Wenn der Tensor **T** eine Funktion von anderen orts- und zeitabhängigen Tensorfeldern ist, so gilt die Kettenregel der Differentialrechnung
für die nach (7.3/45) gebildeten Relativableitungen allgemein dann und nur
dann, wenn es sich um die Oldroyd-Liesche Ableitung mit $v^j_{.k}$ als Geschwindigkeitsgradient (7.3/33) handelt.

Beweis: Daß die Kettenregel für die Oldroyd-Liesche Zeitableitung gilt, war
bereits im Anschluß an Gl. (7.3/44) bemerkt worden. Betrachten wir nun als
Beispiel den Fall eines von einem Skalar ϑ abhängigen Vektorfeldes $T^j = T^j\{\vartheta\}$
(Deutung etwa: Windgeschwindigkeit abhängig von der Temperatur), wobei
ϑ irgendeine Funktion von Ort und Zeit darstellt. (7.3/45) liefert

$$\overset{\#}{T}{}^j = \underset{t}{\partial}T^j + T^j|_1 v^1 - v^j_{.1}T^1,$$

$$\overset{\#}{\vartheta} = \underset{t}{\partial}\vartheta + \vartheta|_1 v^1,$$

und aus der Kettenregel $\overset{\#}{T}{}^j = (\partial T^j/\partial\vartheta)\overset{\#}{\vartheta}$ ergibt sich

$$\underset{t}{\partial}T^j + T^j|_1 v^1 - v^j_{.1}T^1 = \frac{\partial T^j}{\partial\vartheta}[\underset{t}{\partial}\vartheta + \vartheta|_1 v^1]$$

Der die Art der Ableitung definierende Tensor $v^j_{.1}$ tritt nur an einer einzigen
Stelle auf. Seine Modifikation gegenüber (7.3/33) verletzt also die Gleichheit, so
daß die Kettenregel nicht mehr für beliebige **T** gelten kann.

Satz 7.3/3 drückt einen Vorteil, Satz 7.3/5 einen Nachteil der mitdrehenden
Zeitableitungen gegenüber den Oldroyd-Lieschen Relativableitungen aus. Hier
noch einige Anwendungsbeispiele aus der Mechanik.

Die in Bild 4.9 veranschaulichten Formänderungsgeschwindigkeiten kann
man nach (4.3/12) in der Form $\lambda_{jk} = \frac{1}{2}(g_{jk})^{\cdot}$ schreiben, wobei die Änderung des
inneren Produktes, also der lokalen Metrik, jetzt von einem mit der
veränderlichen Mannigfaltigkeit verbundenen Beobachter registriert wird. Es
handelt sich also um die Oldroyd-Liesche Relativableitung. Wegen (7.3/32) gilt
also

$$\lambda_{jk} = \frac{1}{2}(v_{jk} + v_{kj}) = \frac{1}{2}\overset{\#}{g}_{jk}, \tag{7.3/48}$$

wobei v_{jk} die kovariante Isomere des Geschwindigkeitsgradienten (7.3/33) bedeutet. Offenbar folgt

$$\lambda_j^{\cdot k} = \lambda_{\cdot j}^k \neq \frac{1}{2}(g_j^{\cdot k})^{\#} \equiv \tfrac{1}{2}(\delta_j^k)^{\cdot} \equiv 0\,, \tag{7.3/49}$$

während man über (7.3/42) $\underset{t}{\partial} g^{jk} = \dfrac{\partial}{\partial t} g^{joko} = 0$, also über (7.3/45) mit (7.1/18) und (7.3/48)

$$\lambda^{jk} = \tfrac{1}{2}(v^{jk} + v^{kj}) = -\tfrac{1}{2}\overset{\#}{g}{}^{jk} \tag{7.3/50}$$

erhält. In der Tat ergeben die Isomeren g_{jk}, $g_j^{\cdot k} = g_{\cdot j}^k$, g^{jk} desselben metrischen Grundtensors unterschiedliche Oldroyd-Liesche Relativableitungen.

Im übrigen verallgemeinern (7.3/48) und (7.3/50) die frühere Beziehung (4.3/11). Auf ähnliche Weise läßt sich auch (4.1/13a,b) mit (4.1/7) und $dm = const$, also $\overset{\#}{\rho}dV + \rho(dV)^{\#} = 0$ für $\rho \neq 0$ in der Form

$$\lambda_V = \frac{(dV)^{\#}}{dV} = -\frac{\overset{\#}{\rho}}{\rho} = v_{\cdot j}^j = \lambda_{\cdot j}^j \tag{7.3/51}$$

verallgemeinern, worin dV ein (vorzeichenbehaftetes) Volumenelement des Tangentialraumes der veränderlichen Mannigfaltigkeit, ρ die Massendichte und λ_V die Volumenänderungs- oder Dilatanzgeschwindigkeit darstellen. Wegen (7.3/45) mit (7.3/10) entsprechen die totalen Ableitungen $(dV)^{\cdot}$, $\dot{\rho}$ von Skalaren dV, ρ unmittelbar deren Oldroyd-Lieschen Ableitungen $(dV)^{\#}$, $(\rho)^{\#}$.

Wendet man die Gleichungen (7.3/45) auf den Permutationstensor an und beachtet, daß wegen (2.5/3a) das Produkt $v_{\cdot\langle k\rangle}^{j_p} \varepsilon^{j_1 \cdots \langle k\rangle \cdots j_n}$ höchstens für $k = j_p$ von Null verschieden sein kann, so erhält man über (7.1/18)

$$\overset{\#}{\varepsilon}{}^{j_1 \cdots j_n} = -\lambda_V \varepsilon^{j_1 \cdots j_n};\quad \underset{\#}{\varepsilon}_{j_1 \cdots j_n} = \lambda_V \varepsilon_{j_1 \cdots j_n} \tag{7.3/52}$$

Die entsprechenden mitdrehenden Ableitungen lauten gemäß (7.3/46) und (4.2/34)

$$\underset{0}{\partial} g_{jk} = 0,\quad \underset{0}{\partial}\varepsilon_{j_1 \cdots j_n} = 0 \tag{7.3/53}$$

für alle Isomeren.

Abschließend formulieren wir die Umrechnungsformeln der Oldroyd-Lieschen Zeitableitungen auf die mitdrehenden Ableitungen, und zwar speziell für die Zaremba-Jaumannsche Zeitableitung $\underset{zj}{\partial} T$. Hierfür liefert (7.3/45), mit $v_{\cdot 1}^k$ und $A_{\cdot 1}^k$ gemäß (7.3/46) sowie (7.3/47) hingeschrieben, nach einer Differenzbildung wegen (7.3/48)

$$\left.\begin{aligned}
&\overset{\#}{T}{}^{j_1 \cdots j_h} - \underset{zj}{\partial} T^{j_1 \cdots j_h} = \\
&\quad - \lambda_{\cdot k}^{j_1} T^{k j_2 \cdots j_h} - \lambda_{\cdot k}^{j_2} T^{j_1 k \cdots j_h} - \ldots - \lambda_{\cdot k}^{j_h} T^{j_1 j_2 \cdots k} \\
&\underset{\#}{T}_{j_1 \cdots j_h} - \underset{zj}{\partial} T_{j_1 \cdots j_h} = \\
&\quad \lambda_{\cdot j_1}^k T_{k j_2 \cdots j_h} + \lambda_{\cdot j_2}^k T_{j_1 k \cdots j_h} + \ldots + \lambda_{\cdot j_h}^k T_{j_1 j_2 \cdots k} \\
&(T_{\cdots j_p \cdots}^{\cdots\;\cdots j_q \cdots})^{\#} - \underset{zj}{\partial} T_{\cdots j_p \cdots}^{\cdots\;\cdots j_q \cdots} = \\
&\quad \ldots + \lambda_{\cdot j_p}^k T_{\cdots k \cdots}^{\cdots\;\cdots j_q \cdots} \ldots - \lambda_{\cdot k}^{j_q} T_{\cdots j_p \cdots}^{\cdots\;\cdots k \cdots} \ldots
\end{aligned}\right\} \tag{7.3/54}$$

7.4 Übungen

7.4.1 Man bestimme die kovarianten Ableitungen der Dyade D_{jk} für $S = const$:

$$\mathbf{M}\{D^{jk}\} = \begin{bmatrix} (r)^3(1 + S\psi) & 0 & 0 \\ 0 & r(1 + S\psi) & 0 \\ 0 & 0 & kr \end{bmatrix} \qquad (7.4/1)$$

a) in Zylinderkoordinaten $r = \xi^r$, $\psi = \xi^\psi$, $\zeta = \xi^\zeta$ (Bild 5.4) für $k = (r)^2$
b) in Kugelkoordinaten (Bild 5.5) für $k = (\cos\{\vartheta\})^2$.

7.4.2 In einem positiv orientierten kartesischen x, y, z-Koordinatennetz des ($m = 3$)-dimensionalen Einbettungsraumes $E\{m\}$ sei eine ($n = 2$)-dimensionale Parabelfläche $M\{2\}$ durch

$$z = \tfrac{1}{2}((x)^2 + (y)^2)/l; \quad l = const \neq 0$$

gegeben (Bild 7.7). Man bestimme für einen beliebigen Punkt derselben im zugehörigen Tangentialraum
a) den äußeren Krümmungstensor Γ^3_{jk} nebst den Hauptkrümmungsradien r, r';
b) die innere (Gaußsche) Krümmung $\varkappa$ und damit den inneren (Riemannschen) Krümmungstensor $R^{jp}_{\cdot\cdot kl}$.

7.4.3 Bei der tordierten Mannigfaltigkeit von Bild 5.6 mit dem orts- und zeitabhängigen Torsionswinkel $\vartheta = \omega'\zeta t$, $\omega' = const$, sei die Bewegung eines Punktes in mitgeführten Koordinaten $r = \xi^r$, $\psi = \xi^\psi$ und $\zeta = \xi^\zeta$ durch

$$r = a = const, \quad \psi = bt, \quad \zeta = ct \, ; $$
$$b = const, \quad c = const$$

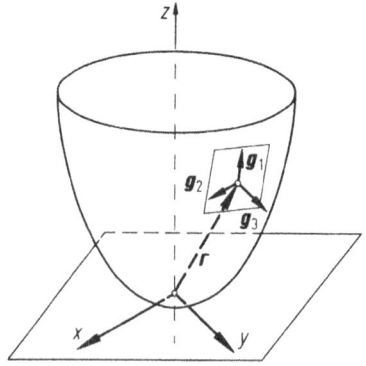

Bild 7.7. Paraboloid $z = \tfrac{1}{2}((x)^2 + (y)^2)/l$ in kartesischen x, y, z-Koordinaten des dreidimensionalen Raumes; positive Orientierung. Tangentialraum (Basis $\mathbf{g}_1$, $\mathbf{g}_2$) mit orthonormaler Ergänzung $\mathbf{g}_3$; Ortsvektor $\mathbf{r}$

definiert. Man bestimme seine Absolutgeschwindigkeit $\overset{A}{\mathbf{v}}$ und seine Absolutbeschleunigung $\overset{A}{\mathbf{b}}$ über die Gleichungen von Abschnitt 7.3.4 ebenfalls in mitgeführten Koordinaten.

7.4.4 In der gleichen tordierten Mannigfaltigkeit wie in Übung 7.4.3 wirke längs der kartesischen z-Achse das ortsabhängige, zeitlich anwachsende elektrische Feld

$$\mathbf{E} = E\zeta t\mathbf{g}_z \; ; \quad E = const \, .$$

Man bestimme:

a) die Oldroyd-Lieschen Relativableitungen $\overset{\#}{\mathbf{E}}$ und $\underset{\#}{\mathbf{E}}$ sowohl direkt über Gl. (7.3/43) als auch indirekt über (7.3/45);

b) irgendeine vertikale Isomere der Zaremba-Jaumannschen Ableitung $\underset{zj}{\partial}\mathbf{E}$.

8 Weitere Anwendungen

8.1 Vorbemerkungen

8.1.1 Allgemeines

Bereits in den früheren Kapiteln dieses Buches fand der Leser mehrere Anwendungen der Tensorrechnung auf Probleme der Physik und der Technik. Wir verweisen insbesondere auf die Abschnitte 2.1, 3.3.5, 4.1, 4.3, 5.2.4, 5.2.5, 6.3.2 und 7.3 sowie auf die zugehörigen Übungen. Auch die folgenden weiteren Beispiele aus der Elektrotechnik, der Kontinuumsmechanik und der Thermodynamik werden jedoch nur insoweit ausgeführt, als sie zur Illustration der Tensorrechnung nützlich sind. Darüber hinaus sei auf die jeweilige Spezialliteratur verwiesen.

Wir betrachten zeit- und ortsabhängige Skalar-, Vektor-, Tensor-oder sonstige Felder geometrisch/physikalischen Ursprungs im Zusammenwirken mit der Materie im $(m = 3)$-dimensionalen (Einbettungs-)Raum $E\{3\}$, der unserer täglichen Erfahrung auf der Erdoberfläche entspreche und als „fester" oder „ruhender" Bezugsraum angesprochen werde. Jede Mannigfaltigkeit, die entsprechend (5.1/5) von einem festen Ursprung O ausgehend durch einen zeitunabhängigen Ortsvektor $\mathbf{r}$ beschrieben wird, nannten wir in Abschnitt 7.3.1 *starr*; wir wollen sie darüber hinaus als *raumfest* oder *fest* bezeichnen. Abschnitt 7.3.1 ließ auch bewegte Einbettungsräume zu, die, wenn sie von nun an sämtlich 3-dimensional sein sollen, als Vektorräume mit dem ursprünglichen $E\{3\}$ zusammenfallen. Freilich braucht der Ursprung O nicht mehr fest zu sein, und die Basisvektoren gehen wie alle anderen Vektoren $\mathbf{r}$ aus denen des ruhenden Bezugsraumes durch die jetzt *zeitabhängige* unitäre Abbildung (4.2/41) hervor. Wenn dann der Ortsvektor $\mathbf{r}$ in den neuen („bewegten") Basen und vom neuen Ursprung aus wiederum entsprechend (5.1/5) zeitunabhängig ist, sprechen wir weiterhin von einer starren, jetzt aber *bewegten* Mannigfaltigkeit. Bewegte und/oder nicht-starre Mannigfaltigkeiten fassen wir unter dem Oberbegriff *veränderlich* zusammen.

Ein geometrischer Körper $K\{3\}$ des $E\{3\}$ ist eine $(n = 3)$-dimensionale einbettbare, also ungekrümmte Mannigfaltigkeit ohne Überlappungen innerer Punkte. An Randpunkten dürfen Überlappungen auftreten. Dies trifft beispielsweise beim Zylinder von Bild 5.4b mit der Parametermannigfaltigkeit (5.2/10) für die Flächen $\psi = 0$ und $\psi = 2\pi$ zu. Wir sprechen von verborgenen Rändern, zu denen bei der Zusammensetzung von Grundmannigfaltigkeiten längs gewisser Randseiten noch die inneren Punkte eben dieser Ränder hinzukommen (siehe die erweiterte Definition von Mannigfaltigkeiten zu Beginn von Abschnitt 5.1.4).

Alle anderen, sichtbaren Randpunkte machen die Oberfläche des Körpers $K\{3\}$ aus. Jene besteht beim genannten Zylinder also aus den Deckflächen $\zeta = 0$ und $\zeta = l$ mit $0 \leq r \leq R$, $0 \leq \psi \leq 2\pi$ sowie aus der Mantelfläche $r = R$, $0 \leq \psi \leq 2\pi$, $0 \leq \zeta \leq l$.

Die Konfigurationen eines Körpers entsprechen der vom Betrachtungszeitpunkt t abhängigen Gestalt, wie sie durch das jeweilige Innere und die Oberfläche beschrieben wird, zusammen mit den zeitabhängigen Positionen der individuellen („materiellen") Punkte. Diese gehören in mitgeschleppten Koordinatennetzen zu festen Koordinatenwerten (7.3/11). Dabei nennen wir den Körper starr, ruhend, bewegt oder veränderlich, wenn dies für die zugrunde liegende Mannigfaltigkeit zutrifft. „Veränderlich" schließe „starr" und „ruhend", „bewegt" schließe „ruhend" als Sonderfall mit ein.

Entsprechende Begriffe kann man auch für Flächen ($n = 2$) und Kurven ($n = 1$) im Einbettungsraum prägen.

8.1.2 Differentialoperatoren

Bei früheren Betrachtungen hatten wir eher beiläufig und symbolisch die Differentialoperatoren **grad**, div und **rot** kennengelernt; vgl. (3.3/17), (4.1/13c) und (4.2/40) mit (4.3/7). Wir wollen sie im folgenden nur für Skalarfelder $s\{\xi^j\}$ sowie für Vektorfelder $\mathbf{v}\{\xi^j\}$ beibehalten und durch die skalaren beziehungsweise vektoriellen Laplaceoperatoren $\Delta\{s\}$, $\Delta\{\mathbf{v}\}$ ergänzen (P. S. Laplace, 1749–1827). Dies geschieht in einer auch für krummlinige Koordinaten gültigen Form, die sich aus Satz 7.1/1 mit $m = n = 3$ ergibt:

$$
\left.\begin{aligned}
\mathbf{grad}\{s\} &= s|_j \mathbf{g}^j \\
div\{\mathbf{v}\} &= v^j|_j \\
\mathbf{rot}\{\mathbf{v}\} &= -\,\varepsilon^{jpq} v_p|_q \mathbf{g}_j = -\,\varepsilon^{jpq} v_{p,q} \mathbf{g}_j \\
\Delta\{s\} &= div\{\mathbf{grad}\{s\}\} = s|^j_{.j} \\
\Delta\{\mathbf{v}\} &= v^k|^j_{.j} \mathbf{g}_k
\end{aligned}\right\} \tag{8.1/1}
$$

Beim **rot**-Operator durfte man wegen (7.1/6b), (4.2/57), Satz 2.5/1 und Satz 6.1/2 die kovarianten Ableitungen $v_p|_q$ wieder durch die partiellen Ableitungen $v_{p,q}$ ersetzen. Darüber hinaus verwendet man als Gedankenstütze oft eine Darstellung vermittels des sogenannten ∇ – („Nabla"-) Operators

$$\nabla = \nabla_k \mathbf{g}^k, \quad \nabla_k w^{\cdots}_{\cdots} := w^{\cdots}_{\cdots}|_k,$$

dessen formale „Multiplikation" mit einem Tensor $w^{\cdots}_{\cdots}$ in Verallgemeinerung des Operators ∂_k also der kovarianten anstelle der partiellen Ortsableitung entspricht (auf die sie sich in kartesischen Koordinaten reduziert; die Punkte neben dem Kern w repräsentieren irgendwelche Koordinatenindizes). So kann man (8.1/1) auch in der Gestalt

$$\mathbf{grad}\{s\} = \nabla s$$

$$div\{\mathbf{v}\} = (\nabla, \mathbf{v})$$

$$\mathbf{rot}\{v\} = [\nabla, \mathbf{v}]$$

$$\Delta\{s\} = (\nabla, \nabla s)$$

ausdrücken; für $\Delta\{\mathbf{v}\}$ gelingt dies umständlicher über die spätere Gleichung (8.1/7).

Für das Gradientenfeld folgt aus (8.1/1) wegen $s|_{pq} = s|_{qp}$ und (2.5/5)

$$\mathbf{rot}\{\mathbf{grad}\{s\}\} = -\,\varepsilon^{jpq}s|_{pq}\mathbf{g}_j = \mathbf{0} \tag{8.1/2}$$

Liegt umgekehrt ein Vektorfeld $\mathbf{v}$ mit

$$\mathbf{rot}\{\mathbf{v}\} = \mathbf{0} \tag{8.1/3a}$$

vor, so verschwindet in einfach zusammenhängenden Körpern aufgrund des Stokesschen Satzes (5.3/12) das Linienintegral von $\mathbf{v}$ über jede geschlossene Kurve C. Man erkennt dann entsprechend Abschnitt 5.3, wenn man etwa in Gleichung (5.3/15) die Vektoren $\mathbf{g}_j$ durch Koordinaten v_j und den Vektor $\mathbf{r}$ durch einen Skalar s ersetzt, daß ein von irgendeinem Ursprung O bis zu irgendeinem Punkt P erstrecktes Linienintegral

$$s = \int\limits_{O}^{P} v_i d\xi^i + \underset{0}{s} \tag{8.1/3b}$$

(Anfangswert $\underset{0}{s}$) wegunabhängig ist, also nur von den laufenden Koordiaten ξ^j des Punktes P abhängt: $s = s\{\xi^j\}$. (5.3/16) liefert in analoger Weise

$$v_i = s|_i \tag{8.1/3c}$$

sowie wegen (8.1/2) den

> **Satz 8.1/1:** Notwendig und in einfach zusammenhängenden Körpern auch hinreichend dafür, daß ein Vektorfeld $\mathbf{v}$ das Gradientenfeld eines Skalars darstellt, ist das Verschwinden des Rotationsfeldes von $\mathbf{rot}\{\mathbf{v}\}$.

Aus $v_p|_{qj} = v_p|_{jq}$ und Satz. 2.5/1 folgt nach analoger Anwendung von (4.2/57) auch die Identität

$$div\{\mathbf{rot}\{\mathbf{v}\}\} = -\,\varepsilon^{jpq}v_p|_{qj} = 0\,. \tag{8.1/4}$$

Jedoch braucht ein Vektorfeld $\mathbf{w}$ mit der Eigenschaft $div\{\mathbf{w}\} = 0$ nicht unbedingt in der Form $\mathbf{w} = \mathbf{rot}\{\mathbf{v}\}$ darstellbar zu sein. Vielmehr gilt für beliebige stetige und stetig differenzierbare Vektorfelder $\mathbf{w} = \mathbf{w}\{\xi^j\}$ die allgemeinere

Stokes-Helmholtzsche Zerlegung

$$\mathbf{w} = \mathbf{grad}\{s\} + \mathbf{rot}\{\mathbf{v}\} \tag{8.1/5}$$

(H. L. F. Helmholtz, 1821–1894). Wegen eines Beweises sei auf die Literatur verwiesen, beispielsweise auf das Lehrbuch [53]. Doch liegt der Ansatz (8.1/5) insofern nahe, als er bei einem gegebenen Feld $\mathbf{w}\{\xi^j\}$, etwa in affinen Koordinaten des Einbettungsraumes, 3 lineare partielle Differentialgleichungen für 4 Unbekannte Ortsfunktionen s, v^1, v^2 und v^3 repräsentiert, die man im allgemeinen sogar mit einer vierten Differentialgleichung als Nebenbedingung integrieren kann. Man wählt diese Nebenbedingung oft (aber nicht ausschließlich) in der Gestalt

$$div\{\mathbf{v}\} = 0 \tag{8.1/6}$$

Ferner erhält man aus (8.1/1) über (2.5/5), (2.5/6) und (7.1/18) die Identität

$$\mathbf{rot}\{\mathbf{rot}\{\mathbf{v}\}\} = -\,\varepsilon^{pqj} rot_p|_q\{\mathbf{v}\}\mathbf{g}_j = \varepsilon^{pqj}\varepsilon_{pkl}v^k|^l_{.q}\mathbf{g}_j = (\delta^q_k\delta^j_l - \delta^q_l\delta^j_k)v^k|^l_{.q}\mathbf{g}_j$$

$$= v^q|^l_{.q}\mathbf{g}_l - v^k|^l_{.l}\mathbf{g}_k\,,$$

das heißt

$$\mathbf{rot}\{\mathbf{rot}\{\mathbf{v}\}\} = \mathbf{grad}\{div\{\mathbf{v}\}\} - \Delta\{\mathbf{v}\} \tag{8.1/7}$$

Wegen einer Berechnung der Operationen (8.1/1) in Zylinder- und Kugelkoordinaten verweisen wir auf die Übung 8.5.1 sowie auf die zugehörige Lösung in Abschnitt 9.8.5.1.

8.1.3 Über die Formulierung von Gleichungen für veränderliche Kontinua

Nun einige Bemerkungen zu Feldern von Größen, die der bewegten Materie zugeordnet sind. Es haben sich mehrere Beschreibungsweisen eingebürgert.

In der Eulerschen Formulierung (L. Euler, 1707–1783) geht man von einem raumfesten Koordinatennetz aus – nämlich demjenigen ξ^{jo}, ξ^{ko} der im Bezugsraum $E\{3\}$ festen Bezugsmannigfaltigkeit $M'\{n = 3\}$ in Bild 7.6 (vgl. auch Abschnitt 8.1.1), – durch das die Materie nebst den mit ihr verbundenen Feldern der beschreibenden Größen hindurchströmt, so wie es die aktuelle Konfiguration $M\{n = 3\}$ in Bild 7.6 tut. Die Beschreibung erfolgt jedoch durchwegs in den Koordinaten ξ^{jo}, ξ^{ko} jener festen Bezugsmannigfaltigkeit. Ein unter Umständen in dieser raumfest abgegrenzter ruhender Körper würde im allgemeinen ebenfalls durchströmt. Er repräsentiert dann keinen materiellen Körper, sondern einen gelegentlich aus formalen Gründen eingeführten „Kontrollkörper" beziehungsweise ein „Kontrollvolumen".

Die Eulersche Formulierung ist im allgemeinen dann zu bevorzugen, wenn es gelingt, alle erforderlichen Gleichungen und Randbedingungen auf einfache Weise in ihr auszudrücken – speziell bei vorgegebenen festen oder beweglichen, gegebenenfalls im Unendlichen liegenden Rändern.

Demgegenüber betrachtet man bei der Lagrangeschen Formulierung (J. L. Lagrange, 1736–1813) entweder die aktuelle Konfiguration $M\{n = 3\}$, Bild 7.6, in mitgeführten Koordinaten ξ^j, ξ^k (aktuelle, engl. „updated" Lagrangesche Formulierung) oder eine feste Bezugskonfiguration, etwa die Anfangskonfiguration $M_0\{n = 3\}$ (Bild 7.6) in Anfangskoordinaten $\overset{0}{\xi}{}^{jo}$, $\overset{0}{\xi}{}^{ko}$ („bezogene", engl. „total" Lagrangesche Formulierung). Die erste entspricht am unmittelbarsten der Wirklichkeit, doch hat man es mit einer zeitabhängigen Konfiguration, also einer zeitabhängigen Metrik des Koordinatennetzes zu tun, die bei der numerischen Auswertung entarten kann. Dieser Nachteil besteht bei der bezogenen Formulierung zwar nicht, doch ist sie in der Regel künstlich, so daß man alle beschreibenden Gleichungen einschließlich der Randbedingungen erst geeignet übertragen oder anpassen muß (Abschnitt 8.4.5).

Im übrigen dient die aktuelle Lagrangesche Formulierung dazu, Gleichungen für die beiden anderen Formulierungen herzuleiten oder aufzubereiten. Bei kleinen Bewegungen der Materie kann man den Unterschied oft vernachlässigen, vgl. (4.3/38) und (4.3/39). Wenn man zum Beispiel die Koordinaten ξ^j, ξ^k der aktuellen Lagrangeschen Formulierung mit denen ξ^{jo}, ξ^{ko} der Eulerschen Formulierung identifiziert, besteht bei Gleichungen, die keine explizite Zeitableitung enthalten, überhaupt kein äußerlicher Unterschied. Die Zeitableitungen weichen jedoch in der Regel so voneinander ab wie die ortsfesten und die Relativableitungen von Tensoren in Abschnitt 7.3.5.

In der Folge unterscheiden wir „intensive" von „extensiven" Größen. Sie sind paarweise so aufeinander bezogen, daß das Produkt oder die tensorielle Überschiebung einer intensiven mit der geeignet zu bildenden Zeitableitung der zugehörigen extensiven Größe eine Leistung (Arbeitszuwachs) $\dot{W}$ oder eine Leistungsdichte (Leistung pro Volumeneinheit) $\dot{w}$ ergibt. Nach (2.1/16) mit (2.1/17a) und (4.1/30) bilden beispielsweise die Kraft $\mathbf{F}$ eine intensive, ihre Verschiebung $\mathbf{u}$ aber eine extensive Größe.

8.2 Ruhende Kontinua; bewegte Kontinua in Eulerscher Betrachtungsweise

8.2.1 Elektromagnetische Felder in ruhenden Körpern

Aufgrund des Ansatzes (2.1/18) stellen die elektrische Feldstärke $\mathbf{E}$ und die magnetische Feldstärke $\mathbf{H}$ intensive, die entsprechenden Flußdichten („Verschiebungen") $\mathbf{D}$, $\mathbf{B}$ analog zur mechanischen Punktverschiebung jedoch extensive Größen dar. $\mathbf{E}$ und $\mathbf{H}$ wirken unabhängig von der Materie, während $\mathbf{D}$ und $\mathbf{B}$ an die Materie gebunden sind. Selbst im Grenzfall verschwindender Materiedichte besteht ein unmittelbar zu $\mathbf{E}$ oder $\mathbf{H}$ proportionaler (Vakuums- oder Erregungs-) Anteil $\overset{0}{\mathbf{D}} = \overset{0}{\alpha}\,\mathbf{E}$, $\overset{0}{\mathbf{B}} = \overset{0}{\mu}\,\mathbf{H}$ ($\overset{0}{\alpha}$, $\overset{0}{\mu} = const$) von $\mathbf{D}$ beziehungsweise $\mathbf{B}$, dem in der Materie die material- und zustandsabhängigen „Polarisierungen" im Sinne einer Ausrichtung von atomaren oder molekularen Dipolen entgegenwirken (Bild 8.1). Und zwar repräsentiert die elektrische oder die magnetische Polarisierung bei einer geeigneten Gewichtung den auf die Volumeneinheit bezogenen räumlichen Mittelwert der von der jeweiligen positiven $(+)$ zur negativen $(-)$ Elementarladung reichenden Verbindungsvektoren der Dipole.

Zwischen den elektrischen und den magnetischen Feldern besteht der folgende Unterschied. Es gibt entgegengesetzt gleich große positive und negative magnetische Ladungen („Polarstärken"), die in der Tat als Dipole auftreten, aber sich als Volumenmittelwert aufheben, so daß die magnetische Ladungsdichte verschwindet. Demgegenüber existieren nur negative elektrische Elementar-Ladungsträger (Elektronen) auf Bahnen, deren atomare oder molekulare Exzentrizität zwar ebenfalls als Dipol gedeutet werden kann, jedoch mit einer „Loch" genannten Ladung 0 an den durch $(+)$ gekennzeichneten Enden. Wenn man aus historischen Gründen diese Löcher statt der Elektronen betrachtet und als Träger von positiven Elementarladungen zählt, so ergibt sich nun durch Aufsummieren eine im allgemeinen von Null verschiedene elektrische Ladungsdichte q. Ihre Bewegung relativ zur Materie ist nur im elektrischen Leiter möglich, wo frei bewegliche Elektronen existieren, und führt zur Leitungsstrom-Dichte i (pro Flächeneinheit einer senkrecht durchströmten Ebene).

Auch die zeitliche Änderung $\dot{\mathbf{D}}$ der Verschiebungsdichte als Folge einer Änderung der Polarisation beziehungsweise des zugehörigen Vakuumanteils $\overset{0}{\alpha}\,\mathbf{E}$ bedeutet vom betrachteten Körper her gesehen eine mittlere Wanderung der Löcher in Richtung von $\dot{\mathbf{D}}$, also einen Strom, den sogenannten Verschiebungsstrom. Im geeigneten Maßstab ergibt sich hieraus die elektrische Gesamtstromdichte

$$\mathbf{I} = \mathbf{i} + \dot{\mathbf{D}},$$

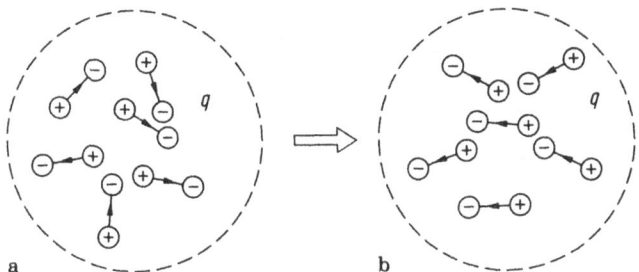

a   b

Bild 8.1a, b. Atomare oder molekulare elektrische und magnetische Ladungsträger als Dipole im Einheitsvolumen. $(-)$ Elektron oder negativer magnetischer Pol, $(+)$ „Loch" (fehlendes Elektron) oder positiver magnetischer Pol. Die Ladungsdichte q entspricht der Summe der Löcher (konventionell elektrisch) oder dem Wert O (magnetisch). **a** regelloser Zustand in Anfangsposition; **b** Wanderung der Ladung q (bei freien Elektronen bzw. Löchern im Leiter) erzeugt elektrischen Leitungsstrom, gegenseitige Ausrichtung der $(+,\;-)$-Positionen als Folge des äußeren Feldes erzeugt Polarisationsstrom und Polarisierung während die magnetische Gesamtstromdichte mangels einer Ladungsdichte nur $\mathbf{J} = \dot{\mathbf{B}}$ beträgt. $\mathbf{I}$, $\mathbf{J}$ und $\mathbf{i}$ faßt man ebenso wie $\mathbf{D}$ und $\mathbf{B}$ als orientierungsabhängige, axiale Vektoren auf.

Die Eulersche Betrachtungsweise entspricht nun einem ruhenden Beobachter, der nur ortsfeste partielle Ableitungen $\partial \mathbf{D}/\partial t$ und $\partial \mathbf{B}/\partial t$ messen kann. Diese repräsentieren bei ruhender Materie ohnehin die einzig sinnvollen Zeitableitungen, und man hat

$$I^k = i^k + \partial D^k/\partial t, \quad J^k = \partial B^k/\partial t \tag{8.2/1}$$

Ergänzt man auch in (2.1/18) den elektrischen Polarisationsstrom $\dot{\mathbf{D}}$ durch den gleichwertigen Leitungsstrom $\mathbf{i}$, so erhält man schließlich

$$\dot{w} = (\mathbf{E}, \mathbf{I}) + (\mathbf{H}, \mathbf{J}), \quad \dot{w}/\rho = (\mathbf{E}, \mathbf{I}/\rho) + (\mathbf{H}, \mathbf{J}/\rho) \tag{8.2/2}$$

als Leistungsdichte (Leistung pro Volumeneinheit beziehungsweise Leistung pro Masseneinheit) des elektromagnetischen Feldes, worin $\rho\,(>0)$ die physikalische Massendichte repräsentiert (vgl. (4.1/8)).

J. Clerk-Maxwell (1831–1879) vereinheitlichte die Beschreibung elektromagnetischer Felder und legte deren auf Erfahrung beruhende Grundgleichungen in einer kompakten Form nieder, die man nach A. Sommerfeld (1868–1951) heute der Elektro- und Magnetodynamik einschließlich der Optik als Axiome voranstellen kann [34]. Sie lauten mit den zuvor eingeführten Größen, wenn man die Rechtshandorientierung des Raumes als positiv vereinbart:

$$\left. \begin{array}{ll} \mathbf{rot}\{\mathbf{H}\} = \mathbf{I}, & \mathbf{rot}\{\mathbf{E}\} = -\mathbf{J} \\ div\{\mathbf{B}\} = 0, & div\{\mathbf{D}\} = q \end{array} \right\} \tag{8.2/3}$$

Die ersten beiden Gleichungen verknüpfen die elektrischen beziehungsweise magnetischen Gesamtstromdichten kreuzweise mit Rotationsanteilen der magnetischen und elektrischen Feldstärken, also in Analogie zu (4.2/40), vgl. Bild 3.2, mit den Achsen von Starrkörperdrehungen, deren Geschwindigkeitsverteilungen $\mathbf{v}$ den rotatorischen Feldanteilen von $\mathbf{H}$ und $\mathbf{E}$ entsprechen (Bild 8.2). Die letzten beiden Gleichungen (8.2/3) weisen die elektrische Ladungsdichte q beziehungsweise die magnetische Ladungsdichte 0 als Quellstärken der zugehörigen Flußdichten $\mathbf{D}$ oder $\mathbf{B}$ aus, so wie man in Gl. (4.1/13) die relative Volumenzu-

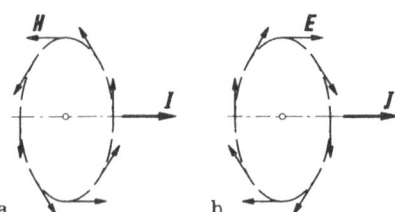

Bild 8.2a,b. Zur Interpretation der Maxwellschen Gleichungen. **a** Rotatorischer Anteil der magnetischen Feldstärke $\mathbf{H}$ um die elektrische Gesamtstromdichte $\mathbf{I}$. **b** Rotatorischer Anteil der elektrischen Feldstärke $\mathbf{E}$ um die magnetische Polarisationsstromdichte $\mathbf{J}$

nahme $|dV| \cdot / |dV|$ als Quelle eines Strömungs-Geschwindigkeitsfeldes **v** deuten kann. **E** und **H** sind aufgrund von (8.2/3) polare Vektoren.

Die Maxwellschen Gleichungen (8.2/3) muß man durch materialabhängige Beziehungen, die sogenannten Stoffgesetze

$$\mathbf{D} = \mathbf{D}\{\mathbf{E}, \mathbf{r}, \vartheta\}, \quad \mathbf{B} = \mathbf{B}\{\mathbf{H}, \mathbf{r}, \vartheta\}, \quad \mathbf{i} = \mathbf{i}\{\mathbf{E}, \mathbf{r}, \vartheta\} \qquad (8.2/4)$$

ergänzen, die auch vom durch den Ortsvektor **r** dargestellten Ort und von der Temperatur ϑ abhängen dürfen. Man kann sie speziell in der tensoriellen Form (4.1/2) oder (4.1/3) ansetzen, wobei jedoch die permanenten Anteile $\bar{\mathbf{D}}$, $\bar{\mathbf{B}}$ ebenso wie die Dielektrizitäts-, Permeabilitäts- oder Leitfähigkeitsdyaden neben dem Ortsvektor **r**, der Temperatur ϑ und der Zeit t unter Umständen Funktionen von **E** beziehungsweise **H** selbst sind. Hiervon sieht man bei der üblichen linearen Annäherung ab.

Betrachtet man eine einfach geschlossene Kurve C mit einer durch C begrenzten Fläche A im Sinne von Abschnitt 5.3, wie es sie innerhalb von einfach zusammenhängenden Kontrollkörpern stets gibt, so kann man aufgrund des Stokeschen Satzes (5.3/12) statt der ersten beiden Maxwellschen Gleichungen (8.2/3) auch

$$\overset{C}{\int}(\mathbf{H}, d\mathbf{r}) = \overset{A}{\int}(\mathbf{I}, d\mathbf{A})$$

$$\overset{C}{\int}(\mathbf{E}, d\mathbf{r}) = -\overset{A}{\int}(\mathbf{J}, d\mathbf{A}) \qquad (8.2/5a)$$

schreiben, worin $d\mathbf{r} = \mathbf{g}_j \, d\xi^j$ das gegenüber dem Flächenvektor $d\mathbf{A}$ der Fläche A (vgl. (4.1/38) und Bild 4.3) im positiven Umlaufsinn zu durchfahrende tangentielle Bogenelement längs der Kurve C darstellt. Wenn S darüber hinaus die (geschlossene) Oberfläche irgendeines endlichen Kontrollkörpers mit dem Oberflächenvektor $d\mathbf{S}$ gemäß (4.1/17), Bild 4.1 repräsentiert und V dessen Volumen, so liefert der Gauss-Greensche Integralsatz (4.1/19) gemeinsam mit den beiden letzten Maxwellschen Gleichungen (8.2/3) gerade

$$\overset{S}{\int}(\mathbf{D}, d\mathbf{S}) = \overset{V}{\int} q|dV|$$

$$\overset{S}{\int}(\mathbf{B}, d\mathbf{S}) = 0 \qquad (8.2/5b)$$

Die Gleichungen (8.2/5a, b) werden Maxwellsche Gleichungen in Integralform genannt; aus ihnen folgt umgekehrt (8.2/3), wenn man stetige Integranden voraussetzt und beliebige Flächen A beziehungsweise beliebige Kontrollkörper zuläßt.

Die linksseitigen Kurvenintegrale von Gl. (8.2/5a) bezeichnet man als Zirkulationen der jeweiligen Vektorfelder **H** und **E**, die linksseitigen Flächenintegrale von Gl. (8.2/5b) als elektrischen beziehungsweise magnetischen Fluß durch geschlossene Flächen S. Dort fließt also anschaulich gesprochen genausoviel hindurch, wie innen durch die Quellstärken q beziehungsweise 0 nachgeliefert wird.

8.2.2 Temperatur, Wärme, Entropie

Führt man der Materie bei einer bestimmten absoluten Temperatur ϑ Wärme zu, so entspricht dies einem thermischen Energiezuwachs $\dot{Q}$ pro Zeit- und Volumeneinheit. Man postuliert die Existenz einer zur intensiven skalaren Zustandsgröße ϑ gehörigen extensiven skalaren Zustandsgröße s, der Entropie pro Volumeneinheit (Entropiedichte, spezifische Entropie) derart, daß

$$\dot{Q} = \vartheta \dot{s} \qquad (8.2/6)$$

gilt. Bei ruhender Materie ist der Differentiationspunkt als partielle Zeitableitung, bei bewegter Materie als totale Zeitableitung im Sinne von (7.3/9), (7.3/10) zu verstehen. Weitere Zeitableitungen im Sinne von (7.3/45) gibt es nicht, da dort für Skalare ϑ als Tensoren 0-ter Stufe alle Zusatzglieder entfallen, welche Bedeutung man auch immer der Dyade $v^k{}_{\cdot j}$ zuerkennt. Insofern macht es auch keinen Unterschied, ob der betrachtete Körper starr ist oder nicht; insbesondere dürfen wir die nachfolgenden Betrachtungen an starren Volumenelementen durchführen, selbst wenn sie sich in Wirklichkeit verformen.

Analog dem Volumenstrom $\mathbf{v}$ in (4.1/13) kann einem Volumenelement die Wärme insbesondere als Wärmestrom $\boldsymbol{\varphi}$ pro Flächeneinheit durch die Oberfläche zugeführt werden. In der Volumeneinheit verbleibt dann $\dot{Q} = -\,div\{\boldsymbol{\varphi}\}$. Ferner kann $\dot{Q}$ durch solche mechanische oder elektromagnetische Leistung $\underset{D}{\dot{w}}$ gespeist werden, die sich tatsächlich in Wärme umwandelt oder die, wie man sagt, dissipiert wird. Zu dieser Dissipationsleistung gehört beispielsweise der Leitungsstromanteil von (8.2/2) mit (8.2/1) und (4.1/2), nämlich

$$\underset{D}{\dot{w}} = (\mathbf{E}, \mathbf{i}) = \kappa_{jk} E^j E^k\,,$$

worin κ_{jk} die elektrische Leitfähigkeitsdyade repräsentiert, oder die zur Verformung einer zähen Flüssigkeit beziehungsweise eines plastischen Festkörpers erforderliche Leistung (s. Abschnitt 8.2.4, 8.2.5). Bei sogenannten endothermen (chemischen) Vorgängen hat man auch $\underset{D}{\dot{w}} < 0$. Insgesamt ergibt sich

$$\dot{Q} = -\,div\{\boldsymbol{\varphi}\} + \underset{D}{\dot{w}} \qquad (8.2/7)$$

Dieser Wärmezuwachs erhöht die Temperatur bei vereinfacht angesetzter Proportionalität je Zeiteinheit um

$$\dot{\vartheta} = \dot{Q}/c$$

mit dem Parameter $c > 0$ als spezifischer Wärme des Materials (pro Volumeneinheit). Hiermit liefert (8.2/7), (8.1/1), (7.3/10) und (4.1/2) wegen Satz 7.1/1 die Temperaturleitungsgleichung

$$\partial\vartheta/\partial t + \vartheta|_1 v^l + (\bar{\varkappa}^{jk}/c)\vartheta|_{jk} = \underset{D}{\dot{w}}/c\,, \qquad (8.2/8)$$

worin die spezifische Wärme c und die Wärmeleitfähigkeitsdyade $\bar{\varkappa}^{jk}$ vereinfacht als konstant angenommen wurden. $\bar{\varkappa}^{jk}/c$ heißt die Temperaturleitungsdyade, während v^l die Strömungsgeschwindigkeit der Materie bezeichnet. Nach (7.1/2) darf man $\vartheta|_1$ durch die entsprechende partielle Ableitung $\vartheta_{,1}$ ersetzen. Dann folgt über (7.1/6b) $\vartheta|_{jk} = \vartheta_{,jk} - \vartheta_{,1}\Gamma_k{}^1{}_j$. Hieraus erhält man wegen (6.2/2) beispielsweise

$$M\{\vartheta|_{jk}\} = \begin{bmatrix} \vartheta_{,rr} & \vartheta_{,r\psi} - \vartheta_{,\psi}/r & \vartheta_{,r\zeta} \\ \vartheta_{,\psi r} - \vartheta_{,\psi}/r & \vartheta_{,\psi\psi} + r\vartheta_{,r} & \vartheta_{,\psi\zeta} \\ \vartheta_{,\zeta r} & \vartheta_{,\zeta\psi} & \vartheta_{,\zeta\zeta} \end{bmatrix}$$

in Zylinderkoordinaten (Bild 5.4) beziehungsweise wegen (6.2/3)

$$M\{\vartheta|_{jk}\}$$
$$= \begin{bmatrix} \vartheta_{,rr} & \vartheta_{,r\psi} - \vartheta_{,\psi}/r & \vartheta_{,r\Theta} - \vartheta_{,\Theta}/r \\ \vartheta_{,\psi r} - \vartheta_{,\psi}/r & \vartheta_{,\psi\psi} - \cos\{\Theta\}(-\vartheta_{,r}r\cos\{\Theta\} + \vartheta_{,\Theta}\sin\{\Theta\}) & \vartheta_{,\psi\Theta} + \vartheta_{,\psi}\tan\{\Theta\} \\ \vartheta_{,\Theta r} - \vartheta_{,\Theta}/r & \vartheta_{,\Theta\psi} + \vartheta_{,\psi}\tan\{\Theta\} & \vartheta_{,\Theta\Theta} + \vartheta_{,r}r \end{bmatrix}$$

in Kugelkoordinaten, bei denen der Breitenwinkel im Gegensatz zu Bild 5.5 jetzt mit Θ bezeichnet wurde, um eine Verwechselung mit der Temperatur ϑ zu vermeiden. Nimmt man isotrope, in allen Raumrichtungen gleiche Wärmeleitung an, so ergibt sich über (4.1/3) mit $\bar{\varkappa}$ als skalarer Wärmeleitzahl die Temperaturleitungsgleichung (8.2/8) etwa für technische Zylinderkoordinaten unter Beachtung von (7.3/7), (5.2/5) sowie von (5.2/6) in der Gestalt

$$\partial\vartheta/\partial t + {}^r v\vartheta_{,r} + {}^\psi v\vartheta_{,\psi}/r + {}^\zeta v\vartheta_{,\zeta} + \frac{\bar{\varkappa}}{c}(\vartheta_{,rr} + (\vartheta_{,\psi\psi} + r\vartheta_{,r})/(r)^2$$
$$+ \vartheta_{,\zeta\zeta}) = \underset{D}{w}/c$$

Entsprechende Beziehungen lassen sich für Kugelkoordinaten oder andere Koordinatensysteme hinschreiben.

8.2.3 Mechanisches Spannungsgleichgewicht, Formänderungsgeschwindigkeiten und Kompatibilitätsbedingungen

Aufgrund von Satz 7.1/1 lauten die ersten (differentiellen) Gleichgewichtsbedingungen (4.3/25) für die Cauchyschen Spannungen T^{kj} in krummlinigen Koordinaten

$$T^{kj}_{\cdot\cdot}|_k + f^j = 0\,, \tag{8.2/9}$$

worin f^j die Volumenkraftdichte darstellt. Dies ergibt in Zylinderkoordinaten r,

ψ, ζ (Bild 5.4) wegen (7.1/12a) und (6.2/2) beispielsweise

$$\left.\begin{aligned}
\frac{\partial T^{\mathrm{rr}}}{\partial r} + \frac{\partial T^{\psi\mathrm{r}}}{\partial \psi} + \frac{\partial T^{\zeta\mathrm{r}}}{\partial \zeta} + \frac{T^{\mathrm{rr}}}{r} - rT^{\psi\psi} + f^{\mathrm{r}} &= 0 \\
\frac{\partial T^{\mathrm{r}\psi}}{\partial r} + \frac{\partial T^{\psi\psi}}{\partial \psi} + \frac{\partial T^{\zeta\psi}}{\partial \zeta} + \frac{2}{r} T^{\mathrm{r}\psi} + \frac{T^{\psi\mathrm{r}}}{r} + f^{\psi} &= 0 \\
\frac{\partial T^{\mathrm{r}\zeta}}{\partial r} + \frac{\partial T^{\psi\zeta}}{\partial \psi} + \frac{\partial T^{\zeta\zeta}}{\partial \zeta} + \frac{T^{\mathrm{r}\zeta}}{r} + f^{\zeta} &= 0
\end{aligned}\right\}
\qquad (8.2/10)$$

Führt man anhand von (4.1/48a) die technischen Spannungen ^{jk}T ein, so folgt mit den technischen Volumenkräften

$$^{j}f = |\sqrt{g_{\langle j\rangle\langle j\rangle}}| f^{\langle j\rangle} \qquad (8.2/11)$$

(vgl. (7.3/7)) aus (8.2/10), (5.2/5) und (5.2/6) sofort

$$\left.\begin{aligned}
\frac{\partial\,^{\mathrm{rr}}T}{\partial r} + \frac{1}{r}\frac{\partial\,^{\psi\mathrm{r}}T}{\partial \psi} + \frac{\partial\,^{\zeta\mathrm{r}}T}{\partial \zeta} + \frac{^{\mathrm{rr}}T - ^{\psi\psi}T}{r} + ^{\mathrm{r}}f &= 0 \\
\frac{\partial\,^{\mathrm{r}\psi}T}{\partial r} + \frac{1}{r}\frac{\partial\,^{\psi\psi}T}{\partial \psi} + \frac{\partial\,^{\zeta\psi}T}{\partial \zeta} + \frac{^{\mathrm{r}\psi}T + ^{\psi\mathrm{r}}T}{r} + ^{\psi}f &= 0 \\
\frac{\partial\,^{\mathrm{r}\zeta}T}{\partial r} + \frac{1}{r}\frac{\partial\,^{\psi\zeta}T}{\partial \psi} + \frac{\partial\,^{\zeta\zeta}T}{\partial \zeta} + \frac{1}{r}\,^{\mathrm{r}\zeta}T + ^{\zeta}f &= 0
\end{aligned}\right\}
\qquad (8.2/12)$$

Die Kompatibilitätsbedingungen (Verträglichkeitsbedingungen) für Formänderungsgeschwindigkeiten λ_{jk} garantieren, daß sich diese aus einem Feld von Punktgeschwindigkeiten v^{l} herleiten lassen. Sie können natürlich nur für kompatible Formänderungsvorgänge hingeschrieben werden, und zwar am einfachsten in Form einer Verknüpfung der λ_{jk} und v^{l}. Hierzu liefert (7.3/48) mit (7.3/33) im ungekrümmten Einbettungsraum $E\{3\}$

$$\lambda_{jk} = \tfrac{1}{2}(v_{j}|_{k} + v_{k}|_{j}). \qquad (8.2/13)$$

Als Beispiel berechnen wir über (7.1/6b) und (6.2/2)

$$\mathbf{M}\{v_{j}|_{k}\} = \begin{bmatrix} v_{r,r} & v_{r,\psi} - v_{\psi}/r & v_{r,\zeta} \\ v_{\psi,r} - v_{\psi}/r & v_{\psi,\psi} + rv_{r} & v_{\psi,\zeta} \\ v_{\zeta,r} & v_{\zeta,\psi} & v_{\zeta,\zeta} \end{bmatrix}$$

und erhalten gemäß (8.2/13) den symmetrischen Anteil

$$\lambda_{rr} = v_{r,r}, \quad \lambda_{r\psi} = \lambda_{\psi r} = \tfrac{1}{2}(v_{r,\psi} + v_{\psi,r}) - v_{\psi}/r,$$

$$\lambda_{r\zeta} = \lambda_{\zeta r} = \tfrac{1}{2}(v_{r,\zeta} + v_{\zeta,r}), \quad \lambda_{\psi\psi} = v_{\psi,\psi} + rv_{r},$$

$$\lambda_{\psi\zeta} = \lambda_{\zeta\psi} = \tfrac{1}{2}(v_{\psi,\zeta} + v_{\zeta,\psi}), \quad \lambda_{\zeta\zeta} = v_{\zeta,\zeta}.$$

Dual zu den technischen Spannungen betrachtet man die technischen Formänderungsgeschwindigkeiten $_{jk}\lambda$. Hierzu liefert (4.3/30) mit den technischen

Punktgeschwindigkeiten $_jv$ wegen (7.3/7), (4.3/30) und (5.2/5), (5.2/6)

$$_{rr}\lambda = {_r}v_{,r}, \quad _{r\psi}\lambda = {_{\psi r}}\lambda = \tfrac{1}{2}({_r}v_{,\psi}/r + {_\psi}v_{,r} - {_\psi}v/r),$$

$$_{r\zeta}\lambda = {_{\zeta r}}\lambda = \tfrac{1}{2}({_r}v_{,\zeta} + {_\zeta}v_{,r}), \quad _{\psi\psi}\lambda = \tfrac{1}{r}({_\psi}v_{,\psi} + {_r}v),$$

$$_{\psi\zeta}\lambda = {_{\zeta\psi}}\lambda = \tfrac{1}{2}({_\psi}v_{,\zeta} + {_\zeta}v_{,\psi}/r), \quad _{\zeta\zeta}\lambda = {_\zeta}v_{,\zeta},$$

worin $_jv = {^j}v$ gesetzt werden darf.

Die lokalen Winkelgeschwindigkeiten (4.3/7) stellen den antimetrischen Anteil

$$\bar\omega_{kj} = -\bar\omega_{jk} = \tfrac{1}{2}(v_k|_j - v_j|_k) \tag{8.2/14}$$

des Geschwindigkeitsgradienten $v_k|_j$ dar; sie lassen sich über (4.3/10) in den Winkelgeschwindigkeitsvektor ω^j umwandeln. Mit (7.3/7) bildet man daraus die technischen Winkelgeschwindigkeiten $^j\omega$. Die analogen Formeln für Kugelkoordinaten finden sich in Abschnitt 9.8.5.2 (zur Übung in Abschnitt 8.5/2).

Aus den expliziten Kompatibilitätsbedingungen (8.2/13) folgt

$$K^{rs} = \varepsilon^{rjk}\varepsilon^{spq}\lambda_{jp}|_{kq} = \tfrac{1}{2}\varepsilon^{rjk}\varepsilon^{spq}(v_j|_{pkq} + v_p|_{jkq}).$$

Wegen der Antimetrie der Permutationssymbole in j, k beziehungsweise p, q (Satz 2.5/1) und der Symmetrie von $v_j|_{pkq}$ in p, q sowie von $v_p|_{jkq}$ in j, k erhält man bei analoger Anwendung von (4.2/57) die impliziten Kompatibilitätsbedingungen (Verträglichkeitsbedingungen)

$$K^{rs} = \varepsilon^{rjk}\varepsilon^{spq}\lambda_{jp}|_{kq} = 0 \tag{8.2/15}$$

Nach einer Indexumbenennung $j\leftrightarrow p$, $k\leftrightarrow q$ erkennt man anhand der Symmetrien $\lambda_{jp} = \lambda_{pj}$, $\lambda_{jp}|_{kq} = \lambda_{jp}|_{qk}$ die weitere Symmetrie

$$K^{rs} = K^{sr}.$$

Demnach bleiben im 3-dimensionalen Raum noch 6 der Kompatibilitätsbedingungen (8.2/15) übrig. Doch auch diese hängen teilweise voneinander ab, da wegen (8.2/13) nur 3 unabhängige Verschiebungsgeschwindigkeiten v_j zu bestimmen sind.

Bei ebener Formänderung in der kartesischen x, y-Ebene mit $\lambda_{jz} \equiv \lambda_{zp} \equiv \lambda_{jp,zq} \equiv \lambda_{jp,kz} = 0$, $v_z \equiv 0$ reduziert sich (8.2/15) auf die einzige Kompatibilitätsbedingung

$$K^{zz} = \lambda_{xx,yy} + \lambda_{yy,xx} - 2\lambda_{xy,xy} = 0 \tag{8.2/16}$$

8.2.4 Flüssigkeiten und Gase

„Ideale Flüssigkeiten" und Gase wie erfahrungsgemäß etwa Wasser oder Luft unter Alltagsbedingungen können keine Schubspannungen übertragen:

$$T^{jk} \equiv 0 \quad \text{für} \quad j \neq k.$$

Stellen wir T^{jk} in der Gestalt (4.3/3) dar und wählen $\mathbf{g}_j$ als Hauptbasis des symmetrischen Spannungstensors σ^{jk}, so bleiben nur noch die Schubspannungen (4.3/4) des antimetrischen Spannungstensors übrig, der folglich verschwinden muß. In nunmehr wieder beliebigen Koordinaten ergibt sich dann für $T^{jk} = \sigma^{jk}$ in den Bezeichnungen von (4.2/15) wegen $T \equiv 0$: $S_R \equiv 0$, also $S_x \equiv S_y$; alle Normalspannungen sind identisch. Nach (4.3/17) mit $\sigma^{jk} = 0$ für $j \neq k$ wird die Spannungsdyade infolgedessen durch einen Kugeltensor der Gestalt

$$\sigma^{jk} = -pg^{jk} \tag{8.2/17}$$

beschrieben, worin p den sogenannten hydrostatischen Druck repräsentiert. Einsetzen in die Gleichgewichtsbedingungen (8.2/9) liefert wegen (7.1/18) und (7.1/2) die Eulerschen Differentialgleichungen

$$-p_{,j} + f_j = 0 \,. \tag{8.2/18}$$

Die Volumenkräfte f_j spaltet man dabei gewöhnlich in die statischen Anteile h_j (spezifisches Gewicht γ etc.) und in die Trägheitskräfte $-\rho b_j$ auf:

$$f_j = h_j - \rho b_j \,. \tag{8.2/19}$$

ρ bezeichnet die physikalische Massendichte und b_j die Punktbeschleunigungen (7.3/4).

Interessanterweise ist ein statisches Gleichgewicht $\rho b_j \equiv 0$ nur für bestimmte Arten statischer Volumenkräfte h_j möglich – nämlich für solche, die sich nach (8.2/18) aus einer Potentialfunktion $p\{\xi^j, t\}$ gemäß

$$h_j = p_{,j} \tag{8.2/20}$$

ergeben, worin p offenbar den hydrostatischen Druck bezeichnet.

Allgemein stellen die Eulerschen Gleichungen (8.2/18) mit (8.2/19) drei Bedingungen für den Druck p und die drei Beschleunigungen b_j beziehungsweise die Punktgeschwindigkeiten v_j dar. Es fehlt eine weitere Gleichung, die nun das Stoffverhalten spezifiziert und dementsprechend das Stoffgesetz heißt.

Für Wasser oder andere näherungsweise volumenbeständige Flüssigkeiten setzt man das Stoffgesetz als Inkompressibilitätsbedingung (7.3/51) mit $\lambda_v \equiv 0$ an; siehe unten (8.2/23). Für ideale Gase gilt stattdessen die Zustandsgleichung

$$p = \rho R \vartheta / M \tag{8.2/21}$$

(vgl. [13]), worin ρ wieder die physikalische Massendichte (4.1/8), M die molare Masse als Stoffkenngröße, R die universelle Gaskonstante und ϑ die absolute Temperatur darstellen. Es folgt

$$\frac{\overset{\#}{p}}{p} = \frac{\overset{\#}{\rho}}{\rho} + \frac{\overset{\#}{\vartheta}}{\vartheta} \tag{8.2/22}$$

für $\rho > 0$, woraus man die Dilatanzgeschwindigkeit $\lambda_v = -\overset{\#}{\rho}/\rho$ entnehmen und wiederum in die Bedingung (7.3/51) substituieren kann. Dabei entsprechen die Oldroyd-Lieschen Ableitungen $\overset{\#}{p}$, $\overset{\#}{\rho}$, $\overset{\#}{\vartheta}$ der Skalare p, ρ und ϑ nach (7.3/45) mit (7.3/10) den totalen Zeitableitungen $\dot{p}$, $\dot{\rho}$ beziehungsweise $\dot{\vartheta}$.

Bei zähen Flüssigkeiten besitzt der Spannungstensor T^{jk} eine allgemeinere Gestalt als in (8.2/17), doch gilt nach wie vor die Zerlegung (4.3/20) in einen symmetrischen Spannungsdeviator σ'^{jk}, den antimetrischen Anteil τ^{jk} und den Kugeltensor (8.2/17). Nach (4.3/27) kann man nun σ'^{jk} und p als intensive Größen ansehen, da sie Arbeit leisten, und zwar gegen die zugehörigen extensiven Größen λ'_{jk} sowie $-\lambda_v$.

Für inkompressible zähe Flüssigkeiten geht man erneut von der Inkompressibilitätsbedingung (7.3/51) mit $\lambda_v = 0$ aus, das heißt wegen (8.2/13)

$$v^j\big|_j = 0. \tag{8.2/23}$$

Daneben setzt man im einfachsten Fall den Spannungsdeviator σ'^{jk} als proportional zum Deviator λ'^{jk} der Formänderungsgeschwindigkeiten an, der wegen $\lambda_v = 0$ mit der Dyade der Formänderungsgeschwindigkeiten λ^{jk} selbst zusammenfällt, und erhält mit einem konventionellen Faktor 2 den Zusammenhang

$$\sigma'^{jk} = 2\eta\lambda^{jk} ; \quad \eta = \text{const} > 0 \tag{8.2/24a}$$

oder wegen (4.3/17), (4.3/19) und $n = 3$

$$\lambda^{jk} = \frac{1}{2\eta}[\sigma^{jk} - \tfrac{1}{3}g^{jk}\sigma^s_{.s}] = \zeta^{jkrs}\sigma_{rs} ,$$

$$\zeta^{jkrs} = \frac{1}{2\eta}[g^{jr}g^{ks} - \tfrac{1}{3}g^{jk}g^{rs}] = \text{const} . \tag{8.2/24b}$$

Dies gilt näherungsweise für Wasser, Öle, Polymerschmelzen und andere Fluide in einem beschränkten Geschwindigkeits-, Temperatur- und Druckbereich; man spricht von Newtonschen Flüssigkeiten mit der „Zähigkeit" η. Der Grenzfall $\eta \to 0$ (Wasser) führt wieder zu idealen Flüssigkeiten. Einsetzen von T^{jk} mit (4.3/3), (4.3/17), (8.2/24) und (8.2/13) in die Gleichgewichtsbedingungen (8.2/9) ergibt wegen (8.2/23) die nach L. M. H. Navier (1785–1836) und G. G. Stokes (1819–1903) benannten Geschwindigkeits-Feldgleichungen

$$\eta v^k\big|^j_{.j} + \tau^{jk}\big|_j - p\big|_j g^{jk} + f^k = 0 . \tag{8.2/25}$$

Man kennt sie speziell für den Fall $\tau^{jk} \equiv 0$, das heißt gemäß (4.3/25): bei sehr kleinen oder verschwindenden Volumenmomenten.

Der Ansatz (8.2/24) läßt sich für anisotrope Flüssigkeiten, deren Stoffeigenschaften von der Raumrichtung abhängen und durch Zähigkeitstensoren η^{jkpq}, ζ^{jkpq} beschrieben werden, entsprechend

$$\sigma'^{jk} = \eta^{jkpq}\lambda_{pq} \quad \text{oder} \quad \lambda^{jk} = \zeta^{jkpq}\sigma_{pq} \tag{8.2/26}$$

verallgemeinern, wobei in der ersten Gleichung der Spannungsdeviator auftritt, während die zweite ebenso wie (8.2/24b) den Spannungstensor selbst enthalten darf. Gemäß (4.2/66) müssen die Koeffizienten η^{jkpq}, im Falle der Inkompressibilität wegen (8.2/23) auch die Koeffizienten ζ^{jkpq} die Bedingungen

$$\eta^{j.pq}_{.j} = 0, \quad \zeta^{j.pq}_{.j} = 0 \tag{8.2/27}$$

erfüllen. Wegen der Symmetrien von λ_{jk}, σ_{jk} und σ'_{jk} darf man ferner

$$\eta^{jkpq} = \eta^{kjpq} = \eta^{kjqp}, \quad \zeta^{jkpq} = \zeta^{kjpq} = \zeta^{kjqp} \tag{8.2/28}$$

voraussetzen. Ferner fordert man die Dissipativität: Die gesamte Formänderungsleistung Λ pro Volumeneinheit wird in Wärme umgesetzt. Mit der Bezeichnung $\underset{D}{\dot w} = \Lambda$ für diese Dissipationsleistung folgt wegen $\underset{D}{\dot w} > 0$ aus (4.3/27) und (8.2/26) eine verallgemeinerte Positivität des Tensors ζ und bei Inkompressibilität $\lambda'_{jk} = \lambda_{jk}$ auch des Tensors η in der Gestalt

$$\underset{D}{\dot w} = \eta^{jkpq}\lambda_{jk}\lambda_{pq} = \zeta^{jkpq}\sigma_{jk}\sigma_{pq} > 0 \quad \text{für} \quad \mathbf{M}\{\lambda_{jk}\} \neq \mathbf{0}. \tag{8.2/29}$$

Noch weiter verallgemeinert kann man (8.2/24a, b) oder (8.2/26) in einer der Formen

$$\sigma'^{jk} = 2\eta\frac{\partial\Phi}{\partial\lambda_{jk}}, \quad \lambda^{jk} = \frac{1}{2\eta}\frac{\partial F}{\partial\sigma_{jk}}, \quad \eta > 0 \tag{8.2/30}$$

ansetzen [40], wobei der konstante Dimensionsfaktor 2η aus konventionellen Gründen hinzugefügt wurde. Die „Dissipativpotentiale" $\Phi = \Phi\{\lambda_{jk}\}$ oder $F = F\{\sigma_{jk}\}$ müssen wegen der Symmetrie von σ' und λ den Symmetriebedingungen

$$\Phi\{\lambda_{jk}\} = \Phi\{\lambda_{kj}\}, \quad F\{\sigma_{jk}\} = F\{\sigma_{kj}\} \tag{8.3/31}$$

sowie den aus der Dissipativität $\underset{D}{\dot w} > 0$ wegen (4.3/27) und (8.2/29) folgenden Bedingungen

$$\lambda_{jk}\frac{\partial\Phi}{\partial\lambda_{jk}} > 0, \quad \sigma_{jk}\frac{\partial\Phi}{\partial\sigma_{jk}} > 0 \quad \text{für} \quad \mathbf{M}\{\lambda_{jk}\} \neq \mathbf{0} \tag{8.2/32}$$

genügen; der ersten in dieser Form nur bei Inkompressibilität.

(8.2/31) erlaubt eine pseudogeometrische Deutung. Hierzu führt man den 9-dimensionalen euklidischen „Zustandsraum" mit den formal als unabhängig angesehenen Pseudo-Punktkoordinaten

$$\tilde\lambda_1 = \lambda_{11}, \quad \tilde\lambda_2 = \lambda_{22}, \quad \tilde\lambda_3 = \lambda_{33}, \quad \tilde\lambda_4 = \lambda_{12}, \quad \tilde\lambda_5 = \lambda_{21},$$
$$\tilde\lambda_6 = \lambda_{23}, \quad \tilde\lambda_7 = \lambda_{32}, \quad \tilde\lambda_8 = \lambda_{31}, \quad \tilde\lambda_9 = \lambda_{13}$$

oder den entsprechend aus den Spannungen gebildeten Punktkoordinaten $\tilde\sigma_j$ ein, trägt mit einer affinen Pseudo-Basis $\tilde{\mathbf{g}}^1, \ldots, \tilde{\mathbf{g}}^9$ die Ortsvektoren

$$\tilde{\boldsymbol\lambda} = \tilde\lambda_j\tilde{\mathbf{g}}^j, \quad \tilde{\boldsymbol\sigma} = \tilde\sigma_j\tilde{\mathbf{g}}^j$$

vom Ursprung $\tilde O$ aus an und erhält so die Scharen von 8-dimensionalen Hyperflächen („Potentialflächen")

$$\Phi = const, \quad F = const$$

zu verschiedenen, jeweils passend gewählten Werten der rechtsseitigen Konstanten (Bild 8.3). Wir wollen die Form beziehungsweise das Vorzeichen der Potentialfunktionen so wählen, daß sich nach außen wachsende Flächenscharen in

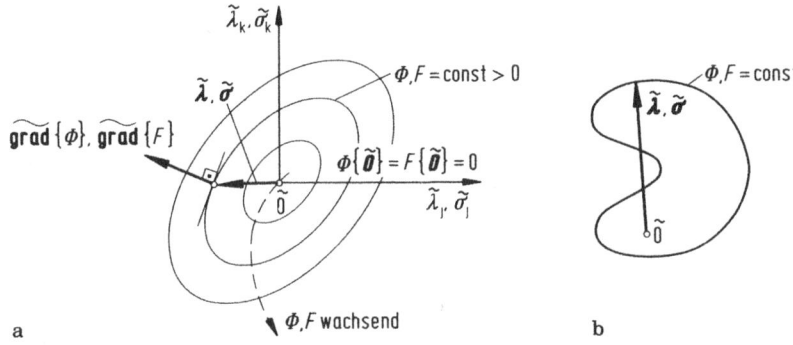

a   b

Bild 8.3a,b Potentialflächen $\Phi\{\tilde{\lambda}_j\} = const$ oder $F\{\tilde{\sigma}_j\} = const$ im Zustandsraum mit den Orts-koordinaten $\tilde{\lambda}_1, \ldots, \tilde{\lambda}_9$ oder $\tilde{\sigma}_1, \ldots, \tilde{\sigma}_9$. $\tilde{O}$ Ursprung; $\tilde{\lambda}, \tilde{\sigma}$ Pseudoortsvektoren; $\tilde{O}$ Nullvektor. **a** Nach außen wachsende Schar konvexer Flächen $\Phi = const$ oder $F = const$ mit Pseudo-Gradien-tenvektor $\text{gr}\tilde{\text{a}}\text{d}\{\Phi\}$ bzw. $\text{gr}\tilde{\text{a}}\text{d}\{F\}$; **b** Diese Fläche $\Phi = const$ oder $F = const$ ist keine Sternfläche in bezug auf $\tilde{O}$ und erst recht nicht konvex

folgendem Sinne ergeben:

$$\Phi\{\tilde{\lambda} = 0\} = 0, \quad F\{\tilde{\sigma} = 0\} = 0,$$

$$\Phi\{\alpha\tilde{\lambda}\} > \Phi\{\tilde{\lambda}\}, \quad F\{\alpha\tilde{\sigma}\} > F\{\tilde{\sigma}\} \quad \text{für} \quad \alpha > 1, \tag{8.2/33}$$

worin α einen reellen Skalarfaktor darstellt. Nach Satz 3.3/7, (8.2/30) und Bild 3.5 repräsentiert dann etwa der Pseudo-Vektor

$$\text{gr}\tilde{\text{a}}\text{d}\{F\} = (\partial F/\partial\tilde{\sigma}_j)\tilde{\mathbf{g}}^j = 2\eta\tilde{\lambda}$$

eine Auswärtsnormale zur Potentialfläche $F = const$ im Endpunkt von $\tilde{\sigma}$. Die zweite Beziehung (8.2/32) entspricht einem positiven inneren Produkt

$$(\tilde{\sigma}, \text{gr}\tilde{\text{a}}\text{d}\{F\}) > 0$$

im Zustandsraum und verlangt gemäß (2.1/13), daß die Pseudo-Vektoren $\tilde{\sigma}$ und $\text{gr}\tilde{\text{a}}\text{d}\{F\}$ einen spitzen Winkel einschließen. Dies trifft in Bild 8.3 anschaulich genau dann zu, wenn die Potentialflächen Sternflächen in bezug auf den Ursprung $\tilde{O}$ sind, das heißt: Jeder von $\tilde{O}$ ausgehende Strahl schneidet die Fläche in höchstens einem einzigen Punkt.

Häufig verlangt man sogar, daß die Potentialflächen eine nach außen wach-sende Schar „konvexer" Flächen bilden. Hierbei handelt es sich um solche Sternflächen, die diese Bezeichnung nicht nur in bezug auf den Ursprung $\tilde{O}$, sondern auch in bezug auf jeden anderen Punkt verdienen, der zu kleineren Werten der Potentialfunktion gehört und somit innerhalb der Fläche liegt (Bild 8.3).

8.2.5 Starrplastisches Material

Bleibende, „plastische" Formänderungen fester Körper treten in der Regel erst dann auf, wenn die Spannung einen gewissen Schwellenwert erreicht. Hierzu

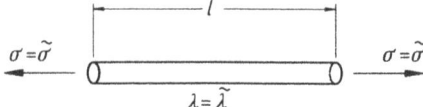

Bild 8.4. Spannung σ, plastischer Anteil λ der Formänderungsgeschwindigkeit; Vergleichsspannung $\tilde{\sigma}$ und Vergleichsformänderungsgeschwindigkeit $\tilde{\lambda}$ im einachsigen Zugversuch

vergleicht man einen beliebigen Formänderungs- und Spannungszustand zunächst bei Vernachlässigung der elastischen Verformungen, also starrplastisch, mit dem einachsigen Zugversuch von Bild 8.4 oder mit irgendeinem anderen einfachen Testversuch und bezeichnet die dort in Verformungsrichtung wirkende einzige Spannungskoordinate als Vergleichsspannung $\tilde{\sigma} > 0$ sowie die zugehörige plastische Formänderungsgeschwindigkeit als Vergleichs-Formänderungsgeschwindigkeit $\tilde{\lambda} > 0$. Bei plastischem Fließen erreicht $\tilde{\sigma}$ die „Fließgrenze" Y als Schwellenwert; es gilt also die „Fließbedingung"

$$\tilde{\sigma} = Y \quad \text{für} \quad \tilde{\lambda} > 0, \quad Y > 0. \tag{8.2/34}$$

Man nimmt ferner an, daß die plastische Arbeit völlig dissipiert oder in Wärme umgewandelt wird, so daß nach (4.3/27) die Arbeitsdichte $\overset{\cdot}{\underset{D}{w}} = \Lambda$ eine Beziehung der Gestalt

$$\overset{\cdot}{\underset{D}{w}} = \tilde{\sigma}\tilde{\lambda} > 0 \quad \text{für} \quad \tilde{\lambda} > 0 \tag{8.2/35}$$

erfüllt, und definiert die plastische „Vergleichformänderung" durch

$$\tilde{\varphi} = \underset{0}{\tilde{\varphi}} + \int_{\overset{t}{0}}^{t} \tilde{\lambda} dt \tag{8.2/36}$$

mit $\underset{0}{\tilde{\varphi}}$ als Anfangswert zum Anfangszeitpunkt $\underset{0}{t}$. Dann darf die Fließgrenze Y ihrerseits von der Temperatur ϑ, der Vergleichsformänderung $\tilde{\varphi}$, im Fall der Viskoplastizität auch von der „Vergleichsformänderungsgeschwindigkeit" $\tilde{\lambda}$ oder allgemein von weiteren inneren Parametern abhängen. Wir setzen hier, wie für Metalle bei Raumtemperatur üblich, allein

$$Y = Y\{\tilde{\varphi}\} \quad \text{mit} \quad h = \partial Y/\partial\tilde{\varphi} > 0 \tag{8.2/37}$$

voraus, das heißt eine sogenannte Kaltverfestigung (Bild 8.5). h nennt man den Verfestigungsparameter. Wegen (4.3/16a), Bild 4.9 sowie (8.2/36) gilt mit l als Stablänge, $\dot{l}$ als Längenänderungsgeschwindigkeit, $\underset{0}{l}$ als Anfangslänge und $\underset{0}{\tilde{\varphi}} = 0$

$$\tilde{\lambda} = \dot{l}/l, \quad \tilde{\varphi} = \ln\{l/\underset{0}{l}\}; \tag{8.2/38}$$

die skalare Vergleichsformänderung entspricht formal der Koordinate des Henckyschen Formänderungstensors, Abschnitt 4.3.3, im eindimensionalen Fall.

Nun werden die vorstehenden Beziehungen wie folgt auf die Momentankonfiguration eines starrplastischen Körpers unter mehrachsigem Spannungs- und Formänderungszustand übertragen.

Die Vergleichsspannung sei eine vorgegebene invariante, symmetrische, positive Dyadenfunktion des symmetrischen Anteils $\sigma^j_{\cdot k}$ der Cauchyschen Spannungen:

$$\tilde{\sigma} = F\{\sigma^j_{\cdot k}\} = F\{\sigma_k^{\cdot j}\}; \quad \tilde{\sigma} > 0 \quad \text{für} \quad \mathbf{M}\{\sigma_k^{\cdot j}\} \neq \mathbf{0} \tag{8.2/39}$$

Hinsichtlich spezieller Ansätze für F vergleiche man die Literatur [20] oder Übung 8.5b. Jedenfalls ist F so zu normieren, daß beim einachsigen Spannungszustand $\sigma^1_{\cdot 1}$ die Beziehung $F = |\sigma^1_{\cdot 1}|$ gilt.

Da eine α-fache Materialfestigkeit αY auch α-fache Spannungen $\alpha\sigma^j_{\cdot k}$ verlangt, muß die Funktion F ferner „homogen" im Sinne von

$$F\{\alpha\sigma^j_{\cdot k}\} = \alpha F\{\sigma^j_{\cdot k}\} \quad \text{für} \quad \alpha > 0 \tag{8.2/40}$$

sein. Wegen $Y > 0$ entspricht dann (8.2/40) als Sonderfall der Definition (8.2/33) einer nach außen wachsenden Hyperflächenschar im Zustandsraum, den sogenannten Fließflächen oder Fließorten. In der Regel verlangt man sogar deren Konvexität.

Differentiation von (8.2/40) nach α ergibt für $\alpha = 1$ die Homogenitätsbedingung

$$\sigma^j_{\cdot k}(\partial F/\partial\sigma^j_{\cdot k}) = F\{\sigma^j_{\cdot k}\} \tag{8.2/41}$$

Ferner bedeutet

$$F\{\sigma^j_{\cdot k}\} < Y \tag{8.2/42}$$

wegen (8.2/40), daß die Spannungen um einen Faktor $\alpha > 1$ zu vergrößern sind, wenn man plastisches Fließen erzeugen will. Der in (8.2/42) vorhandene Spannungszustand bewirkt daher keine Plastifizierung. $F > Y$ wäre unzulässig.

Den plastischen Fließvorgang setzt man bei erfüllter Fließbedingung (8.2/34) in Verallgemeinerung eines Vorschlages von Levy [43] wie das Fließen einer zähen Flüssigkeit an, und zwar mit einem Dissipationspotential $G = G\{\sigma^j_{\cdot k}\}$, das im Sonderfall der weitgehend für Metalle gültigen „Standardplastizität" sogar mit F zusammenfällt [42]. Daher überträgt man die Positivität und die Symmetrie (8.2/39) ebenso wie die Homogenitätsaussagen (8.2/40), (8.2/41) allgemein auch auf G:

$$\begin{aligned} G\{\sigma^j_{\cdot k}\} &= G\{\sigma_k^{\cdot j}\}, \quad G > 0 \quad \text{für} \quad \mathbf{M}\{\sigma_k^{\cdot j}\} \neq \mathbf{0}; \\ G\{\alpha\sigma^j_{\cdot k}\} &= \alpha G\{\sigma^j_{\cdot k}\} \quad \text{für} \quad \alpha > 0; \\ \sigma^j_{\cdot k}(\partial G/\partial\sigma^j_{\cdot k}) &= G\{\sigma^j_{\cdot k}\}. \end{aligned} \quad\left.\right\} \tag{8.2/43}$$

Die Größe der plastischen Formänderungsgeschwindigkeit wird außer bei der Viskoplastizität nicht allein durch die Spannungen bestimmt. Wenn nämlich die Fließgrenze nicht von der Formänderungsgeschwindigkeit abhängt, darf beispielsweise der Zugversuch bei gleichem Spannungszustand nach Belieben langsam oder schnell ablaufen. Demnach setzt man die Fließregel (8.2/30) jetzt mit einem positiven Proportionalitätsfaktor γ (statt $1/(2\eta)$) an, der keine Materialkonstante darstellt, sondern eine zusätzliche Variable:

$$\lambda^{\cdot k}_{j} = \gamma \partial G/\partial \sigma^{j}_{\cdot k}\,; \quad \gamma \geq 0 \tag{8.2/44}$$

Aus (8.2/43) und (8.2/44) erhält man dann über (4.3/27) mit $\underset{D}{\dot{w}} = \Lambda$ als Dissipations-Leistungsdichte sowie gemäß (8.2/34), (8.2/35) und (8.2/39)

$$\underset{D}{\dot{w}} = \lambda^{\cdot k}_{j}\,\sigma^{j}_{\cdot k} = \gamma G = \tilde{\lambda}F = \tilde{\lambda}Y\,. \tag{8.2/45}$$

Wegen $\gamma \geq 0$ und $G \geq 0$ ist die Dissipativität $\underset{D}{\dot{w}} \geq 0$ gewährleistet. Ferner berechnet man aus (8.2/45) die Vergleichsformänderungsgeschwindigkeit $\tilde{\lambda}$, durch Zeitintegration (8.2/36) über ein wanderndes Materialteilchen die Vergleichsformänderung $\tilde{\varphi}$ und kann dann Y etwa aus den Fließkurven von Bild 8.5 bestimmen. Ferner liefert (8.2/45) den Proportionalitätsfaktor

$$\gamma = (Y/G)\tilde{\lambda} \tag{8.2/46}$$

mit dem Sonderfall $\gamma = \lambda$ für eine „assoziierte Fließregel" $G \equiv F = Y$ (Standardplastizität).

Bei anisotropen Medien hängen die Fließgrenze Y sowie die Funktionen F und G zusätzlich vom Formänderungstensor (Abschnitt 4.3.3) ab, auf den wir innerhalb der Lagrangeschen Betrachtungsweise zurückkommen (Abschnitt 8.3.2).

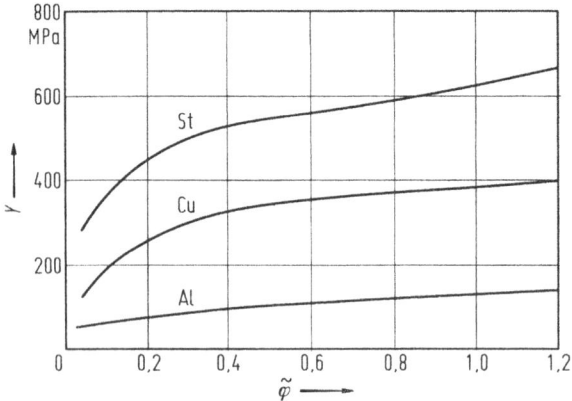

Bild 8.5. Fließkurven bei Raumtemperatur für Stahl *St* 37, Elektro-Kupfer (Cu) geglüht und Aluminium *Al* 99,5, entnommen aus [41]

8.3 Kontinua in der aktuellen (updated) Lagrangeschen Betrachtungsweise

8.3.1 Elektromagnetische Felder in veränderlichen Körpern

Nach H. Minkowski (1869–1909) postuliert man, daß die Maxwellschen Gleichungen (8.2/3) oder (8.2/5) materialgebunden seien, so daß sie vom Standpunkt des mitgeschleppten Beobachters zumindest bei Starrkörpern dieselbe Gestalt wie für die ruhende Materie behalten (vgl. [34]). Dabei bleiben die Stoffgesetze (4.1/2) als Zusammenhänge zwischen den Vektoren der elektrischen oder magnetischen Feldstärken **E**, **H** und den elektrischen beziehungsweise magnetischen Flußdichten **D**, **B** sowie der elektrischen Leitungsstromdichte **i** ebenfalls unverändert.

Dementsprechend geht man auch davon aus, daß der mitgeführte Beobachter die durch (8.2/1) definierten Gesamtströme sowie die Verschiebungsströme $\partial D^k/\partial t$, $\partial B^k/\partial t$ registriert, doch verlangt dies für veränderliche Körper eine Präzisierung. Im Sinne von (7.3/4.3) handelt es sich nämlich bei den partiellen Ableitungen der Koordinaten D^k, B^k um die Oldroyd-Lieschen Relativableitungen $\overset{\#}{D}{}^k$, $\overset{\#}{B}{}^k$, von denen es jedoch auch die anderen Formen $\underset{\#}{D}{}^k$, $\underset{\#}{B}{}^k$ gibt. Da der mitgeschleppte Beobachter die lokale Metrik g_{jk} und ihre zeitliche Änderung, wegen (7.3/48) also die Formänderungsgeschwindigkeiten λ_{jk} kennt, stehen ihm daneben über (7.3/54) die Zaremba-Jaumannschen Ableitungen $\underset{zj}{\partial} D^k$ sowie weitere, nicht im einzelnen aufgeführte Ableitungen zur Verfügung. Wir können uns im Augenblick noch nicht festlegen, welche Zeitableitung wirklich in Betracht kommt, sondern schreiben die Gesamtströme (8.2/1) im Hinblick auf (7.3/45) in der allgemeinen Form

$$\left.\begin{aligned} I^k &= i^k + \underset{t}{\partial} D^k + D^k|_1 v^1 + X^k \\ J^k &= \underset{t}{\partial} B^k + B^k|_1 v^1 + Y^k \end{aligned}\right\} \tag{8.3/1}$$

hin, worin X^k, Y^k später zu bestimmende Ausdrücke und $\underset{t}{\partial} D^k$, $\underset{t}{\partial} B^k$ ortsfeste partielle Ableitungen (7.3/42) bedeuten. Der Vektor **v** stellt die Punktgeschwindigkeit der Materie gegenüber der festen Bezugsmannigfaltigkeit dar.

Sobald die Größen X^k, Y^k bekannt sind, liegt die „aktuelle Lagrangesche Formulierung" des Elektro-Magnetismus in Gestalt der Maxwellschen Gleichungen (8.2/3) oder (8.2/5), der Stoffgesetze (4.1/2) und der Gesamtströme (8.3/1) vor. Wir setzen voraus, daß bei geeigneten Randbedingungen eine eindeutige Lösung besteht. Daraufhin suchen wir die „Eulersche Formulierung" in der festen Bezugsmannigfaltigkeit $M'\{n = 3\}$ (Bild 7.6). In ihr besitzen die Vektoren **E**, **H**, **D**, **B**, **I**, **i**, **J** und die Ladungsverteilung q möglicherweise geänderte Werte **E'**, **H'**, **D'**, **B'**, **I'**, **i'**, **J'** und q', wie sie ein ruhender Beobachter messen würde. Doch sollen, wie von Minkowski darüber hinaus gefordert, auch für jenen die Maxwellschen Gleichungen gelten.

Die elektrischen Ladungsverteilungen q, q' werden, da durch einzeln identifizierbare, geladene materielle Partikel und deren räumliche Anordnung repräsentiert, als für beide Beobachter gleich angesehen. Dies gilt erst recht für die magnetische Ladungsverteilung 0. Aufgrund der letzten beiden Maxwellschen Gleichungen (8.2/3) erscheint es daher gerechtfertigt, von in beiden Systemen gleichen Flußdichten $\mathbf{B}$, $\mathbf{D}$ auszugehen; denn auch diese sind ebenso wie die elektrische Polarisierung $\mathbf{P}$ oder die Magnetisierung $\mathbf{M}$ unmittelbar der Materie zugeordnet (vgl. insbesondere das Dipolmodell von Bild 8.1):

$$q' = q, \quad \mathbf{D}' = \mathbf{D}, \quad \mathbf{B}' = \mathbf{B}, \quad \mathbf{P}' = \mathbf{P}, \quad \mathbf{M}' = \mathbf{M}. \tag{8.3/2}$$

Die erste Zeile von (8.2/3) liefert mit (8.1/1) und (8.3/1)

$$- \varepsilon^{jpq} H_p|_q = i^j + \underset{t}{\partial} D^j + D^j|_1 v^1 + X^j \tag{8.3/3}$$

Aus der Produktregel (7.1/11) folgt wegen (7.1/18), (2.5/6) sowie Satz 2.5/1 für $n = 3$

$$D^j|_1 v^1 = (D^j v^1)|_1 - D^j v^1|_1 =$$
$$= ([\delta_r^j \delta_s^1 - \delta_s^j \delta_r^1] D^r v^s + D^1 v^j)|_1 - D^j v^1|_1$$
$$= \varepsilon^{j1q}(\varepsilon_{rsq} D^r v^s)|_1 + D^1|_1 v^j + D^1 v^j|_1 - D^j v^1|_1$$

Dies ergibt nach Einsetzen in (8.3/3) wegen (3.3/4), (8.1/1) und (8.2/3) mit rot^j als j-ter kontravarianter Koordinate des Vektors $\mathbf{rot}$ gerade

$$rot^j\{\mathbf{H} - [\mathbf{D}, \mathbf{v}]\} = i^j + q v^j + \underset{t}{\partial} D^j + D^1 v^j|_1 - D^j v^1|_1 + X^j.$$

Diese Beziehung vergleichen wir mit im momentan gleichen, jedoch ruhenden Koordinatensystem hingeschriebenen ersten Maxwellschen Gleichung (8.2/3), das heißt wegen (8.2/1) mit

$$\mathbf{rot}\{\mathbf{H}'\} = \mathbf{i}' + \partial \mathbf{D}/\partial t.$$

Da die Koordinaten von $\partial \mathbf{D}/\partial t$ wegen (7.3/42) denjenigen von $\underset{t}{\partial} \mathbf{D}$ entsprechen und die Zusatzterme X^j gemäß (7.3/45) wohl den Geschwindigkeitsgradienten enthalten, liegt es nahe, für das elektrische sowie analog für das magnetische Feld

$$\left.\begin{aligned} \mathbf{i}' &= \mathbf{i} + q\mathbf{v} \\ \mathbf{H}' &= \mathbf{H} - [\mathbf{D}, \mathbf{v}] \\ \mathbf{E}' &= \mathbf{E} + [\mathbf{B}, \mathbf{v}] \end{aligned}\right\} \tag{8.3/4}$$

in Verbindung mit

$$\begin{aligned} X^j &= v^1|_1 D^j - D^1 v^j|_1 \\ Y^j &= v^1|_1 B^j - B^1 v^j|_1 \end{aligned} \tag{8.3/5}$$

anzusetzen. Zumindest die erste Gleichung (8.3/4) entspricht auch der Anschauung, wonach der Leitungsstrom durch eine Bewegung der Ladung entsteht.

Eliminiert man nun mittels (8.3/4) und (8.3/2) in den Stoffgleichungen (4.1/2) die Größen **D**, **E**, **B**, **H** sowie **i** der bewegten Materie und postuliert analog (8.3/2)

$$\bar{\mathbf{D}}' = \bar{\mathbf{D}}, \quad \bar{\mathbf{B}}' = \bar{\mathbf{B}}, \quad \bar{\mathbf{P}}' = \bar{\mathbf{P}}, \quad \bar{\mathbf{M}}' = \bar{\mathbf{M}} \tag{8.3/6}$$

für die permanenten Verschiebungen beziehungsweise Polarisierungen oder Magnetisierungen, so erhält man die Stoffgleichungen in der Eulerschen Schreibweise zu

$$\left.\begin{aligned}
D'_j &= \bar{D}'_j + \alpha_{jk}[E'^k - \varepsilon^{pqk}B'_p v_q] \\
B'_j &= \bar{B}'_j + \mu_{jk}[H'^k + \varepsilon^{pqk}D'_p v_q] \\
P'_j &= \bar{P}'_j + \iota_{jk}[E'^k - \varepsilon^{pqk}B'_p v_q] \\
M'_j &= \bar{M}'_j + \chi_{jk}[H'^k + \varepsilon^{pqk}D'_p v_q] \\
i'_j &= qv_j + \kappa_{jk}[E'^k - \varepsilon^{pqk}B'_p v_q]
\end{aligned}\right\} \tag{8.3/7}$$

mit α_{jk} als Dielektrizitäts , μ_{jk} als Permittivitäts-, ι_{jk} beziehungsweise χ_{jk} als elektrische oder magnetische Suszeptibilitäts- und κ_{jk} als elektrische Leitfähigkeitsdyaden.

Das elektromagnetische Verhalten der Materie wird nun in der Eulerschen Formulierung unter Verwendung der gestrichenen Größen durch die Maxwellschen Gleichungen (8.2/3) beziehungsweise (8.2/5) sowie durch die Kraftwirkungsgesetze (3.3/11) mit den Strömen (8.2/1) und den Stoffgesetzen (8.3/7) beschrieben.

Die Coulombsche Kraft (3.3/11d) benennt man bei bewegter Materie nach H. A. Lorentz (1853–1928). Und zwar wirkt, wenn man analog (8.3/2) $Q' = Q$ beziehungsweise nach den Regeln der klassischen Mechanik ohne Massenträgheit $\mathbf{F}' = \mathbf{F}$ setzt, für den ruhenden Beobachter gemäß (8.3/4) mit (8.3/2) die Lorentzkraft

$$\mathbf{F}' = Q'\mathbf{E} = Q'(\mathbf{E}' + [\mathbf{v}, \mathbf{B}']).$$

Für die Lagrangesche Formulierung müssen wir noch, wie bereits zu Beginn dieses Abschnittes gefordert, die Verschiebungsströme $\partial D^k/\partial t$ and $\partial B^k/\partial t$ präzisieren. Hierzu setzen wir (8.3/5) in (8.3/1) ein und erhalten wegen (7.3/45) und (7.3/51) die Gesamtströme

$$\left.\begin{aligned}
I^k &= i^k - \frac{\overset{\#}{\rho}}{\rho}D^k + \overset{\#}{D}{}^k = i^k + \rho(D^k/\rho)^{\#}, \\
J^k &= \quad -\frac{\overset{\#}{\rho}}{\rho}B^k + \overset{\#}{B}{}^k = \quad \rho(B^k/\rho)^{\#},
\end{aligned}\right\} \tag{8.3/8}$$

worin ρ die Dichte der Materie und $\overset{\#}{\rho}$ ihre Oldroyd-Liesche oder hier, bei einem Skalar auch totale Ableitung kennzeichnen. Die in (8.3/8) auftretenden Varianten $\rho(D^k/\rho)^{\#}$, $\rho(B^k/\rho)^{\#}$ der Oldroyd-Lieschen Ableitungen entsprechen nach

Bergander [52] gewissen von Truesdell [51] für die mechanische Spannungs-dyade vorgeschlagenen Zeitableitungen (Abschnitt 8.3.2) und werden daher auch Truesdellsche Ableitungen genannt. Sie also treten an die Stelle der Ausdrücke $\partial D^k/\partial t$ beziehungsweise $\partial B^k/\partial t$ für die Verschiebungsströme bei ruhenden Körpern.

Die zunächst provisorisch angenommenen Transformationsregeln (8.3/2), (8.3/4) erfüllen gemeinsam mit (8.3/5) die Maxwellschen Gleichungen und erge-ben sich damit bei geeigneten Randbedingungen ebenso eindeutig, wie es für die elektromagnetischen Felder selbst vorausgesetzt worden war. Im übrigen ent-sprechen (8.3/2), (8.3/4) und (8.3/7) den ursprünglichen Minkowskischen Resul-taten bei Vernachlässigung von Gliedern der Einsteinschen Relativitätstheorie (vgl. [34]). Weiteres findet man bei Eringen und Maugin [54].

8.3.2 Formänderungen, Formänderungs- und Spannungsgeschwindigkeiten

Wir beginnen mit der Greenschen Formänderung $\overset{G}{\varphi}_{jo\,ko}$, ausgedrückt in Koordi-naten $\overset{0}{\xi}{}^{lo}$ der Anfangskonfiguration sowie mit der Almansischen Formänderung $\overset{A}{\varphi}_{jk}$, ausgedrückt in mitgeschleppten Koordinaten der Momentankonfiguration (Bild 7.4). (4.3/34) liefert etwa

$$\overset{A}{\varphi}_{jk} = \tfrac{1}{2}(g_{jk} - \partial_j \overset{0}{r}{}^p \partial_k \overset{0}{r}{}^q g_{qp})\,. \tag{8.3/9}$$

Die Funktionaldyade $\partial_k \overset{0}{r}{}^q$ bildet gemäß (4.1/23) jeden im Tangentialraum mitgeschleppten Vektor $d\mathbf{r}$ auf dessen Position $d\overset{0}{\mathbf{r}}$ in der Anfangskonfiguration ab. Gleiches leisten nach (7.3/25) die Transformationskoeffizienten a^k_{po}, so daß die Gleichheit $a^k_{po} = \partial_p \overset{0}{r}{}^k$ besteht. Dann folgt aus (8.3/9)

$$\overset{A}{\varphi}_{jk} = \tfrac{1}{2}(g_{jk} - a^p_{jo} a^q_{ko} g_{pq}) = \tfrac{1}{2}(g_{jk} - g_{jo\,ko})\,.$$

Denselben Ausdruck leitet man für $\overset{G}{\varphi}_{jo\,ko}$ her,

$$\overset{A}{\varphi}_{jk} = \overset{G}{\varphi}_{jo\,ko} = \tfrac{1}{2}(g_{jk} - g_{jo\,ko})\,, \tag{8.3/10}$$

so daß der Almansische und der Greensche Formänderungstensor gleiche Koordinatenwerte besitzen, die sich allerdings auf verschiedene Basen beziehen. Daher handelt es sich um unterschiedliche Tensoren. Im übrigen rechtfertigt die Indizierung innerhalb der Gleichheit (8.3/10) erneut die bereits in Abschnitt 4.3.3 erläuterte Zuordnung des Almansischen Tensors zur Momentankonfiguration und des Greenschen Tensors zur Anfangskonfiguration.

Macvean [18] hat allgemein vorgeschlagen, Formänderungsdyaden entweder der einen oder der anderen Konfiguration zuzuordnen. Hierzu bieten sich, wie schon in Abschnitt 4.3.3 erwähnt, die dualen Paare $\overset{\circ}{\boldsymbol{\varphi}}$, $\boldsymbol{\varphi}$ von Gleichung (4.3/33) geradezu an. Wir betrachten als Beispiel die dort definierten Karni-Reinerschen

Formänderungen $\underset{R}{\varphi}{}^{j_0k_0}$ und $\underset{K}{\varphi}{}^{jk}$, für die man analog zu (8.3/10) die Gleichheit

$$\underset{K}{\varphi}{}^{jk} = \underset{R}{\varphi}{}^{j_0k_0} = -\tfrac{1}{2}(g^{jk} - g^{j_0k_0}) \tag{8.3/11}$$

herleitet. Wenn sich $g^{j_0k_0}$ oder $g_{j_0k_0}$ wirklich, wie verlangt, auf eine zeitunabhängige Anfangskonfiguration und nicht etwa, wie es manchmal geschieht, auf eine zeitlich veränderliche Zwischenkonfiguration beziehen, so folgen aus (8.3/10), (8.3/11), (7.3/48) und (7.3/50) wegen (7.3/43) die Regeln

$$\frac{\partial}{\partial t}\underset{\#}{\overset{G}{\varphi}}{}_{j_0k_0} = \overset{A}{\varphi}{}_{jk} = \lambda_{jk},$$

$$\frac{\partial}{\partial t}\underset{K}{\varphi}{}^{j_0k_0} = \overset{\#}{\underset{R}{\varphi}}{}^{jk} = \lambda^{jk}. \tag{8.3/12}$$

Formänderungsgeschwindigkeiten sind also in der Tat die Zeitableitungen von Formänderungen. Hierbei kommt bei festen Konfigurationen die partielle Zeitableitung, bei bewegten Konfigurationen aber die Oldroyd-Liesche Zeitableitung ins Spiel, und zwar genau in den Varianten von Gl. (8.3/12), jedoch in keinen anderen.

Außer (8.3/12) sind dem Verfasser dieses Buches keine weiteren analogen Differentiationsregeln innerhalb der aktuellen Lagrangeschen Betrachtungsweise bekannt. Dies hebt erneut die Oldroyd-Liesche Ableitung heraus und unterstreicht auch die Bedeutung der hier betrachteten beiden Paare von Formänderungsmaßen gegenüber anderen, insbesondere auch gegenüber den ebenfalls schon in Abschnitt 4.3.3 genannten Henckyschen Formänderungen

$$\overset{H}{\varphi}{}_{j_0}^{;k_0} = \underset{H}{\varphi}{}_j^{;k} = -\tfrac{1}{2}\ln{}_j^{;k}\{g^{rp}h_{sp}\} \quad \text{mit} \quad h_{sp} = g_{s_0p_0}; \tag{8.3/13}$$

der tensorielle Logarithmus wird nach den Vorschriften von Abschnitt 4.2.1.5 gebildet. Jedenfalls fällt die ortsfeste (partielle) beziehungsweise die Oldroyd-Liesche Zeitableitung der Henckyschen Formänderungen mit der Formänderungsgeschwindigkeit $\lambda_j^{;k}$ nur bei proportionalen Formänderungsvorgängen zusammen. Das sind solche, für die bei einer geeigneten kartesischen Anfangsbasis $\mathbf{g}_{j_0}$ die mitgeschleppte Basis $\mathbf{g}_j$ durchwegs orthogonal, obschon nicht notwendig kartesisch bleibt. Hierfür gilt nämlich $h_{sp} = \delta_{sp}$, und $\mathbf{M}\{-\tfrac{1}{2}\ln_j^{;k}\}$ wird gemäß (4.2/27) eine reine Diagonalmatrix mit den Werten $-\tfrac{1}{2}\ln\{g^{jj}\} = -\tfrac{1}{2}\ln\{1/g_{jj}\} = \tfrac{1}{2}\ln\{g_{jj}\}$ auf der Hauptdiagonalen. Die Ableitung (7.3/43) liefert wegen (7.3/48) $\tfrac{1}{2}\underset{\#}{g}_{\langle j\rangle\langle j\rangle}/g_{\langle j\rangle\langle j\rangle} = \lambda_{\langle j\rangle\langle j\rangle}g^{\langle j\rangle\langle j\rangle}$, also in der Tat die Formänderungsgeschwindigkeiten $\lambda_{\langle j\rangle}^{\langle j\rangle}$. Bei nicht proportionalen Formänderungsvorgängen gelten freilich andere Zusammenhänge [36].

Wenn nun etwa in der aktuellen Konfiguration eines Körpers die Überschiebung eines Spannungstensors mit einer invarianten Ableitung irgendeines Formänderungstensors die mechanische Leistungsdichte Λ im Sinne von (4.3/27) ergibt, so nennt man beide Tensoren zueinander konjugiert. Dies trifft also wegen (4.2/57) und (4.3/2), (4.3/3) mit (8.3/12) sowohl für den symmetrischen Cauchyschen Spannungstensor σ^{jk} als auch für den allgemeinen Cauchyschen Spannungstensor T^{jk} zu, und zwar im Hinblick auf den Almansischen ebenso wie im Hinblick auf den Reinerschen Formänderungstensor. Hingegen ist die Henckysche Formänderung nicht allgemein zum Cauchyschen Spannungstensor konjugiert, im Gegensatz zu [46] erst recht nicht in bezug auf die Zaremba-Jaumannsche Zeitableitung.

In einer Hauptbasis des Tensors $g^{rp}h_{sp}$, die gleichzeitig eine Hauptbasis der Henckyschen Formänderungsdyade darstellt, hat man für diese jedoch wegen (4.2/27)

$$\varphi_{\underset{H}{j}}^{\cdot j} = -\tfrac{1}{2}\ln\{g^{1p}h_{1p}g^{2q}h_{2q}g^{3r}h_{3r}\}$$

$$= -\tfrac{1}{2}\ln\{\det\{\mathbf{M}\{g^{jp}h_{jp}\}\}\}$$

$$= -\tfrac{1}{2}\ln\{\det\{\mathbf{M}\{g^{jk}\}\}\det\{\mathbf{M}\{g_{p_oq_o}\}\}\}\,.$$

Während eines Formänderungsvorganges behalten nach Satz 4.1/1 und (2.4/9) die Basisvolumina

$$\overset{*}{V} = \sqrt{det\{M\{g^{jk}\}\}}$$
$$\overset{0}{\underset{*}{V}} = \sqrt{det\{\mathbf{M}\{g_{p_oq_o}\}\}}$$

(8.3/14)

ihr Vorzeichen. Daher ergibt die zuvor hergeleitete Gleichung kurz

$$\varphi_{\underset{H}{j}}^{\cdot j} = -\tfrac{1}{2}\ln\{|\overset{*}{V}|^2|\overset{0}{\underset{*}{V}}|^2\}$$

oder wegen (2.3/15) mit (4.1/7) ($dm = const$) und (7.3/20)

$$\varphi_{\underset{H}{j}}^{\cdot j} = \overset{H}{\varphi}_{\underset{j_o}{j_o}}^{\cdot j_o} = \overset{H}{\varphi}_V\,,$$

(8.3/15)

worin

$$\overset{H}{\varphi}_V = \ln\{\underset{*}{\overset{0}{V}}/\underset{*}{V}\} = \ln\{\underset{0}{\rho}/\rho\} = \ln\{dV/d\overset{0}{V}\}$$

(8.3/16)

die Henckysche Volumenänderung, ρ und $\overset{0}{\rho}$ die Anfangs- bzw. die Momentandichten sowie $d\overset{0}{V}$ und dV Volumenelemente in der anfänglichen und in der mitgeschleppten Konfiguration darstellen. (8.3/15) ist zu Gleichung (7.3/51) analog. Für die anderen besprochenen Formänderungen muß man die Volumenänderung umständlicher über (8.3/14) mit (8.3/10) beziehungsweise (8.3/11) ausdrücken.

Bei allen von uns im Zusammenhang mit (4.3/33) betrachteten Funktionen f beginnt die Reihenentwicklung der Differenz $f(x) - f(1) = f\{1 + (x-1)\} - f\{1\}$ nach $x-1$ mit diesem Glied selbst. Wegen (4.2/32a) und (4.3/37) besteht daher in Verallgemeinerung von (4.3/38) der

Satz 8.3/1: Alle hinter (4.3/33) definierten Formänderungsmaße besitzen im Falle kleiner Formänderungen denselben asymptotischen Wert, und zwar gemäß (4.3/38) die elementare (Cauchysche) Formänderung $\bar{\varphi}_{j}^{\cdot k}$ beziehungsweise $\overset{0}{\varphi}_{j_0}{}^{;k_0}$, deren beide Darstellungen ebenfalls asymptotisch zusammenfallen.

Obschon ihrerseits nur für kleine Konfigurationsänderungen brauchbar, erlaubt die elementare Formänderung jedoch wegen ihrer Baugleichheit mit den Formänderungsgeschwindigkeiten $\lambda_j{}^k$ (vgl. (4.3/36) und (8.2/13)) eine einfach zu formulierende implizite Kompatibilitätsbedingung. Diese lautet entsprechend (8.2/15)

$$L^{rs} = \varepsilon^{rjk}\varepsilon^{spq}\,\bar{\varphi}_{jp}|_{kq} = 0 \tag{8.3/17}$$

In den anderen Fällen greift man auf das Verschwinden des Cartanschen Tensors (6.3/9) zurück.

Da in manchen Stoffgesetzen der Mechanik neben den Spannungen auch die Spannungsgeschwindigkeiten vorkommen, betrachten wir diese für die nicht notwending symmetrischen Cauchyschen Spannungen T^{jk} und beschränken uns auf die Oldroyd Lieschen Zeitableitungen. Aus (7.1/12a), folgt

$$T^{lk}_{\,\cdot\cdot}|_j = T^{lk}_{\,\cdot\cdot,j} + T^{pk}\Gamma^l_{pj} + T^{lp}\Gamma^k_{pj},$$
$$\overset{\#}{T}{}^{lk}_{\,\cdot\cdot}|_j = \overset{\#}{T}{}^{lk}_{\,\cdot\cdot,j} + \overset{\#}{T}{}^{pk}\Gamma^l_{pj} + \overset{\#}{T}{}^{lp}\Gamma^k_{pj}.$$

Die partielle Differentiation der ersten Beziehung nach der Zeit gibt wegen (7.3/43) in mitgeschleppten Koordinaten

$$(T^{lk}_{\,\cdot\cdot}|_j)^{\#} = (T^{lk}_{\,\cdot\cdot,j})^{\#} + (T^{pk}\Gamma^l_{pj})^{\#} + (T^{lp}\Gamma^k_{pj})^{\#}.$$

Partielle Zeit- und Ortsableitungen dürfen in ihrer Reihenfolge vertauscht werden. Daher liefert die Subtraktion der letzten beiden Gleichungen

$$(T^{lk}_{\,\cdot\cdot}|_j)^{\#} - \overset{\#}{T}{}^{lk}|_j = T^{pk}(\Gamma^l_{pj})^{\#} + T^{lp}(\Gamma^k_{pj})^{\#}. \tag{8.3/18}$$

Der untersuchte Körper stellt voraussetzungsgemäß eine ($n = 3$)-dimensionale kompatible Mannigfaltigkeit dar. Folglich gilt in (6.3/15) $C_{lkj} \equiv 0$, $G_{lkj} \equiv \Gamma_{lkj}$, und wir finden über (6.3/14)

$$\Gamma^k_{pj} = \tfrac{1}{2}g^{kr}(-g_{pj,r} + g_{jr,p} + g_{rp,j}) \tag{8.3/19}$$

Die partielle Zeitableitung ergibt wegen (7.3/48) und (7.3/50)

$$(\Gamma^k_{pj})^{\#} = -\lambda^{kr}(-g_{pj,r} + g_{jr,p} + g_{pj,r})$$
$$+ g^{kr}(-\lambda_{pj,r} + \lambda_{jr,p} + \lambda_{rp,j}),$$

worin λ_{jk} die Formänderungsgeschwindigkeiten repräsentieren.

Wir beschränken uns vorübergehend auf affine Koordinaten. Nach Abschnitt 6.2.1 gilt $\Gamma^k_{pj} \equiv 0$, und $(\Gamma^k_{pj})^{\#}$ geht wegen (8.2/13), (8.3/19) in

$$(\Gamma^k_{pj})^{\#} = g^{kr}v_r|_{pj} = v^k_{\,\cdot}|_{pj}$$

über. Damit folgt aus (8.3/18) – und entsprechend für die anderen Oldroyd-

Lieschen Ableitungen – die Vertauschungsregel

$$
\left.
\begin{aligned}
(T^{lk}_{\cdot\cdot}|_j)^{\#} - (\overset{\#}{T}{}^{lk})|_j &= T^{pk}v^{l}_{\cdot}|_{pj} + T^{lp}v^{k}_{\cdot}|_{pj} \\
(T_{lk}|_j)^{\#} - (\underset{\#}{T}_{lk})|_j &= - T_{pk}v^{p}|_{lj} - T_{lp}v^{p}|_{kj} \\
(T^{l}_{\cdot k}|_j)^{\#} - (T^{l}_{\cdot k})^{\#}|_j &= T^{p}_{\cdot k}v^{l}_{\cdot}|_{pj} - T^{l}_{\cdot p}v^{p}|_{kj} \\
(T^{\cdot k}_{l}|_j)^{\#} - (T^{\cdot k}_{l})^{\#}|_j &= - T^{\cdot k}_{p}v^{p}|_{lj} + T^{\cdot p}_{l}v^{k}_{\cdot}|_{pj}
\end{aligned}
\right\}
\qquad (8.3/20)
$$

Da es sich um tensorielle Identitäten handelt, bestehen sie gemäß Satz 7.1/1 nicht mehr nur in affinen, sondern auch in beliebigen krummlinigen Koordinatennetzen. Substituiert man die entsprechenden Isomeren der Gleichgewichtsbedingungen (8.2/9), so erhält man jetzt die Gleichgewichtsbedingungen für die Spannungsgeschwindigkeiten zu

$$
\left.
\begin{aligned}
(\overset{\#}{T}{}^{lk})|_l + \overset{\#}{f}{}^{k} &= - T^{pk}v^{l}_{\cdot}|_{pl} - T^{lp}v^{k}_{\cdot}|_{pl} \\
(T_{lk})|^{l} + \underset{\#}{f}_{k} &= T_{pk}v^{p}|^{\cdot l}_{l} + T_{lp}v^{p}|^{\cdot l}_{k} \\
(T^{l}_{\cdot k})^{\#}|_l + \underset{\#}{f}_{k} &= - T^{p}_{\cdot k}v^{l}_{\cdot}|_{lp} + T^{l}_{\cdot p}v^{p}|_{lk} \\
(T^{\cdot k}_{l})^{\#}|^{l} + \overset{\#}{f}{}^{k} &= T^{\cdot k}_{p}v^{p}|^{\cdot l}_{l} - T^{\cdot p}_{l}v^{k}_{\cdot}|^{\cdot l}_{p}
\end{aligned}
\right\}
\qquad (8.3/21)
$$

Die Gleichungen (8.3/20) und (8.3/21) lassen sich mittels (7.3/54) sofort auf die Jaumannschen Spannungsgeschwindigkeiten oder entsprechend auf andere Spannungsgeschwindigkeiten umtransformieren, zum Beispiel auf die ebenfalls oft zitierte Truesdellsche Spannungsgeschwindigkeit $\rho(T^{lk}/\rho)^{\#}$ (vgl. Ende von Abschnitt 8.3.1), worin ρ die aktuelle Dichte des Materials repräsentiert, bei deren Differentiation Gl. (7.3/51) zu beachten ist.

8.3.3 Elastisches und reversibles Materialverhalten

Wir betrachten die von der Zeit t abhängige Almansische Formänderung $\overset{A}{\varphi}_{jk}\{t\}$, $t \le \underset{0}{t}$, gegenüber dem Anfangszustand zur Zeit $\underset{0}{t}$ des im Rahmen der klassischen Physik invarianten Massenelementes $dm = \rho|dV|$ mit $\rho > 0$ als Dichte und dV als Volumenelement. λ_{jk} seien die Formänderungsgeschwindigkeiten und σ^{jk} die symmetrischen Cauchyschen Spannungen (4.3/1). Sofern dann die spezifische mechanische Arbeit $\Delta\bar{w}$ am Massenelement bei gegebenem Anfangszustand stets nur vom Momentanzustand, nicht aber vom dazwischenliegenden Formänderungsverlauf abhängt, so sprechen wir von einem elastischen Materialverhalten, jedoch nicht, wie es gelegentlich geschieht, von einem hyperelastischen Verhalten. Offenbar ist die Forderung $\Delta\bar{w} = 0$ für jeden „geschlossenen" Formänderungszyklus (Anfangszustand = Endzustand) der vorgenannten Bedingung äquivalent. Mit Λ als Leistungsdichte (4.3/27) und geeignet gewähltem Vorzeichen von $\Delta \bar{w}$ folgt

$$\Delta \bar{w} = \int\limits_{0}^{t} (\Lambda \, dV/dm) \, dt = \int\limits_{0}^{t} \frac{1}{\rho} \sigma^{jk} \lambda_{jk} \, dt \, . \tag{8.3/22}$$

Wenn jetzt eine Funktion $\Psi = \Psi\{\overset{A}{\varphi}_{jk}\}$ existiert so, daß stets

$$\sigma^{jk} = \rho \partial \Psi / \partial \overset{A}{\varphi}_{jk} \quad \text{mit} \quad \Psi\{\overset{A}{\varphi}_{jk}\} = \Psi\{\overset{A}{\varphi}_{kj}\} \tag{8.3/23}$$

gilt, dann hat man nach (8.3/22), (7.3/43) und (8.3/12) in der Tat

$$\Delta \bar{w} = \Psi\{\overset{A}{\varphi}_{jk}\} - \Psi\{0\}$$

als nur vom Momentanzustand abhängige Größe. Die Symmetriebedingung $\Psi\{\overset{A}{\varphi}_{jk}\} = \Psi\{\overset{A}{\varphi}_{kj}\}$ wird wegen der Symmetrie von σ^{jk} und $\overset{A}{\varphi}_{jk}$ postuliert.

Ψ könnte auch eine Funktion der Reinerschen Formänderung $\underset{R}{\varphi}^{jk}$ sein. Dann definiert analog (8.3/23) jetzt

$$\sigma_{jk} = \rho \partial \Psi / \partial \underset{R}{\varphi}^{jk} \quad \text{mit} \quad \Psi\{\underset{R}{\varphi}^{jk}\} = \Psi\{\underset{R}{\varphi}^{kj}\} \tag{8.3/24}$$

ein elastisches Verhalten. Andere vergleichbare Ansätze für die aktuelle Konfiguration des Körpers sind dem Verfasser dieses Buches nicht bekannt.

Ψ heißt das elastische Potential. Es darf wirklich nur von den Formänderungen und nicht anderweitig von der Zeit t abhängen, also auch nicht ohne weiteres von den metrischen Grundgrößen g_{jk} oder g^{jk} (außer als Differenz der Gestalt (8.3/10) beziehungsweise (8.3/11)). Zudem empfiehlt es sich, $\Psi\{\varphi_{jk}\} > \Psi\{0\}$ für $M\{\varphi_{jk}\} \neq 0$ sowie die eindeutige Umkehrbarkeit der Beziehungen (8.3/23), (8.3/24) zu fordern [40]. In thermodynamischer Verallgemeinerung könnte man Ψ zusätzlich als Funktion der Entropiedichte s ansetzen (vgl. [33]) und die Beziehungen (8.3/23) oder (8.3/24) durch

$$\vartheta = \rho \partial \Psi / \partial s \tag{8.3/25}$$

ergänzen, wobei ϑ die absolute Temperatur darstellt. Dies führt nach Erweiterung von (8.3/22) durch (8.2/6) freilich nur dann zu einem allein von der Formänderung und der Entropie im Anfangs- und Momentanzustand abhängigen Wert

$$\Delta \bar{w} = \int\limits_{0}^{t} \frac{1}{\rho} [\vartheta \overset{\#}{s} + \sigma^{jk} \lambda_{jk}] \, dt \tag{8.3/26}$$

der Arbeitsdichte je Masseneinheit, wenn das Massenelement thermisch gegen die Umgebung isoliert ist, so daß kein Wärmeab- oder zufluß stattfindet. Man spricht von einem adiabaten Vorgang sowie von einem reversiblen elastischen Stoffverhalten und nennt Ψ auch die Dichte der inneren Energie. Sie vereinigt mechanische und thermodynamische Bestandteile.

Wir wollen die engere elastische Stoffgleichung (8.3/23) in der gemischt varianten Form

$$\sigma^j_{\cdot k} = \rho\, \partial \Psi / \partial \overset{A}{\varphi}^{\cdot k}_j \quad \text{mit} \quad \Psi\{\overset{A}{\varphi}^{\cdot k}_j\} = \Psi\{\overset{A}{\varphi}^{k}_{\cdot j}\} \tag{8.3/27}$$

partiell nach der Zeit t differenzieren und erhalten mit der Abkürzung

$$\Psi^{j\cdot p}_{\cdot k\cdot q} = \partial^2 \Psi / (\partial \overset{A}{\varphi}^{\cdot k}_j \partial \overset{A}{\varphi}^{\cdot q}_p) = \Psi^{p\cdot j}_{\cdot q\cdot k},$$
$$\Psi^{j\cdot p}_{\cdot k\cdot q} = \Psi^{\cdot jp}_{k\cdots q} = \Psi^{j\cdots p}_{\cdot kq} \tag{8.3/28}$$

wegen (7.3/43), (7.3/51), $\overset{A}{\varphi}^{\cdot q}_p = g^{qr}\overset{A}{\varphi}_{pr}$, (8.3/12) sowie (7.3/50) die Beziehung

$$(\sigma^j_{\cdot k})^* = \rho[\, -\lambda^{-1}_1 \partial \Psi / \partial \overset{A}{\varphi}^{\cdot k}_j + \Psi^{j\cdot p}_{\cdot k\cdot q}(-2\lambda^{qr}\overset{A}{\varphi}_{pr} + g^{qr}\lambda_{pr})]\,.$$

Diese schreiben wir in der Gestalt eines „hypoelastischen" Stoffgesetzes, das heißt eines linearen Zusammenhanges

$$(\sigma^j_{\cdot k})^* = E^{j\cdot p}_{\cdot k\cdot q}\lambda^{\cdot q}_p \tag{8.3/29}$$

nieder und erhalten die Koeffizienten $E^{j\cdot p}_{\cdot k\cdot q}$ wegen (8.3/23), der letzten Symmetriebedingung (8.3/27) und wegen (8.3/28) in der Form

$$E^{j\cdot p}_{\cdot k\cdot q} = -g^p_{\cdot q}\sigma^j_{\cdot k} + \rho(g^p_{\cdot r} - 2\overset{A}{\varphi}^p_{\cdot r})\Psi^{j\cdot r}_{\cdot k\cdot q}$$

Offenbar besteht Symmetrie zunächst hinsichtlich der Indizes j und k. Da auch die Formänderungsgeschwindigkeiten $\lambda^{\cdot q}_p$ symmetrisch sind, also ihr antimetrischer Anteil verschwindet, darf $E^{j\cdot p}_{\cdot k\cdot q}$ in (8.3/29) wegen (4.2/58) durch den gemäß (4.2/56) in bezug auf p and q gebildeten symmetrischen Anteil ersetzt werden:

$$E^{j\cdot p}_{\cdot k\cdot q} = \tfrac12(E^{j\cdot p}_{\cdot k\cdot q} + E^{j\cdot p}_{\cdot kq})$$
$$= -g^p_{\cdot q}\sigma^j_{\cdot k} + \frac{\rho}{2}[(g^p_{\cdot r} - 2\overset{A}{\varphi}^p_{\cdot r})\Psi^{j\cdot r}_{\cdot k\cdot q} + (g_{qr} - 2\overset{A}{\varphi}_{qr})\Psi^{j\cdot rp}_{\cdot k}]\,,$$

das heißt wegen (8.3/28)

$$E^{j\cdot p}_{\cdot k\cdot q} = \rho\Psi^{j\cdot p}_{\cdot k\cdot q} - g^p_{\cdot q}\sigma^j_{\cdot k} - \rho(\overset{A}{\varphi}^p_{\cdot r}\Psi^{j\cdot p}_{\cdot k\cdot q} + \overset{A}{\varphi}^{\cdot r}_q\Psi^{j\cdot p}_{\cdot k\cdot r}) \tag{8.3/30}$$

[37]. Bei kleinen Formänderungen überwiegen die ersten beiden Glieder. Unter der zusätzlichen Voraussetzung kleiner Spannungen beschränkt man sich meist auf das erste Glied.

Als Beispiel wählen wir den quadratischen Ansatz.

$$\Psi = \frac{E/\overset{0}{\rho}}{2(1+v)}\left[\overset{A}{\varphi}^{\cdot s}_r\overset{A}{\varphi}^{\cdot r}_s + \frac{v}{1-2v}\overset{A}{\varphi}^{\cdot r}_r\overset{A}{\varphi}^{\cdot s}_s\right] \tag{8.3/31}$$

mit drei bestenfalls entropie- oder temperaturabhängigen Konstanten E (Elastizitätsmodul), v (Querzahl) und $\overset{0}{\rho}$ (Anfangsdichte), die $E > 0$, $0 \le v < 1/2$ sowie $\overset{0}{\rho} > 0$ erfüllen, wobei gegebenenfalls noch der Grenzfall $v = 1/2$ zugelassen wird.

Über die Symmetrie der Formänderungsdyade und

$$\partial \overset{A}{\varphi}^{\cdot s}_r / \partial \overset{A}{\varphi}^{\cdot q}_p = \delta^p_r\delta^s_q = g^{\cdot p}_r g^{\cdot s}_q$$

ergibt sich das Stoffgesetz (8.3/27) in der oft benutzten linearen Gestalt

$$\sigma^{j}_{\cdot k} = (\rho/\underset{0}{\rho})\frac{E}{1+v}\left[\overset{A}{\varphi}^{\cdot j}_{k} + \frac{v}{1-2v}g^{\cdot j}_{k}\overset{A}{\varphi}_{r}^{\cdot r}\right], \tag{8.3/32}$$

worin man bei kleinen Änderungen der Anfangskonfiguration konsequenterweise $\rho/\underset{0}{\rho}$ durch 1 und $\overset{A}{\varphi}$ durch die elementaren Formänderungen $\bar{\varphi}$ ersetzt. Nur im letzten Fall bedeutet der Grenzfall

$$v = 1/2, \tag{8.3/33}$$

das heißt $\overset{A}{\varphi}_{r}^{\cdot r} = 0$, gemäß Satz 8.3/1 auch $\varphi_{\cdot r}^{r} \approx 0$, wegen (8.3/15) und (8.3/16) also Inkompressibilität. Aus (8.3/31) ergibt sich ferner

$$\overset{H}{\Psi}^{j\cdot p}_{\cdot k\cdot q} = \frac{E/\underset{0}{\rho}}{1+v}\left[g^{\cdot p}_{k}g^{\cdot j}_{q} + \frac{v}{1-2v}g^{\cdot j}_{k}g^{\cdot p}_{q}\right]$$

und schließlich unter Beachtung von (8.3/32)

$$E^{j\cdot p}_{\cdot k\cdot q} = (\rho/\underset{0}{\rho})\frac{E}{1+v}\left[(g^{\cdot p}_{k}g^{\cdot j}_{q} - g^{\cdot j}_{q}\overset{A}{\varphi}^{\cdot p}_{k} - g^{\cdot p}_{k}\overset{A}{\varphi}^{\cdot j}_{q} - g^{\cdot p}_{q}\overset{A}{\varphi}^{\cdot j}_{k})\right.$$
$$\left. + \frac{v}{1-2v}g^{\cdot j}_{k}(g^{\cdot p}_{q}[1 - \overset{A}{\varphi}_{r}^{\cdot r}] - 2\overset{A}{\varphi}^{\cdot p}_{q})\right] \tag{8.3/34}$$

8.3.4 Elastisch-plastisches Materialverhalten

An der betrachteten Stelle des Körpers sei die Fließbedingung (8.2/34) mit (8.2/37) und (8.2/39) erfüllt. In der aktuellen Konfiguration setzt man dann oft voraus, daß sich die elastischen Formänderungsgeschwindigkeiten $\overset{E}{\lambda}^{\cdot k}_{j}$ und die plastischen Formänderungsgeschwindigkeiten $\overset{P}{\lambda}^{\cdot k}_{j}$, beide als Folge desselben Spannungszustandes $\sigma^{j}_{\cdot k}$, linear zum Gesamtformänderungsgeschwindigkeits-Zustand $\lambda^{\cdot k}_{j}$ überlagern:

$$\lambda^{\cdot k}_{j} = \overset{E}{\lambda}^{\cdot k}_{j} + \overset{P}{\lambda}^{\cdot k}_{j} \tag{8.3/35}$$

Substituiert man hierin $\overset{P}{\lambda}^{\cdot k}_{j}$ aus (8.2/44) unter Beachtung von (8.2/46) und setzt dann $\overset{E}{\lambda}^{\cdot q}_{p} = \lambda^{\cdot q}_{p} - \overset{P}{\lambda}^{\cdot q}_{p}$ statt $\lambda^{\cdot k}_{j}$ in das Elastizitätsgesetz (8.3/29) ein, so erhält man

$$(\sigma^{j}_{\cdot k})^{*} = E^{j\cdot p}_{\cdot k\cdot q}\left[\lambda^{\cdot q}_{p} - \lambda\frac{Y}{G}\frac{\partial G}{\partial \sigma^{p}_{\cdot q}}\right]. \tag{8.3/36}$$

Bei fortdauerndem plastischen Fließen kann man die Fließbedingung (8.2/34) beidseitig partiell nach der Zeit differenzieren und erhält über (7.3/43), (8.2/36),

(8.2/37) und (8.2/39)

$$\frac{\partial F}{\partial \sigma^j_{\cdot k}} (\sigma^j_{\cdot k})^{\#} = h\tilde{\lambda}$$

mit h als Verfestigungskoeffizienten.

Nach Einsetzen von (8.3/36) ergibt sich die plastische Vergleichs-Formänderungsgeschwindigkeit $\tilde{\lambda}$ zu

$$\tilde{\lambda} = \frac{E^{j\cdot p}_{\cdot k \cdot q} \dfrac{\partial F}{\partial \sigma^j_{\cdot k}} \lambda^{\cdot q}_p}{h + \dfrac{Y}{G} E^{j\cdot p}_{\cdot k \cdot q} \dfrac{\partial F}{\partial \sigma^j_{\cdot k}} \dfrac{\partial G}{\partial \sigma^p_{\cdot q}}} > 0. \tag{8.3/37}$$

Sobald die Berechnung im Einzelfall $\tilde{\lambda} \leq 0$ liefert, tritt an der betreffenden Stelle des Körpers eine plastisch-elastische Entlastung ein, und man fährt dort mit dem rein elastischen Stoffgesetz (8.3/29) oder (8.3/27) fort ($\tilde{\lambda} = 0$). Andernfalls folgt aus (8.3/37) und (8.3/36) die elastisch/plastische Fließregel in hypoelastischer Schreibweise zu

$$(\sigma^l_{\cdot k})^{\#} = L^{j\cdot p}_{\cdot k \cdot q} \lambda^{\cdot p}_p \tag{8.3/38}$$

mit den vom Spannungs- und Vorverformungszustand abhängigen Koeffizienten

$$L^{j\cdot p}_{\cdot k \cdot q} = E^{j\cdot p}_{\cdot k \cdot q} - \frac{\dfrac{Y}{G} E^{j\cdot r}_{\cdot k \cdot s} \dfrac{\partial G}{\partial \sigma^r_{\cdot s}} E^{i\cdot p}_{\cdot l \cdot q} \dfrac{\partial F}{\partial \sigma^i_{\cdot l}}}{h + \dfrac{Y}{G} E^{i\cdot r}_{\cdot l \cdot s} \dfrac{\partial F}{\partial \sigma^i_{\cdot l}} \dfrac{\partial G}{\partial \sigma^r_{\cdot s}}}. \tag{8.3/39}$$

Schließlich ergibt die Fließregel (8.3/38) nach Substitution in die Gleichgewichtsbedingungen (8.3/21) wegen (8.2/13) bei Vernachlässigung des antimetrischen Spannungsanteiles τ_j die Beziehungen

$$\tfrac{1}{2} L^{j\cdot p}_{\cdot k \cdot q}(v_p^{\cdot}|^q_{\cdot j} + v^q|_{pj}) + \tfrac{1}{2} L^{j\cdot p}_{\cdot k \cdot q}|_j (v_p^{\cdot}|^q + v^q|_p) + \underset{\#}{f_k}$$
$$= -\sigma^p_{\cdot k} v^l_{\cdot}|_{lp} + \sigma^l_{\cdot p} v^p|_{lk}$$

oder unter Ausnutzung der gemäß (8.3/39) wegen (8.3/30) mit (8.3/28) bestehenden Symmetrien

$$L^{j\cdot p}_{\cdot k \cdot q} = L^{\cdot jp}_{k\cdot\cdot q} = L^{j\cdot\cdot p}_{\cdot kq}$$

die Geschwindigkeits-Feldgleichungen [37] für $\tau_j \equiv 0$:

$$(L^{j\cdot p}_{\cdot k \cdot q} + \sigma^p_{\cdot k} g^j_{\cdot q} - \sigma^p_{\cdot q} g^j_{\cdot k}) v^q|_{pj} + L^{j\cdot p}_{\cdot k \cdot q}|_j v^q|_p + \underset{\#}{f_k} = 0 \tag{8.3/40}$$

Sie entsprechen den Navier-Stokesschen Gleichungen (8.2/25) der zähen Flüssigkeiten und wurden in einer anderen, für starrplastisches und dann sogar viskoplastisches sowie temperaturabhängiges Materialverhalten geeigneten Gestalt in [44] hergeleitet.

8.4 Kontinua in der bezogenen (total) Lagrangeschen Betrachtungsweise

8.4.1 Übertragungshypothesen

Bild 8.6a zeigt die gerade Anfangskonfiguration, Bild 8.6b ebenso wie Bild 8.6c die gekrümmte Momentankonfiguration der ungedehnten, „neutralen" Längsfaser eines einseitig fest eingespannten Biegebalkens. Dabei gelte die Näherungs-Annahme von Jacob Bernoulli (1654–1705)[8.1], wonach Balken-querschnitte senkrecht zur neutralen Faser eben, unverformt und senkrecht zu dieser bleiben. Lokale Basen in Längs- und Querrichtung zur neutralen Faser werden demnach nicht verzerrt, sondern lediglich starr gedreht.

Wenn man nun, wie in der bezogenen Lagrangeschen Formulierung üblich, „Nominal"-Kräfte $\underset{0}{F}, \underset{0}{F'}$ oder andere physikalische Größen als Vektoren $\underset{0}{F}, \underset{0}{F'}$ an der unverformten (ruhenden, festen) Bezugskonfiguration anträgt (Bild 8.6a), so ist ihre Bedeutung nur bei vernachlässigbar kleinen Konfigurations-änderungen von vornherein klar. Bei großen Verformungen greifen meßbare Kräfte F, F' allein an der Momentankonfiguration als einzig realistischer Konfiguration an (Bilder 8.6b, c). Will man sie künstlich auf eine Bezugskonfiguration übertragen, die wir uns meist als Anfangskonfiguration vorstellen, so muß man zunächst festlegen, wie dies geschehen soll. Es sind beliebig viele solcher Übertragungshypothesen denkbar. Überwiegend verwendet man jedoch die Parallelverschiebungs-Hypothese von Bild 8.6b, bei der sich die Kräfte F oder F' wie freie Vektoren F, F' von der Momentan- zur Bezugskonfiguration verschieben, oder die Mitschlepp-Hypothese von Bild 8.6c, bei der F und F' als Vektoren der Tangentialräume im Sinne von (7.3/12) mitgeschleppt werden.

Materielle Punkte, Punktabstände, Volumen- und Flächenelemente werden ohnehin von der Bezugs- zur Momentankonfiguration mitgeschleppt. Die Werte der Anfangs-Punktkoordinaten $\underset{0}{\xi}{}^{j_0}$ fallen dann nach (7.3/11) mit den Momentankoordinaten ξ^j zusammen. Die gemäß (7.3/20b) momentan als mit der physikalischen Dichte $\rho > 0$ zusammenfallend angesehenen kontra- und kovarianten Dichten $\overset{*}{\rho} = \rho = \rho$ erfüllen gemäß (7.3/20c) die Gleichung

$$(\rho)^2 = \underset{0}{\rho}\,\overset{0}{\rho} \quad \text{mit} \quad \underset{0}{\rho} = \underset{0}{\overset{*}{\rho}}, \quad \overset{0}{\rho} = \overset{0}{\underset{*}{\rho}} \tag{8.4/1}$$

als Anfangswerte von $\overset{*}{\rho}$ beziehungsweise ρ_*, während der nicht-materielle Flächenvektor $d\underset{*}{A}$ eines Flächenelementes gemäß (7.3/23a) im wesentlichen

---

[8.1] Nicht zu verwechseln mit seinem Bruder Johann (1667–1748), auf den wohl das Prinzip der virtuellen Arbeiten zurückgeht, und dessen Sohn Daniel (1700–1782), der den Energiesatz für Stromlinien stationär bewegter idealer Flüssigkeiten formulierte.

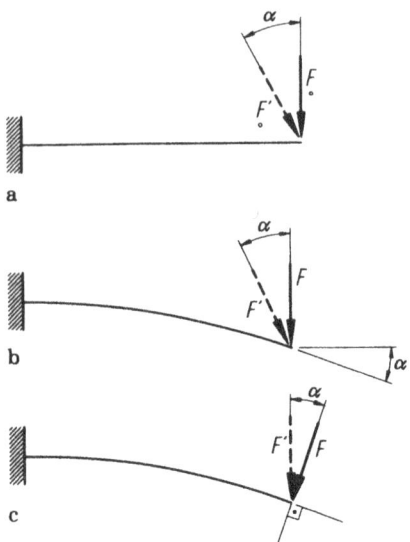

Bild 8.6a–c. Kraftübertragungshypothesen am Bernoullischen Biegebalken. Die Kräfte F, $\overset{0}{F}$ und F', $\overset{0}{F'}$ greifen an der gezeichneten, ungedehnten, „neutralen" Längsfaser an. α aktueller Biegewinkel. **a** Gerade Anfangskonfiguration; **b** Momentankonfiguration, Parallelverschiebungs-Hypothese; **c** Momentankonfiguration, Mitschlepp-Hypothese

gegengeschleppt wird:

$$\rho \, dA_j = \overset{0}{\rho} \, d\overset{0}{A}_{j_0} \tag{8.4/2}$$

($d\overset{0}{A}$: Anfangswert). Die Übertragungsregel für Volumenmoment-Dichten c (Nominalwert $\overset{0}{c}$) bleibt noch festzulegen, während für Volumenkräfte $f \, dV$ (Volumenkraft-Dichte f, Volumenelement dV mit Nominalwert $\overset{0}{f}$ beziehungsweise Anfangswert $d\overset{0}{V}$) die zuvor gewählte Kraftübertragungsregel gelte.

In der Momentankonfiguration erfüllen die Cauchyschen Spannungen T^{kj}, die Formänderungsgeschwindigkeiten λ_{kj} und die zu T^{kj} konjugierten Almansischen beziehungsweise Reinerschen Formänderungen $\overset{A}{\varphi}_{jk}$, $\overset{R}{\varphi}^{jk}$ zusammen mit der Formänderungsleistungsdichte Λ folgende Beziehungen:

$$\left.\begin{aligned} dF^j &= T^{kj} dA_k, \\ \Lambda &= T^{kj} \lambda_{kj}, \\ \overset{A}{\underset{\#}{\varphi}}_{jk} &= \lambda_{jk}, \quad \overset{\#}{\underset{R}{\varphi}}{}^{jk'} = \lambda^{jk} \end{aligned}\right\} \tag{8.4/3}$$

(vgl. (4.1/45), (4.3/27) unter Beachtung von (4.3/3) und (4.2/57) sowie (8.3/12)). Für die auf geeignete Weise rückübertragenen (nominellen) Kräfte $d\overset{0}{F}{}^{j_0}$, Spannungen $\overset{0}{T}{}^{k_0 j_0}$, Formänderungsgeschwindigkeiten $\overset{0}{\lambda}_{k_0 j_0}$, Flächenelemente $d\overset{0}{A}_{k_0}$,

Formänderungen $\overset{0}{\varphi}_{jo\,ko}$ und die Leistungsdichte Λ fordern wir nun die Gültigkeit der zu (8.4/3) analogen Gleichungen $\overset{0}{}$

$$
\left.
\begin{aligned}
&d\overset{0}{F}{}^{jo} = \overset{0}{T}{}^{ko\,jo}\, d\overset{0}{A}_{ko}\,, \\[4pt]
&\overset{0}{\Lambda} = \overset{0}{T}{}^{ko\,jo}\, \overset{0}{\lambda}_{ko\,jo}\,, \\[4pt]
&\frac{\partial}{\partial t}\, \overset{0}{\varphi}_{jo\,ko} = \overset{0}{\lambda}_{jo\,ko}\,, \qquad \frac{\partial}{\partial t}\, \overset{0}{\varphi}{}^{jo\,ko} = \overset{0}{\lambda}{}^{jo\,ko}
\end{aligned}
\right\} \tag{8.4/4}
$$

sowie

$$
\left.
\frac{\partial}{\partial t}\, \overset{0}{\varphi}{}^{\;ko}_{jo} = \overset{0}{\lambda}{}^{\cdot ko}_{jo}\,, \qquad \frac{\partial}{\partial t}\, \overset{0}{\varphi}{}^{jo}_{\cdot ko} = \overset{0}{\lambda}{}^{jo}_{\cdot ko}\,,
\right.
$$

deren letzte vier sich im Gegensatz zu den letzten Ausdrücken von (8.4/3) wegen Satz 7.3/1 stets auf ein- und dieselbe Formänderung beziehen. Zur Rechtfertigung des Ansatzes (8.4/4) muß die Tensoreigenschaft der Nominalspannungen $T^{ko\,jo}$, der Nominalformänderungsgeschwindigkeiten $\overset{0}{\lambda}_{ko\,jo}$ und der Nominalformänderungen $\overset{0}{\varphi}_{jo\,ko}$ festgestellt werden. Die erste ergibt sich aus der ersten Gleichung (8.4/4) als linearer Vektorabbildung über den allgemeinen Abbildungssatz 3.3/1, die zweite entsprechend aus der zweiten Gleichung (8.4/4), wenn – wie es in allen folgenden Fällen zutrifft – $T^{ko\,jo}$ eine *beliebige* Dyade und $\overset{0}{\Lambda}$ einen Skalar darstellen. $\overset{0}{\varphi}_{jo\,ko}$ repräsentiert nach Satz 7.3/1 ebenfalls einen Tensor, wenn man zum Anfangszeitpunkt t den Nulltensor als Anfangswert festlegt. $\overset{0}{}$

Die Skalareigenschaft von $\overset{0}{\Lambda}$ resultiert aus der jetzt zu erhebenden generellen Zusatzforderung, daß die Leistung pro (zeitlich konstanter) Masseneinheit in beiden Konfigurationen gleich sei:

$$
\overset{0}{\Lambda}/\overset{0}{\rho} = \Lambda/\rho \quad \text{für} \quad \rho > 0, \quad \overset{0}{\rho} > 0\,. \tag{8.4/5}
$$

Dann braucht man nur noch die eingangs erwähnte Kraftübertragungshypothese zu spezifizieren, um zu einer bezogenen (total) Lagrangeschen Formulierung der Kontinuumsmechanik zu gelangen.

Statt von einem Kraftübertragungsgesetz auszugehen, kann man auch ein Übertragungsgesetz für Formänderungen postulieren und den gesamten Übertragungsmechanismus von dieser Seite her aufrollen [45]. Wie in Abschnitt 8.3.2 nennt man einen Satz von Spannungen, Formänderungen und jetzt auch Formänderungsgeschwindigkeiten in der jeweiligen Konfiguration zueinander konjugiert, wenn sie durch die Gleichungen (8.4/3) beziehungsweise (8.4/4) verbunden sind.

8.4.2 Parallelverschiebungshypothese und Piolaspannungen

Der Ansatz $d\mathbf{F} = d\underset{P}{\mathbf{F}}$, insbesondere auch $\mathbf{f}\,dV = \mathbf{f}\,d\overset{0}{V}$ für Volumenkräfte, bei
welchem wir die Nominalgrößen jetzt durch die Marke P statt 0 kennzeichnen,
bedeutet wegen $dm = \rho\,dV = \underset{0}{\rho}\,d\overset{0}{V}$ (vgl. (4.1/7))

$$\left.\begin{aligned}
d\underset{P}{F}_{jo} &= a^k_{jo}\,d\underset{P}{F}_k = a^k_{jo}\,dF_k\,,\\
\underset{P}{f}^{jo}/\underset{0}{\rho} &= a^{jo}_k\underset{P}{f}^k/\underset{0}{\rho} = a^{jo}_k f^k/\rho\,,
\end{aligned}\right\} \tag{8.4/6}$$

wobei man im zugrunde liegenden ungekrümmten 3-dimensionalen Raum die
Transformationskoeffizienten a^k_{jo} und ihre Inversen über (7.3/30) als Tensoren

$$a^k_{jo} = a^k_{.j} = g^k_{.j} - u^k_{.}|_j\,, \quad a^{jo}_k = \overset{0}{a}{}^{jo}_{.k_0} = g^{jo}_{.k_0} + u^{jo}_{.}|_{k_0} \tag{8.4/7}$$

aus dem Vektor $\mathbf{u}$ der Punktverschiebungen berechnen kann. Einsetzen von
(8.4/3) und (8.4/4) in (8.4/6) ergibt wegen (8.4/2)

$$\underset{P}{T}{}^{k_0}{}_{jo}\,d\overset{0}{A}_{k_0} = a^l_{jo}\,T^k_{.l}\,dA_k = (\rho/\underset{0}{\rho})a^l_{jo}\,T^k_{.l}\,d\overset{0}{A}_{k_0}$$

für beliebeige Flächenvektoren $d\overset{0}{\mathbf{A}}$, also

$$\underset{P}{T}{}^{k_0}{}_{jo} = (\rho/\underset{0}{\rho})\,a^l_{jo}\,T^k_{.l}\,, \quad \underset{P}{T}{}^{k_0 jo} = (\rho/\underset{0}{\rho})\,a^{jo}_l\,T^{kl}\,, \tag{8.4/8}$$

wobei man die zweite Gleichung analog zur ersten herleitet. Wie in Abschnitt
8.4.1 verlangt, darf nun $\underset{P}{T}{}^{k_0 jo}$ in der Tat beliebige Werte annehmen, da man
(8.4/8) nach den Cauchyschen Spannungen T^{kl} auflösen kann, für die bei
beliebigen Volumenkräften und Volumenmomenten ihrerseits beliebige Werte
erlaubt sind.

Die der Bezugskonfiguration zugeordneten Nominalspannungen $\underset{P}{T}{}^{k_0 jo}$ nennt
man den 1. Piola-Kirchhoffschen oder kurz den Piolaschen Spannungstensor
(G. Piola, 1791–1850; G. R. Kirchhoff, 1824–1887). Aus den zweiten Gleichungen (8.4/3) und (8.4/4) folgt wegen (8.4/5) über (8.4/8)

$$T^k_{.l}\lambda^{.l}_k = (\rho/\underset{0}{\rho})\,\underset{P}{T}{}^{k_0}{}_{jo}\overset{P}{\lambda}{}^{.jo}_{k_0} = a^l_{jo}\,T^k_{.l}\overset{P}{\lambda}{}^{.jo}_{k_0}$$

für beliebige Spannungswerte $T^k_{.l}$. Hierbei muß auch über das Indexpaar $k_0 = k$
summiert werden. Man erkennt für die dem Piolaschen Spannungstensor zugeordneten Nominalformänderungsgeschwindigkeiten $\overset{P}{\lambda}{}^{.jo}_{k_0}$

$$\lambda^{.l}_k = a^l_{jo}\overset{P}{\lambda}{}^{.jo}_k\,, \quad \lambda_{kl} = a^{jo}_l\overset{P}{\lambda}_{ko\,jo}\,, \tag{8.4/9}$$

wobei sich die zweite Gleichung wiederum analog zur ersten ergibt. Doch lassen
sich die letzten Beziehungen (8.4/4) nach [36] nicht eindeutig zu einer dem
Piolaschen Spannungstensor konjugierten nominellen Formänderungsdyade
$\overset{P}{\varphi}_{jo\,ko}$ integrieren.

Offenbar sind die Piolaschen Spannungen $T^{jo\,ko}_{P}$ und die zugehörigen Formänderungsgeschwindigkeiten $\lambda_{jo\,ko}_{P}$ selbst dann nicht notwendig symmetrisch, wenn dies für die Cauchyschen Spannungen bei verschwindenden Volumenmoment-Dichten c_j gilt. Aus der Symmetriebedingung $\lambda_{kl} = \lambda_{lk}$ in der aktuellen Konfiguration folgt stattdessen über (8.4/9)

$$a^{jo}_i \lambda_{ko\,jo} = a^{jo}_k \lambda_{lo\,jo} \qquad (8.4/10)$$

Zerlegt man ferner die Cauchyschen Spannungen T^{jk} gemäß (4.3/3) eindeutig in den symmetrischen Anteil σ^{jk} sowie den antimetrischen τ^{jk} und bildet analog (8.4/8) die Nominalspannungen

$$\sigma^{ko\,jo}_{P} = (\rho/\underset{0}{\rho})a^{jo}_i \sigma^{kl},$$

$$\tau^{ko\,jo}_{P} = (\rho/\underset{0}{\rho})a^{jo}_i \tau^{kl}, \qquad (8.4/11)$$

so erkennt man zunächst

$$T^{jo\,ko}_{P} = \sigma^{jo\,ko}_{P} + \tau^{jo\,ko}_{P}. \qquad (8.4/12)$$

Statt der Symmetrie- oder Antimetriebedingungen (4.3/1), (4.3/2) erhält man jedoch analog (8.4/10)

$$a^l_{jo} \sigma^{ko\,jo}_{P} = a^k_{jo} \sigma^{lo\,jo}_{P},$$

$$a^l_{jo} \tau^{ko\,jo}_{P} = - a^k_{jo} \tau^{lo\,jo}_{P}. \qquad (8.4/13)$$

Wir wenden uns jetzt den Gleichgewichtsbedingungen (4.3/25) zu. Deren zweite formulieren wir nach Multiplikation mit ε^{jpq} wegen (4.3/4) in der Gestalt

$$2\tau^{pq} + c^{pq} = 0, \quad c^{pq} = \varepsilon^{jpq} c_j = - c^{qp}, \qquad (8.4/14)$$

worin der antimetrische Tensor c^{pq} als Dyade der Volumenmoment-Dichten bezeichnet wird. Eine weitere Multiplikation mit $(\rho/\underset{0}{\rho})\, a^{ro}_q$ liefert die formal analoge Beziehung

$$2\tau^{po\,ro}_{P} + c^{po\,ro}_{P} = 0 \qquad (8.4/15)$$

mit

$$c^{po\,ro}_{P} = (\rho/\underset{0}{\rho})a^{ro}_q c^{pq} \qquad (8.4/16)$$

als Dyade der nominellen Volumenmoment-Dichten. Da in der Regel keine Antimetrie mehr vorliegt, läßt sie sich ebensowenig wie der nominelle Spannungsanteil $\tau^{po\,ro}_{P}$ oder die Gleichgewichtsbedingung (8.4/15) vektoriell ausdrücken.

Während, wie im Anschluß an (4.3/25) bemerkt, die Gleichgewichtsbedingungen (8.4/14) beziehungsweise jetzt (8.4/15) das Verschwinden der Summe aller Momente am Volumenelement der aktuellen Konfiguration ausdrücken, cha-

rakterisiert die erste Gleichgewichtsbedingung (4.3/25) das Verschwinden der Summe aller Kräfte $d\mathbf{F}$. Da diese wegen $d\mathbf{F} = d\mathbf{F}$ ungeändert auf die Bezugs-
$\quad\quad\quad\quad\quad\quad\quad\quad\quad\quad\quad\quad\quad\quad\quad\quad\quad\quad\quad\quad\quad\quad\quad{\scriptstyle \mathbf{P}}$
konfiguration übertragen werden, verschwindet dort auch die Summe aller Kräfte $d\mathbf{F}$ so, als ob es sich um eine aktuelle Konfiguration handelte. Wegen der
$\quad\quad{\scriptstyle \mathbf{P}}$
Analogie der Gleichungen (8.4/3) and (8.4/4) folgen dann auch die ersten Bedingungen (4.3/25) in formal analoger Gestalt, die wir nun in krummlinigen Koordinaten entsprechend (8.2/9) formulieren:

$$\underset{\mathbf{P}}{T^{k_0 j_0}}\big|_{k_0} + \underset{\mathbf{P}}{f^{j_0}} = 0\,, \tag{8.4/17}$$

worin man die nominellen Volumenkräfte aus (8.4/6) einsetzt. Diese Identität der Gleichgewichtsbedingungen stellt einen Vorteil des Piolaschen Spannungstensors dar, während die Unsymmetrie von $\underset{\mathbf{P}}{\sigma^{j_0 k_0}}$ oder die Nicht-Antimetrie von $\underset{\mathbf{P}}{\tau^{j_0 k_0}}$ ebenso wie die Nicht-Existenz einer konjugierten Formänderung $\underset{\mathbf{P}}{\varphi_{j_0 j_0}}$ als Nachteile zu gelten haben. Insbesondere des letzten Nachteiles wegen ist der Piolasche Spannungstensor im Hinblick auf die Formulierung eines elastischen Potentialgesetzes analog (8.3/23), jedoch in der Bezugskonfiguration, kaum brauchbar. Setzt man ferner (8.4/11) in die plastischen Potentiale (8.2/39), (8.2/43) ein, so erhalten diese neben dem Piolaschen Spannungstensor auch die Transformationskoeffizienten $a_q^{r_0}$, wegen (8.4/7) also die Punktverschiebungen, und werden dadurch ebenfalls nahezu unbrauchbar. Insofern eignet sich der Piolasche Spannungstensor hauptsächlich für Zwischenrechnungen.

8.4.3 Mitschlepphypothese und Kirchhoffspannungen

Statt (8.4/6) gilt jetzt die Mitschleppbedingung (7.3/12) in der Form

$$\underset{\mathbf{K}}{dF^{j_0}} = dF^j\,,$$
$$\underset{\mathbf{K}}{f^{j_0}}/\rho = f^j/\underset{0}{\rho}\,, \tag{8.4/18}$$

wobei die nominellen Größen (außer der stets über (8.4/1) definierten Dichte $\underset{0}{\rho}$) jetzt die Marke K statt 0 erhalten. Einsetzen der ersten Gleichungen (8.4/3) beziehungsweise (8.4/4) ergibt wegen (8.4/2) die Nominalspannungen zu den Cauchyschen Spannungen T^{jk} ebenso wie zu ihren symmetrischen und antimetrischen Anteilen σ^{jk}, τ^{jk} in der Form

$$\underset{\mathbf{K}}{T^{j_0 k_0}} = \frac{\overset{\rho}{0}}{\rho}\, T^{jk}\,, \quad \underset{\mathbf{K}}{\sigma^{j_0 k_0}} = \frac{\overset{\rho}{0}}{\rho}\,\sigma^{jk}\,, \quad \underset{\mathbf{K}}{\tau^{j_0 k_0}} = \frac{\overset{\rho}{0}}{\rho}\,\tau^{jk}\,. \tag{8.4/19}$$

Man spricht von den 2. Piola-Kirchhoffschen oder kurz den Kirchhoffschen Spannungen. Offenbar gilt die Zerlegung

$$\underset{\mathbf{K}}{T^{j_0 k_0}} = \underset{\mathbf{K}}{\sigma^{j_0 k_0}} + \underset{\mathbf{K}}{\tau^{j_0 k_0}} \tag{8.4/20}$$

mit nunmehr symmetrischen und antimetrischen Anteilen

$$\underset{K}{\sigma}^{jo\,ko} = \underset{K}{\sigma}^{ko\,jo}, \quad \underset{K}{\tau}^{jo\,ko} = -\underset{K}{\tau}^{ko\,jo}. \tag{8.4/21}$$

Substitution von $\underset{K}{T}^{jo\,ko}$ in die Nominalleistung $\underset{0}{\varLambda}$ liefert wegen (8.4/3), (8.4/4) die den Kirchhoffschen Spannungen zugeordneten nominellen, symmetrischen Formänderungsgeschwindigkeiten

$$\underset{K}{\lambda}_{jo\,ko} = \lambda_{jk} = \lambda_{kj} = \underset{K}{\lambda}_{ko\,jo} \tag{8.4/22}$$

sowie wegen der letzten Beziehungen (8.4/4) im Vergleich zu (8.3/12) den

Satz 8.4/1: Zu den Kirchhoffschen Spannungen (8.4/19) sind in der Bezugs konfiguration über die Regeln (8.4/4), (8.4/5) die Greenschen Formänderun- gen $\overset{G}{\varphi}_{jo\,ko}$ konjugiert.

Die zweiten Gleichgewichtsbedingungen (4.3/25) in der Gestalt (8.4/14) kann man nach Muliplikation mit $\rho/\underset{0}{\rho}$ formal beibehalten,

$$2\underset{K}{\tau}^{jo\,ko} + \underset{K}{c}^{jo\,ko} = 0, \tag{8.4/23}$$

wenn man analog (8.4/18)

$$\underset{K}{c}^{jo\,ko} = (\rho/\underset{0}{\rho})c^{jk} \tag{8.4/24}$$

als nominelle Volumenmomentdichte einführt. Sie bleibt wie c^{jk} antimetrisch, so daß man (8.4/23) nach Multiplikation mit $\frac{1}{2}\varepsilon_{io\,jo\,ko}$ wieder in der vektoriellen Gestalt

$$\underset{K}{\tau}_{io} + \underset{K}{c}_{io} = 0;$$

$$\underset{K}{\tau}_{io} = \tfrac{1}{2}\varepsilon_{io\,jo\,ko}\underset{K}{\tau}^{jo\,ko}, \quad \underset{K}{c}_{io} = \tfrac{1}{2}\varepsilon_{io\,jo\,ko}\underset{K}{c}^{jo\,ko}$$

schreiben darf (vgl. (4.3/4)). Die Beachtung von (7.3/21a) ergibt mit (8.4/24) sogar

$$\underset{K}{c}_{io} = c_i, \quad \underset{K}{\tau}_{io} = \tau_i. \tag{8.4/25}$$

Wegen (8.4/6), (8.4/8) im Vergleich zu (8.4/18), (8.4/19) findet man den folgenden Zusammenhang zwischen den 1. sowie den 2. Piola-Kirchhoffschen Spannungen und Volumenkraft-Dichten:

$$\underset{P}{T}^{ko\,jo} = \overset{0}{a}\,\underset{\cdot\,lo}{^{jo}}\,\underset{K}{T}^{ko\,lo}, \quad \underset{P}{f}^{jo} = \overset{0}{a}\,\underset{\cdot\,lo}{^{jo}}\,\underset{K}{f}^{lo}, \tag{8.4/26}$$

wobei die Dyade $\overset{0}{a}\,\underset{\cdot\,lo}{^{jo}}$ aus (8.4/7) entnommen werden kann. Einsetzen in (8.4/17) ergibt die Gleichgewichtsbedingungen

$$(\overset{0}{a}\,\underset{\cdot\,lo}{^{jo}}\,\underset{K}{T}^{ko\,lo})|_{ko} + \overset{0}{a}\,\underset{\cdot\,lo}{^{jo}}\,\underset{K}{f}^{lo} = 0 \tag{8.4/27}$$

des Kirchhoffschen Nominalspannungszustandes. Sie unterscheiden sich von denen (8.2/9) der Cauchyschen Spannungen. Jedoch bestehen wie bei diesen die Symmetrien beziehungsweise Antimetrien (8.4/21) und (8.4/22). Außerdem existiert die Greensche Formänderungsdyade $\overset{G}{\varphi}_{j_0 k_0}$ als konjugierter Deformationstensor. Wenn man beispielsweise ein elastisches Nominalpotential durch

$$\overset{0}{\varPsi}\{\overset{G}{\varphi}_{j_0 k_0}\} = \varPsi\{\overset{A}{\varphi}_{jk}\} \tag{8.4/28}$$

definiert, wobei $\overset{A}{\varphi}_{jk}$ den Almansischen Formänderungstensor und $\varPsi$ das in (8.3/23) eingeführte elastische Potential der aktuellen Konfiguration bedeuten, so geht das Stoffgesetz (8.3/23) wegen (8.4/19) und $\overset{A}{\varphi}_{jk} = \overset{G}{\varphi}_{j_0 k_0}$ (vgl. (8.3/10)) sofort in die für die Bezugskonfiguration passende analoge Gestalt

$$\underset{K}{\sigma}^{j_0 k_0} = \rho \partial \overset{0}{\underset{0}{\varPsi}}/\partial \overset{G}{\varphi}_{j_0 k_0}; \quad \overset{0}{\varPsi}\{\overset{G}{\varphi}_{j_0 k_0}\} = \overset{0}{\varPsi}\{\overset{G}{\varphi}_{k_0 j_0}\} \tag{8.4/29}$$

über. Allerdings bietet die äußerlich so einfach aussehende skalare Transformationsregel (8.4/28) bei der konkreten Auswertung Schwierigkeiten. Dies wird schon anhand des quadratischen Ansatzes (8.3/31), das heißt

$$\varPsi = \frac{E/\underset{0}{\rho}}{2(1+v)} g^{sp} g^{rq} \left\{ \overset{A}{\varphi}_{rp} \overset{A}{\varphi}_{sq} + \frac{v}{1-2v} \overset{A}{\varphi}_{rq} \overset{A}{\varphi}_{sp} \right\}$$

klar. In ihm läßt sich zwar $\overset{A}{\varphi}_{jk}$ sofort durch $\overset{G}{\varphi}_{j_0 k_0}$ ersetzen. Doch muß man die kontravarianten metrischen Grundgrößen g^{jk} als Elemente $\overset{-1}{g}_{jk}$ der Kehrmatrix der kovarianten Grundsymbole berechnen, die von diesen selbst und über (8-3/10) von $\overset{G}{\varphi}$ abhängt:

$$g^{jk} = \overset{-1}{g}_{jk}\{g_{pq}\} = \overset{-1}{g}_{jk}\{g_{p_0 q_0} + 2\overset{G}{\varphi}_{p_0 q_0}\}.$$

Somit ergibt sich ein hochgradig nichtlineares Stoffgesetz (8.4/29), obschon das zugrunde liegende Stoffgesetz (8.3/23) der aktuellen Konfiguration wegen (8.3/31) linear war. Umgekehrt führte ein jetzt lineares Soffgesetz (8.4/29) mittels der Transformation (8.4/28) zu einem nichtlinearen Stoffgesetz (8.3/23) in der aktuellen Konfiguration, oder anders ausgedrückt: Stoffgesetze, die in beiden Konfigurationen linear wären, beschrieben nicht dasselbe Materialverhalten. Aus diesem Grunde kann man eigentlich überhaupt nicht mehr von der „linearen Elastizität" schlechthin sprechen.

Eine ähnliche Komplikation ergibt sich bei den plastischen Potentialen (8.2/39), (8.2/43), die jetzt nach einer Transformation unter Beachtung von (8.2/40) gemäß

$$\overset{0}{\underset{K}{F}}\{\sigma^{j_0 k_0}, \overset{G}{\varphi}_{j_0 k_0}\} = \frac{\rho}{\underset{0}{\rho}} F\{\sigma^{jk}\}$$

$$\overset{0}{\underset{K}{G}}\{\sigma^{j_0 k_0}, \overset{G}{\varphi}_{j_0 k_0}\} = \frac{\rho}{\underset{0}{\rho}} G\{\sigma^{jk}\}$$

wie $\rho/\underset{0}{\rho}$ gegebenenfalls zusätzlich von den Formänderungen abhängen, so als ob sie ein anisotropes Materialverhalten repräsentieren würden (Abschnitt 8.2.5).

Mit der modifizierten Fließgrenze

$$\overset{0}{Y} = (\rho/\underset{0}{\rho})\, Y \tag{8.4/30}$$

gilt immerhin wegen (8.2/40), (8.4/22) und (8.4/19) das zu (8.2/34) und (8.2/44) analoge Stoffgesetz

$$\overset{0}{F} = \overset{0}{Y}, \quad \underset{0}{\overset{K}{\lambda}}_{j_0 k_0} = \gamma\, \partial \overset{0}{G}/\partial \underset{K}{\sigma}^{j_0 k_0} \tag{8.4/31}$$

8.4.4 Gegenschlepphypothese

Als Beispiel für die Freiheit bei der Auswahl der Übertragungshypothese nehmen wir jetzt an, daß die Kräfte gegengeschleppt werden; dies entspricht dem Mitschleppen durch die kontravariante Basis (Abschnitt 7.3.3, Bild 7.5). Wegen (7.3/13) hat man statt (8.4/18)

$$\begin{aligned} d\underset{0}{F}_{j_0} &= dF_j\,, \\ \underset{0}{f}_{j_0}/\underset{0}{\rho} &= f_j/\rho\,, \end{aligned} \tag{8.4/32}$$

wobei entsprechend der Forderung, daß geometrische Größen wie Volumina stets als mitgeschleppt anzusehen sind, wieder die kovariante Anfangsdichte $\underset{0}{\rho}$ auftritt.

Ähnlich dem Vorblid von Abschnitt 8.4.3 ergeben sich die Nominalspannungen

$$\underset{0}{T}{}^{j_0}_{\cdot k_0} = \frac{\underset{0}{\rho}}{\rho}\, T^j_{\cdot k}, \quad \underset{0}{\sigma}{}^{j_0}_{\cdot k_0} = \frac{\underset{0}{\rho}}{\rho}\, \sigma^j_{\cdot k}, \quad \underset{0}{\tau}{}^{j_0}_{\cdot k_0} = \frac{\underset{0}{\rho}}{\rho}\, \tau^j_{\cdot k}\,. \tag{8.4/33}$$

Die zu den symmetrischen Anteilen $\sigma^j_{\cdot k}$ oder den antimetrischen Anteilen $\tau^j_{\cdot k}$ der Cauchyschen Spannungen gehörigen nominellen Größen brauchen nicht notwendig symmetrisch beziehungsweise antimetrisch zu sein. Gleiches gilt für die zugehörigen nominellen Formänderungsgeschwindigkeiten

$$\underset{0}{\lambda}{}^{\cdot j_0}_{k_0} = \lambda^{\cdot j}_{k}\,, \tag{8.4/34}$$

zu denen jedoch, wie in Abschnitt 8.3.2 ausgeführt (vgl. [36]), nur bei proportionalen Formänderungsvorgängen eine nominelle Formänderungsdyade gehört – nämlich die Henckysche $\overset{H}{\varphi}{}^{\cdot j_0}_{j_0}$ (vgl. (8.3/13)). Die zweiten Gleichgewichtsbedingungen in der Gestalt (8.4/14) ergeben

$$2\underset{0}{\tau}{}^{j_0}_{\cdot k_0} + \underset{0}{c}{}^{j_0}_{\cdot k_0} = 0\,, \tag{8.4/35}$$

worin

$$\underset{0}{c}{}^{j_0}_{\cdot k_0} = (\rho/\underset{0}{\rho})c^j_{\cdot k} \tag{8.4/36}$$

die nominellen Volumenmomentdichten repräsentieren. Schließlich besteht mit den Piolaspannungen und den zugehörigen Volumenkräften (8.4/8), (8.4/6) der

Zusammenhang

$$T^{k_0}_{P\ \cdot j_0} = \overset{-1}{a}{}^{l_0}_{\cdot j_0}\ T^{k_0}_{P\ \cdot l_0}, \quad f_{j_0} = \overset{-1}{a}{}^{l_0}_{\ j_0}\ f_{l_0}, \tag{8.4/37}$$

worin die Dyade $\overset{-1}{a}{}^{l_0}_{\cdot j_0} = a^{l}_{j_0}$ gemäß (8.4/7) und (2.3/5) als inverse Dyade von $\overset{0}{a}{}^{j_0}_{\ l_0}$ berechnet werden muß; vgl. Abschnitt 4.2.4. Dann liefert das Einsetzen von (8.4/37) in die differentiellen Gleichgewichtsbedingungen (8.4/17) gerade

$$(\overset{-1}{a}{}^{l_0}_{\cdot j_0}\ T^{k_0}_{0\ \cdot l_0})|_{k_0} + \overset{-1}{a}{}^{l_0}_{\cdot j_0}\ f_{l_0} = 0 \tag{8.4/38}$$

Wegen des Fehlens eines allgemein konjugierten Formänderungsmaßes eignet sich die Dyade $\sigma^{j_0}_{0\ k_0}$ kaum für die Beschreibung des elastischen Stoffverhaltens. Jedoch lassen sich die Basisinvarianten (4.2/23) und damit die skalaren Potentiale F, G des plastischen Fließens problemlos in der Form

$$\overset{0}{F}\left\{\sigma^{j_0}_{0\ k_0}, \frac{\rho}{\overset{0}{\rho}}\right\} = \frac{\rho}{\overset{0}{\rho}} F\{\sigma^{j}_{\cdot k}\}, \quad \overset{0}{G}\left\{\sigma^{j_0}_{0\ k_0}, \frac{\rho}{\overset{0}{\rho}}\right\} = \frac{\rho}{\overset{0}{\rho}} G\{\sigma^{j}_{\cdot k}\}$$

schreiben, so daß die Stoffgesetze (8.2/34), (8.2/40) die zu (8.4/31) analoge Gestalt

$$\overset{0}{F} = \overset{0}{Y}, \quad \overset{0}{\lambda}{}^{\cdot k_0}_{j_0} = \gamma\partial\overset{0}{G}/\partial\sigma^{j_0}_{0\ k_0}$$

annehmen. Hierin bedeutet $\overset{0}{Y}$ die modifizierte Fließgrenze (8.4/30).

8.4.5 Abschließende Bemerkungen

Bei kleinen Konfigurationsänderungen rechnet man zwar mit den Gleichungen der aktuellen Konfiguration, daneben jedoch mit den linearisierten elementaren oder Cauchyschen Formänderungen (4.3/36), die gemäß (4.3/38) bis auf Glieder höherer Ordnung untereinander und, wie in Satz 8.3/1 ausgeführt, auch mit den anderen betrachteten Formänderungsdyaden übereinstimmen. Dann darf man die Geometrie der Anfangskonfiguration zugrundelegen, weil deren Abweichungen von der Momentankonfiguration wiederum nur die ohnehin vernachlässigten nichtlinearen Terme beeinflussen würden. Insoweit hat man es scheinbar, aber nur scheinbar und näherungsweise mit einer bezogenen (total) Lagrangeschen Formulierung zu tun. Sobald Geschwindigkeitsterme auftreten, ist ohnehin Vorsicht am Platze.

Die wirkliche Bedeutung der bezogenen (total) Lagrangeschen Formulierung beginnt erst bei großen Konfigurationsänderungen. Ihr Vorteil, nämlich eine feste, von Anfang an bekannte Geometrie, wird freilich durch die im allgemeinen komplizierten Grundgleichungen, durch eventuell nicht vorhandene Formänderungsdyaden sowie durch die folgende prinzipielle Schwierigkeit relativiert.

Zur Lösung irgendeines konkreten Problems muß man auch die Randbedingungen auf die Bezugskonfiguration übertragen. Hierzu benötigt man die einander zugeordneten Randpunkte, im Falle von Volumenkräften auch die einander zugeordneten inneren Punkte beider Konfigurationen, letztlich also das Verschiebungsfeld – und damit eben doch die Kenntnis der Augenblickskonfiguration. Zudem können die ebenfalls auf beide Konfigurationen bezogenen Transformationskoeffizienten (8.4/7) und damit sogar die Verschiebungsgradienten eingehen. Alles in allem dürfte es in vielen Fällen praktischer sein, von vornherein die aktuelle (up-dated) Lagrangesche Formulierung zu wählen. Dies gilt umso mehr, wenn neben den mechanischen auch noch elektromagnetische oder andere Größen in die Rechnung eingehen.

8.5 Übungen

Die folgende Aufgaben beziehen sich stets auf den $(n = 3)$-dimensionalen Körper im $(m = 3)$-dimensionalen Einbettungsraum.

8.5.1 Man berechne die skalare Divergenz $div\{v\}$, den skalaren Laplaceoperator $\Delta\{s\}$ sowie die Koordinaten $grad_j$, rot^j und Δ_j der Vektoren $\mathbf{grad}\{s\}$, $\mathbf{rot}\{v\}$ beziehungsweise $\Delta\{v\}$ als Funktionen eines Skalarfeldes $s\{\xi^j\}$ und eines Vektorfeldes $v\{\xi^j\}$ unter Verwendung partieller Ableitungen in

a) Zylinderkoordinaten (5.2/2).
b) Kugelkoordinaten (5.2/12).

Wie lauten $div\{v\}$ und die technischen Koordinaten $_j grad$, $^j rot$, $_j\Delta$, ausgedrückt in technischen Koordinaten $_j v$?

8.5.2 Man stelle die differentiellen Gleichgewichtsbedingungen und die Verträglichkeitsbedingungen der zugehörigen Formänderungsgeschwindigkeiten, ausgedrückt durch die Punktgeschwindigkeiten und ihre partiellen Ableitungen in Kugelkoordinaten aus:

a) Für die Cauchyschen Spannungen und die Formänderungsgeschwindigkeiten der aktuellen Konfiguration.
b) Für die zugehörigen technischen Spannungen und Formänderungsgeschwindigkeiten.
c) Für die Kirchhoffschen Spannungen der Bezugskonfiguration, nachdem sich die Punkte der aktuellen Konfiguration jeweils um den Betrag ß = *const* radial nach außen verschoben haben.
d) Für einen beliebig gegebenen Cauchyschen Spannungszustand in der aktuellen Konfiguration von Teil (c) dieser Aufgabe berechne man die Piolaspannungen der Anfangskonfiguration.

8.5.3 a) Ein ideales Gas der molaren Masse M unterliege pro Volumeneinheit dem in die negative x-Richtung eines kartesischen Koordinatensystems weisenden Gewicht ρg ($g = $ *const*: Fallbeschleunigung; $\rho > 0$: Veränderliche Dichte). Bei gegebenem Druck $p = \hat{p}$ auf der Erdoberfläche

($x = 0$) sowie bei überall gleicher, konstanter, absoluter Temperatur ϑ bestimme man die Druckverteilung $p = p\{x\}$ und die Dichteverteilung $\rho = \rho\{x\}$ im Abstand $x > 0$ über der Erdoberfläche.

b) Eine ideale, inkompressible Flüssigkeit der Dichte $\rho = const$ unterliege in einem starren, zylindrischen, mit konstanter Winkelgeschwindigkeit ω um die ζ-Achse drehenden Behälter je Volumeneinheit dem Gewicht $\rho\,g$ in negativer Achsrichtung ($g = const$: Fallbeschleunigung) sowie der radialen Fliehkraft $\rho\omega^2 r$ (r: Radius in Zylinderkoordinaten, siehe Bild 8.7).

Man bestimme bei gegebener, im Ruhezustand gemessener Füllhöhe h des Behälters die Gestalt der Flüssigkeitsoberfläche $z = f\{r\}$ während der Drehbewegung, wenn der darüberliegende Luftdruck $\overset{0}{p}$ konstant ist und eventuelle Oberflächenspannungen vernachlässigt werden.

8.5.4 In die x-Richtung eines raumfesten, positiv orientierten kartesischen x, y, z- Koordinatensystems wirke die räumlich und zeitlich konstante magnetische Feldstärke H sowie eine zeitlich konstante, jedoch gegebenenfalls ortsabhängige, unbekannte elektrische Feldstärke $E\{x, y, z\}$. Durch beide Felder ströme eine elektrisch geladene inkompressible isotrope Flüssigkeit mit dem stationären, das heißt zeitunabhängigen Geschwindigkeitsfeld $\mathbf{v}\{x, y, z\}$. Ihre konstanten Materialparameter seien durch (4.1/3) gegeben und von Null verschieden; die permanenten Flußdichten $\overline{\mathbf{D}}$ und $\overline{\mathbf{B}}$ mögen verschwinden.

Man bestimme die räumlichen Verteilungen $E\{x, y, z\}, \mathbf{v}\{x, y, z\}$, $q\{x, y, z\}$ der elektrischen Feldstärke, der Strömungsgeschwindigkeit und der Ladungsdichte, wobei die eventuell erforderlichen Randbedingungen beliebig vorgegeben werden dürfen.

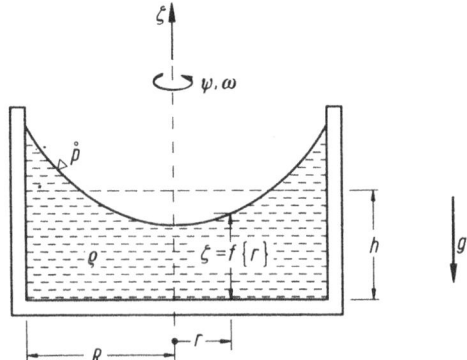

Bild 8.7. Mit konstanter Winkelgeschwindigkeit ω um die ζ-Achse drehender zylindrischer Behälter (Radius R), mit idealer Flüssigkeit (Dichte $\rho = const$) gefüllt. h Füllhöhe im Ruhezustand. r, ψ, ζ Polarkoordinaten. $g = const$ Fallbeschleunigung, $\overset{0}{p} = const$ Außenluftdruck. $\zeta = f\{r\}$ Oberflächenkontur der mitdrehenden Flüssigkeit

8.5.5 a) Man zerlege die symmetrischen Cauchyschen Spannungen $\sigma^{j}_{\,k}$ sowie die Almansischen Formänderungen $\overset{A}{\varphi}{}^{\,k}_{j}$ nach Satz 4.2/7 in deviatorische Anteile $\sigma'^{j}_{\,k}, \overset{A}{\varphi}{}'^{\,k}_{j}$ beziehungsweise isotrope Anteile $\bar{\sigma}\, g^{j}_{\,k}, \overset{A}{\bar{\varphi}}\, g^{\,k}_{j}$ und zeige, daß sich das linear-elastische Stoffgesetz (8.3/32) oder das zugehörige elastische Potential (8.3/31) in entsprechender Weise aufspalten lassen.

Anmerkung: Da $\overset{A}{\bar{\varphi}}$ wegen Satz 8.3/1 und (8.3/15), (8.3/16) wenigstens bei kleinen Konfigurationsänderungen einer Volumenänderung entspricht, so beschreibt dann der Deviator $\overset{A}{\varphi}{}'^{\,k}_{j}$ eine Gestaltänderung im Sinne einer Formänderung abzüglich der Volumenänderung. Den zugehörigen Anteil Ψ' des elastischen Potentials (8.3/31) nennt man folglich die Gestaltänderungsenergie.

b) Man drücke die Gestaltänderungsenergie durch den Spannungsdeviator aus und formuliere eine dazu proportionale Vergleichsspannung $\tilde{\sigma} = F(\sigma^{j}_{\,k})$ (Gestaltänderungsenergiehypothese nach Huber [47], später ohne Kenntnis der jeweils vorherigen Arbeiten der anderen Autoren v. Mises [48] und Hencky [49, 50] wiederentdeckt, heute meist nach v. Mises benannt).

c) Man stelle die zur Gestaltänderungsenergiehypothese assoziierte Fließregel auf (Levy-v.Misessche Gleichungen, vorgeschlagen von Levy [43] sowie später, unabhängig, von v.Mises [48]).

d) Wir betrachten ein elastisch/plastisches Material, das aus dem linear-elastischen Stoffgesetz mit dem Potential (8.3/31) sowie dem oben in den Abschnitten (b) und (c) dieser Aufgabe spezifizierten plastischen Stoffgesetz durch Überlagerung entsteht.

Für welchen Wert der Querzahl ν und für welche Werte der Spannungen $\sigma^{xz}, \sigma^{yz}, \sigma^{zz}$ besteht in einem kartesischen x, y, z-Koordinatensystem permanent ein ebener Formänderungszustand in der x, y-Ebene, das heißt

$$\overset{A}{\varphi}_{xz} \equiv \overset{A}{\varphi}_{yz} \equiv \overset{A}{\varphi}_{zz} \equiv 0, \quad \lambda_{xz} \equiv \lambda_{yz} \equiv \lambda_{zz} \equiv 0\,?$$

9 Lösungen der Übungsaufgaben

9.2.6.1
$$\underset{*}{\mathbf{a}} = \begin{bmatrix} 1 & 1 & 0 \\ 0 & 1 & 1 \\ 1 & 0 & 1 \end{bmatrix} \quad \overset{*}{\mathbf{a}} = (\underset{*}{\mathbf{a}})^{-1} = \begin{bmatrix} 1/2 & -1/2 & 1/2 \\ 1/2 & 1/2 & -1/2 \\ -1/2 & 1/2 & 1/2 \end{bmatrix}$$

9.2.6.2 $\mathbf{g}^j = a_\alpha^{\cdot j}\,\mathbf{g}^\alpha = \sum^\alpha a_\alpha^{\cdot j}\,\mathbf{g}_\alpha$

$\mathbf{g}^1 = \frac{1}{2}(\mathbf{g}_x + \mathbf{g}_y - \mathbf{g}_z)$

$\mathbf{g}^2 = \frac{1}{2}(-\mathbf{g}_x + \mathbf{g}_y + \mathbf{g}_z)$

$\mathbf{g}^3 = \frac{1}{2}(\mathbf{g}_x - \mathbf{g}_y + \mathbf{g}_z)$

9.2.6.3 $\underset{*}{V} = \det\{\underset{*}{\mathbf{a}}\} = 2, \quad \overset{*}{V} = 1/\underset{*}{V} = 1/2\,;$

positive Orientierung

9.2.6.4 Nach (2.4/2) wegen (2.4/4):
$$\underset{*}{\mathbf{g}} = \begin{bmatrix} 2 & 1 & 1 \\ 1 & 2 & 1 \\ 1 & 1 & 2 \end{bmatrix}, \quad \overset{*}{\mathbf{g}} = \begin{bmatrix} 3/4 & -1/4 & -1/4 \\ -1/4 & 3/4 & -1/4 \\ -1/4 & -1/4 & 3/4 \end{bmatrix}$$

$\det\{\underset{*}{\mathbf{g}}\} = 4 = (\underset{*}{V})^2, \quad \det\{\overset{*}{\mathbf{g}}\} = 1/4 = (\overset{*}{V})^2$

9.2.6.5 $u^1 = 1/2 \quad u^2 = 1/2 \quad u^3 = 1/2$
$v^1 = 0 \qquad v^2 = 2 \qquad v^3 = 1$

Nach (2.4/6):

$u_1 = 2 \qquad u_2 = 2 \qquad u_3 = 2$
$v_1 = 3 \qquad v_2 = 5 \qquad v_3 = 4$

9.2.6.6 $(\mathbf{u}, \mathbf{v}) = u^i v_i = 6$

$|\mathbf{u}| = \sqrt{u^i u_i} = \sqrt{3} = 1{,}732\ldots$

$|\mathbf{v}| = \sqrt{v^i v_i} = \sqrt{14} = 3{,}741\ldots$

Nach (2.1/13):

$\cos\{\varphi\} = 0{,}9258\ldots, \quad \varphi = 22{,}21\ldots^\circ$

9.2.6.7 $\varepsilon = \varepsilon^{ij123}\varepsilon_{j123i} = -\varepsilon^{ij123}\varepsilon_{ji231}$
$$= \varepsilon^{ij123}\varepsilon_{ij231}\,.$$

Dann über (2.5/6) und (1/1) mit $k_1 = 1$, $k_2 = 2$, $k_3 = 3$,
$l_1 = 3$, $l_2 = 2$, $l_3 = 1$ sowie $m = 2$:

$$\varepsilon = 2! \sum_{pqr}^{3} {}_1 \bar{\varepsilon}^{pqr} \, \delta^1_{l_p} \, \delta^2_{l_q} \, \delta^3_{l_r}$$

$$= 2! \; \bar{\varepsilon}^{312} \, \delta^1_1 \, \delta^2_2 \, \delta^3_3 = 2 \, \bar{\varepsilon}^{312}$$

Wegen (2.5/4) und (2.5/5)

$$\varepsilon = 2 \,.$$

9.3.4.1 $\mathbf{w} = w^i \, \mathbf{g}_i = w_j \, \mathbf{g}^j$

Nach (3.3/4), (2.5/5) und Abschnitt 9.2.6.3

$$w^1 = (u_2 v_3 - u_3 v_2) \overset{*}{V} = -1$$
$$w^2 = (u_3 v_1 - u_1 v_3) \overset{*}{V} = -1$$
$$w^3 = (u_1 v_2 - u_2 v_1) \overset{*}{V} = 2$$
$$w_1 = (u^2 v^3 - u^3 v^2) \underset{*}{V} = -1$$
$$w_2 = (u^3 v^1 - u^1 v^3) \underset{*}{V} = -1$$
$$w_3 = (u^1 v^2 - u^2 v^1) \underset{*}{V} = 2$$

w^i und w_i stimmen nur aus Zufall überein.

9.3.4.2

$$\mathbf{M}\{A_j^{\cdot k}\} = \begin{bmatrix} -3/4 & 5/4 & 1/4 \\ -5/4 & 3/4 & -1/4 \\ -1 & 1 & 0 \end{bmatrix}$$

$$\mathbf{M}\{S_j^{\cdot k}\} = \begin{bmatrix} 3/4 & 11/4 & 7/4 \\ 5/4 & 13/4 & 9/4 \\ 1 & 3 & 2 \end{bmatrix}$$

Nach (3.2/5): $A_\alpha^{\cdot \beta} = a_\alpha^j \, a_k^\beta \, A_j^{\cdot k}$.

Mit $\underset{*}{\mathbf{a}} = \mathbf{M}\{a_\alpha^{\cdot j}\}$, $\overset{*}{\mathbf{a}} = \mathbf{M}\{a_k^{\cdot \beta}\}$ nach 9.2.6.1:

$$\mathbf{M}\{A_\alpha^{\cdot \beta}\} = \overset{*}{\mathbf{a}} \, \mathbf{M}\{A_j^{\cdot k}\} \, \underset{*}{\mathbf{a}} = \begin{bmatrix} 0 & 1/2 & 1 \\ -1/2 & 0 & 1/2 \\ -1 & -1/2 & 0 \end{bmatrix}$$

Entsprechend:

$$\mathbf{M}\{S_\alpha^{\cdot \beta}\} = \overset{*}{\mathbf{a}} \, \mathbf{M}\{S_j^{\cdot k}\} \, \underset{*}{\mathbf{a}} = \begin{bmatrix} 1 & 3/2 & 2 \\ 3/2 & 2 & 5/2 \\ 2 & 5/2 & 3 \end{bmatrix}$$

9.3.4.3 $a_1 = 3/2$, $a_2 = -3/2$, $a_3 = 0$
$s^1 = 14/4$, $s^2 = 38/4$, $s^3 = 26/4$

Wegen (2.4/6) und der Lösung 9.2.6.4

$a^1 = 3/2, \quad a^2 = -3/2, \quad a^3 = 0$

$s_1 = 23, \quad s_2 = 29, \quad s_3 = 26$

$d_i = a_i - s_i, \quad d^i = a^i - s^i$

$d_1 = -43/2, \quad d_2 = -61/2, \quad d_3 = -26,$

$d^1 = -2, \quad d^2 = -11, \quad d^3 = -26/4.$

9.3.4.4 $u^\alpha = a^\alpha_j u^j, \quad v^\alpha = v^\alpha_j v^j, \quad \alpha = x, y, z.$
a^α_j nach 9.2.6.1.

In kartesischen Koordinaten:

$u_x = u^x = 1, \quad u_y = u^y = 1, \quad u_z = u^z = 1$

$v_x = v^x = 1, \quad v_y = v^y = 2, \quad v_z = v^z = 3$

u_j, u^j und v_j, v^j nach 9.2.6.5

Dann

$$\sum{}^i u_i v_i = 24, \quad \sum{}_i u^i v^i = 3/2 ;$$
$$\sum{}^\alpha u_\alpha v_\alpha = \sum{}_\alpha u^\alpha v^\alpha = 6$$

(Gleichheit der letzten beiden Summen nur in kartesischen Koordinaten).

9.3.4.5 $p_{,1} \quad = -\overset{0}{p} b e^{-b\xi^1} = -bp$

$\partial p / \partial t \; = (\partial \overset{0}{p} / \partial t) e^{-b\xi^1} = (\bar{r}/\overset{0}{p}) p$

Nach (3.3/23) wird im Ballon gemessen:

$dp/dt = \partial p/\partial t + p_{,1} v^1 = (\bar{r}/\overset{0}{p} - bv)p$

9.4.4.1 Nach (4.1/13) $\lambda_v = v^1_{.,1} + v^2_{.,2} + v^3_{.,3} = 2(b)^2 \xi^3/a$.

Wegen (3.3/13a) $|dV| = |\underset{*}{V}| d\xi^1 d\xi^2 d\xi^3 = 2 d\xi^1 d\xi^2 d\xi^3$.

Gemäß (4.1/14) $|V|^\cdot = [4(b)^2/a] \displaystyle\int\limits_{-a/b}^{a/b} d\xi^1 \int\limits_{-a/b}^{a/b} d\xi^2 \int\limits_{-a/b}^{a/b} \xi^3 d\xi^3 = 0$.

9.4.4.2 a) Nach (4.1)/48a)

$$\mathbf{T} = \mathbf{M}\{T^{jk}\} = \begin{bmatrix} 3 & 0 & 0 \\ 0 & 3 & 0 \\ 0 & 0 & 5 \end{bmatrix} N/mm^2$$

b) Nach (4.2/10) mit (2.4/4)

$$C(s) = \det\{\mathbf{T} - \overset{*}{\mathbf{g}} s\} = -\frac{1}{4}(s)^3 + \frac{11}{2}(s)^2 \frac{N}{mm^2}$$
$$- \frac{117}{4} s \left(\frac{N}{mm^2}\right)^2 + 45 \left(\frac{N}{mm^2}\right)^3,$$

also wegen (4.2/19) und (4.2/22)

$$I_1 = 22\frac{N}{mm^2}, \quad I_2 = 117\left(\frac{N}{mm^2}\right)^2, \quad I_3 = 180\left(\frac{N}{mm^2}\right)^3 .$$

Ferner $\mathbf{S} = \mathbf{M}\{T_j{}^{;k}\} = \underset{\ast}{\mathbf{g}}\mathbf{T} = \begin{bmatrix} 6 & 3 & 5 \\ 3 & 6 & 5 \\ 3 & 3 & 10 \end{bmatrix}\frac{N}{mm^2}$,

$$(\mathbf{S})^2 = \begin{bmatrix} 60 & 51 & 95 \\ 51 & 60 & 95 \\ 57 & 57 & 130 \end{bmatrix}\left(\frac{N}{mm^2}\right)^2 ,$$

$$(\mathbf{S})^3 = \begin{bmatrix} 798 & . & . \\ . & 798 & . \\ . & . & 1870 \end{bmatrix}\left(\frac{N}{mm^2}\right)^3 .$$

Nach (4.2/23)

$$_1J = 22\frac{N}{mm^2}, \quad _2J = 250\left(\frac{N}{mm^2}\right)^2, \quad _3J = 3466\left(\frac{N}{mm^2}\right)^3 .$$

Überprüfung mit (4.2/26): stimmt.

c) $C(s) = 0$; Wurzeln $s = {}_J\sigma$ (Hauptspannungen):

$$_I\sigma = 3 \; N/mm^2, \quad _{II}\sigma = 4 \; N/mm^2, \quad _{III}\sigma = 15 \; N/mm^2 .$$

Hauptbasis $\mathbf{g}^J = a_k^J\mathbf{g}^k \neq \mathbf{0}$ aus Lösung des linearen Gleichungssystems (4.2/9):

$$(\mathbf{T} - \underset{\ast}{\mathbf{g}}{}_{\langle J\rangle}\sigma)\begin{bmatrix} a^{\langle J\rangle}{}_1 \\ a^{\langle J\rangle}{}_2 \\ a^{\langle J\rangle}{}_3 \end{bmatrix} = \mathbf{0}, \quad \text{d.h.:}$$

$$\left(3\frac{N}{mm^2} - \frac{3}{4}{}_{\langle J\rangle}\sigma\right)a^{\langle J\rangle}{}_1 + \frac{1}{4}{}_{\langle J\rangle}\sigma a^{\langle J\rangle}{}_2$$

$$+ \frac{1}{4}{}_{\langle J\rangle}\sigma a^{\langle J\rangle}{}_3 = 0 ,$$

$$\frac{1}{4}{}_{\langle J\rangle}\sigma a^{\langle J\rangle}{}_1 + \left(3\frac{N}{mm^2} - \frac{3}{4}{}_{\langle J\rangle}\sigma\right)a^{\langle J\rangle}{}_2$$

$$+ \frac{1}{4}{}_{\langle J\rangle}\sigma a^{\langle J\rangle}{}_3 = 0 ,$$

$$\frac{1}{4}{}_{\langle J\rangle}\sigma a^{\langle J\rangle}{}_1 + \frac{1}{4}{}_{\langle J\rangle}\sigma a^{\langle J\rangle}{}_2$$

$$+ \left(5\frac{N}{mm^2} - \frac{3}{4}{}_{\langle J\rangle}\sigma\right)a^{\langle J\rangle}{}_3 = 0 .$$

Da die Determinante verschwindet: Gleichungen sind linear abhängig. Hier zum Beispiel die erste Gleichung weglassen und die letzten beiden Gleichungen nach $a\langle^{J}_{2}\rangle$, $a\langle^{J}_{3}\rangle$ lösen. Mit $a_J = a\langle^{J}_{1}\rangle$:

$$a\langle^{J}_{2}\rangle = -\frac{1}{4}\left[5\frac{N}{mm^2} - {}_J\sigma\right]_J\sigma\, a_J/D^J\,,$$

$$a\langle^{J}_{3}\rangle = -\frac{1}{4}\left[3\frac{N}{mm^2} - {}_J\sigma\right]_J\sigma\, a_J/D^J\,,$$

$$D^J = \left(3\frac{N}{mm^2} - \frac{3}{4}{}_J\sigma\right)\left(5\frac{N}{mm^2} - \frac{3}{4}{}_J\sigma\right) - \left(\frac{1}{4}{}_J\sigma\right)^2:$$

$$D^I = \frac{3}{2}\left(\frac{N}{mm^2}\right)^2,\quad D^{II} = -1\left(\frac{N}{mm^2}\right)^2,\quad D^{III} = \frac{75}{2}\left(\frac{N}{mm^2}\right)^2.$$

$$\mathbf{a} = \mathbf{M}\{a_k{}^J\} = \begin{bmatrix} a_I & a_{II} & a_{III} \\ -a_I & a_{II} & a_{III} \\ 0 & -a_{II} & \frac{6}{5}a_{III} \end{bmatrix}$$

Die Orthonormalität der Basis $\mathbf{g}_J$ führt über (2.4/8) und 9.2.6.4 eindeutig zu

$$(a_I)^2 = 1/2,\quad (a_{II})^2 = 4/11,\quad (a_{III})^2 = 25/22\,.$$

Forderung der Gleichorientierung nach (2.3/9)

$$\det\{\mathbf{a}\} = \tfrac{22}{5}a_I a_{II} a_{III} > 0,$$

also zum Beispiel

$$a_I = 1/|\sqrt{2}|,\quad a_{II} = |\sqrt{4/11}|,\quad a_{III} = |\sqrt{25/22}|.$$

d) $\boldsymbol{\sigma} = \mathbf{a}^T\mathbf{T}\mathbf{a} = \begin{bmatrix} 8 & 3 & 5 \\ 3 & 6 & 3 \\ 5 & 3 & 8 \end{bmatrix}\dfrac{N}{mm^2}.$

$\mathbf{a} = \mathbf{M}\{a_j{}^\alpha\}$ wie in 9.2.6.1.

e) $\sigma_x = \sigma^{xx} = 8\dfrac{N}{mm^2},\quad \sigma_y = \sigma^{yy} = 6\dfrac{N}{mm^2},$

$\tau = \sigma^{xy} = \sigma^{yx} = 3\dfrac{N}{mm^2}.$

Nach (4.2/16) $\sigma_M = 7\dfrac{N}{mm^2},\quad \sigma_R = \sqrt{10}\,\dfrac{N}{mm^2}.$

Nach (4.2/17) $\sigma_{x_0} = 10,16\dfrac{N}{mm^2},\quad \sigma_{y_0} = 3,84\dfrac{N}{mm^2};$

$\cos\{2\psi\} = 0,316,\quad \sin\{2\psi\} = -0,949,$ d.h.
$\psi = -35,79°.$

9.4.4.3 Nach (4.2/20) mit $\mathbf{g} = 1$

$$C\{s\} = (1 + s)[4 - (1 - s)^2] = 0;$$

Lösungen (Hauptwerte) $_{\text{I}}S = -1$, $_{\text{II}}S = -1$, $_{\text{III}}S = 3$,

(4.2/53) nicht erfüllt: Dyade ist weder definit noch semidefinit.

Hauptbasis $\mathbf{g}_J = a_J^{\alpha}\mathbf{g}_{\alpha} \neq \mathbf{0}$ über lineares Gleichungssystem (4.2/9):

$$(1 - {}_{\text{I}}S)a_J^x + \sqrt{2}\,a_J^y + \sqrt{2}\,a_J^z = 0,$$

$$\sqrt{2}\,a_J^x - {}_{\text{I}}S\,a_J^y + a_J^z = 0.$$

$$\sqrt{2}\,a_J^x + a_J^y - {}_{\text{I}}S\,a_J^z = 0.$$

Für $J = 1$ und $J = 2$ nur eine einzige unabhängige Bedingung:

$$\sqrt{2}\,a_J^x + a_J^y + a_J^z = 0.$$

a_J^y und a_J^z frei wählbar; dann

$$a_J^x = -\frac{1}{\sqrt{2}}(a_J^y + a_J^z), \quad J = \text{I}, \text{II}.$$

Für $J = 3$: Wie in 9.4.4.2c erste Gleichung weglassen, zweite und dritte lösen, dabei a_{III}^x vorgeben:

$$a_{\text{III}}^y = a_{\text{III}}^z = \frac{1}{\sqrt{2}}a_{\text{III}}^x.$$

$$\mathbf{a} = \mathbf{M}\{a_J{}^{\alpha}\} = \begin{bmatrix} -\dfrac{1}{\sqrt{2}}(a_{\text{I}}^y + a_{\text{I}}^z) & a_{\text{I}}^y & a_{\text{I}}^z \\[2mm] -\dfrac{1}{\sqrt{2}}(a_{\text{II}}^y + a_{\text{II}}^z) & a_{\text{II}}^y & a_{\text{II}}^z \\[2mm] a_{\text{III}}^x & \dfrac{1}{\sqrt{2}}a_{\text{III}}^x & \dfrac{1}{\sqrt{2}}a_{\text{III}}^x \end{bmatrix}.$$

Bedingung (2.3/11b) für eine unitäre Transformation:

$$\tfrac{1}{2}(a_{\text{I}}^y + a_{\text{I}}^z)^2 + (a_{\text{I}}^y)^2 + (a_{\text{I}}^z)^2 = 1,$$

$$\tfrac{1}{2}(a_{\text{I}}^y + a_{\text{I}}^z)(a_{\text{II}}^y + a_{\text{II}}^z) + a_{\text{I}}^y a_{\text{II}}^y + a_{\text{I}}^z a_{\text{II}}^z = 0,$$

$$\tfrac{1}{2}(a_{\text{II}}^y + a_{\text{II}}^z)^2 + (a_{\text{II}}^y)^2 + (a_{\text{II}}^z)^2 = 1,$$

$$2(a_{\text{III}}^x)^2 = 1.$$

Lösung (durch Ausprobieren) u.a.:

$$a_{\text{I}}^y = a_{\text{I}}^z = 1/2, \quad a_{\text{II}}^y = -a_{\text{II}}^z = 1/\sqrt{2}, \quad a_{\text{III}}^x = -1/\sqrt{2};$$

$$\mathbf{a} = \begin{bmatrix} -1/\sqrt{2} & 1/2 & 1/2 \\ 0 & 1/\sqrt{2} & -1/\sqrt{2} \\ -1/\sqrt{2} & -1/2 & -1/2 \end{bmatrix}.$$

Wegen (2.3/12) $\overset{*}{\mathbf{a}} = \mathbf{M}\{a_{\alpha}{}^{J}\} = \mathbf{a}^{\text{T}}$.

In der Hauptbasis gemäß (4.3/7)

$$\bar{\mathbf{B}} = \mathbf{M}\{B_{JK}\} = \begin{bmatrix} |_{\mathrm{I}}S| & 0 & 0 \\ 0 & |_{\mathrm{II}}S| & 0 \\ 0 & 0 & |_{\mathrm{III}}S| \end{bmatrix} = \begin{bmatrix} 1 & 0 & 0 \\ 0 & 1 & 0 \\ 0 & 0 & 3 \end{bmatrix};$$

wegen (4.2/53) mit (4.2/51a) $\mathbf{B} > \mathbf{0}$ (positiv definit). Dyadentransformation (3.2/6):

$$B_{\alpha\beta} = a_{\cdot\alpha}^{\;\;J} a_{\cdot\beta}^{\;\;K} B_{JK};$$

$$\mathbf{B} = \overset{*}{\mathbf{a}}\bar{\mathbf{B}}\overset{*}{\mathbf{a}}{}^T = \underset{*}{\mathbf{a}}{}^T\bar{\mathbf{B}}\underset{*}{\mathbf{a}} = \begin{bmatrix} 2 & 1/\sqrt{2} & 1/\sqrt{2} \\ 1/\sqrt{2} & 3/2 & 1/2 \\ 1/\sqrt{2} & 1/2 & 3/2 \end{bmatrix}.$$

Keinerlei Ähnlichkeit zur Ausgangsdyade **S**.

9.4.4.4 $\xi^x = x, \quad \xi^y = y; \quad \overset{0}{\xi}{}^x = \overset{0}{x}, \quad \overset{0}{\xi}{}^y = \overset{0}{y}.$

$\overset{0}{P}: \overset{0}{x} = \overset{0}{r}\cos\{\overset{0}{\psi}\}, \quad \overset{0}{y} = \overset{0}{r}\sin\{\overset{0}{\psi}\}.$

$P: \overset{0}{x} = \overset{0}{r}\cos\{\overset{0}{\psi} + \gamma\} \quad \overset{0}{y} = \overset{0}{r}\sin\{\overset{0}{\psi} + \gamma\}.$

$\overset{0}{x} = \overset{0}{r}\cos\{\overset{0}{\psi} + \gamma - \gamma\} = \overset{0}{r}[\cos\{\overset{0}{\psi} + \gamma\}\cos\{\gamma\} + \sin\{\overset{0}{\psi} + \gamma\}\sin\{\gamma\}];$

$\overset{0}{x} = x\cos\{\gamma\} + y\sin\{\gamma\}, \quad$ entsprechend

$\overset{0}{y} = y\cos\{\gamma\} - x\sin\{\gamma\}.$

Auflösung:

$x = \overset{0}{x}\cos\{\gamma\} - \overset{0}{y}\sin\{\gamma\},$

$y = \overset{0}{y}\cos\{\gamma\} + \overset{0}{x}\sin\{\gamma\}.$

$u^x = x - \overset{0}{x} = \overset{0}{x}[\cos\{\gamma\} - 1] - \overset{0}{y}\sin\{\gamma\}$

$\qquad = x[1 - \cos\{\gamma\}] - y\sin\{\gamma\},$

$u^y = y - \overset{0}{y} = \overset{0}{y}[\cos\{\gamma\} - 1] + \overset{0}{x}\sin\{\gamma\}$

$\qquad = y[1 - \cos\{\gamma\}] + x\sin\{\gamma\}.$

$$\overset{0}{\mathbf{u}} = \mathbf{M}\{\overset{0}{u}_{\alpha\beta}\} = \begin{bmatrix} \cos\{\gamma\} - 1 & -\sin\{\gamma\} \\ \sin\{\gamma\} & \cos\{\gamma\} - 1 \end{bmatrix},$$

$$\mathbf{u} = \mathbf{M}\{u_{\alpha\beta}\} = \begin{bmatrix} 1 - \cos\{\gamma\} & -\sin\{\gamma\} \\ \sin\{\gamma\} & 1 - \cos\{\gamma\} \end{bmatrix}.$$

Nach (4.3/36)

$\overset{0}{\varphi} = \mathbf{M}\{\overset{0}{\varphi}_{\alpha\beta}\} = [\cos\{\gamma\} - 1]\mathbf{1} \not\equiv \mathbf{0},$

$\bar{\varphi} = \mathbf{M}\{\bar{\varphi}_{\alpha\beta}\} = [1 - \cos\{\gamma\}]\mathbf{1} \not\equiv \mathbf{0}.$

Bei kleinen Drehwinkeln γ sind $\overset{0}{\varphi}$ und $\bar{\varphi}$ jedoch wegen $1 - \cos\{\gamma\}$ $= (\gamma)^2/2 + \ldots$ wenigstens von 2. Ordnung in γ klein.

9.4.4.5 $\xi^x = x, \quad \xi^y = y, \quad \overset{0}{\xi}{}^x = \overset{0}{x}, \quad \overset{0}{\xi}{}^y = \overset{0}{y}.$

Verschiebungen:

$$u^x = 0, \quad u^y = c(x)^2 = (\overset{0}{x})^2.$$

$$\overset{0}{\mathbf{u}} = \mathbf{M}\{\overset{0}{u}_{\alpha\beta}\}, \quad \mathbf{u} = \mathbf{M}\{u_{\alpha\beta}\},$$

$$\overset{0}{\boldsymbol{\varphi}} = \mathbf{M}\{\overset{0}{\varphi}_{\alpha\beta}\}, \quad \bar{\boldsymbol{\varphi}} = \mathbf{M}\{\bar{\varphi}_{\alpha\beta}\}:$$

$$\overset{0}{\mathbf{u}} = \mathbf{u} = \begin{bmatrix} 0 & 0 \\ 2c\overset{0}{x} & 0 \end{bmatrix},$$

$$\overset{0}{\boldsymbol{\varphi}} = \bar{\boldsymbol{\varphi}} = \begin{bmatrix} 0 & c\overset{0}{x} \\ c\overset{0}{x} & 0 \end{bmatrix}.$$

Nach (4.3/35)

$$\overset{G}{\boldsymbol{\varphi}} = \mathbf{M}\{\overset{G}{\varphi}_{\alpha\beta}\} = \begin{bmatrix} 2(c\overset{0}{x})^2 & c\overset{0}{x} \\ c\overset{0}{x} & 0 \end{bmatrix},$$

$$\overset{A}{\boldsymbol{\varphi}} = \mathbf{M}\{\overset{A}{\varphi}_{\alpha\beta}\} = \begin{bmatrix} -2(cx)^2 & cx \\ cx & 0 \end{bmatrix}.$$

9.4.4.6 $\mathbf{T} = \mathbf{M}\{D^\gamma_{\cdot\alpha} D^{\cdot\beta}_\gamma\} = \mathbf{D}^T \mathbf{D}$

($\mathbf{D}^T$: Transponierte von $\mathbf{D}$).

$$\mathbf{T} = 50\,\mathbf{1}.$$

$\mathbf{g}_\alpha$ als kartesische Basis ist wegen Satz 4.2/1 bereits eine Hauptbasis. Nach (4.2/62)

$$\mathbf{S} = \mathbf{M}\{S^{\cdot\beta}_\alpha\} = \sqrt{50}\,\mathbf{1} > \mathbf{0},$$

$$(\mathbf{S})^{-1} = \frac{1}{\sqrt{50}}\mathbf{1}.$$

Nach (4.2/63)

$$\mathbf{U} = \mathbf{M}\{U_{jl}\} = \mathbf{D}\,(\mathbf{S}^T)^{-1} = \frac{1}{\sqrt{50}}\mathbf{D}.$$

9.5.4.1 $x = \rho \cot\{\vartheta\} \cos\{\psi\},$

$y = \rho \cot\{\vartheta\} \sin\{\psi\},$

$z = \rho;$

$0 < \rho < \infty, \quad 0 < \psi < \infty, \quad 0 < |\vartheta| < \dfrac{\pi}{2}.$

Transformationsmatrix $\mathbf{a} = \mathbf{M}\{\xi^\alpha_{\cdot,j}\}; \ \alpha, \ldots, v \equiv \rho, \psi, \vartheta.$

$$\mathbf{a} = \begin{bmatrix} \cot\{\vartheta\}\cos\{\psi\} & -\rho\cot\{\vartheta\}\sin\{\psi\} & -\rho\cos\{\psi\}/(\sin\{\vartheta\})^2 \\ \cot\{\vartheta\}\sin\{\psi\} & \rho\cot\{\vartheta\}\cos\{\psi\} & -\rho\sin\{\psi\}/(\sin\{\vartheta\})^2 \\ 1 & 0 & 0 \end{bmatrix}$$

a) $\mathbf{g}_j = a^\alpha._j \mathbf{g}_\alpha$, das heißt

$\mathbf{g}_\rho = \cot\{\vartheta\}\cos\{\psi\}\mathbf{g}_x + \cot\{\vartheta\}\sin\{\psi\}\mathbf{g}_y + \mathbf{g}_z$

$\mathbf{g}_\psi = -\rho\cot\{\vartheta\}\sin\{\psi\}\mathbf{g}_x + \rho\cot\{\vartheta\}\cos\{\psi\}\mathbf{g}_y$

$\mathbf{g}_\vartheta = -\rho(\cos\{\psi\}\mathbf{g}_x + \sin\{\psi\}\mathbf{g}_y)/(\sin\{\vartheta\})^2$

$V = \det\{\mathbf{a}\} \quad \underset{*}{V} = (\rho/\sin\{\vartheta\})^2 \cot\{\vartheta\}$

b) $g_{jk} = (\mathbf{g}_j, \mathbf{g}_k) = a^\alpha._j a^\gamma._k g_{\alpha\gamma} = \sum_\alpha a^\alpha._j a^\alpha._k$

$$\underset{*}{\mathbf{g}} = \begin{bmatrix} (1/\sin\{\vartheta\})^2 & 0 & -\rho\cot\{\vartheta\}/(\sin\{\vartheta\})^2 \\ 0 & (\rho\cot\{\vartheta\})^2 & 0 \\ -\rho\cot\{\vartheta\}/(\sin\{\vartheta\})^2 & 0 & (\rho)^2/(\sin\{\vartheta\})^4 \end{bmatrix}$$

Die Kehrmatrix:

$$\overset{*}{\mathbf{g}} = \begin{bmatrix} 1 & 0 & \dfrac{1}{\rho}\sin\{\vartheta\}\cos\{\vartheta\} \\ 0 & (\tan\{\vartheta\}/\rho)^2 & 0 \\ \dfrac{1}{\rho}\sin\{\vartheta\}\cos\{\vartheta\} & 0 & (\sin\{\vartheta\}/\rho)^2 \end{bmatrix}$$

Offenbar liegt kein orthogonales Koordinatennetz vor.

c) $\mathbf{g}^k = g^{kj}\mathbf{g}_j$, das heißt

$\mathbf{g}^\rho = \mathbf{g}_\rho + \dfrac{1}{\rho}\sin\{\vartheta\}\cos\{\vartheta\}\mathbf{g}_\vartheta = \mathbf{g}_z$

$\mathbf{g}^\psi = (\tan\{\vartheta\}/\rho)^2\mathbf{g}_\psi = \dfrac{1}{\rho}\tan\{\vartheta\}(-\sin\{\psi\}\mathbf{g}_x + \cos\{\psi\}\mathbf{g}_y)$

$\mathbf{g}^\vartheta = \dfrac{1}{\rho}\sin\{\vartheta\}\cos\{\vartheta\}[\mathbf{g}_\rho + \dfrac{1}{\rho}\tan\{\vartheta\}\mathbf{g}_\vartheta]$

$\quad = \dfrac{1}{\rho}\sin\{\vartheta\}[-\sin\{\vartheta\}(\cos\{\psi\}\mathbf{g}_x + \sin\{\psi\}\mathbf{g}_y) + \cos\{\vartheta\}\mathbf{g}_z]$

d) Wegen (5.1/19), (5.1/20), (5.1/10)

$dV = \underset{*}{V}d\rho\,d\psi\,d\vartheta, \quad \underset{*}{V} = (\rho/\sin\{\vartheta\})^2\cot\{\vartheta\}$

$d\underset{\iota}{S} = \underset{\iota}{S}d\psi\,d\vartheta; \quad \underset{\iota}{S} = (l)^2\cos\{\vartheta\}/(\sin\{\vartheta\})^3$

$d\underset{\beta}{S} = \underset{\beta}{S}d\rho\,d\psi; \quad \underset{\beta}{S} = -\rho\cos\{\beta\}/(\sin\{\beta\})^2$

e) $|V| = \int\limits_{\rho=0}^{1} \int\limits_{\psi=0}^{2\pi} \int\limits_{\vartheta=\beta}^{\pi/2} |dV| = \frac{l}{3}\pi(l\cot\{\beta\})^2$

$|S| = \int\limits_{\psi=0}^{2\pi} \int\limits_{\vartheta=\beta}^{\pi/2} |S|\, d\psi\, d\vartheta + \int\limits_{\rho=0}^{1} \int\limits_{\psi=0}^{2\pi} |S|\, d\rho\, d\psi$

$= \pi(l\cot\{\beta\})^2\, [1 + 1/\cos\{\beta\}].$

9.5.4.2 $x = \xi,\quad y = \eta + g\{\xi\}$

$$\mathbf{a} = \begin{bmatrix} \partial x/\partial\xi & \partial x/\partial\eta \\ \partial y/\partial\xi & \partial y/\partial\eta \end{bmatrix} = \begin{bmatrix} 1 & 0 \\ g'\{\xi\} & 1 \end{bmatrix}$$

mit $' = \partial/\partial\xi$.

a) $\mathbf{g}_j = a^{\alpha}_{.j}\mathbf{g}_{\alpha};$

$\mathbf{g}_{\xi} = \mathbf{g}_x + g'\{\xi\}\mathbf{g}_y = \mathbf{g}_x + 2c\xi\mathbf{g}_y$

$\mathbf{g}_{\eta} = \mathbf{g}_y$

$\underset{*}{V} = \det\{\mathbf{a}\}\ \bar{\underset{*}{V}} = 1$

b) $g_{jk} = (\mathbf{g}_j, \mathbf{g}_k)$

$$\underset{*}{\mathbf{g}} = \begin{bmatrix} 1 + (2c\xi)^2 & 2c\xi \\ 2c\xi & 1 \end{bmatrix}$$

Die Kehrmatrix:

$$\overset{*}{\mathbf{g}} = \begin{bmatrix} 1 & -2c\xi \\ -2c\xi & 1 + (2c\xi)^2 \end{bmatrix}$$

c) $\mathbf{g}^j = g^{jk}\mathbf{g}_k$

$\mathbf{g}^{\xi} = \mathbf{g}_{\xi} - 2c\xi\mathbf{g}_{\eta} = \mathbf{g}_x$

$\mathbf{g}^{\eta} = -2c\xi\mathbf{g}_{\xi} + [1 + (2c\xi)^2]\mathbf{g}_{\eta} = -2c\xi\mathbf{g}_x + \mathbf{g}_y$

d) $dV = \underset{*}{V}d\xi\, d\eta,\quad d\underset{\pm h}{S} = \underset{\pm h}{S}\, d\xi$ mit

$\underset{*}{V} = 1$ (s. oben), $\underset{\pm h}{S} = \pm[1 + (2c\xi)^2]$

9.5.4.3 In ebenen Polarkoordinaten:

$R\psi = \xi,\quad R - r = \eta;\quad R\beta = \overset{0}{l}.$

$x = r\sin\{\psi\} = [\overset{0}{l}/\beta - \eta]\sin\{\xi\beta/\overset{0}{l}\}$

$y = R - r\cos\{\psi\} = \overset{0}{l}/\beta - [\overset{0}{l}/\beta - \eta]\cos\{\xi\beta/\overset{0}{l}\}$

Weiter analog 9.5.4.2:

$$\mathbf{a} = \begin{bmatrix} [1 - \beta\eta/\overset{0}{l}]\cos\{\xi\beta/\overset{0}{l}\} & -\sin\{\xi\beta/\overset{0}{l}\} \\ [1 - \beta\eta/\overset{0}{l}]\sin\{\xi\beta/\overset{0}{l}\} & \cos\{\xi\beta/\overset{0}{l}\} \end{bmatrix}$$

a) $\mathbf{g}_\xi = [1 - \beta\eta/\overset{0}{l}](\cos\{\xi\beta/\overset{0}{l}\}\mathbf{g}_x + \sin\{\xi\beta/\overset{0}{l}\}\mathbf{g}_y)$

$\mathbf{g}_\eta = -\sin\{\xi\beta/\overset{0}{l}\}\mathbf{g}_x + \cos\{\xi\beta/\overset{0}{l}\}\mathbf{g}_y$

$\underset{*}{V} = 1 - \beta\eta/\overset{0}{l}$

Um $\underset{*}{V} \geq 0$ zu gewährleisten, sollte man sich auf halbe Balkendicken $\eta = h$ mit $1 - \beta h/\overset{0}{l} \geq 0$ beschränken, das heißt $\beta \leq \overset{0}{l}/h$.

b)

$$\underset{*}{\mathbf{g}} = \begin{bmatrix} [1 - \beta\eta/\overset{0}{l}]^2 & 0 \\ 0 & 1 \end{bmatrix}$$

$$\overset{*}{\mathbf{g}} = \begin{bmatrix} [1 - \beta\eta/\overset{0}{l}]^{-2} & 0 \\ 0 & 1 \end{bmatrix}$$

c) $\mathbf{g}^\xi = [1 - \beta\eta/\overset{0}{l}]^{-2}\mathbf{g}_\xi$

$\phantom{\mathbf{g}^\xi} = [1 - \beta\eta/\overset{0}{l}]^{-1}(\cos\{\xi\beta/\overset{0}{l}\}\mathbf{g}_x + \sin\{\xi\beta/\overset{0}{l}\}\mathbf{g}_y)$

$\mathbf{g}^\eta = \mathbf{g}_\eta = -\sin\{\xi\beta/\overset{0}{l}\}\mathbf{g}_x + \cos\{\xi\beta/\overset{0}{l}\}\mathbf{g}_y$

d) $\underset{*}{V} = 1 - \beta\eta/\overset{0}{l}$ (s. oben)

$\underset{\pm h}{S} = \pm[1 \mp \beta h/\overset{0}{l}]^2$

9.5.4.4 a) $\mathbf{g}_{1,2} = \pi[-\sin\{\pi\xi^2\}\mathbf{g}_x + \cos\{\pi\xi^2\}\mathbf{g}_y]$

$\mathbf{g}_{2,1} = \pi[\cos\{\pi\xi^2\}\mathbf{g}_x + \sin\{\pi\xi^2\}\mathbf{g}_y]$

$\mathbf{g}_{1,2} \neq \mathbf{g}_{2,1}$; nicht einbettbar.

b) $\mathbf{g}_{1,2} = \pi[-\sin\{\pi\xi^2\}\mathbf{g}_x + \cos\{\pi\xi^2\}\mathbf{g}_y]$

$\mathbf{g}_{2,1} = \pi[-\sin\{\pi\xi^2\}\mathbf{g}_x + \cos\{\pi\xi^2\}\mathbf{g}_y]$

$\mathbf{g}_{1,2} = \mathbf{g}_{2,1}$: einbettbar. Integrationsweg in (5.3/15) zum Beispiel:

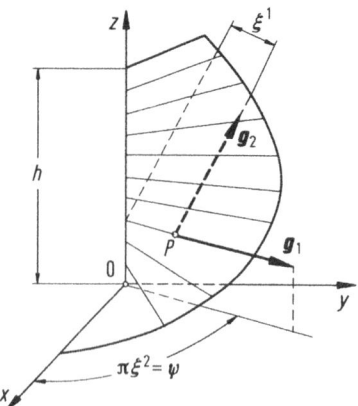

Bild 9.1. Wendelfläche der Höhe h; Azimutwinkel ψ, $0 \leq \psi \leq \pi$. x, y, z Kartesische Koordinaten; ξ^1, ξ^2 krummlinige Flächenkoordinaten; $\mathbf{g}_1$, $\mathbf{g}_2$ Tangentenvektoren; O Ursprung; P Punkt der Fläche

Erst $\xi^1 = 0$, ξ^2 wachsend;
dann $\xi^2 = \text{const}$, ξ^1 wachsend:

$$\mathbf{r} = \int\limits_0^{\xi^2} \mathbf{g}_2\{\xi^1 = 0\}d\xi^2 + \int\limits_0^{\xi^1} \mathbf{g}_1\{\xi^2 = \text{const}\}d\xi^1$$

$$= h\xi^2\mathbf{g}_z + \xi^1[\cos\{\pi\xi^2\}\mathbf{g}_x + \sin\{\pi\xi^2\}\mathbf{g}_y]$$

„Wendelfläche" (Bild 9.1).

9.6.4.1 a) Nach Abschnitt 9.5.4.1 a:

$\mathbf{g}_{\rho,\rho} = 0$, $\mathbf{g}_{\rho,\psi} = \mathbf{g}_{\psi,\rho} = \mathbf{g}_\psi/\rho$, $\mathbf{g}_{\rho,\vartheta} = \mathbf{g}_{\vartheta,\rho} = \mathbf{g}_\vartheta/\rho$,
$\mathbf{g}_{\psi,\psi} = \sin\{\vartheta\}\cos\{\vartheta\}\mathbf{g}_\vartheta$, $\mathbf{g}_{\psi,\vartheta} = \mathbf{g}_{\vartheta,\psi} = -\mathbf{g}_\psi/(\sin\{\vartheta\}\cos\{\vartheta\})$,
$\mathbf{g}_{\vartheta,\vartheta} = -2\cot\{\vartheta\}\mathbf{g}_\vartheta$.
Über (2.2/2) und (6.1/9)
$\mathbf{M}\{\Gamma_{jk}^\rho\} = \mathbf{0}$,

$$\mathbf{M}\{\Gamma_{jk}^\psi\} = \begin{bmatrix} 0 & 1/\rho & 0 \\ 1/\rho & 0 & -(\sin\{\vartheta\}\cos\{\vartheta\})^{-1} \\ 0 & -(\sin\{\vartheta\}\cos\{\vartheta\})^{-1} & 0 \end{bmatrix}$$

$$\mathbf{M}\{\Gamma_{jk}^\vartheta\} = \begin{bmatrix} 0 & 0 & 1/\rho \\ 0 & \sin\{\vartheta\}\cos\{\vartheta\} & 0 \\ 1/\rho & 0 & -2\cot\{\vartheta\} \end{bmatrix}$$

b) Nach Abschnitt 9.5.4.2 a:
$\mathbf{g}_{\xi,\xi} = g''\{\xi\}\mathbf{g}_\eta$, $\mathbf{g}_{\xi,\eta} = \mathbf{g}_{\eta,\xi} = \mathbf{g}_{\eta,\eta} = 0$.
Über (2.2/2) und (6.1/9)

$$\mathbf{M}\{\Gamma_{jk}^\xi\} = \mathbf{0}, \quad \mathbf{M}\{\Gamma_{jk}^\eta\} = \begin{bmatrix} g''\{\xi\} & 0 \\ 0 & 0 \end{bmatrix}$$

mit $g\{\xi\} = c(\xi)^2$, $g''\{\xi\} = 2c = \text{const}$.

c) Nach Abschnitt 9.5. 4.3 a:
$\mathbf{g}_{\xi,\xi} = (\beta/\overset{0}{l})[1 - \beta\eta/\overset{0}{l}]\mathbf{g}_\eta$,

$$\mathbf{g}_{\xi,\eta} = \mathbf{g}_{\eta,\xi} = \frac{-\beta/\overset{0}{l}}{1 - \beta\eta/\overset{0}{l}}\mathbf{g}_\xi, \quad \mathbf{g}_{\eta,\eta} = \mathbf{0}$$

Über (2.2/2) und (6.1/9)

$$\mathbf{M}\{\Gamma_{jk}^\xi\} = \begin{bmatrix} 0 & -(\beta/\overset{0}{l})/[1 - \beta\eta/\overset{0}{l}] \\ -(\beta/\overset{0}{l})/[1 - \beta\eta/\overset{0}{l}] & 0 \end{bmatrix},$$

$$\mathbf{M}\{\Gamma_{jk}^\eta\} = \begin{bmatrix} (\beta/\overset{0}{l})[1 - \beta\eta/\overset{0}{l}] & 0 \\ 0 & 0 \end{bmatrix}.$$

9.6.4.2 a) In der elastischen Zone: $\bar{\varphi} = \bar{\varphi}^E$, $\quad \bar{\varphi}^P = 0$;

$$\sigma = E\bar{\varphi}^E = -E\beta\eta/\overset{0}{l}.$$ (9.6/1)

Die Grenzfaser $\bar{\eta}$ für $\sigma = -Y$:

$$\bar{\eta} = Y\overset{0}{l}/(E\beta)$$ (9.6/2)

Sie liegt nur für $\bar{\eta} < h$ im Balken, d.h.

$$\beta > \frac{\overset{0}{l}}{h}\frac{Y}{E}$$ (9.6/3)

Die elastisch/plastische Spannungsverteilung σ^{EP} entspricht (9.6/1) für $0 \leq |\eta| \leq \bar{\eta}$ bzw. (6.4/5) für $\bar{\eta} < |\eta|$ (Bild 9.2 a). Wegen (6.4/6), (9.6/1)

$$\underset{b}{M} = 2s\left[\frac{E\beta}{\overset{0}{l}}\int_0^{\bar{\eta}}(\eta)^2\,d\eta + Y\int_{\bar{\eta}}^h \eta\,d\eta\right];$$

wegen (9.6/2)

$$\left.\begin{aligned}\underset{b}{M} &= s(h)^2 Y[1 - \tfrac{1}{3}(\bar{\eta}/h)^2] \quad \text{für} \quad \bar{\eta} < h, \\[2mm] \underset{b}{M} &= \frac{2}{3}s\frac{E\beta}{\overset{0}{l}}(h)^3 \qquad\qquad \text{für} \quad \bar{\eta} = h;\end{aligned}\right\}$$ (9.6/4)

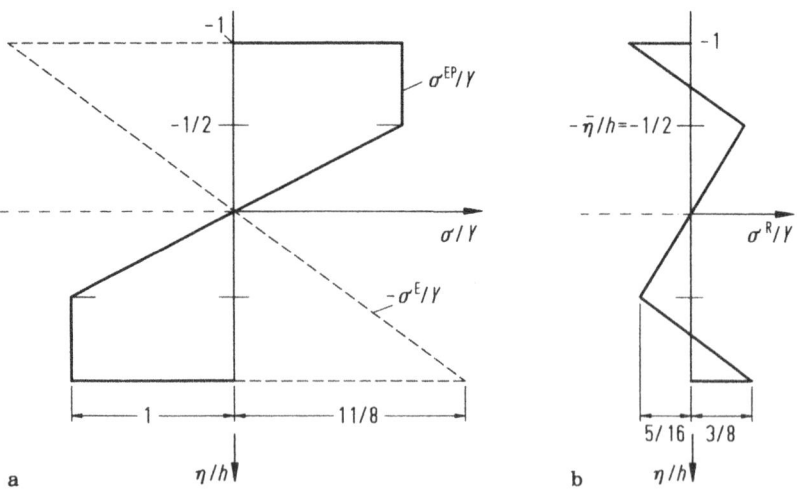

Bild 9.2a,b. Biegespannungsverteilungen σ über dem Balkenquerschnitt (Koordinate $\eta = R - r$, Dicke $2h$, Biegelinie bei $\eta = 0$; vgl. Bild 5.10). Y Zug/Druck-Fließgrenze. Elastisch/plastische Grenzkoordinate hier $\bar{\eta} = h/2$. **a** Elastisch-plastische Lastspannung σ^{EP}, Rückfederungsspannung $-\sigma^E$; **b** Restspannungsverteilung $\sigma^R = \sigma^{EP} - \sigma^E$

der letzte Fall gehört zur rein elastischen Biegung, bei welcher Gl. (9.6/3) verletzt ist.

In der plastischen Zone wegen (6.4/5), (6.4/4), (6.4/1), (6.4/3) und (9.6/2):

$$\left.\begin{array}{l} \bar{\varphi}^E = \mp\, Y/E = \mp\, \bar{\eta}\beta/\overset{0}{l}, \\[2mm] \bar{\varphi}^P = \bar{\varphi} - \bar{\varphi}^E = \mp\, (\beta/\overset{0}{l})(|\eta| - \bar{\eta}) \\[2mm] \text{für } |\eta| > \bar{\eta}. \end{array}\right\} \qquad (9.6/5)$$

b) Die analog Abschnitt 9.6.4.1c hergeleiteten Christoffelsymbole, jetzt jedoch mit $\mathbf{g}_\xi$, $\mathbf{g}_\eta$ nach (6.4/2) statt Abschnitt 9.5.4.3 a lauten

$$\mathbf{M}\{\Gamma^{\,\xi}_{\,jk}\} = \frac{-1}{1 + \bar{\varphi}}\begin{bmatrix} -\bar{\varphi},_\xi & -\bar{\varphi},_\eta \\[1mm] \overset{0}{\beta/l} & 0 \end{bmatrix},$$

$$\mathbf{M}\{\Gamma^{\,\eta}_{\,jk}\} = \frac{\beta}{\overset{0}{l}}[1 + \bar{\varphi}]\begin{bmatrix} 1 & 0 \\ 0 & 0 \end{bmatrix};$$

$$(9.6/6)$$

sie reduzieren sich für $\bar{\varphi}$ aus (6.4/1) natürlich auf das Ergebnis von Abschnitt 9.6.4.1 c. Setzt man jedoch $\bar{\varphi}^E$ nach (9.6/5) statt $\bar{\varphi}$ ein, so wird

$$\mathbf{M}\{\Gamma^{\,\xi}_{\,jk}\} = \frac{-1}{1 + \bar{\varphi}^E}\begin{bmatrix} 0 & 0 \\[1mm] \overset{0}{\beta/l} & 0 \end{bmatrix} \qquad (9.6/7)$$

unsymmetrisch. Entsprechendes gilt für $\bar{\varphi}^P$: Beide Formänderungsanteile sind inkompatibel.

c) Wenn eine rein elastische Spannungsverteilung σ^E und eine elastisch/plastische Spannungsverteilung σ^{EP} das gleiche Biegemoment M besitzen, so folgt für den Biegewinkel β^E der ersten nach Gleichsetzen beider Ausdrücke (9.6/4)

$$\beta^E = \frac{3}{2}\frac{\overset{0}{l}}{h}\frac{Y}{E}[1 - \tfrac{1}{3}(\bar{\eta}/h)^2].$$

Dies ist der Rückfederungswinkel beim vollständigen Entlasten. Die zugehörige elastische Spannungsverteilung σ^E nach (9.6/1) wird von der elastisch/plastischen σ^{EP} nach Bild 9.2 a abgezogen und ergibt die Restspannungsverteilung σ^R von Bild 9.2 b.

9.6.4.3 a) Einsetzen von (6.2/17) statt γ in (6.2/5) gibt nach (6.3/9)

$$\mathbf{M}\{C_{jk}{}^r\} = \begin{bmatrix} 0 & 0 & 0 \\[2mm] 0 & -r & \overset{R}{\gamma} - r\vartheta'/2 \\[2mm] 0 & -\overset{R}{\gamma} + r\vartheta'/2 & -2\overset{R}{\gamma}\vartheta' \end{bmatrix}$$

$$\mathbf{M}\{C_{jk}{}^{\psi}\} = \begin{bmatrix} 0 & 0 & \dfrac{1}{r}\left[\dfrac{\vartheta'}{2} + \dfrac{2}{3}\dfrac{k}{RG}\right] \\ 0 & 0 & 0 \\ -\dfrac{1}{r}\left[\dfrac{\vartheta'}{2} + \dfrac{2}{3}\dfrac{k}{RG}\right] & 0 & 0 \end{bmatrix}$$

$$\mathbf{M}\{C_{jk}{}^{\varsigma}\} = 0 \; ; \quad \overset{R}{\gamma} = \dfrac{k}{2G}\left(1 - \dfrac{4}{3}\dfrac{r}{R}\right).$$

Über (6.3/10) folgt wegen (5.2/25), (2.5/5)

$$\Omega^{rr} = \varepsilon^{rij} C_{ij}{}^{r} = 2\overset{R}{\gamma}/r - \vartheta' \; ; \quad \text{entsprechend:}$$
$$\Omega^{\psi\psi} = -\dfrac{1}{(r)^2}\left[\vartheta' + \dfrac{4}{3}\dfrac{k}{RG}\right], \quad \Omega^{jk} = 0 \quad \text{sonst.}$$

b) Für Vollplastifizierung $\bar{\eta} \to 0$ hat man, da die kompatible Rückfederung nicht zum Cartanschen Tensor beiträgt, analog (9.6/6), (9.6/7) mit $\bar{\varphi}^{E}$ nach (9.6/5) statt $\bar{\varphi}$ sowie (6.3/9)

$$\mathbf{M}\{C_{jk}{}^{\xi}\} = \dfrac{1}{1 \mp Y/E}\begin{bmatrix} 0 & \tfrac{1}{2}\beta/\overset{0}{l} \\ -\tfrac{1}{2}\beta/\overset{0}{l} & 0 \end{bmatrix}; \quad \mathbf{M}\{C_{jk}{}^{\eta}\} = 0$$

(6.3/10) liefert wegen Abschnitt 9.5.4.3a, (2.5/5) und $\overset{*}{V} = 1/\underset{*}{V}$ den Vektor der Versetzungsdichte

$$\Omega^{\xi} = \varepsilon^{ij} C_{ij}{}^{\xi} = \dfrac{\beta/\overset{0}{l}}{(1 \mp Y/E)^2}, \quad \Omega^{\eta} = 0.$$

c) Zur Integration von (6.3/11) Rücktransformation auf kartesische x, y-Koordinaten. Mit $\mathbf{a} = \mathbf{M}\{a^{\alpha}{}_{j}\}$ nach Abschnitt 9.5.4.3

$$\Omega^{x} = a^{x}{}_{j}\Omega^{j} \approx \beta/\overset{0}{l}$$
$$\Omega^{y} = a^{y}{}_{j}\Omega^{j} \approx \beta/\overset{0}{l} \sin\{\xi\beta/\overset{0}{l}\} \ll \beta/\overset{0}{l}$$

Nach (6.3/11) mit für die Ebene skalarem Flächeninhalt $A = 4\overset{0}{l}h$ des Balkenlängsschnittes

$$b^{x} \approx A\Omega^{x} \approx 4h\beta, \quad b^{y} \approx 0$$

Je nachdem, ob man diesen Burgersvektor an der oberen (unteren) Balkenlaibung oder am rechten (linken) Endquerschnitt anträgt, ergibt sich eine Disklination gemäß Bild 6.4. b oder a, also eine globale Stufenversetzung.

9.7.4.1 a) Nach (7.1/12a) mit (6.2/2)

$$\mathbf{M}\{D^{jk}|_{r}\} = \begin{bmatrix} 3(r)^2(1 + S\psi) & 0 & 0 \\ 0 & 3(1 + S\psi) & 0 \\ 0 & 0 & 3(r)^2 \end{bmatrix}$$

$$\mathbf{M}\{D^{jk}|_\psi\} = \begin{bmatrix} S(r)^3 & 0 & 0 \\ 0 & Sr & 0 \\ 0 & 0 & 0 \end{bmatrix}$$

$$\mathbf{M}\{D^{jk}|_\zeta\} = \mathbf{0}$$

b) Entsprechend mit (6.2/3)

$$\mathbf{M}\{D^{jk}|_r\}$$

$$= \begin{bmatrix} 3(r)^2(1 + S\psi) & 0 & 0 \\ 0 & 3(1 + S\psi) & 0 \\ 0 & 0 & 3(\cos\{\vartheta\})^2 \end{bmatrix}$$

$$\mathbf{M}\{D^{jk}|_\psi\}$$

$$= \begin{bmatrix} Sr^3 & (r\sin\{\vartheta\})^2(1 + S\psi) & 0 \\ (r\sin\{\vartheta\})^2(1 + S\psi) & Sr & \frac{1}{2}Sr\psi\sin\{2\vartheta\} \\ 0 & \frac{1}{2}Sr\psi\sin\{2\vartheta\} & 0 \end{bmatrix}$$

$$\mathbf{M}\{D^{jk}|_\vartheta\}$$

$$= \begin{bmatrix} 0 & 0 & (r)^2[(\sin\{\vartheta\})^2 + S\psi] \\ 0 & -2r\tan\{\vartheta\}(1 + S\psi) & 0 \\ (r)^2[(\sin\{\vartheta\})^2 + S\psi] & 0 & r\sin\{2\vartheta\} \end{bmatrix}$$

9.7.4.2 a) Ortsvektor $\mathbf{r} = x\mathbf{g}_x + y\mathbf{g}_x + z\mathbf{g}_z$;

$$x = \xi^1, \quad y = \xi^2, \quad z = \tfrac{1}{2}[(\xi^1)^2 + (\xi^2)^2]/l.$$

$$\mathbf{g}_1 = \mathbf{r},_1 = \mathbf{g}_x + \xi^1\mathbf{g}_z/l$$

$$\mathbf{g}_2 = \mathbf{r},_2 = \mathbf{g}_y + \xi^2\mathbf{g}_z/l$$

Orthonormale Ergänzung (Satz 2.2/6) wegen Satz 3.3/3, 3.3/4 und (2.2/5) mit (3.3/9), (2.3/13a)

$$\mathbf{g}_3 = \frac{1}{g}[\mathbf{g}_1, \mathbf{g}_2] = \frac{1}{g}[-(\xi^1/l)\mathbf{g}_x - (\xi^2/l)\mathbf{g}_y + \mathbf{g}_z];$$

$$g = [(\xi^1/l)^2 + (\xi^2/l)^2 + 1]^{1/2} \geq 1.$$

$$\mathbf{M}\{g_{jk}\} = \begin{bmatrix} 1 + (\xi^1/l)^2 & (\xi^1/l)(\xi^2/l) \\ (\xi^1/l)(\xi^2/l) & 1 + (\xi^2/l)^2 \end{bmatrix};$$

$j, k \equiv 1, 2$. Wegen (6.3/3)

$$\mathbf{M}\{\Gamma_{jk}^3\} = \frac{1}{gl}\begin{bmatrix} 1 & 0 \\ 0 & 1 \end{bmatrix}$$

Dies ist die Schoutensche Krümmungsdyade in der Basis $\mathbf{g}_1, \mathbf{g}_2$. Achtung: Keine Hauptkrümmungen, da $\mathbf{g}_1, \mathbf{g}_2$ nicht kartesisch!

Eigenwerte s, s' aus

$$\mathbf{N} = \mathbf{M}\{\Gamma_{jk}^3 - sg_{jk}\}\,; \quad \det\{\mathbf{N}\} = 0\,.$$

Wegen (7.2/10a) Hauptkrümmungsradien

$$r = -1/s = -gl\,, \quad r' = -1/s' = -(g)^3 l$$

b) Gaußsche Krümmung $\kappa = -1/(rr') = -1/[(l)^2 (g)^4]$,
Krümmungstensor nach (7.2/18).
(Hinweis: Da es sich um ein Rotationsparaboloid handelt, wäre die
Rechnung in Polarkoordinaten einfacher gewesen und hätte sofort
auf die Krümmungs-Hauptrichtungen geführt. Der Leser prüfe dies
nach!)

9.7.4.3 Bei einer ungekrümmten Mannigfaltigkeit ($m = n = 3$) entfallen in
(7.3/41) die Normalbeschleunigungen; die doppelt gestrichene kovariante Ableitung ist mit der einfach gestrichenen identisch. Wegen der
Einbettbarkeit sind die Christoffelsymbole symmetrisch; es gilt
$\Gamma_{jk}^i = G_{jk}^i$. Abkürzungen (vgl. (5.2/22)):

$$\vartheta = \omega' \zeta t, \quad \vartheta = \omega' t, \quad \vartheta = \omega' \zeta, \quad \gamma = \tfrac{1}{2} r \, \vartheta' \tag{9.7/1}$$

Nach (7.3/38)

$$\overset{R}{v}{}^r = 0, \quad \overset{R}{v}{}^\psi = b, \quad \overset{R}{v}{}^\zeta = c. \tag{9.7/2}$$

Aus Bild 5.6 mit r_0, ψ_0, ζ_0 als Punktkoordinaten in der untordierten
Mannigfaltigkeit ($\vartheta = 0$):

$$r_0 = r, \quad \psi_0 = \psi + \vartheta\{\zeta, t\}, \quad \zeta_0 = \zeta. \tag{9.7/3}$$

Wegen (7.3/36)

$$\overset{F}{v}{}^{r_0} = 0, \quad \overset{F}{v}{}^{\psi_0} = \dot\vartheta, \quad \overset{F}{v}{}^{\zeta_0} = 0$$

Gemäß (9.7/3)

$$r = r_0, \quad \psi = \psi_0 - \vartheta\{\zeta, t\}, \quad \zeta = \zeta_0$$

Transformationsmatrix (5.1/12)

$$\mathbf{M}\{a^j_{\cdot k_0}\} = \begin{bmatrix} 1 & 0 & 0 \\ 0 & 1 & -\vartheta' \\ 0 & 0 & 1 \end{bmatrix}$$

Über (7.3/38)

$$\overset{F}{v}{}^r = 0, \quad \overset{F}{v}{}^\psi = \dot\vartheta, \quad \overset{F}{v}{}^\zeta = 0 \tag{9.7/4}$$

Zusammen mit (9.7/2)

$$\overset{A}{v}{}^r = 0, \quad \overset{A}{v}{}^\psi = b + \dot\vartheta, \quad \overset{A}{v}{}^\zeta = c$$

(Absolutgeschwindigkeiten). Nach (6.2/5) und (7.1/6a)

$$\mathbf{M}\{\overset{F}{v}{}^j|_k\} = \begin{bmatrix} 0 & -\omega'\zeta r & -(\omega')^2 t\zeta r \\ \omega'\zeta/r & 0 & \omega' \\ 0 & 0 & 0 \end{bmatrix} \tag{9.7/5}$$

Ferner:

$$(\xi^r)^{\cdot\cdot} = (\overset{R}{v}{}^r)^{\cdot} = 0, \quad (\xi^\psi)^{\cdot\cdot} = (\overset{R}{v}{}^\psi)^{\cdot} = 0, \quad (\xi^\zeta)^{\cdot\cdot} = (\overset{R}{v}{}^\zeta)^{\cdot} = 0$$

Hiermit ergibt (7.3/41 b,c,d,) über (9.7/2) und (9.7/4) die Absolutbeschleunigungen

$$\overset{A}{b}{}^j = \overset{F}{b}{}^j + \overset{C}{b}{}^j + \overset{R}{b}{}^j,$$

wobei

$$\overset{F}{b}{}^r = -2r(\omega'\zeta)^2, \qquad \overset{F}{b}{}^\psi = \overset{F}{b}{}^\zeta = 0;$$
$$\overset{C}{b}{}^r = -4r\omega'\zeta(b + c\omega't), \quad \overset{C}{b}{}^\psi = 2\omega'c, \quad \overset{C}{b}{}^\zeta = 0$$
$$\overset{R}{b}{}^r = -r(b + c\omega't)^2, \qquad \overset{R}{b}{}^\psi = \overset{R}{b}{}^\zeta = 0$$

die Führungs-, Coriolis- und Relativbeschleunigungen darstellen.

9.7.4.4 a) $E_x = E_y = 0, \qquad E_z = f\{\zeta, t\} = E\zeta t$

$$E_j = a^\alpha{}_j E_\alpha, \qquad \alpha = x, y, z. \quad E^j = g^{jk} E_k.$$

Mit (5.2/23), (5.2/27)

$$E_r = 0, \quad E_\psi = 0, \qquad E_\zeta = f\{\zeta, t\};$$
$$E^r = 0, \quad E^\psi = -\omega't f\{\zeta, t\}, \quad E^\zeta = f\{\zeta, t\}.$$

Über (7.3/43) direkt:

$$\left. \begin{array}{lll} \overset{\#}{E}_r = 0, & \overset{\#}{E}_\psi = 0, & \overset{\#}{E}_\zeta = \partial E_\zeta/\partial t = E\zeta; \\ \overset{\#}{E}{}^r = 0, & \overset{\#}{E}{}^\psi = \partial E^\psi/\partial t = -2E\omega'\zeta t, & \overset{\#}{E}{}^\zeta = \partial E^\zeta/\partial t = E\zeta \end{array} \right\} \tag{9.7/6a}$$

(Relativableitungen). Zum Vergleich nach (7.3/44) mit (5.2/26):

$$\overset{\#}{E}_r = 0, \quad \overset{\#}{E}_\psi = -E\omega'\zeta t(r)^2, \quad \overset{\#}{E}_\zeta = E\zeta[1 - (r\omega't)^2] \tag{9.7/6b}$$

Ferner nach (7.3/42):

$$\underset{t}{\partial} E_r = 0, \quad \underset{t}{\partial} E_\psi = 0, \qquad \underset{t}{\partial} E_\zeta = \partial f/\partial t = E\zeta;$$
$$\underset{t}{\partial} E^r = 0, \quad \underset{t}{\partial} E^\psi = -\omega't\partial f/\partial t = -E\omega'\zeta t, \quad \underset{t}{\partial} E^\zeta = \partial f/\partial t = E\zeta$$

(ortsfeste Ableitungen). Über (6.2/5) mit (7.1/6)

$$\mathbf{M}\{E^j|_k\} = Et \begin{bmatrix} 0 & 0 & 0 \\ 0 & 0 & -\omega't \\ 0 & 0 & 1 \end{bmatrix}$$

$$\mathbf{M}\{E_j|_k\} = Et \begin{bmatrix} 0 & 0 & 0 \\ 0 & 0 & 0 \\ 0 & 0 & 1 \end{bmatrix}$$

(7.3/45), d.h.

$$\overset{\#}{\underset{t}{E}}^j = \underset{t}{\partial} E^j + E^j|_k v^k - v^j_{.k} E^k,$$

$$\underset{\#}{E}_j = \underset{t}{\partial} E_j + E_j|_k v^k + v^k_{.j} E_k,$$

(9.7/7)

liefert mit $v^k = \overset{F}{v}{}^k$, $v^j_{.k} = \overset{F}{v}{}^j|_k$ und (9.7/4), (9.7/5) dieselben Relativab-leitungen wie in (9.7/6).

b) $v_i^{\ 1} = g_{ij} g^{lk} v^j_{.k}$ ergibt mit (9.7/5), (5.2/26), (5.2/27) und (9.7/1)

$$\mathbf{M}\{v_i^{\ 1}\} = \begin{bmatrix} 0 & -\omega'\zeta/r & 0 \\ \omega'\zeta r & -(\omega'r)^2 t & \omega'(r)^2 \\ (\omega')^2\zeta tr & -(\omega'rt)^2\omega' & (\omega'r)^2 t \end{bmatrix}$$

also gemäß (7.3/47), (9.7/5) mit T als Transpositionssymbol

$$\mathbf{M}\{A^k_{\ 1}\} = \tfrac{1}{2}[\mathbf{M}\{v^k_{.1}\} - (\mathbf{M}\{v_i^{\ k}\})^T],$$

$$\mathbf{M}\{A^k_{\ 1}\} = \begin{bmatrix} 0 & -\omega'\zeta r & -(\omega')^2 t\zeta r \\ \omega'\zeta/r & \tfrac{1}{2}(\omega'r)^2 t & \tfrac{1}{2}[1 + (\omega'rt)^2]\omega' \\ 0 & -\tfrac{1}{2}(r)^2\omega' & -\tfrac{1}{2}(\omega'r)^2 t \end{bmatrix}$$

(9.7/8)

Nach (9.7/7) und der Substitution (7.3/46)

$$\underset{zj}{\partial} E_r = 0, \quad \underset{zj}{\partial} E_\psi = -\tfrac{1}{2} E\zeta t(r)^2\omega',$$

$$\underset{zj}{\partial} E_\zeta = E\zeta[1 - \tfrac{1}{2}(\omega'rt)^2] \quad \text{(Zaremba-Jaumannsche Ableitung)}.$$

9.8.5.1 a) Nach (6.2/2): $\Gamma^j_{rj} = \dfrac{1}{r}, \quad \Gamma^j_{\psi j} = \Gamma^j_{\zeta j} = 0.$

Wegen (7.1/2), (7.1/6a), (8.1/1), (2.5/5), (3.2/3), (5.2/5), (5.2/6) und (5.2/8):

$$div\{\mathbf{v}\} = v^r_{.,r} + v^\psi_{.,\psi} + v^\zeta_{.,\zeta} + v^r/r;$$

$$grad_r\{s\} = s_{,r}, \quad grad_\psi\{s\} = s_{,\psi}, \quad grad_\zeta\{s\} = s_{,\zeta};$$

$$rot^r\{\mathbf{v}\} = \frac{1}{r}(v_{\zeta,\psi} - v_{\psi,\zeta}), \quad rot^\psi\{\mathbf{v}\} = \frac{1}{r}(v_{r,\zeta} - v_{\zeta,r}),$$

$$rot^\zeta\{\mathbf{v}\} = \frac{1}{r}(v_{\psi,r} - v_{r,\psi});$$

$$\Delta\{s\} = s_{,rr} + s_{,\psi\psi}/(r)^2 + s_{,\zeta\zeta} + s_{,r}/r;$$

$$\Delta_r\{\mathbf{v}\} = v_{r,rr} + v_{r,\psi\psi}/(r)^2 + v_{r,\zeta\zeta} + v_{r,r}/r - 2v_{\psi,\psi}/(r)^3 - v_r/(r)^2,$$

$$\Delta_\psi\{\mathbf{v}\} = v_{\psi,rr} + v_{\psi,\psi\psi}/(r)^2 + v_{\psi,\zeta\zeta} + (2v_{r,\psi} - v_{\psi,r})/r,$$

$$\Delta_\zeta\{\mathbf{v}\} = v_{\zeta,rr} + v_{\zeta,\psi\psi}/(r)^2 + v_{\zeta,\zeta\zeta} + v_{\zeta,r}/r.$$

Gemäß (7.3/7), (5.2/5), (5.2/6):

$$div\{\mathbf{v}\} = {}^r v_{,r} + {}^\psi v_{,\psi}/r + {}^\zeta v_{,\zeta} + {}^r v/r;$$

$$\mathbf{M}\{{}_j grad\{s\}\} = \mathbf{M}\{s,{}_r, s,{}_\psi/r, s,{}_\zeta\};$$

$$\mathbf{M}\{{}^j rot\{\mathbf{v}\}\} = \mathbf{M}\{({}_\zeta v,{}_\psi/r - {}_\psi v,{}_\zeta), ({}_r v,{}_\zeta - {}_\zeta v,{}_r), ({}_\psi v,{}_r - {}_r v,{}_\psi/r + {}_\psi v/r)\};$$

$${}_r\varDelta\{\mathbf{v}\} = \varDelta\{{}_r v\} - (2{}_\psi v,{}_\psi + {}_r v)/(r)^2,$$

$${}_\psi\varDelta\{\mathbf{v}\} = \varDelta\{{}_\psi v\} + (2{}_r v,{}_\psi - {}_\psi v)/(r)^2$$

$${}_\zeta\varDelta\{\mathbf{v}\} = \varDelta\{{}_\zeta v\}$$

mit $\varDelta\{{}_j\mathbf{v}\} = \varDelta\{s\}$ für $s = {}_j v$.

b) Nach (6.2/3) $\Gamma_{rj}^{\,j} = \frac{2}{r}$, $\Gamma_{\psi j}^{\,j} = 0$, $\Gamma_{\vartheta j}^{\,j} = -\tan\{\vartheta\}$.
Wegen (7.1/2), (7.1/6a), (8.1/1), (2.5/5), (3.2/3), (5.2/15), (5.2/16) und (5.2/17)

$$div\{\mathbf{v}\} \qquad = v^r,{}_r + v^\psi,{}_\psi + v^\vartheta,{}_\vartheta + \tfrac{2}{r}v^r - \tan\{\vartheta\}v^\vartheta;$$

$$grad_r\{s\} \qquad = s,{}_r, \quad grad_\psi\{s\} = s,{}_\psi, \quad grad_\vartheta\{s\} = s,{}_\vartheta;$$

$$\mathbf{M}\{rot^j\{\mathbf{v}\}\} -$$

$$[(r)^2\cos\{\vartheta\}]^{-1}\mathbf{M}\{(v_{\vartheta,\psi} - v_{\psi,\vartheta}), \quad (v_{r,\vartheta} - v_{\vartheta,r}), \quad (v_{\psi,r} - v_{r,\psi})\};$$

$$\varDelta\{s\} = s,{}_{rr} + \frac{s,{}_{\psi\psi}}{(r\cos\{\vartheta\})^2} + \frac{s,{}_{\vartheta\vartheta}}{(r)^2} + \frac{2}{r}s,{}_r - \frac{\tan\{\vartheta\}}{(r)^2}s,{}_\vartheta;$$

nach (8.1/1) direkt oder vermittels (8.1/7)

$$\varDelta_r\{\mathbf{v}\} = v_{r,rr} + \frac{v_{r,\psi\psi}}{(r\cos\{\vartheta\})^2} + \frac{v_{r,\vartheta\vartheta}}{(r)^2} + \frac{2}{r}v_{r,r} - \frac{\tan\{\vartheta\}}{(r)^2}v_{r,\vartheta}$$
$$- \frac{2}{(r)^3}\left[\frac{v_{\psi,\psi}}{(\cos\{\vartheta\})^2} + v_{\vartheta,\vartheta}\right] + \frac{2}{(r)^2}\left[\frac{\tan\{\vartheta\}}{r}v_\vartheta - v_r\right],$$

$$\varDelta_\psi\{\mathbf{v}\} = v_{\psi,rr} + \frac{v_{\psi,\psi\psi}}{(r\cos\{\vartheta\})^2} + \frac{v_{\psi,\vartheta\vartheta}}{(r)^2} + \frac{2}{r}v_{r,\psi}$$
$$- \frac{\tan\{\vartheta\}}{(r)^2}[2v_{\vartheta,\psi} - v_{\psi,\vartheta}],$$

$$\varDelta_\vartheta\{\mathbf{v}\} = v_{\vartheta,rr} + \frac{v_{\vartheta,\psi\psi}}{(r\cos\{\vartheta\})^2} + \frac{v_{\vartheta,\vartheta\vartheta}}{(r)^2} + \frac{2}{r}v_{r,\vartheta} - \frac{\tan\{\vartheta\}}{(r)^2}v_{\vartheta,\vartheta}$$
$$+ \frac{2\tan\{\vartheta\}v_{\psi,\psi} - v_\vartheta}{(r\cos\{\vartheta\})^2}.$$

Gemäß (7.3/7), (5.2/16), (5.2/17):

$$div\{\mathbf{v}\} \qquad = {}^r v,{}_r + \frac{1}{r\cos\{\vartheta\}}{}^\psi v,{}_\psi + \frac{1}{r}{}^\vartheta v,{}_\vartheta + \frac{2}{r}{}^r v - \frac{1}{r}\tan\{\vartheta\}{}^\vartheta v;$$

$$\mathbf{M}\{{}_j grad\{s\}\} = \mathbf{M}\left\{s,{}_r, \frac{s,{}_\psi}{r\cos\{\vartheta\}}, \frac{s,{}_\vartheta}{r}\right\}$$

$$\mathbf{M}\{^{j}rot\{\mathbf{v}\}\} = \mathbf{M}\left\{\left(\frac{_{\vartheta}v_{,\psi}}{r\cos\{\vartheta\}} - \frac{_{\psi}v_{,\vartheta}}{r} + \frac{_{\psi}v}{r}\tan\{\vartheta\}\right),\right.$$

$$\left.\left(\frac{_{r}v_{,\vartheta}}{r} - {_{\vartheta}v_{,r}} - \frac{_{\vartheta}v}{r}\right), \left(_{\psi}v_{,r} - \frac{_{r}v_{,\psi}}{r\cos\{\vartheta\}} + \frac{_{\psi}v}{r}\right)\right\};$$

$$_{r}\varDelta\{\mathbf{v}\} = \varDelta\{_{r}v\} - \frac{2}{(r)^2}\left[\frac{_{\psi}v_{,\psi}}{\cos\{\vartheta\}} + {_{\vartheta}v_{,\vartheta}} - \tan\{\vartheta\}\,_{\vartheta}v + {_{r}v}\right],$$

$$_{\psi}\varDelta\{\mathbf{v}\} = \varDelta\{_{\psi}v\} + \frac{1}{(r)^2\cos\{\vartheta\}}\left[2\,_{r}v_{,\psi} - 2\tan\{\vartheta\}\,_{\vartheta}v_{,\psi} - \frac{_{\psi}v}{\cos\{\vartheta\}}\right],$$

$$_{\vartheta}\varDelta\{\mathbf{v}\} = \varDelta\{_{\vartheta}v\} + \frac{2}{(r)^2}\,_{r}v_{,\vartheta} - \frac{1}{(r\cos\{\vartheta\})^2}[_{\vartheta}v - 2\sin\{\vartheta\}\,_{\psi}v_{,\psi}].$$

In der technischen Basis darf $_{j}v = {^{j}v}$, $_{k}\varDelta = {^{k}\varDelta}$ gesetzt werden.

9.8.5.2 a) (8.2/9) mit (7.1/12a), (6.2/3) und $\varGamma_{jk}^{k}$ nach Abschnitt 9.8.5.1b:

$$T^{rr}_{\,\,\,,r} + T^{\psi r}_{\,\,\,,\psi} + T^{\vartheta r}_{\,\,\,,\vartheta} + \frac{2}{r}T^{rr} - \tan\{\vartheta\}\,T^{\vartheta r}$$

$$- r(\cos\{\vartheta\})^2\,T^{\psi\psi} - rT^{\vartheta\vartheta} + f^{r} = 0,$$

$$T^{r\psi}_{\,\,\,,r} + T^{\psi\psi}_{\,\,\,,\psi} + T^{\vartheta\psi}_{\,\,\,,\vartheta} + \frac{2}{r}T^{r\psi} - \tan\{\vartheta\}\,T^{\vartheta\psi}$$

$$+ \frac{1}{r}(T^{r\psi} + T^{\psi r}) - \tan\{\vartheta\}(T^{\psi\vartheta} + T^{\vartheta\psi}) + f^{\psi} = 0,$$

$$T^{r\vartheta}_{\,\,\,,r} + T^{\psi\vartheta}_{\,\,\,,\psi} + T^{\vartheta\vartheta}_{\,\,\,,\vartheta} + \frac{2}{r}T^{r\vartheta} - \tan\{\vartheta\}\,T^{\vartheta\vartheta}$$

$$+ \sin\{\vartheta\}\cos\{\vartheta\}\,T^{\psi\psi} + \frac{1}{r}(T^{r\vartheta} + T^{\vartheta r}) + f^{\vartheta} = 0.$$

Über (7.1/6b) und (6.2/3):

$$\mathbf{M}\{v_{j|k}\} = \begin{bmatrix} v_{r,r} & v_{r,\psi} - \dfrac{v_{\psi}}{r} & v_{r,\vartheta} - \dfrac{v_{\vartheta}}{r} \\[2ex] v_{\psi,r} - \dfrac{v_{\psi}}{r} & \begin{matrix} v_{\psi,\psi} + r(\cos\{\vartheta\})^2 v_{r} \\ - \sin\{\vartheta\}\cos\{\vartheta\}v_{\vartheta} \end{matrix} & v_{\psi,\vartheta} + v_{\psi}\tan\{\vartheta\} \\[2ex] v_{\vartheta,r} - \dfrac{v_{\vartheta}}{r} & v_{\vartheta,\psi} + v_{\psi}\tan\{\vartheta\} & v_{\vartheta,\vartheta} + rv_{r} \end{bmatrix}$$

Wegen (8.2/13)

$$\lambda_{rr} = v_{r,r} \quad \lambda_{r\psi} = \lambda_{\psi r} = \tfrac{1}{2}(v_{r,\psi} + v_{\psi,r}) - v_{\psi}/r$$

$$\lambda_{r\vartheta} = \lambda_{\vartheta r} = \tfrac{1}{2}(v_{r,\vartheta} + v_{\vartheta,r}) - v_\vartheta/r$$

$$\lambda_{\psi\psi} = v_{\psi,\psi} + r(\cos\{\vartheta\})^2 v_r - \sin\{\vartheta\}\cos\{\vartheta\} v_\vartheta$$

$$\lambda_{\psi\vartheta} = \lambda_{\vartheta\psi} = \tfrac{1}{2}(v_{\psi,\vartheta} + v_{\vartheta,\psi}) + v_\psi \tan\vartheta$$

$$\lambda_{\vartheta\vartheta} = v_{\vartheta,\vartheta} + rv_r$$

b) Wegen (4.1/48a), (4.3/30) und (7.3/7) mit (5.2/16), (5.2/17):

$$^{rr}T_{,r} + \frac{1}{r\cos\{\vartheta\}}\,^{\psi r}T_{,\psi} + \frac{1}{r}\,^{\vartheta r}T_{,\vartheta}$$

$$+ \frac{1}{r}(2\,^{rr}T - ^{\psi\psi}T - ^{\vartheta\vartheta}T - \tan\{\vartheta\}\,^{\vartheta r}T) + {}^r\!f = 0$$

$$^{r\psi}T_{,r} + \frac{1}{r\cos\{\vartheta\}}\,^{\psi\psi}T_{,\psi} + \frac{1}{r}\,^{\vartheta\psi}T_{,\vartheta}$$

$$+ \frac{1}{r}(2\,^{r\psi}T + ^{\psi r}T - \tan\{\vartheta\}[^{\psi\vartheta}T + ^{\vartheta\psi}T]) + {}^\psi\!f = 0$$

$$^{r\vartheta}T_{,r} + \frac{1}{r\cos\{\vartheta\}}\,^{\psi\vartheta}T_{,\psi} + \frac{1}{r}\,^{\vartheta\vartheta}T_{,\vartheta}$$

$$+ \frac{1}{r}(2\,^{r\vartheta}T + ^{\vartheta r}T + \tan\{\vartheta\}[^{\psi\psi}T - ^{\vartheta\vartheta}T]) + {}^\vartheta\!f = 0$$

$$v_r = {}_r v \qquad v_\psi = r\cos\{\vartheta\}\,_\psi v \qquad v_\vartheta = r\,_\vartheta v$$

$$_{rr}\lambda = {}_r v_{,r} \qquad _{r\psi}\lambda = {}_{\psi r}\lambda = \frac{1}{2}\left(\frac{_r v_{,\psi}}{r\cos\{\vartheta\}} + {}_\psi v_{,r} - \frac{_\psi v}{r}\right)$$

$$_{r\vartheta}\lambda = {}_{\vartheta r}\lambda = \frac{1}{2r}(_r v_{,\vartheta} + r\,_\vartheta v_{,r} - {}_\vartheta v)$$

$$_{\psi\psi}\lambda = \frac{1}{r\cos\{\vartheta\}}(_\psi v_{,\psi} + \cos\{\vartheta\}\,_r v - \sin\{\vartheta\}\,_\vartheta v)$$

$$_{\psi\vartheta}\lambda = {}_{\vartheta\psi}\lambda = \frac{1}{2r}\left(_\psi v_{,\vartheta} + \frac{_\vartheta v_{,\psi}}{\cos\{\vartheta\}} + \tan\{\vartheta\}\,_\psi v\right)$$

$$_{\vartheta\vartheta}\lambda = \frac{1}{r}(_\vartheta v_{,\vartheta} + {}_r v)$$

c) Verschiebungen $u^{r_0} = \beta$, $u^{\psi_0} = u^{\vartheta_0} = 0$. Wegen (8.4/7) und (6.2/3)

$$\mathbf{a} = \mathbf{M}\{\overset{0}{a}{}^{j_0}{}_{k_0}\} = \begin{bmatrix} 1 & 0 & 0 \\ 0 & 1 + \beta/r_0 & 0 \\ 0 & 0 & 1 + \beta/r_0 \end{bmatrix}$$

Gemäß (8.4/26)

$$\mathbf{M}\{\underset{P}{T}{}^{k_0 j_0}\} = \begin{bmatrix} \underset{K}{T}{}^{r_0 r_0} & (1 + \beta/r_0)\,\underset{K}{T}{}^{r_0 \psi_0} & (1 + \beta/r_0)\,\underset{K}{T}{}^{r_0 \vartheta_0} \\[6pt] \underset{K}{T}{}^{\psi_0 r_0} & (1 + \beta/r_0)\,\underset{K}{T}{}^{\psi_0 \psi_0} & (1 + \beta/r_0)\,\underset{K}{T}{}^{\psi_0 \vartheta_0} \\[6pt] \underset{K}{T}{}^{\vartheta_0 r_0} & (1 + \beta/r_0)\,\underset{K}{T}{}^{\vartheta_0 \psi_0} & (1 + \beta/r_0)\,\underset{K}{T}{}^{\vartheta_0 \vartheta_0} \end{bmatrix}$$

$$\underset{P}{f}{}^{r_0} = \underset{K}{f}{}^{r_0}, \quad \underset{P}{f}{}^{\psi_0} = (1 + \beta/r_0)\,\underset{K}{f}{}^{\psi_0}, \quad \underset{P}{f}{}^{\vartheta_0} = (1 + \beta/r_0)\,\underset{K}{f}{}^{\vartheta_0}.$$

Da (8.4/17) den Bedingungen (8.2/9), das heißt den Gleichgewichtsbedingungen von Abschnitt 9.8.5.2a entspricht, nach Einsetzen in diese:

$$\underset{K}{T}{}^{r_0 r_0}{}_{\cdots,\,r_0} + \underset{K}{T}{}^{\psi_0 r_0}{}_{\cdots,\,\psi_0} + \underset{K}{T}{}^{\vartheta_0 r_0}{}_{\cdots,\,\vartheta_0} + \frac{2}{r_0 + \beta}\,\underset{K}{T}{}^{r_0 r_0} - \tan\{\vartheta_0\}\,\underset{K}{T}{}^{\vartheta_0 r_0}$$

$$- (r_0 + \beta)\left[(\cos\{\vartheta_0\})^2\,\underset{K}{T}{}^{\psi_0 \psi_0} + \underset{K}{T}{}^{\vartheta_0 \vartheta_0}\right] + \underset{K}{f}{}^{r_0} = 0$$

$$\underset{K}{T}{}^{r_0 \psi_0}{}_{\cdots,\,r_0} + \underset{K}{T}{}^{\psi_0 \psi_0}{}_{\cdots,\,\psi_0} + \underset{K}{T}{}^{\vartheta_0 \psi_0}{}_{\cdots,\,\vartheta_0} + \frac{2}{r_0 + \beta}\,\underset{K}{T}{}^{r_0 \psi_0} - \tan\{\vartheta_0\}\,\underset{K}{T}{}^{\vartheta_0 \psi_0}$$

$$+ \frac{1}{r_0 + \beta}\left[\underset{K}{T}{}^{r_0 \psi_0} + \underset{K}{T}{}^{\psi_0 r_0}\right] - \tan\{\vartheta_0\}\,(\underset{K}{T}{}^{\psi_0 \vartheta_0} + \underset{K}{T}{}^{\vartheta_0 \psi_0}) + \underset{K}{f}{}^{\psi_0} = 0$$

$$\underset{K}{T}{}^{r_0 \vartheta_0}{}_{\cdots,\,r_0} + \underset{K}{T}{}^{\psi_0 \vartheta_0}{}_{\cdots,\,\psi_0} + \underset{K}{T}{}^{\vartheta_0 \vartheta_0}{}_{\cdots,\,\vartheta_0} + \frac{2}{r_0 + \beta}\,\underset{K}{T}{}^{r_0 \vartheta_0} - \tan\{\vartheta_0\}\,\underset{K}{T}{}^{\vartheta_0 \vartheta_0}$$

$$+ \sin\{\vartheta_0\}\cos\{\vartheta_0\}\,\underset{K}{T}{}^{\psi_0 \psi_0} + \frac{1}{r_0 + \beta}\left[\underset{K}{T}{}^{r_0 \vartheta_0} + \underset{K}{T}{}^{\vartheta_0 r_0}\right] + \underset{K}{f}{}^{\vartheta_0} = 0$$

d) Mit $\mathbf{a}$ und $\mathbf{M}\{\underset{P}{T}{}^{k_0 j_0}\}$ nach Abschnitt 9.8.5.2c sowie wegen (2.3/14) und (7.3/20): $\rho/\underset{0}{\rho} = \underset{*}{V}/\underset{*}{\overset{0}{V}} = det\{\mathbf{a}\} = (1 + \beta/r_0)^2$, also gemäß (8.4/19) über $r_0 = r - \beta$

$$\mathbf{M}\{T^{k_0 j_0}\} = \left(\frac{1}{1 - \beta/r}\right)^2 \begin{bmatrix} T^{rr} & T^{r\psi}/(1 - \beta/r) & T^{r\vartheta}/(1 - \beta/r) \\[4pt] T^{\psi r} & T^{\psi\psi}/(1 - \beta/r) & T^{\psi\vartheta}/(1 - \beta/r) \\[4pt] T^{\vartheta r} & T^{\vartheta\psi}/(1 - \beta/r) & T^{\vartheta\vartheta}/(1 - \beta/r) \end{bmatrix}$$

9.8.5.3 a) Nach (8.2/21) $p = \rho R \vartheta / M$.

Bei $x = 0$: $\rho = \hat{\rho} = M\hat{p}/(R\vartheta)$. Wegen (8.2/18)

$$p_{,x} + \rho g = 0, \quad R\rho_{,x} + M\rho g = 0,$$

$$|\rho| = \hat{\rho}\exp\{-Mgx/(R\vartheta)\}, \quad p = \hat{p}\exp\{-Mgx/(R\vartheta)\}$$

(barometrische Höhenformel. vgl. [13]).

b) Nach (8.2/18) $p_{,r} + \rho(\omega)^2 r = 0, \quad p_{,z} - \rho g = 0$.

$$p = -\frac{\rho}{2}(\omega r)^2 + \rho g(z - \overset{0}{z})$$

mit $\overset{0}{z} = const$, noch zu bestimmen. $p = \overset{0}{p}$ gibt

$$f\{r\} = \overset{0}{z} + \frac{\overset{0}{p}}{\rho g} + \frac{1}{2g}(\omega r)^2$$

Flüssigkeitsvolumen V wegen (5.2/9):

$$V = \int\limits_{r=0}^{R} r\,dr \int\limits_{\zeta=0}^{f\{r\}} d\zeta \int\limits_{\psi=0}^{2\pi} d\psi = 2\pi \int\limits_{0}^{R} r f\{r\}\,dr$$

$$= \pi(R)^2 \left[\overset{0}{z} + \overset{0}{p}/(|\rho|g) + (R\omega)^2/(4g)\right].$$

Vorgegeben als $V = \pi(R^2)h$, daher

$$\overset{0}{z} = h - \frac{1}{g}\left[\overset{0}{p}/|\rho| + (R\omega)^2/4\right].$$

9.8.5.4. $E'_x = E, \quad E'_y = E'_z = 0, \quad H'_x = H = const, \quad H'_y = H'_z = 0.$

(8.2/3) mit (8.2/2): $\mathbf{rot}\{\mathbf{E}\} = -\partial\mathbf{B}'/\partial t$.

Stationarität $\partial\mathbf{B}'/\partial t = \mathbf{0}$, also $\mathbf{rot}\{\mathbf{E}\} = \mathbf{0}$,

$$E = E\{x\} \tag{9.8/1}$$

Entsprechend $\mathbf{rot}\{\mathbf{H}'\} = \partial\mathbf{D}'/\partial t + \mathbf{i}' = \mathbf{i}' = \mathbf{0}$.
Wegen (8.3/7): $\mathbf{i}' = (\kappa/\alpha)\mathbf{D}' + q\mathbf{v}$;

$$\mathbf{D}' = -(\alpha/\kappa)q\mathbf{v}. \tag{9.8/2}$$

Nach (8.3/7) und (9.8/2)

$$B'_x = \mu H, \quad B'_y = 0, \quad B'_z = 0;$$
$$D'_x = \alpha E, \quad D'_y = \alpha\mu H v_z. \quad D'_z = -\alpha\mu H v_y.$$

Über (9.8/2)

$$qv_x = -\kappa E, \quad v_y = v_z = 0. \tag{9.8/3}$$

Imkompressibilität (8.2/23): $\partial v_x/\partial x = 0$,

$$v_x = v\{y, z\}. \tag{9.8/4}$$

Wieder (8.2/3): $div\{\mathbf{B}\} = 0$ erfüllt, $div\{\mathbf{D}\} = q$ wegen (9.8/1), (9.8/2), (9.8/3), (9.8/4)

$\alpha\partial E\{x\}/\partial x = -(\alpha/\kappa)v\{y, z\}\partial q/\partial x = q$. Das heißt

$$q = q\{x\},$$

$$v = const, \quad q = \overset{\infty}{q}\exp\left\{-\frac{\kappa}{\alpha v}x\right\}, \quad E = \overset{\infty}{E} - \overset{0}{q}\frac{v}{\alpha}\exp\left\{-\frac{\kappa}{\alpha v}x\right\}.$$

$v \neq 0, \overset{0}{q}, \overset{\infty}{E}$ als Randwerte (bei $x = 0, x \to \infty$) beliebig vorgebbar; $v \to 0$ bedeutet $q = 0, E = \overset{\infty}{E} = const.$ Statt $\overset{0}{q}$ kann auch

$$\overset{0}{E} = \overset{\infty}{E} - \overset{0}{q}v/\alpha$$

vorgegeben werden, statt $\overset{\infty}{E}$ auch $\overset{1}{E} = E\{x^1\}, \overset{1}{x} \neq 0$ (Bild 9.3). Das Ergebnis hängt nicht von H ab.

9.8.5.5 a) Aus (4.2/64)

$$\sigma^{j}_{.k} = \sigma'^{j}_{.k} + \bar{\sigma} g^{j}_{.k}, \quad \overset{A}{\varphi}{}^{.k}_{j} = \overset{A}{\varphi}'^{.k}_{j} + \overset{A}{\bar{\varphi}}{}^{.k}_{j} \tag{9.8/5}$$

Substitution in (8.3/31) wegen (4.2/65), (4.2/66), $n = 3$:

$$\Psi\{\overset{A}{\varphi}{}^{.k}_{j}\} = \Psi'\{\overset{A}{\varphi}'^{.k}_{j}\} + \bar{\Psi}\{\overset{A}{\bar{\varphi}}\}, \quad \text{wo}$$

$$\Psi' = \frac{E/\rho}{2(1+v)} \overset{A}{\varphi}'^{.s}_{r} \overset{A}{\varphi}'^{.r}_{s}, \quad \bar{\Psi} = \frac{3}{2}\frac{E/\rho}{1-2v}(\overset{A}{\bar{\varphi}})^2 \tag{9.8/6}$$

(Gestaltsänderungs- beziehungsweise Volumenänderungsenergie). (8.3/32) mit (9.8/5), (4.2/65):

$$\sigma^{j}_{.k} = \frac{E\rho/\rho}{1+v}\left[\overset{A}{\varphi}'^{.j}_{k} + \frac{1+v}{1-2v}g^{j}_{k}\overset{A}{\bar{\varphi}}\right]$$

Aufspaltung über (4.2/65) mit (4.2/66), dann über (9.8/5)

$$\bar{\sigma} = \frac{E\rho/\rho}{1-2v}\overset{A}{\bar{\varphi}}, \quad \sigma'^{j}_{.k} = \frac{E\rho/\rho}{1+v}\overset{A}{\varphi}'^{.j}_{k} \tag{9.8/7}$$

b) (9.8/6) mit (9.8/7): $\Psi' = \dfrac{1}{2(\rho)^2}\dfrac{1+v}{E/\rho}\sigma'^{.s}_{.r}\sigma'^{.r}_{.s}$.

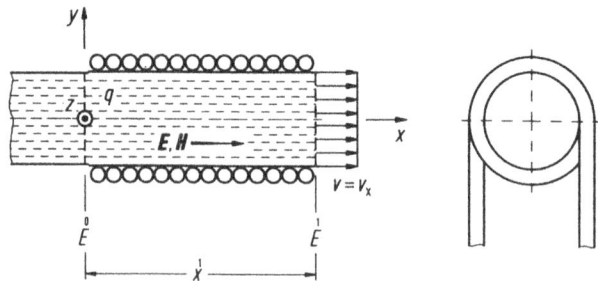

Bild 9.3. Stromführende Spule zur Erzeugung eines Magnetfeldes **H**: Gitterelektroden zur Vorgabe von Randwerten $\overset{0}{E}, \overset{1}{E}$ eines elektrischen Feldes **E**. Mit der Geschwindigkeit **v** durchströmende Flüssigkeit der Ladungsdichte q

Beim einachsigen Spannungszustand

$$\sigma^1_{\cdot 1} = \tilde{\sigma}, \quad \text{sonst} \quad \sigma^j_{\cdot k} = 0: \quad \bar{\sigma} = \tilde{\sigma}/3,$$

$$\mathbf{M}\{\sigma'^j_{\cdot k}\} = \begin{bmatrix} 2\tilde{\sigma}/3 & 0 & 0 \\ 0 & -\tilde{\sigma}/3 & 0 \\ 0 & 0 & -\tilde{\sigma}/3 \end{bmatrix},$$

$$\Psi' = \frac{1}{3(\rho)^2} \frac{1+\nu}{E/\rho_0} (\tilde{\sigma})^2$$

Daher wegen (8.2/39), (8.2/40) das Huber- v. Mises- Henckysche Fließkriterium (vgl. [20]):

$$F\{\sigma^j_{\cdot k}\} = \left[3(\rho)^2 \frac{E/\rho_0}{1+\nu} \Psi' \right]^{1/2} = \left| \sqrt{\tfrac{3}{2}\, \sigma'^s_{\cdot r}\, \sigma'^r_{\cdot s}} \right| \tag{9.8/8}$$

c) Offenbar $\partial \sigma^r_{\cdot s}/\partial \sigma^j_{\cdot k} = \delta^r_j \delta^k_s$,

$$\partial \bar{\sigma}/\partial \sigma^j_{\cdot k} = \tfrac{1}{3}\, \partial \sigma^1_{\cdot 1}/\partial \sigma^j_{\cdot k} = \tfrac{1}{3} \delta^1_j \delta^k_1 = \tfrac{1}{3} \delta^k_j.$$

Wegen der Kettenregel der Differentialrechnung und (9.8/5)

$$\frac{\partial F}{\partial \sigma^j_{\cdot k}} = \frac{\partial F}{\partial \sigma'^p_{\cdot q}} \frac{\partial \sigma'^p_{\cdot q}}{\partial \sigma^j_{\cdot k}} = \frac{\partial F}{\partial \sigma'^p_{\cdot q}} \left[\frac{\partial \sigma^p_{\cdot q}}{\partial \sigma^j_{\cdot k}} - g^p_{\cdot q} \frac{\partial \bar{\sigma}}{\partial \sigma^j_{\cdot k}} \right]$$

$$= \frac{\partial F}{\partial \sigma'^p_{\cdot q}} \left[\delta^p_j \delta^k_q - \tfrac{1}{3} \delta^p_q \delta^k_j \right]$$

$$= \frac{\partial F}{\partial \sigma'^j_{\cdot k}} - \frac{1}{3} \delta^k_j \left[\frac{\partial F}{\partial \sigma'^1_{\cdot 1}} + \frac{\partial F}{\partial \sigma'^2_{\cdot 2}} + \frac{\partial F}{\partial \sigma'^3_{\cdot 3}} \right]$$

Gemäß (9.8/8)

$$\frac{\partial F}{\partial \sigma^j_{\cdot k}} = \frac{\partial F}{\partial \sigma'^j_{\cdot k}} = \frac{3}{2} \frac{\sigma'^k_{\cdot j}}{F}$$

Über (4.2/66) mit (8.2/34), (8.2/44), (8.2/46) und $G = F$:

$$\lambda^k_j = \frac{3}{2} \frac{\tilde{\lambda}}{Y} \sigma'^k_{\cdot j}$$

(Lévy- v. Misesche Fließregel, vgl. [20])

d) $\sigma^x_{\cdot z} \equiv \sigma'^x_{\cdot z} \equiv 0, \quad \sigma^y_{\cdot z} \equiv \sigma'^y_{\cdot z} \equiv 0;$

die x, y – Ebene ist Spannungs-Hauptebene. Nach (9.8/9)

$$\sigma'^z_{\cdot z} = \sigma^z_{\cdot z} - \bar{\sigma} = \tfrac{1}{3}(2\sigma^z_{\cdot z} - \sigma^x_{\cdot x} - \sigma^y_{\cdot y}) \equiv 0;$$

$$\sigma^z_{\cdot z} \equiv \tfrac{1}{2}(\sigma^x_{\cdot x} + \sigma^y_{\cdot y}) \tag{9.8/9}$$

Ferner wegen (9.8/7), (4.2/65) und (9.8/5)

$$\overset{A}{\varphi}{}^{;k}_{j} = (\rho/\rho_0) \frac{1+\nu}{E} \left[\sigma'^{k}_{\cdot j} + \frac{1-2\nu}{1+\nu} g^{k}_{\cdot j} \bar{\sigma} \right]$$

$$= (\rho/\rho_0) \frac{1+\nu}{E} \left[\sigma^{k}_{\cdot j} - \frac{\nu}{1+\nu} g^{k}_{\cdot j} \sigma^{l}_{\cdot l} \right]$$

$\overset{A}{\varphi}{}^{;z}_{z} \equiv 0$ bedeutet $\sigma^{z}_{\cdot z} - \dfrac{\nu}{1+\nu}(\sigma^{x}_{\cdot x} + \sigma^{y}_{\cdot y} + \sigma^{z}_{\cdot z}) = 0$,

$\sigma^{z}_{\cdot z} = \nu(\sigma^{x}_{\cdot x} + \sigma^{y}_{\cdot y})$.

Dies ist mit (9.8/9) nur für

$\nu = 1/2$

veträglich.

Literatur

1. Nye JF (1989) Physical Properties of Crystals. Clarendon Press, Oxford
2. Prager W (1961) Einführung in die Kontinuumsmechanik. Birkhäuser Verlag Basel, Stuttgart
3. Betten J (1987) Tensorrechnung für Ingenieure. B.G. Teubner, Stuttgart
4. Boer R de (1982) Vektor- und Tensorrechnung für Ingenieure. Springer, Berlin Heidelberg New York
5. Schouten JA (1954) Ricci-Calculus. An Introduction to Tensor Analysis and its Geometrical Applications, 2nd edition. Springer, Berlin Göttingen Heidelberg
6. Lichnerowicz A (1966) Einführung in die Tensoranalysis. Bibliographisches Institut, Mannheim [Übers. aus dem Französischen, 1950]
7. Green AE, Zerna W (1968) Theoretical Elasticity, 2nd edition. Clarendon Press, Oxford
8. Flügge W (1972) Tensor Analysis and Continuum Mechanics. Springer-Verlag, New York Heidelberg Berlin
9. Heffter L (1950) Grundlagen und analytischer Aufbau der Projektiven, Euklidischen, Nichteuklidischen Geometrie, 2. Aufl. B.G. Teubner, Leipzig
10. Jaumann G (1911) Geschlossenes System physikalischer und chemischer Differentialgesetze. Sitzungsber Akad Wiss, Wien, 120: 385–530
11. Lehmann Th (1966) Formänderungen eines klassischen Kontinuums in vierdimensionaler Darstellung. Proc 11th Int Congr of Theor and Appl Mech, Munich (Germany) 1964. Springer, Berlin Heidelberg New York S. 376–382
12. Bosse G (1989) Grundlagen der Elektromechanik, 3. Aufl Bd II. Bibl Inst Mannheim Wien Zürich
13. HÜTTE Die Grundlagen der Ingenieurwissenschaften (1989) 29. Aufl. Springer, Berlin Heidelberg New York
14. Klingbeil E (1989) Tensorrechnung für Ingenieure, 2. Aufl. Bibl Inst, Mannheim Wien Zürich
15. Hill R (1968) On constitutive inequalities for simple materials. I J Mech Phys Solids 16: 229–242
16. Karni Z, Reiner M (1960) Measures of deformation in the strained and in the unstrained state. Bull Res Coun Israel 8c: 89–92
17. Hencky H (1925) Die Bewegungsgleichungen beim nicht-stationären Fließen plastischer Massen. Z angew Math Mech 5: 144–146
18. Macvean DB (1968) Die Elementararbeit in einem Kontinuum und die Zuordnung von Spannungs- und Verzerrungstensoren. Z angew Math Phys 19: 157–185
19. Spencer AJM (1971) Theory of invariants. In: Eringen AC (ed) Continuum Physics Vol. I. Academic Press, New York 239–353
20. Lippmann H (1981) Mechanik des plastischen Fließens. Springer, Berlin Heidelberg New York
21. Kröner E (1958) Kontinuumstheorie der Versetzungen und Eigenspannungen. Springer, Berlin Göttingen Heidelberg
22. Kondo K (1955) Memoirs of the Unifying Study of the Basic Problems in Engineering Sciences by Means of Geometry, Vol. I. Gakujutsu Bunken Fukyu-kai, Tokyo
23. Teodosiu C (1982) Elastic Models of Crystal Defects. Edit Acad. Bukarest und Springer, Berlin Heidelberg New York
24. Oldroyd JG (1950) On the formulation of rheological equations of state. Proc Roy Soc Ser A, 200: 523–541
25. Oldroyd JG (1958) Non-Newtonian effects in steady motion of some idealized elastic-viscous liquids. Proc Roy Soc, Ser A, 245: 278–279
26. Stickforth J, Wegener K (1988) A note on Dienes' and Aifantis' co-rotational derivatives. Acta Mech 74: 227–234
27. Zaremba S (1903) Sur une forme perfectionnée de la théorie de la relaxation. Bull Int Acad Sci Cracovie 8: 594–614
28. Jaumann G (1905) Grundlagen der Bewegungslehre. J.A. Barth, Leipzig

29. Prager W (1961) An elementary discussion of definitions of stress rate. Quart Appl Math 4: 403–407
30. Dienes JK (1986) A discussion of material rotation and stress rate. Acta Mechanica 65: 1–11
31. Aifantis EC (1987) The physics of plastic deformation. Int J Plasticity 3: 211–247
32. Mangoldt Hv, Knopp K (1950) Einführung in die Höhere Mathematik, 9. Aufl. S. Hirzel Verl, Leipzig
33. Becker E, Bürger W (1975) Kontinuumsmechanik. BG Teubner, Stuttgart
34. Sommerfeld A (1949) Vorlesungen über Theoretische Physik, Bd III: Elektrodynamik. Akad Verlagsges Geest & Portig K.-G, Leipzig
35. Kurosh A (1965) Ein Kurs in Höherer Algebra, 8. Aufl. Nauka Glav red fis -mat lit, Moskau Kap. XI, § 53 [in russisch].
36. Lippmann H (1976) Some remarks on the concept of stress and strain. Mech Res Comm 3: 175–184
37. Lippmann H (1986) Velocity field equations and strain localization. Int J Solids Structures 22: 1399–1409
38. Diepolder W, Mannl V, Lippmann H (1991) The Cosserat continuum, a model for grain rotations in metals? I J Plasticity 7: 313–328
39. Becker M, Hauger W (1982) Granular material-an experimental realization of a plastic Cosserat continuum? In: Mahrenholtz O, Sawczuk A (ed) Mechanics of Inelastic Media and Structures. PWN-Polish Scientific Publishers, Warszawa-Poznah
40. Lippmann H (1972) Extremum and Variational Principles in Mechanics. CISM, Undine; Springer, Wien New York
41. Lippmann H, Mahrenholtz O (1967) Plastomechanik der Umformung metallischer Werkstoffe. Springer, Berlin Heidelberg New York
42. Mises Rv (1928) Mechanik der plastischen Formänderung von Kristallen. Z angew Math Mech 8: 161–185
43. Lévy M (1870)·Mémoire sur les équations générales des mouvements intérieurs des corps solides ductiles au delà des limites òu l' élasticité pourrait les ramener à leur premier état. C r Acad Sci 70: 1323–1325
44. Lippmann H (1989) Velocity field equations and strain localization in rigid-plastic materials. Int J Solids Structures 35: 459–464
45. Haupt P, Tsakmakis Ch (1989) On the representation of large plastic deformations using dual variables. In: Khan AS, Tokuda M (ed) Advances in Plasticity 1989. Pergamon Press, Oxford 301–304
46. Lehmann Th (1987) On a generalized constitutive law for finite deformations in thermo-plasticity and thermo-viscoplasticity. In: Desai CS, Krempl E, Kiousis PD, Kundu T (ed) Constitutive Laws for Engineering Materials. Elsevier Publ, New York Amsterdam London 173–184
47. Huber MT (1904) Właściwa praca odksztabcenia jako miara wytężenia materyału. Czasopismo Techniczne (Lwów) 22: 38–40, 49–50, 61–62 und 80–81
48. Mises Rv (1913) Mechanik der festen Körper im plastisch deformablen Zustand. Nachr Königl Ges Wiss Göttingen, Math -phys Kl: 582–592
49. Hencky H (1923) Über einige statisch bestimmte Fälle des Gleichgewichts in plastischen Körpern. Z angew Math Mech 3: 211–251
50. Hencky H (1924) Zur Theorie plastischer Deformationen und der hierdurch im Material hervorgerufenen Nachspannungen. Z angew Math Mech 4: 323–334
51. Truesdell C (1952) (1953) The mechanical foundation of elasticity and fluid dynamics. J Rational Mech Analysis 1: 125–300 and 2: 593–616
52. Bergander H (1987) Deformationsgesetze der Standardform in konvektiver Metrik. Techn Mech 8: 31–40
53. Achenbach JD (1973) Wave propagation in elastic solids. North Holland Publ Comp, Amsterdam London
54. Eringen AC, Maugin GA (1990) Electrodynamics of continua, vol 1 and 2. Springer, New York Berlin Heidelberg

Sachverzeichnis

Namensverzeichnis

Springer-Verlag und Umwelt

Made in the USA
Las Vegas, NV
11 November 2024

11547025R00157